財務管理

主編 陳富、楊富梅、李小花

前 言

企業興衰，財務為本。財務管理是現代企業管理的一個重要領域和專門學科。最近發生的中美貿易戰，使企業不得不面對複雜多變、競爭激烈的國際化市場。財務管理在實現企業整體價值最優化的基礎上，以財務資源的有效配置、財務融資的優化和利益分配的合理化等為主要目標，它在企業管理中佔有舉足輕重的地位。尤其是隨著中國社會主義市場經濟體系的不斷完善以及「一帶一路」倡議的實施，企業財務管理的重要性、必要性和戰略意義不論是在企業還是在企業高管心目中均已經形成重要共識。

在本教材編寫過程中，首先，總括介紹財務管理相關內容，增加學生學習興趣；其次，介紹財務管理中必須樹立的資金價值理念——資金時間價值，為後面章節的計算學習奠定基礎；然後，以財務預算為導線，圍繞財務管理的籌資、投資、營運和分配活動為主線的邏輯順序進行逐一介紹；最後，在前面的一般理論知識體系的基礎上，針對財務管理行業的特殊性，增加了一般財務管理類教材沒有的財務行為和風險管理相關知識，從而形成較為完整的知識體系。

「財務管理」作為應用型會計學、財務管理學、審計學等專業和專科會計、財務管理、會計電算化等專業的一門主幹課程，教學的重點應放在重點培養學生的好奇心、求知欲和激發學生的自主學習、獨立思考的能力上，同時還應鼓勵學生發現問題、提出問題和解決問題。為了避免財務管理與其他學科的過度交叉，同時考慮到學生畢業之後應具有參加註冊會計師、會計師等政府權威考試相應專業知識要求，做到了基本章節與上述考試的內容接軌。本書從結構到內容，力求有所突破、有所創新，盡可能適應現代社會的發展。主要體現在以下幾點：

（1）在傳統的資金時間價值理論和實務兩個方面有機統一的前提下，拓展增加了利用簡單計算器就能快速和準確計算各種資金時間價值系數的創新方法，改變了一般教材依賴於各種系數表的傳統思路。特別是突破了教材系數表利率 i 僅為1%整倍數的致命缺陷，使得理論知識更接地氣。

（2）關注了財務文化和財務風險的最新發展。在本書的編寫中參考了中國最新頒布的《企業財務通則》和《企業內部控制》以及如何做好企業財務日常管理和如何識別與化解財務風險的相關實務內容，結合了管理會計與內部控制學科的發展趨勢，在學科邊界與內容上做了一定的考慮。如增加了財務行為和財務風險等新內容，充分吸收了現代財務管理領域學術和科研的最新成果。本書的特色之處在於，強調了企業文

化對企業財務管理的重要性。

需要說明的是，本書在編寫過程中參閱了大量相關書籍和文獻資料，尤其是引用了業內的一些優秀教材內容，並且力求與作者進行了聯繫。如尚有一些未能取得聯繫的作者，請見書後速與本人聯繫。在此，表示誠摯的謝意和衷心的感謝。

由於水準有限，時間倉促，本書不足之處在所難免。為此，懇請相關專家、教授以及讀者批評指正，並提出寶貴意見。筆者將虛心接受意見，以推動教材的嚴謹性和可用性。

陳　富

目 錄

1 財務管理概論 ·· (1)
   1.1 財務管理概述 ·· (1)
   1.2 財務管理的職能 ·· (5)
   1.3 財務活動與財務關係 ·· (6)
   1.4 企業資金運動的規律 ·· (11)
   1.5 財務管理的原則 ·· (14)
   1.6 財務管理的目標 ·· (18)
   1.7 財務管理的環節 ·· (28)
   1.8 財務管理的環境 ·· (33)
   1.9 財務管理體制 ·· (38)
   本章小結 ·· (44)
   本章練習題 ·· (45)

2 財務管理基本價值觀念 ·· (48)
   2.1 資金時間價值 ·· (48)
   2.2 投資風險價值 ·· (68)
   本章小結 ·· (80)
   本章練習題 ·· (81)

3 財務預算管理 ··· (86)
   3.1 財務預算概述 ·· (86)
   3.2 財務預算的作用 ·· (88)
   3.3 財務預算的地位 ·· (90)
   3.4 財務預算的編製方法 ·· (92)
   3.5 財務預算編製的模式 ·· (98)
   3.6 財務預算編製的程序 ·· (100)
   3.7 財務預算編製實例 ·· (102)
   本章小結 ·· (107)

  本章練習題 ……………………………………………………………… (108)

4 籌資管理 …………………………………………………………………… (113)
  4.1 企業籌資概述 ………………………………………………………… (114)
  4.2 權益資金的籌集 ……………………………………………………… (119)
  4.3 資金需要量的預測 …………………………………………………… (135)
  4.4 資金成本 ……………………………………………………………… (139)
  4.5 資本結構 ……………………………………………………………… (158)
  4.6 盈虧平衡分析 ………………………………………………………… (161)
  本章小結 ………………………………………………………………… (164)
  本章練習題 ……………………………………………………………… (164)

5 投資管理 …………………………………………………………………… (171)
  5.1 投資管理概述 ………………………………………………………… (171)
  5.2 項目計算期的構成和項目投資的內容 ……………………………… (177)
  5.3 現金流量測算 ………………………………………………………… (178)
  5.4 投資決策評價方法 …………………………………………………… (183)
  5.5 證券投資管理 ………………………………………………………… (189)
  5.6 債券投資 ……………………………………………………………… (193)
  5.7 股票投資 ……………………………………………………………… (197)
  5.8 衍生金融工具投資 …………………………………………………… (200)
  本章小結 ………………………………………………………………… (207)
  本章練習題 ……………………………………………………………… (207)

6 營運資金管理 ……………………………………………………………… (212)
  6.1 營運資金概述 ………………………………………………………… (212)
  6.2 現金管理 ……………………………………………………………… (214)
  6.3 應收帳款管理 ………………………………………………………… (220)
  6.4 存貨管理 ……………………………………………………………… (225)
  本章小結 ………………………………………………………………… (230)
  本章練習題 ……………………………………………………………… (230)

7 利潤分配管理 ……………………………………………………… (234)

- 7.1 利潤分配 ………………………………………………………… (234)
- 7.2 股利理論 ………………………………………………………… (236)
- 7.3 股利政策 ………………………………………………………… (238)
- 7.4 股票回購 ………………………………………………………… (246)
- 本章小結 …………………………………………………………… (248)
- 本章練習題 ………………………………………………………… (248)

8 財務分析 …………………………………………………………… (253)

- 8.1 財務分析概述 …………………………………………………… (253)
- 8.2 財務分析的步驟 ………………………………………………… (255)
- 8.3 財務分析的局限性 ……………………………………………… (255)
- 8.4 財務分析的基本方法 …………………………………………… (258)
- 8.5 財務指標分析 …………………………………………………… (263)
- 8.6 財務綜合分析 …………………………………………………… (279)
- 本章小結 …………………………………………………………… (286)
- 本章練習題 ………………………………………………………… (287)

9 財務行為與財務風險 ……………………………………………… (292)

- 9.1 財務行為 ………………………………………………………… (292)
- 9.2 財務風險 ………………………………………………………… (308)
- 9.3 財務危機 ………………………………………………………… (318)
- 本章小結 …………………………………………………………… (329)
- 本章練習題 ………………………………………………………… (329)

附錄 …………………………………………………………………… (332)

1　財務管理概論

本章提要

　　財務管理是組織企業財務活動、處理財務關係的一項綜合性的管理工作，需要一些原則進行約束。本章主要闡述：①財務管理的含義、職能和基本內容。②財務活動和資金運動規律。③財務管理的產權目標、總體目標和具體目標。④財務管理的具體環節。⑤財務管理的基本原則。⑥影響財務管理的經濟、法律和金融等環境。⑦財務管理體制的類型。

本章學習目標

（一）知識目標

（1）掌握財務管理的含義、財務管理總體目標的主要觀點和優缺點以及財務管理的職能；

（2）掌握財務管理的基本原則和影響財務管理的環境因素；

（3）掌握財務管理的環節；

（4）理解企業應該承擔的社會責任和股東、經營者及債權人目標的衝突與協調；

（5）瞭解企業資金運動的規律。

（二）技能目標

　　通過對本章的學習，對財務管理涉及的概念、職能、目標、原則、環節及環境等有一個初步的瞭解，為以後的學習打下良好的基礎，增強學生學習的熱情。

1.1　財務管理概述

1.1.1　企業、財務及財務管理的概念

1.1.1.1　企業的概念

　　企業是一個契約性組織，它是從事生產、流通服務等經營活動，以生產或服務滿足社會需要，實行自主經營、自負盈虧、依法設置的一種營利性經濟組織。企業是市場經濟的主要參與者，是社會生產和服務的直接承擔著，是社會經濟技術進步的主要力量。

　　當今社會，企業作為國民經濟的細胞，發揮著越來越重要的功能。

1. 企業是市場經濟活動的主要參與者

市場經濟活動的順利進行離不開企業的生產和銷售活動，離開了企業的生產和銷售活動，市場就成了無源之水、無本之木。創造價值是企業經營行為動機的內在要求，企業的生產狀況和經濟效益直接影響社會經濟實力的增長和人民物質生活水準的提高。只有培育大量充滿生機與活力的企業，社會才能穩定、和諧而健康地發展。

2. 企業是社會生產和服務的主要承擔者

社會經濟活動的主要過程即生產和服務過程，大多是由企業來承擔和完成的。通過勞動者，將生產資料（勞動工具等）作用於勞動對象，從而生產出商品，這個過程就是企業組織社會生產的過程，所以企業是社會生產的直接承擔者。企業在組織社會生產過程中必然要在社會上購買其他企業的商品，再把本企業的產品（商品）銷售出去，形成了服務（包括商品流通）的過程。離開了企業的生產和服務活動，社會經濟活動就會中斷或停止。

3. 企業是經濟社會發展的重要推動力量

企業為了在競爭中立於不敗之地，就需要積極地採用先進技術，這在客觀上必將推動整個社會經濟技術的進步。企業的發展對整個社會的經濟技術進步有著不可替代的作用。加快企業技術進步，加速科技成果產業化，培育發展創新型企業，是企業發展壯大的重要途徑。

1.1.1.2 財務的概念

Financial Management，Corporate Finance 中的 Finance 一詞有財務、金融、財政、籌措資金、理財等多重含義，但都與「金錢」的獲取、運用和管理有關。通常，當涉及微觀層面的內容時，人們習慣上稱「Finance」為財務，如公司財務、財務狀況、財務報表等；而當涉及宏觀層面的內容時，習慣稱其為金融、財政。本書主要涉及企業的預算、籌資、投資、營運、分配及分析等活動，故稱 Finance 為財務。

1.1.1.3 財務管理的概念

財務管理（Financial Management），是企業經營管理的重要組成部分，它是通過制定決策和適當的資源管理，在組織內部應用財務管理來創造並保持價值的一種管理活動。從企業的角度來看，財務管理就是對企業財務活動過程的全面管理。具體地說，就是對企業資金的預算、籌集、投放、營運、分配、評價以及相關財務活動的全面管理。在充滿競爭的現代市場經濟中，企業作為具有活力和競爭力的市場經濟主體，要想在生存中求發展、在發展中不斷獲取利潤，要想增強自身核心競爭力和財務實力，必須加強企業的經營過程管理。企業要進行生產經營活動，就必須具有人力、物資、資金、信息等各項生產經營要素，並開展相關方面的活動，企業生產經營過程中的資金活動，就是企業的財務活動；而對企業財務活動的管理則是企業財務管理。要深刻認識企業財務管理的概念，就必須對企業財務活動存在的基礎和財務活動的內容有一個全面的瞭解。

1.1.2 資金運動概述

1.1.2.1 資金的概念

社會主義市場經濟，從運行機制上來看是充分發揮市場機制作用的市場經濟。在社會主義制度下，社會產品依然是使用價值和價值的統一體。企業的再生產過程具有兩重性，它既是使用價值的生產和交換過程又是價值的形成和實現過程。在這個過程中，勞動者將生產中消耗的生產資料的價值轉移到產品上去，並且創造出新的價值。這樣，一切物資都具有一定量的價值，它體現著用於物資中的社會必要勞動量。物資的價值是通過一定數額的貨幣表現出來的，在社會主義再生產過程中，物資價值的貨幣表現就是資金。

資金的實質是社會主義再生產過程中運動著的價值。資金離不開物資，又不等於物資，它是物資價值的貨幣表現，體現了抽象的人類勞動。而不論其使用價值如何，資金是再生產過程中運動著的，至於不處在生產過程中的個人財產，不是我們所說的資金。為了保證生產經營活動正常地進行，企業就要籌集一定數額的資金。企業擁有一定數額的資金，是其進行生產經營活動的必要條件。

1.1.2.2 資金運動

在企業生產經營過程中，物資不斷地運動，物資的價值形態也不斷地發生變化，由一種形態轉化為另一種形態，周而復始，不斷循環，最終形成了資金運動鏈條。物資價值的運動就是通過資金活動的形式表現出來的。所以，企業的生產經營過程，一方面表現為物資運動（從實物形態來看）；另一方面表現為資金運動（從價值形態來看）。企業資金運動是企業生產經營過程的價值體現，它以價值的形式綜合地反應著企業的生產經營過程。企業的資金運動，構成企業經濟活動的一個獨立方面，具有自己的運動規律，這就是企業的財務活動，企業資金運動存在的客觀基礎是社會主義市場經濟。資金運動主要包括資金的循環和週轉。

1.1.2.3 資金循環

資金循環是指企業資金從一定的職能形式出發，依次經過採購、生產、銷售三個階段，分別採取貨幣資金、生產資金、商品資金三種職能形式，實現了價值的增值，並回到原來出發點的全過程，這一過程用公式表示為：$G-W<\cdots P\cdots W'-G'$。

工業企業資金的運動形式如圖 1-1 所示；商業企業資金的運動形式如圖 1-2 所示。

1.1.2.4 資金週轉

資金週轉是指不斷重複、周而復始的資金循環過程。資金必須在運動中才能實現其價值增值。這種運動不能孤立地循環一次停下來，而必須持續不斷地、週期性地進行。這樣的資金循環，叫作資金週轉。企業的資金運動從表面上看是錢和物的增減變動，而實際上與人有著不可分割的聯繫。

資金的循環週轉有多種途徑。例如，企業進行生產經營活動，首先要用貨幣資金去購買材料物資，為生產過程做準備；生產產品時，再到倉庫領取材料物資；生產出

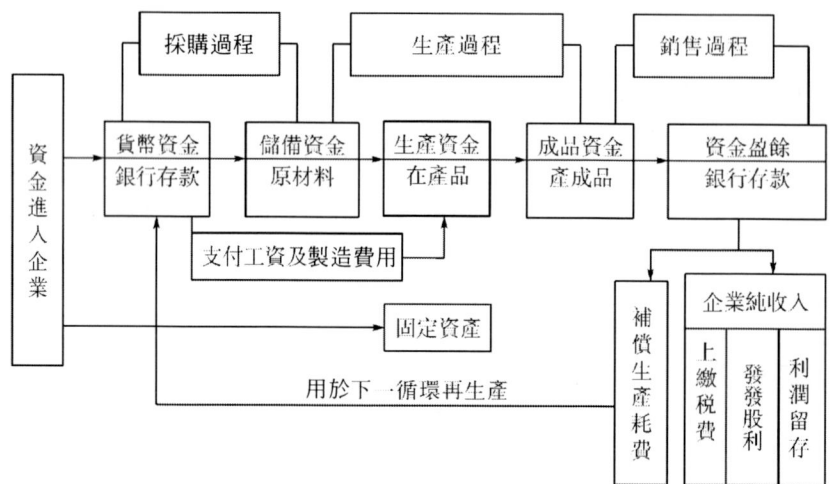

圖1-1　工業企業資金運動圖

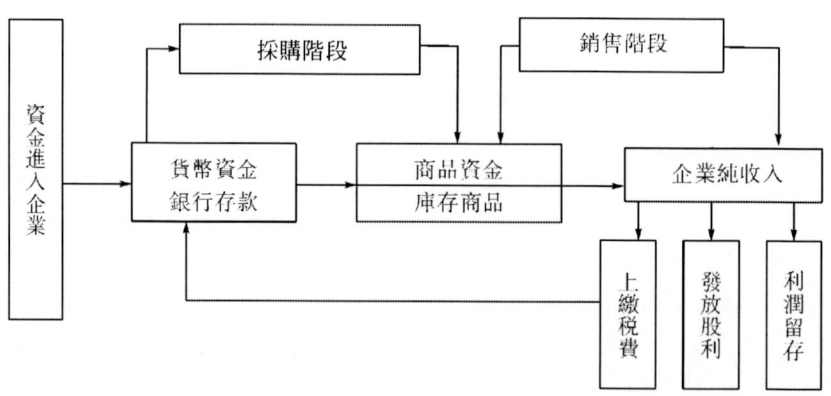

圖1-2　商業企業資金運動圖

產品後，還要對外銷售；售後還應收回已售產品的貨款。這樣，製造業企業的資金就依次經過供應過程、生產過程和銷售過程。資金的形態也在發生變化，用貨幣購買材料物資的時候，貨幣資金轉化為儲備資金（材料物資等所占用的資金）；車間生產產品領用材料物資時，儲備資金又轉化為生產資金（生產過程中各種在產品所占用的資金）；將車間加工完畢的產品驗收到產成品庫後，生產資金又轉化為成品資金（待售產成品或自制半成品占用的資金，簡稱成品資金）；將產成品出售又收回貨幣資金時，成品資金又轉化為貨幣資金。

　　在以上的資金週轉中，還應考慮固定資產的價值轉移問題。企業用貨幣購買的固定資產在生產產品的過程中要被逐漸損耗掉，其價值逐漸轉移到新生產出來的產品中。因此，每一單位產品的價值都包含了一部分固定資產的轉移價值。為了維持生產能力，企業必須將部分回籠的資金投資於購買新的固定資產。初始現金在購買材料和固定資

產上的現金的週轉速度不同，即從現金開始到收回現金所需的時間不同。購買材料的現金可能一個月以內就可流回，購買機器的現金可能需要許多年才能全部返回現金狀態。總之，整個資金循環和週轉的目的就是使循環產生的現金超過初始現金。

1.1.3　財務管理的對象

財務管理主要是對資金的管理，其對象是資金及其週轉。資金週轉的起點和終點都是貨幣資金，其他資產是貨幣資金在週轉過程中的轉化形式。因此，財務管理的對象也可以說是貨幣資金及其週轉。財務管理也會涉及成本、收入和利潤等問題。從財務的觀點來看，成本和費用是貨幣資金的耗費，收入和利潤是貨幣資金的來源。財務管理主要在這種意義上研究成本和收入，而不同於一般意義上的成本管理和銷售管理，也不同於計量收入、成本和利潤的會計工作。

1.2　財務管理的職能

財務管理的基本職能是財務決策，決策是管理工作的核心，複雜多變的市場經濟要求企業財務管理能夠預測市場需求和企業環境的變化，針對種種不確定的經濟因素，及時做出科學有效的決策。所以，企業財務主管人員的主要精力要放在財務決策上。在這個前提下，財務管理還具有組織、監督和調節的具體職能，即組織企業資金運動，監督企業資金運動，按照企業目標和國家法令運行，及時調節資金運動及資金運動中各方面的關係。財務決策這一基本職能統帥各項具體職能，各項具體職能歸根到底是為財務決策服務的，財務管理的基本職能和具體職能，要通過財務預測、財務計劃、財務控制和財務分析等業務方法來實現。

我們知道「管理的中心在經營，經營的中心在決策」。財務決策這一基本職能，具有特殊重要的地位，它既不能與組織、監督和調節等具體職能相並列，也不能同財務預測、財務計劃、財務控制、財務分析等業務方法等量齊觀。企業財務的職能來源於在運行中所固有的功能。財務的職能來源於財務的本質，根源於企業資金運動及其所體現的經濟關係。企業資金運動同企業再生產過程存在著辯證的關係，企業資金運動既受企業再生產過程的決定制約，又對再生產過程發揮積極的能動作用。企業財務的職能，也就是企業資金運動對再生產過程的能動作用。

1.2.1　組織職能

組織資金運動，保證企業再生產過程順利、有效的運行，是企業財務的第一項職能。企業資金運動的正常運行，要求在企業內部層層建立委託代理關係，在同一層次建立各責任人的協作關係，構建信息溝通的渠道。要根據生產營活動的需要，適時、適量地籌集資金，合理、有效地進行項目投資和證券投資，在業績評價、運用激勵機制的基礎上進行收益分配，完善財務組織，以促進企業各項生產經營活動快速、穩定、有序地運行。

1.2.2 調節職能

調節資金運動的流向、流量、流速,協調企業各方面的財務關係,是企業財務的第二項職能。資金從哪裡籌集、投向何處、投入多少,取決於企業的經營決策。同時,企業通過合理籌劃,可以從不同方案中進行選擇,安排適當資本結構,分清輕重緩急,權衡成本收益,進行有效的資金營運。認真分析各項生產經營活動的流程,還可以縮短資金在企業各部門、各環節所占用的時間和數量,加速資金的週轉,提高資金的使用效率。所有流程都涉及企業各部門、各單位的活動,需要與企業各方面協調財務關係。在企業生產經營和財務運動中,企業各管理層次、各管理環節難免產生一些矛盾,甚至在工作中出現突發事件,都需要及時加以處理,以保證企業經濟活動按既定的目標順利運行。

1.2.3 監督職能

對企業生產經營活動利用價值手段進行財務監督,保證各項經濟活動運行的合理性、合法性和有效性,是企業財務的第三項職能。企業再生產過程的進行必須以資金的週轉為前提,而價值形式的財務信息能夠綜合反應企業的生產經營活動,資金的收支分配能促進和限制企業的經濟行為,這是財務監督必然要發揮作用的客觀基礎。因而,分析財務信息、控制財務收支就成為進行財務監督的主要手段。通過財務信息分析、財務收支控制,可以發現資金和物資的使用是否合理,人力、物力的利用是否有效,發現購、產、銷及生產經營中的積極因素和消極因素,為改進企業各項經濟活動提供線索。

研究財務職能應當把它同財務管理的環節(方法)區別開來,有的學者把組織、計劃、預測、決策、控制、分析列為財務管理職能。其中除組織外,其餘五項屬於為實現財務職能而運用的財務管理環節(方法),這些比財務職能要低一個層次,而且這些環節(方法)有許多在企業的其他管理工作中也要運用,未能表現財務職能的特點。

1.3 財務活動與財務關係

1.3.1 財務活動

企業再生產過程表現為價值運動或者資金運動的過程,而資金運動過程的各階段總是與一定的財務活動相對應,或者說,資金運動形式是通過一定的財務活動內容來實現的。所謂財務活動是指以現金收支為主的企業資金收支活動的總稱,也就是企業資金的籌集、投放、使用、收回及分配等一系列行為。隨著企業再生產過程的不斷進行,企業資金總是處於不斷的運動之中。

1.3.1.1 企業財務活動存在的客觀基礎

在企業再生產過程中,客觀地存在著一種資金的運動,這同商品經濟的存在和發

展是分不開的。社會主義經濟從經濟形態來看是商品經濟，從運行機制來看則是充分發揮市場機制作用的市場經濟。在社會主義制度下，社會產品依然是使用價值和價值的統一體。企業再生產過程具有兩重性，它既是使用價值的生產和交換過程，又是價值的形成和實現過程。在這個過程中，勞動者將生產中消耗掉的生產資料的價值轉移到產品中去，並且創造出新的價值。這樣，一切經勞動加工的物資都具有一定量的價值，它體現著用於物資中的社會必要勞動量。物資的價值是通過一定數額的貨幣表現出來的。

1.3.1.2 企業財務活動的內容

企業財務管理的主要內容包括財務預算、籌資、投資、資金營運、收益分配活動五個部分。這五個部分內容相互聯繫、相互制約，其主要內容在本書後面的章節中詳細介紹。其對應關係如圖1-3所示。

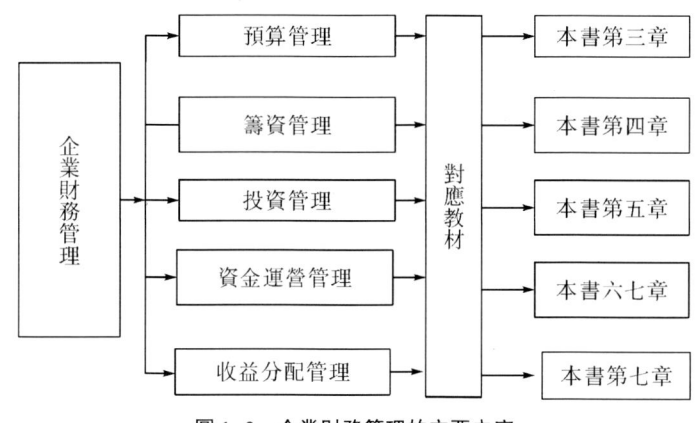

圖1-3 企業財務管理的主要內容

下面簡要介紹其中四個部分的內容，為以後的學習有一個基本的認識和瞭解。

1. 企業籌資引起的財務活動

企業組織資金運動，必須以一定的資金為前提。也就是說，企業從各種渠道以各種形式籌集資金，是資金運動的起點。所謂籌資是指企業為了滿足投資和用資的需要，籌借和集中所需資金的過程。在籌資過程中，企業一方面要確定籌資的總規模，以保證投資所需要的資金；另一方面要通過籌資渠道、籌資方式或工具的選擇，合理確定籌資結構，以降低籌資成本和風險。企業要進行生產經營活動，首先必須從各種渠道籌集資金。企業的自有資金，是通過直接投資和發行股票等方式從投資者那裡取得的。投資者包括國家、其他企業單位、個人、外商等。此外，企業還可通過向銀行借款、發行債券、應付款項等方式來吸收借入資金，構成企業的負債。企業從投資者、債權人那裡籌集來的資金，一般是貨幣資金形態，也可以是實物、無形資產形態，對實物和無形資產要通過資產評估確定其貨幣金額。籌集資金是資金運動的起點，是投資的必要前提。

2. 企業投資引起的財務活動

企業取得資金後，必須將資金投入使用，以謀求最大的經濟利益；否則，籌資就

失去了目的和意義。投資分為廣義的投資和狹義的投資。廣義的投資是指企業將籌集的資金投入使用的過程，包括企業將資金投入企業內部使用的過程（如購置固定資產、無形資產等）和對外投放資金的過程（如投資購買其他企業的股票、債券或與其他企業聯營）；而狹義的投資僅指對外投資。無論企業是購買內部所需資產，還是購買各種有價證券，都需要支付資金，這表現為企業資金的流出；而當企業變賣其對內投資的各種資產或收回其對外投資時，則會產生企業資金的流入。這種因企業投資活動而產生的資金的流動，便是由投資引起的財務活動。企業投資活動主要有以下特點：

（1）涉及面廣。財務管理活動涉及企業供應、生產、銷售等各個環節，企業內部各個部門與資金不發生聯繫的現象是很少見的，可以說，企業財務管理的觸角能伸向企業經營的每一個角落，企業內部每一個部門都在合理使用資金、節約資金、提高資金效率，並接受財務的指導，受到財務管理部門的監督和約束。

（2）靈敏度高。在企業經營中，經營是否得當，決策是否科學，技術是否先進，產銷是否順暢，都能迅速地在企業財務指標中得到反應。例如，如果企業生產的產品滯銷，則會導致企業庫存增加，資金週轉放緩，盈利能力減弱，這一切都可以通過各項財務指標迅速地反應出來。財務管理的各項價值指標，是企業經營決策的重要依據，而及時組織資金供應、節約使用資金、控制生產消耗、大力增加收入、合理分配收益，則能推動各部門增產節約、增收節支。搞好財務管理對改善企業經營管理、提高經濟效益具有重要的作用。

3. 資金營運引起的財務活動

資金營運活動是指在日常生產經營活動中所發生的一系列資金的收付活動。首先，企業要採購材料或商品，以便從事生產和銷售活動，同時，還要支付工資和其他營業費用；其次，當企業把產品或商品售出後，便可取得收入，收回資金；最後，企業在生產經營過程中還會形成應付帳款等債務，最終需要償還。這種因企業日常生產經營活動而產生的資金流入、流出屬於企業經營引起的財務活動，都被稱為資金營運活動。相對於其他財務活動而言，資金營運活動是最頻繁的財務活動。資金營運活動圍繞著營運資金展開，如何加快營運資金的週轉，提高營運資金的利用效果，是資金營運活動的關鍵。

4. 收益分配引起的財務活動

企業通過投資活動和資金營運活動會取得一定的收入，並相應實現資本的增值。企業必須依據現行法律和法規對企業取得的各項收入進行分配。

所謂收益分配，廣義地講，是指對各項收入進行分割和分派的過程。這一分配的過程分為以下四個層次：①企業取得的銷售收入要用以彌補生產經營耗費，繳納相關稅費，剩餘部分形成企業的營業毛利，營業毛利考慮企業的期間費用、投資收益後構成企業的營業利潤；②營業利潤和營業外收支淨額等構成企業的利潤總額；③利潤總額首先要按法律規定繳納所得稅，繳納所得稅後形成淨利潤；④淨利潤在彌補虧損後要提取盈餘公積金，然後向投資者分配利潤。

所謂收益分配，狹義地說，收益分配僅指淨利潤的分派過程，即廣義分配的第四個層次。資金收入，在銷售過程中，企業將生產出來的產品發送給有關單位，並且按

照產品的價格取得銷售收入。在這一過程中，企業資金從成品資金形態轉化為貨幣資金形態。企業取得銷售收入，實現產品的價值，不僅可以補償產品成本，而且可以實現企業的利潤，企業自有資金的數額也隨之增大。此外，企業還可取得投資收益和其他收入。資金收入是資金運動的關鍵環節，它不僅關係著資金耗費的補償，更關係著投資效益的實現。收入的取得是進行資金分配的前提；資金分配，企業所取得的產品銷售收入要用以彌補生產耗費，按規定繳納流轉稅，其餘部分為企業的營業利潤。營業利潤和投資收益、其他淨收入構成企業的利潤總額。利潤總額首先要按國家規定繳納所得稅，稅後利潤要提取公積金和公益金，用於擴大累積、彌補虧損和投資於職工集體福利設施，其餘利潤作為投資收益分配給投資者。

上述四項財務活動並非孤立、互不相關，而是相互依存、相互制約的，它們構成了完整的企業財務活動體系。這也是財務管理活動的基本內容。

1.3.2 財務關係

企業資金的籌集、投放、營運、收入和分配，與企業各方面有著廣泛的聯繫。財務關係就是指企業在資金運動中與各有關方面發生的經濟利益關係。企業財務關係是指企業在組織財務活動過程中與各有關方面發生各種各樣的經濟利益關係。企業進行籌資、投資、營運及收益分配，會因交易雙方在經濟活動中所處的地位不同，各自擁有的權利、承擔的義務和追求的經濟利益不同而形成不同性質及特色的財務關係。企業財務關係如圖1-4所示。

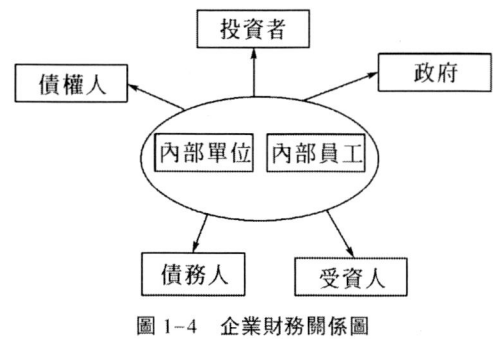

圖1-4　企業財務關係圖

1.3.2.1 企業與投資者之間的財務關係

企業與投資者之間的財務關係是指企業的投資者，包括國家、法人、個人和外商向企業投入資金，企業向其支付投資報酬而形成的經濟利益關係。一方面，企業投資者要按照投資合同或協議、章程的約定履行出資義務，以便及時形成企業的資本金；另一方面，企業利用投資者投入的資金進行經營，並按照出資比例或合同章程的規定，向投資者支付投資報酬。這種關係體現了所有權和經營權分離的特點。企業從各種投資者那裡籌集資金，進行生產經營活動，並將所實現的利潤按各投資者的出資額進行分配。企業還可將自身的法人財產向其他單位投資，這些被投資單位即為受資者。受資者可從企業分得投資收益。企業與投資者、受資者的關係，即投資同分享投資收益

的關係，在性質上屬於所有權關係。處理這種財務關係必須維護好投資與受資各方的合法權益。

1.3.2.2 企業與債權人之間的財務關係

企業與債權人之間的財務關係，主要是指企業向債權人借入資金，並按借款合同的規定按時還本付息所形成的經濟關係。企業除利用投資者投入的資本進行經營活動外，還要借入一定數量的債務資本，以擴大企業經營規模，並相應降低企業的資本成本。企業的債權人主要有本公司債券持有人、金融信貸機構、商業信用提供者及其他出借資金給企業的單位或個人。企業利用債權人的資金，要按約定的利率，及時向債權人支付利息。債務到期時，要合理調度資金，按時向債權人償還本金。企業購買材料、銷售產品，要與購銷客戶發生貨款收支結算關係，在購銷活動中由於延期收付款項，要與有關單位發生商業信用產生應收帳款和應付帳款。當企業資金不足或資金閒置時，要向銀行借款、發行債券或購買其他單位債券。業務往來中的收支結算，要及時收付款項，以免相互占用資金，一旦形成債權債務關係，則債務人不僅要還本，而且要付息。企業與債權人、債務人，往來客戶的關係，在性質上屬於債權債務關係、合同權利義務關係。處理這種財務關係，必須按有關各方的權利和義務保障有關各方的經濟權益。

1.3.2.3 企業與受資者之間的財務關係

企業可以將生產經營中閒置下來、遊離於生產過程以外的資金投放於其他企業，形成對外的股權性投資。企業向外單位投資應當按照合同、協議的規定，按時、足額地履行出資義務，以取得相應的股份從而參與被投資企業的經營管理和利潤分配。受資企業受資後，必須將實現的稅後利潤按照規定的分配方案在不同的投資者之間進行分配。企業與受資者之間的財務關係表現為所有權性質上的投資與受資關係。

1.3.2.4 企業與債務人之間的財務關係

企業與債務人之間的財務關係主要是指企業將資金通過購買債券，提供借款或商業信用等形式出借給其他單位而形成的經濟利益關係。企業將資金出借後，有權要求債務人按照事先約定的條件支付利息和償還本金。企業與債務人之間的財務關係體現為債權與債務的關係。

1.3.2.5 企業與政府之間的財務關係

企業從事生產經營活動所取得的各項收入應按照稅法的規定依法納稅，從而形成企業與國家稅務機關之間的徵納財務關係。在市場經濟條件下，任何企業都有依法納稅的義務，保證國家財政收入的實現，滿足社會公共需要。因此，企業與國家稅務機關之間的關係體現為企業在妥善安排稅收戰略籌劃基礎上依法納稅和依法徵稅的權利、義務關係，一種強制和無償的分配關係。企業應按照國家稅收法律法規的規定繳納各種稅款，包括所得稅、流轉稅和計入成本的稅金。國家以社會管理者的身分向一切企業徵收的有關稅金，是國家財政收入的主要來源。企業及時、足額地納稅，是生產經營者對國家應盡的義務，必須認真履行。企業與稅務機關之間的財務關係反應的是依

法納稅和依法徵稅的稅收權利義務關係（在稅法上稱稅收法律關係）。當然，企業與政府之間還存在著除了徵納關係外的關係，如土地購買和財政補助等關係。

1.3.2.6　企業與內部各單位之間的財務關係

企業內部各單位之間的財務關係是指企業內部各單位之間在生產經營各環節中相互提供產品或勞務所形成的經濟利益關係。企業在生產經營活動中，由於分工協作會產生內部各單位相互提供產品或勞務的情況，在實行內部獨立核算以及履行經營責任制的要求下，各單位相互提供產品、勞務應按照獨立企業的原則計價結算，從而形成內部的資金結算關係和利益分配關係，體現的是內部單位之間的關聯關係。一般說來，企業內部各部門、各級單位之間與企業財務部門都要發生領款、報銷、代收、代付的收支結算關係。在實行內部經濟核算制和經營責任制的條件下，企業內部各單位都有相對獨立的資金定額或獨立支配的費用限額，各部門、各單位之間提供產品和勞務要進行計價結算。這樣，在企業財務部門與各部門、各內部單位之間，各部門、各單位相互之間，就發生資金結算關係，它體現了企業內部各單位之間的經濟利益關係。處理這種財務關係，要嚴格分清有關各方的經濟責任，以便有效地發揮激勵機制和約束機制的作用。

1.3.2.7　企業與企業職工之間的財務關係

企業與職工之間的財務關係是指在企業向職工支付勞務報酬的過程中形成的經濟利益關係。主要表現為：企業接受職工提供的勞務，並從營業所得中按照一定的標準向職工支付工資、獎金、津貼、社會保險和住房公積金，並按規定提取公益金等。此外，企業還可根據自身發展的需要，為職工提供學習、培訓的機會等。這種企業與職工之間的財務關係屬於勞動成果上的分配關係。企業要用自身的產品銷售收入，向職工支付工資、津貼、獎金等，因此需要按職工提供勞動的數量和質量進行分配。這種企業與職工之間的結算關係，體現了職工個人和集體在勞動成果上的分配關係。處理這種財務關係，要正確執行有關的分配政策。企業的資金運動，從表面上看是錢和物的增減變動，而錢和物的增減變動離不開人與人之間的關係。我們要透過資金運動的現象，看到人與人之間的關係，自覺地處理好財務關係，促進生產經營活動的發展。

綜上所述，企業財務是指企業在生產經營過程中客觀存在的資金運動及其所體現的經濟利益關係。前者稱為財務活動，表明了企業財務的內容和形式特徵；後者稱為財務關係，揭示了企業財務的實質。可見，企業財務管理是組織企業財務活動、處理財務關係的一項經濟管理工作。

1.4　企業資金運動的規律

企業資金運動中各種經濟現象之間存在著互相依存、互相轉化、互相制約的關係，這種資金運動內部本質的必然聯繫就是企業資金運動的規律。要做好企業財務管理，就必須充分認識和把握企業資金運動的規律性。馬克思在《資本論》中深刻地揭示了

社會化商品經濟基礎上的價值運動的一般規律。馬克思有關商品經濟條件下價值運動的基本原理，是以資金運動規律及其應用方式為研究對象的財務管理學的理論基礎。我們應該以馬克思關於價值運動的原理為指導，研究社會主義企業資金運動的規律問題。企業資金運動的規律，從總體上考察主要有以下五個方面。

1.4.1　支出收入相互匹配規律

企業經濟活動的多樣性，決定企業具有多種性質的資金支出。為了合理安排生產經營活動、正確評價經營成果，進行財務管理要自覺地分清各種不同性質的資金支出。企業生產經營活動中客觀地存在各種資金支出，而且還可能發生各種資金損失。各種資金支出，從其與生產經營過程的聯繫來看，可分為非生產經營支出和生產經營支出。前者主要是職工集體福利設施支出，由公益金開支；後者按其效益作用期間分為資本性支出和收益性支出，資本性支出的效益延及若干會計年度，通常要形成長期資產，收益性支出的效益僅延及本會計年度，通常形成營業費用或流動資產，最終計入當期損益。各種資金損失雖然通常為數不多，但內容更為複雜，總體說來可分為經營損失、投資損失和非經營損失。經營損失有流動資產損失（如存貨的盤虧、毀損）、固定資產損失（如固定資產盤虧、毀損），應通過一定方式計入營業損益；投資損失應衝銷投資收益；非經營損失包括過失性的賠償金、違約金和違章性的罰沒損失、滯納金，視其情況分別計入營業外支出和稅後利潤。各種性質的資金支出，用途不同，支出的效果也不同；各種性質的資金收入，由於來源不一定相同，則使用的去向也可能有所不同。

1.4.2　資金收支適時平衡規律

企業取得財務收入，意味著一次資金循環的終結，而企業發生財務支出，則意味著另一次資金循環的開始，所以資金的收支是資金週轉的紐帶。要保證資金週轉順利進行，就要求資金收支不僅在數量上而且在時間上協調平衡。收不抵支，固然會導致資金週轉的中斷或停滯，但如全月收支總額可以平衡，而支出大部分發生在先、收入大部分形成在後，也必然會妨礙資金的順利週轉。資金收支在每一時點上的平衡性，是資金循環過程得以周而復始進行的條件。資金收支的平衡，歸根到底取決於購、產、銷活動的平衡。企業的資金通過購買階段用貨幣資金買回各種生產資料，為生產做好準備。在購買生產資料時，應該從實際需求情況出發，使生產資料和勞動力相互適應、比例恰當，各種生產資料之間形成配套，防止盲目採購造成資金支出超過生產需要和財力可能。

1.4.3　資金形態並存繼起規律

資金循環是各種資金形態的統一，也是各種資金形態各自循環的統一。馬克思在分析資本循環時指出：「資本作為整體是同時地、在空間上並列地處在它的各個不同階段上。但是，每一個部分都不斷地依次由一個階段過渡到另一個階段，由一種職能形式過渡到另一種職能形式，從而依次在一切階段和一切職能形式中執行職能。因此，這些形式都是流動的形式，它們的同時並列，是由於它們的相繼進行而引起的。」社會

主義企業的資金也是這樣，不僅要在時間和空同上同時並存於貨幣資金、固定資金、生產儲備資金、未完工產品資金、成品資金等資金形態上，而且在時間上要求各種資金形態相應地通過各自的循環。每一種資金形態在同一時間裡不能「一身二任」，正在執行流通職能的資金不可能在同一時間去執行生產職能。只有把企業的資金按一定的比例分割為若幹部分，使它們分別採取不同的資金形態，而每一種資金形態又都必須依次通過循環的各個階段，資金的運動才能連續地不間斷地進行。如果全部資金都處在固定資金、生產儲備資金和未完工產品資金上，流通過程就會中斷；如果全部資金都處在貨幣資金和成品資金上，生產過程就會中斷。

1.4.4　資金物資運動致背規律

資金運動和物資運動是在企業生產經營過程中同時存在的經濟現象，然而資金運動作為物資價值的運動同物資實物形態的運動又是可以分離的。資金運動對於物資運動具有一定的獨立性。它們之間的關係是既一致又相互背離的。資金運動與物資運動的一致性表現在兩個方面：

一方面，企業的物資運動是資金運動的基礎，物資運動決定著資金運動。資金是企業再生產過程中物資價值的貨幣表現，企業的資金運動經常是伴隨著物資運動發生的。有物資才有資金，物資運動狀況的好壞，決定著資金運動狀況的好壞。只有購、產、銷等活動正常進行，才能保證資金運動暢通無阻。

另一方面，資金運動是物資運動的反應，並對物資運動起著控制和調節的作用。人們可以通過資金在不同週轉階段上運動的通暢與否，來瞭解購、產、銷等活動組織得如何，並採取措施，合理組織資金運動，促使物資充分有效地使用，提高生產經營的經濟效益。資金運動同物資運動這種互相一致的關係，體現著企業再生產過程的實物形態方面和價值形態方面的本質的必然聯繫。組織企業財務活動，既要著眼於物資運動，以保證購、產、銷活動的順利發展，又要自覺地利用資金運動的反作用，來促進生產經營的改善。表現在資金運動和物資運動的變動在時間上和數量上有時是不一致的。

1.4.5　企業社會資金依存規律

社會總資金是全社會個別資金的總和，主要包括企業經營資金、財政資金、金融資金。個別資金是獨立運行的，個別資金運動之間通過流通過程和分配過程發生聯繫。全社會所有的個別資金通過流通過程和分配過程的媒介，連接成統一的社會總資金運動。企業資金運動是社會總資金運動的基礎。國家財政與國有資本經營預算的收入，主要來自企業上繳的稅金和國有企業的利潤；國家財政與國有資本經營預算支出的安排，目前仍有相當大的部分用於對企業的投資。企業存入銀行的閒置資金，是銀行金融資金的重要來源；銀行貸款的對象主要是企業，銀行貸款也是企業借入資金的主要來源。可見，企業資金運動的狀況和成果，對於財政資金、國家財務資金和金融資金的形成、分配和使用有著決定性的作用。同時，社會資金運動的規模和結構，反過來又制約著企業經營資金運動的規模和結構。

上述五項資金運動規律，是基於平時總體上考察而言的。在各種不同的資金運動領域裡，還存在各種具體的規律性，如資金占用、成本開支、收入分配等的規律性。我們必須總結實踐經驗，深刻地研究和認識企業資金運動的規律性，不斷提高財務管理水準。

1.5　財務管理的原則

財務管理的原則是企業組織財務活動、處理財務關係的準則。它是從企業財務管理的實踐經驗中概括出來的、體現理財活動規律性的行為規範，是對財務管理的基本要求。企業財務管理，必須按照社會主義市場經濟體制和現代企業制度的要求，講求生財、聚財、用財之道，認真貫徹下列原則。

1.5.1　貨幣時間價值原則

貨幣時間價值原則，要求在進行財務計量時，充分考慮貨幣時間價值因素。我們知道，今天的一元錢要多於將來的一元錢。其原因是現在的一元錢可以進行投資，將來收到的價值要多於一元。貨幣時間價值就是指貨幣經過一定時間的投資和再投資所增加的價值。貨幣投入市場後，其數額會隨著時間的延續而不斷增加，這是一種客觀的經濟現象。貨幣時間價值原則的首要運用是現值概念。由於現在的一元貨幣比將來的一元貨幣經濟價值大，不同時間的貨幣價值不能直接加減運算，需要進行折算。通常，要把不同時間的貨幣價值折算到「現在」時點，然後進行運算或比較，這個過程被稱為「貼現」或「折現」，貼現使用的百分率被稱為貼現率，貼現後的價值被稱為現值。財務估價中，廣泛使用現值來計量資產的價格。貨幣時間價值原則的另一個重要運用是「早收晚付」觀念。對於不附帶利息的貨幣收支，與其晚收不如早收，與其早付不如晚付。貨幣在自己手上，可以立即用於消費而不必等待將來消費，可以投資獲利而無損於原來的價值，還可以用於預料不到的支付。總之，早收晚付在經濟上是有利的。將貨幣時間價值運用在資金籌集、運用和分配方面是提高財務管理水準，搞好融資、投資，分配決策的有效保證。資金時間價值以商品經濟的高度發展和借貸關係的普遍存在為前提條件或基礎，它是一個客觀存在的經濟範疇，是財務管理中必須考慮的重要因素。運用貨幣時間價值原則要把投資項目未來的成本和收益都以現值來表示，如果未來收益的現值大於成本現值，且此時的未來風險投資收益高於無風險投資收益，則對該項目予以肯定，否則予以拒絕。

1.5.2　資金合理配置原則

企業財務管理是對企業全部資金的管理，而資金運用的結果則形成企業各種各樣的物質資源。各種物質資源總是要有一定的比例關係。所謂資金合理配置，就是要通過資金活動的組織和調節，來保證各項物質資源具有最優化的結構比例關係。企業物質資源的配置情況是資金運用的結果，同時它又是通過資金結構表現出來的。從一

定時點的靜態來看，企業有各種各樣的資金結構。

在資金占用方面，有對外投資和對內投資的構成比例，有固定資產和流動資產的構成比例，有有形固定資產和無形固定資產的構成比例，有貨幣性資金和非貨幣性資金的構成比例，有材料、在產品、產成品的構成比例，等等。

在資金來源方面，有債務資金和主權資金的構成比例，有長期負債和短期負債的構成比例，等等。按照系統論的觀點，組成系統的各個要素的構成比例，是決定一個系統功能狀況的最基本的條件。系統的組成要素之間存在著一定的內在聯繫，系統的結構一旦形成就會對環境產生整體效應，或是有效地改變環境，或是產生不利的影響。在財務活動這個系統中也是如此：資金配置合理，從而資源構成比例適當，就能保證生產經營活動順暢運行，並由此取得最佳的經濟效益，否則就會危及購、產、銷活動的協調，甚至影響企業的興衰。

綜上所述，資金合理配置是合業持續、高效經營必不可少的條件。各種資金形態的並存性和繼起性，是企業資金運動的一項重要規律。只有把企業的資金按合理的比例配置在生產經營的各個階段上，才能保證資金活動的繼起和各種形態資金占用的適度，才能保證生產經營活動的順暢運行。如果企業庫存產品長期積壓、應收帳款不能收回，而又未能採取有力的調節措施，則生產經營必然發生困難；如果企業不優先保證內部業務的資金需要，而把資金大量用於對外長期投資，則企業主營業務的開拓和發展必然受到影響。通過合理運用資金實現企業資源的優化配置，從財務管理來看就是合理安排企業各種資金結構問題。企業進行資本結構決策、投資組合決策、存貨管理決策、收益分配比例決策等都必須貫徹這一原則。

1.5.3 成本效益兼顧原則

在企業財務管理中，既要關心資金的存量和流量，更要關心資金的增量。企業資金的增量即資金的增值額，是由營業利潤或投資收益形成的。因此，對於形成資金增量的成本與收益這兩方面的因素必須認真進行分析和權衡。成本效益原則，就是要對經濟活動中的所費與所得進行分析比較，對經濟行為的得失進行衡量，使成本與收益得到最優的結合，以求獲取最多的盈利。講求經濟效益，要求以盡可能少的勞動墊支和勞動消耗，創造出盡可能多和盡可能好的勞動成果，以滿足社會不斷增長的物質和文化生活需要。在社會主義市場經濟條件下，這種勞動占用、勞動消耗和勞動成果的計算和比較，是通過以貨幣表現的財務指標來進行的。總體來看，勞動占用和勞動消耗的貨幣表現是資金占用和成本費用，勞動成果的貨幣表現是營業收入和利潤。所以，實行成本效益原則，能夠提高企業經濟效益，使投資者權益最大化，它是由企業的財務管理目標決定的。企業在籌資活動中，有資本成本率和息稅前資金利潤率的對比分析問題；在投資決策中，有投資額與各期投資收益額的對比分析問題；在日常經營活動中，有營業成本與營業收入的對比分析問題；其他如勞務供應、設備修理、材料採購、人員培訓等，無不有經濟得失的對比分析問題。企業的一切成本、費用的發生，最終都是為了取得收益，都可以聯繫相應的收益進行比較。進行各方面的財務決策，都應當按成本效益原則做出周密的分析。成本效益原則作為一種價值判斷原則，在財務管理中具有廣泛的應用價值。

1.5.4 收支積極平衡原則

在財務管理中，不僅要保持各種資金存量的協調平衡，而且要經常關注資金流量的動態協調平衡。所謂收支積極平衡，就是要求資金收支不僅在一定期間總量上求得平衡，而且在每一個時點上協調平衡。資金收支在每一時點上的平衡，是資金循環過程得以周而復始進行的條件。資金收支的平衡，歸根到底取決於購、產、銷活動的平衡。企業既要搞好生產過程的組織管理工作，又要抓好生產資料的採購和產品的銷售，要購、產、銷一起抓，克服任何一種片面性。只有堅持生產和流通的統一，使企業的購、產、銷三個環節互相銜接，保持平衡，企業資金的週轉才能正常進行，並取得應有的經濟效益。資金收支平衡不能採用消極的辦法來實現，而要採用積極的辦法解決收支中存在的矛盾。要做到收支平衡，首先是要開源節流，增收節支。節支是要節約那些應該壓縮、可以壓縮的費用，而對那些在創收上有決定作用的支出則必須全力保證；增收是要增加那些能帶來經濟效益的營業收入，而採取拼設備、拼人力，不惜工本、不顧質量而一味追求短期收入的做法則是不可取的。其次，在發達的金融市場條件下，還應當通過短期籌資和投資來調劑資金的餘缺。在一定時期內，資金收入不敷支出時，應及時採取辦理借款、發行短期債券等方式融通資金；而當資金收入比較充裕時，則可適時歸還債務，進行短期證券投資。總之，在組織資金收支平衡問題上，既要量入為出，根據現有的財力來安排各項開支，又要量出為入，對於關鍵的生產經營支出要開闢財源，積極予以支持。只有這樣，才能取得理想的經濟效益。收支積極平衡原則不僅適用於現金收支計劃的編製，它對於證券投資決策、籌資決策等也都有重要的指導意義。

1.5.5 分級分口管理原則

在規模較大的現代化企業中，對財務活動必須實行分級分口管理。所謂分級分口管理，就是在企業總部統一領導的前提下，合理安排各級單位和各職能部門的權責關係，充分調動各級各部門的積極性。統一領導下的分級分口管理，是民主集中制在財務管理中的具體運用。以工業企業為例，企業通常分為廠部、車間、班組等三級，廠部和車間設立若干職能機構或職能人員。在財務管理上實行統一領導、分級分口管理，就是要按照管理物資同管理資金相結合、使用資金同管理資金相結合、管理責任同管理權限相結合的要求，合理安排企業內部各單位在資金、成本、收入等管理上的權責關係。廠部是企業行政工作的指揮中心，企業財務管理的主要權力集中在廠級。同時，要對車間、班級、倉庫、生活福利等單位給予一定的權限，建立財務分級管理責任制。企業的各項財務指標要逐級分解落實到各級單位，各單位要核算其直接費用、資金佔用等財務指標，定期進行考核，對經濟效益好的單位給予物質獎勵。財務部門是組織和推動全廠財務管理工作的主管部門，而供、產、銷等部門則直接負責組織各項生產經營活動，使用各項資金和物資，發生各項生產耗費，參與創造和實現生產成果。要在加強財務部門集中管理的同時，實行各職能部門的分口管理，按其業務範圍規定財務管理的職責和權限，核定指標，定期進行考核。這樣，就可以調動各級各部門管理財務活動的積極性。

1.5.6 利益關係協調原則

企業財務管理要組織資金的活動,因而同各方面的經濟利益有非常密切的聯繫。實際利益關係協調原則,就是在財務管理中利用經濟手段協調國家、投資者、債權人、購銷客戶、經營者、勞動者、企業內部各部門各單位的經濟利益關係,維護有關各方的合法權益。有關各方利益關係的協調,是財務管理目標順利實現必不可少的條件。企業內部和外部經濟利益的調整在很大程度上都是通過財務活動來實現的。企業對投資者要做到資本保全,並合理安排紅利分配同盈餘公積提取的關係,在各種投資者之間合理分配紅利;對債權人要按期還本付息;企業與企業之間要實行等價交換原則,並且通過折扣和罰金、賠款等形式來促使各方認真履行經濟合同,維護各方的經濟利益。在企業內部,對於生產經營經濟效果好的單位應給予必要的物質獎勵,並運用各種結算手段劃清各單位的經濟責任和經濟利益;在企業同職工之間,實行按勞分配原則,把職工的收入和勞動成果聯繫起來。所有這些都要通過財務管理來實現。在財務管理中,應當正確運用價格、股利、利息、獎金、罰款等經濟手段,啟動激勵機制和約束機制,合理補償、獎優罰劣,處理好各方面的經濟利益關係,以保障企業生產經營順利、高效地運行。處理各種經濟利益關係,要遵守國家法律,認真執行政策,保障有關各方應得的利益,防止搞優質不優價、同股不同利之類的不正當做法。在經濟生活中,個人利益和集體利益、局部利益和全局利益、眼前利益和長遠利益也會發生矛盾,而這些矛盾往往是不可能完全靠經濟利益的調節來解決的。在處理物質利益關係的時候,一定要加強思想政治工作,提倡照顧全局利益財務管理原則。在財務管理中,應當協調國家、投資者、債權人、經營者、勞動者的經濟利益,維護有關各方的合法權益,還要處理好企業內部各部門、各單位之間的經濟利益關係,以調動它們的積極性,使它們步調一致地為實現企業財務目標而努力。

1.5.7 收益風險對等原則

在市場經濟的激烈競爭中,進行財務活動不可避免地要遇到風險。財務活動中的風險是指獲得預期財務成果的不確定性。企業要想獲得收益,就不能迴避風險,可以說風險中包含收益,挑戰中存在機遇。風險收益對等原則,要求企業不能只顧追求收益,不考慮發生損失的可能,要求企業進行財務管理時必須對每一項具體的財務活動進行全面分析,以瞭解其收益和安全性,按照風險和收益適當均衡的要求來決定採取何種行動方案,同時在實踐中趨利避害,爭取獲得較多的收益。

一般而言,風險和收益之間存在著一種對等關係,即高收益的投資機會必然伴隨巨大的風險,風險小的投資機會必然只有較低的收益。這種情況下公司必須對收益和風險做出權衡,為追求較高的收益而承擔較大的風險,或者為減少風險而接受較低的收益。它要求公司在財務管理中盡可能對產生風險的各種因素充分估計,預先找出分散風險、化解風險的措施。例如:在籌資時,可以從多種渠道、多種方式獲取資金;在投資時,認真分析影響投資決策的各種因素,科學地進行投資項目的可行性研究,既要考慮投資項目收益的高低,更要考慮其風險的大小。

1.6 財務管理的目標

根據系統論，正確的目標是系統實現良性循環的前提條件，企業的財務目標對企業財務系統的運行也具有同樣的意義。財務管理的目標又稱財務管理目標，是指企業進行財務活動所要達到的根本目的。它決定著企業財務管理的基本方向，是評價企業理財活動是否合理的基本標準。在充分研究財務活動客觀規律的基礎上，根據實際情況和未來變動趨勢，確定財務管理目標，是財務管理主體必須首先解決的一個理論和實踐問題。財務管理的目標制約著財務運行的基本特徵和發展方向，是財務運行的一種驅動力。不同的財務管理目標會產生不同的財務管理運行機制，科學地設置財務管理目標，對優化理財行為，實現財務管理的良性循環具有重要意義。財務管理目標作為企業財務運行的導向力量，設置若有偏差，財務管理的運行機制就很難合理。以下通過介紹財務管理目標特徵、財務管理產權目標、總體目標及具體目標對財務管理的要求，指出企業財務管理的目標應該是什麼以及如何實現財務管理目標的協調。

1.6.1 財務管理目標的作用和特徵

財務管理目標（Goals of Financial Management），是指企業進行財務活動所要達到的根本目的。進行任何工作，都要分析形勢與任務，根據工作對象的客觀規律性提出自身需要解決的主要問題。完全應付日常財務具體業務，不樹立自己的預期目標，則猶如盲人騎瞎馬，不知應去何方。但是如果脫離財務活動的客觀規律而提出一些主觀願望，那也只能是空想，是不可能實現的。因此，在充分研究財務活動客觀規律性的基礎上明確財務管理目標，是財務管理的一個重要理論問題。研究財務管理目標最重要的是明確企業全部財務活動需要實現的最終目標。財務管理目標不同於過去我們常說的財務管理任務，它不是平行列舉的幾項要求，而是財務活動最終要達到的一個目的地（終點），猶如萬里行船所要抵達的彼岸，因而指導作用更加顯著。

1.6.1.1 財務管理目標的作用

財務管理目標的作用比較廣泛，本教材主要概括為以下四個方面：

1. 指引作用

管理是為了達到某一目的而組織和協調集體所做努力的過程；財務管理目標的作用首先就在於為各種管理者指明方向，描繪了藍圖。例如，黨的十九大報告中明確提出了中國建設現代化強國的「三階段」戰略目標部署。2017—2020 年，全面建成小康社會；2020—2035 年，基本實現社會主義現代化；2035—2050 年，全面建成社會主義強國。這些目標為全國人民指明了前進方向，它的實現需要經濟支撐。

2. 激勵作用

目標是激勵企業全體成員的力量源泉。每個員工只有明確了企業的目標，才能調動起潛在能力，盡力而為，創造出最佳成績。

3. 凝聚作用

企業是一個協作系統，必須增強全體成員的凝聚力，才能發揮作用。企業凝聚力的大小受到多種因素的影響，其中一個重要因素，就是其目標。企業目標明確，能充分體現全體職工的共同利益，就會極大地激發企業職工的工作熱情、獻身精神和創造能力，形成強大的凝聚力，產生正能量。

4. 考核作用

在管理不夠規範的一些企業中，往往將上級領導對工作人員的主觀印象和粗略瞭解作為業績考核的依據，這是不客觀、不科學的，應當以明確的目標作為績效考核的標準，這樣就能按職工的實際貢獻大小如實地進行評價。所以，一個企業，猶如一個國家、一個城市，不能夠沒有自己的奮鬥目標。當然，企業考核指標、考核方法有很多，但無一例外地都離不開對財務指標的考核。

1.6.1.2 財務管理目標的特徵

企業財務管理目標具有以下特徵：

1. 財務管理目標具有相對穩定性

財務管理目標是在一定的宏觀經濟體制和企業經營方式下，由人們總結實踐提出來的。隨著宏觀經濟體制和企業經營方式的變化，隨著人們認識的發展和深化，財務管理目標也可能發生變化。例如，西方財務管理目標就曾經有過「籌資數量最大化」「利潤最大化」「股東財富最大化」等多種概括。中國在計劃經濟體制下，財務管理是圍繞著國家下達的產值指標來進行的，實際上追求的是「產值最大化」；在建立社會主義市場經濟體制的過程中，企業財務管理基本上是圍繞著利潤的增長來進行的。這種情況，反應著宏觀經濟體制、企業經營方式的變化，體現著人們認識的發展。但是，宏觀經濟體制和企業經營方式的變化是漸進的，只是發展到一定階段以後才產生質變，人們的認識在達到一個新的高度以後，也會有一個取得共識、普遍接受的時期。因此，財務管理目標作為人們對客觀規律性的一種概括，總體說來是相對穩定的。

2. 財務管理目標具有可操作性

財務管理目標是實行財務目標管理的前提。它要起到組織動員的作用，制定經濟指標並進行分解，實現職工自我控制，進行科學的績效考評，就必須具有可操作性。具體說來包括以下內容：①可以計量。財務管理目標要有定性的要求，同時也應制定出量化的標準，這樣才便於付諸實行。例如，中國社會主義建設的戰略目標，每一步都有一定的數量要求。財務管理是一種價值管理，其目標更要能用各單位的量化指標來表現。在實踐中不能以切實可行的量化指標來表現的財務管理目標，企業管理人員實際上，是不會接受的。②可以追溯。也就是財務管理目標實現得如何應該是最終可以追溯到有關管理部門和人員頭上的，這樣才便於落實指標，檢查責任履行情況，制定整改措施。③可以控制。企業的財務管理目標以及分解落實給各部門、各單位的具體目標，應該是企業和各部門、各單位管得住、控制得了的。凡是在它們控制範圍之外的目標，它們是無能為力的，這些目標就會形同虛設，它們對此是不會關心的。

3. 財務管理目標具有層次性

財務管理目標是企業財務管理這個系統順利運行的前提條件，同時它本身也是一

個系統。各種各樣的財務管理目標構成了一個網絡，這個網絡反應著各個目標之間的內在聯繫。財務管理目標的層次性，是由企業財務管理內容和方法的多樣性以及它們相互關係上的層次性決定的。財務管理目標按其涉及的範圍大小，可分為總體目標和具體目標。總體目標是指整個企業財務管理所要達到的目標，決定著整個財務管理過程的發展方向，是企業財務活動的出發點和歸宿。具體目標是指在總體目標的制約下，從事某一部分財務活動所要達到的目標。財務管理具體目標按其涉及的財務管理對象不同，可分為單項理財活動目標和單項財務指標目標。單項理財活動目標按財務管理內容分為籌資管理目標、投資管理目標、成本管理目標和收益分配目標等；按籌資投資對象分為股票籌資目標、債券籌資目標、證券投資目標、項目投資目標等；按資產項目分為應收帳款管理目標、存貨管理目標等。單項財務指標目標有利潤目標（目標利潤）、成本目標（目標成本）和資本結構目標（目標資本結構），等等。財務管理目標的相對穩定性、可操作性和層次性，是財務管理目標的基本特徵。認真研究這三個特徵，將有助於我們合理地設計財務管理目標體系。

1.6.2 企業的產權目標

企業是以盈利為目的的社會經濟組織，其出發點和歸宿是盈利，企業一旦成立，就會面臨競爭，並始終處於生存和倒閉、發展和萎縮的矛盾之中，企業必須生存下去才能有活力，只有不斷發展才能求得生存，只有生存，才有做大做強的前提，如果連基本生存都沒有解決，談何做大做強。因此，企業目標可以具體細分為生存、發展和獲利。

1.6.2.1 生存

企業只有生存，才可能獲利。企業在市場中生存下去的基本條件是以收抵支。一方面，企業支付貨幣資金，從市場上取得所需的實物資產；另一方面，企業提供市場需要的商品或服務，從市場上換回貨幣，這在一定程度上反應了企業經濟效益的高低和對社會貢獻的大小。同時，利潤還是企業補充資本、擴大經營規模的源泉，因此，利潤最大化是微觀經濟學的理論基礎。企業家以往都以利潤最大化作為企業的經營目標和財務管理目標。時至今日，這種觀點在理論界與實務界仍具有較大影響。

1.6.2.2 發展

公司是在發展中求生存，「優勝劣汰」是市場經濟的必然法則。一個公司如果不能發展，不能提高產品和服務的質量，不能擴大自己的市場份額，就會被其他企業排擠出去，在激烈的競爭中被淘汰。一個公司要發展，主要是要擴大收入和降低成本、費用兩個渠道。擴大收入在企業中屬於開源範疇。其根本途徑是提高產品的質量和擴大銷售的數量，這就需要企業不斷更新設備、技術和工藝，不斷提高各類人員的素質，也就是要投入更多、更好的物質資源、人力資源，改進技術和管理。降低成本費、用是指在達到產品、商品的性能和服務的前提下，以最小的投入獲得最大的效益，在企業中屬於節流範疇。企業要發展壯大，開源和節流都不能欠缺，必須同步進行。單純地開源和節流都不會產生較好的效果。在市場經濟中，各種資源的取得都要付出貨幣，

企業的發展離不開資金。因此，籌集企業發展所需的資金，是對財務管理的第二個要求。

1.6.2.3 獲利

企業是以盈利為目的而建立起來的企業法人，獲利才有存在的價值。從財務的角度來看，盈利就是使資產獲得超過其投資的回報。在市場經濟中，並不存在可以免費使用的資金，資金的每項來源都有其成本。每項資產都是投資，都應獲得相應的回報。財務人員務必使企業正常經營所產生的資金和從外部獲得的資金得到最有效的利用。

因此，通過合理、有效地使用資金使企業獲利是財務管理的第三個要求。總之，企業的目標是生存、發展和獲利。這個目標要求財務管理人員必須完成籌集資金並有效地投放和使用資金。

1.6.3 企業財務管理的總體目標

企業財務管理的總體目標應該是什麼？中國理論界有許多不同的表述，主要有以下觀點：

1.6.3.1 稅後利潤最大化

稅後利潤最大化（Profit Maximization）是中國和西方都曾流傳甚廣的一種觀點，在實務界尤有重大的影響。利潤最大化一般是指企業稅後利潤總額的最大化。中國企業在告別高度集中的計劃經濟體制以後，經營方式由單純生產型向生產經營型轉變。在由放權讓利轉為完善經營機制，實行政企分開、兩權分離的過程中，企業有了自主權和自己的經濟利益，開始扭轉過去「產值最大化」的觀念，企業理財便圍繞著利潤的增長來進行。有些學者也明確提出「利潤最大化」的主張。以利潤最大化作為財務管理目標是有一定道理的，特別是在企業初創期是非常有效的。利潤額是企業在一定時期經營收入和經營費用的差額，而且是按照收入費用配比原則加以計算的，它反應了當期經營活動中投入與產出對比的結果，在一定程度上體現了企業經濟效益的高低；在市場經濟條件下，在企業自主經營的條件下，利潤的多少不僅體現了企業對國家的貢獻，而且與企業的利益息息相關。利潤最大化，對於企業投資者、債權人、經營者和職工都是有利的。

1. 追逐利潤最大化的動機

將追逐利潤最大化作為財務管理的目標，其主要原因有三：一是人類從事生產經營活動的目的是為了創造更多的剩餘產品，在商品經濟條件下，剩餘產品的多少可以用利潤這個價值指標來衡量。二是在自由競爭的資本市場中，資本的使用權最終屬於獲利最多的企業。三是只有每個企業都最大限度地獲得利潤，整個社會的財富才可能實現最大化，從而帶來社會的進步和發展，因此，以利潤最大化作為財務管理目標，有其合理的一面。企業追求利潤最大化，就必須講求經濟核算，加強管理，改進技術。提高勞動生產率、降低產品成本，這些措施都有利於資源的合理配置，有利於經濟效益的提高。

2. 稅後利潤最大化的優缺點

稅後利潤最大化指標的優點是利潤這個指標在實際應用方面比較簡便。利潤額直觀、明確，容易計算，便於分解落實，大多數職工都能理解。

稅後利潤最大化目標的不足之處：

第一，這裡的利潤是指企業一定時期實現的利潤總額，沒有考慮利潤發生的時間，即沒有考慮資金的時間價值。今年的100萬元利潤與去年的100萬元利潤，哪個更符合企業的目標？如果不考慮資金的時間價值，企業就無法做出正確的判斷。

第二，沒有反應創造的利潤與投入的資本之間的關係。因為利潤額是個絕對數，無法在不同資本規模的企業或同一企業不同期間以利潤額大小來比較、評價企業的經濟效益。例如，同樣獲得100萬元的利潤，甲企業投入資本1,000萬元，乙企業投入900萬元，甲企業的利潤率為10%，乙企業的利潤率為11%，哪一個更符合企業的目標？如果不與投入的資本額相聯繫，可能導致判斷失誤。

第三，沒有考慮獲得利潤所承擔的風險因素。在複雜的市場經濟條件下，忽視獲利與風險並存，可能會導致企業管理主體不顧風險大小而盲目追求利潤最大化。一般而言，報酬越高，風險越大。例如，同樣投入1,000萬元，本年獲利100萬元，其中，一個企業的獲利為現金形式，而另一個企業的獲利則表現為應收帳款。顯然，如果不考慮風險大小，就難以正確地判斷哪一個更符合企業目標。而事實上高風險才能取得高收益。不考慮風險大小，會使財務決策優先選擇高風險的項目，一旦不利狀況出現，企業將陷入困境，甚至可能破產。

第四，容易導致企業片面追求短期效益而忽視長遠發展。片面追求利潤最大化，一方面可能導致企業對機器設備、資源等採取超負荷、掠奪性的使用；另一方面可能導致職業經理人片面追求自身業績，只求在當期內獲得利潤最大化，根本不考慮企業長遠的發展，結果使企業後力不足，最終走向破產或倒閉。

1.6.3.2 資本利潤率最大化

針對利潤總額最大化目標存在的問題，中國有些學者提出了以資本利潤率（Return on Equity Capital）作為考察財務活動的主要指標。這個指標的特點是把企業實現的利潤同投入的權益資本進行對比，能夠確切地說明企業的盈利水準。

資本利潤率是利潤額與資本額的比率，每股利潤是利潤額與普通股股數的比值，這裡利潤額指的是稅後淨利潤。所有者作為企業的投資者，其投資目標是取得資本收益，具體表現為稅後淨利潤與出資額或股份數（普通股）的對比關係。

採用資本利潤率最大化目標的優點：一是資本利潤率全面地反應了企業營業收入與營業費用和投入資本與投入產出的關係，能較好地考核企業經濟效益的水準。資本利潤率是企業綜合性最強的一個經濟指標，它也是杜邦分析法中所採用的綜合性指標；二是資本利潤率不同於資產報酬率，它反應企業資本的使用效益，同時也可反應因改變資本結構而給企業收益率帶來的影響；三是在利用資本利潤率對企業進行評價時，可將年初所有者權益按資金時間價值折成終值，這樣就能客觀地考察企業權益資本的增值情況，較好地滿足投資者的需要；四是資本利潤率指標容易理解，便於操作，有

利於把指標分解、落實到各部門、各單位,也便於各部門、各單位據以控制各項生產經營活動,對於財務分析、財務預測也有重要的作用。

資本利潤率最大化指標的不足之處:沒有考慮每股收益的取得時間和不可避免企業的短期行為。

在採用權益資本利潤率最大化這一財務管理目標時,應當注意協調所有者與債權人、經營者之間的利益關係,防止經濟利益過分向股東傾斜,還必須堅持長期利益原則,防止追求短期利益的行為。每股收益最大化是將股東的利益放到首位來考慮的。

1.6.3.3 股東財富最大化

公司制企業是企業組織形式的典型形態,股份有限公司是現代企業的主要形式。股東財富最大化,就是指通過企業財務管理,為股東謀取最大限度的財富。顯然股東財富的大小直接取決於持有股票的數量和股票的市場價格兩個因素,在股票數量一定的情況下,股票價格將是股東財富的決定性因素。因此,股東財富最大化可以表現為股票每股市價最大化。但是,眾所周知,股票價格的變動受諸多因素的影響,是一個極複雜的過程。因此,股東財富最大化表現為每股市價最大化的前提條件是資本市場的運行是健康、有效的。與利潤最大化相比較,以股東財富最大化作為企業財務管理目標優點:一是股東財富,特別是每股市價的概念明晰、具體;二是充分考慮了貨幣時間價值因素,因為股票的市場價值是股東持有股票未來現金淨流量的現值之和;三是綜合考慮了風險因素,因為在運行良好的資本市場中每股市價的變動已反應了風險情況;四是股東財富的計量,是以現金流量為基礎而不是以利潤為標準,有利於克服片面追求利潤的短期行為。

1.6.3.4 企業價值最大化

何為企業價值(Company Value)?一些學者指出:企業價值是指企業全部資產的市場價值(股票與負債市場價值之和)。通俗地說,企業價值就是企業本身值多少錢。在對企業價值進行評估時,著重點不僅應放在已經取得的利潤水準,而更應關注企業潛在的獲利能力。可見,企業價值應是企業資產的價值,而股東財富,顧名思義應是企業所有者權益的價值,企業價值同股東財富在性質上和數額上都是有差別的。

企業價值最大化財務管理目標的優點:①它考慮了取得報酬的時間,並用時間價值的原理進行了計量。②它科學地考慮了風險與報酬的聯繫。③它能克服企業在追求利潤上的短期行為,因為不僅目前的利潤會影響企業的價值,預期未來的利潤對企業價值的影響所起的作用更大。④它不僅考慮了股東的利益,而且考慮了債權人、經理層、一般職工的利益。

企業價值最大化財務管理目標的不足之處:①何為企業價值?企業價值的確定需要完整、全面的財務數據和科學的預測方法,在實際工作中很難得出。特別是針對本身財務就不健全的中小企業,就失去了它的意義。②無法兼顧利用相關者的要求。在與股東財富最大化目標進行比較時,企業價值最大化只是考慮了債權人的要求,而沒有更多地考慮其他利益相關者的要求。

1.6.3.5 相關利益最大化

企業在謀求自身的經濟效益的過程中,必須盡自己的社會責任(Social Responsibility),正確處理提高經濟效益和履行社會責任的關係。企業要保證產品質量,搞好售後服務,不能以不正當手段追求企業的利潤;要維護社會公共利益,保護生態平衡,合理使用資源,不能以破壞資源、污染環境為代價謀求企業的效益。此外,企業還應根據自身力量承擔一定的社會義務,出資參與社會公益事業,支持社區的文化教育事業和福利慈善事業。提高經濟效益和履行社會責任,兩者既有統一的一面又有矛盾的一面。企業要實現財務管理目標,不能只從企業本身來考慮,還必須從企業所從屬的更大範圍的社會系統來考慮。

綜上所述,中國企業現階段財務管理目標的可供考慮的選擇,是在提高經濟效益的總思路下,以履行社會責任為前提,謀求企業權益資本利潤率的最優化。

1.6.4 企業財務管理的具體目標

財務管理的具體目標是指各項財務管理所要達到的目的。具體財務目標是實現企業總體財務管理目標的前提和保證,而總體財務管理目標則是具體財務目標的必然結果。只有實現了具體財務目標,才能實現總體財務目標。具體財務目標的特點在於它的具體性、可理解性和可操作性,而總體財務目標的特點在於它的整體性和前瞻性。財務管理具體目標取決於財務管理的內容,有哪些財務管理的內容就會有哪些相應的具體目標。主要包括籌資管理目標、投資管理目標、營運資金管理目標和收益分配管理目標等:

1.6.4.1 籌資管理目標

籌資管理的目標主要有兩個:①以最低的資本成本,籌足企業發展所需的資金;②以較低的籌資風險,籌足企業發展所需的資金。任何企業為了保證生產的正常進行或者擴大再生產,必然需要一定的資金。企業可以從多種渠道籌集資金,如發行股票、發行債券、銀行借款、商業信用等。不同的資金來源渠道、不同的籌資方式,其風險和成本各不相同。這就要求企業在籌集資金時,不僅要在數量上滿足生產經營的需要,而且要考慮各種資金成本的高低、財務風險的大小,以便選擇最佳的籌資方式,實現財務管理的總體目標。

1.6.4.2 投資管理目標

投資管理的目標主要有投資收益最大化和降低投資風險。企業將籌集的資金盡快地用於生產經營,以便獲得盈利。通過對內投資,提高生產經營能力和技術水準,保證資產的安全,加速資金週轉;通過對外投資,尋求新的利潤增長點,提高資本利潤率。在爭取投資收益的同時,必須考慮投資帶來的風險,力求風險與收益的均衡,盡可能降低投資風險,提高資金利用效率。

1.6.4.3 營運資金管理目標

營運資金管理的目標就是對資金運用和資金籌措的管理,以維持兩者間合理的結

構或比例，並增強流動資產的變現能力。企業的營運資金在全部資金中佔有相當大的比重，而且週期短、形態易變，是企業財務管理工作的一項重要內容。一個企業要維持正常的運轉就必須擁有適量的營運資金。若營運資金週轉不暢，會極大地影響企業正常的生產經營活動，給企業帶來損失。企業要經營，必須保證合理的資金需求，要有一定的營運資金需要量，因此，保證流動資金與流動負債處於合理狀態是營運資金良性循環的基礎。

1.6.4.4 收益分配管理目標

收益分配管理的目標主要有兩個：正確計算收益和成本以及合理分配企業利潤。反應收益的指標有三類：第一是價值量指標，如資金、成本、利潤以及相應的相對數指標等；第二是實物量指標，如產量、質量市場份額等；第三是效率指標，如勞動生產率、資產利用率、資產保值增值率等。如果說第一類指標反應的是企業現實的盈利水準，那麼第二類指標和第三類指標反應的則是反應企業未來潛在的盈利水準或企業未來的增值能力。因此可以把效益看成是當期利潤和預期利潤的綜合。

1.6.5 利益衝突與協調

在所有的利益衝突與協調中，所有者與經營者，所有者與債權人的利益衝突與協調至關重要。協調時需要把握的原則是盡可能使企業相關者的利益分配在數量和時間上達到動態協調平衡，互利共贏。

股東與經營者、債權人等相關利益人之間的關係是企業最重要的財務關係。股東是企業的所有者，財務管理的目標主要指的是股東的目標。股東委託經營者代表他們管理企業，為實現他們的目標而努力，但經營者與股東的目標並不完全一致。債權人把資金借給企業，並不是為了「股東財富最大化」或「企業價值最大化」，與股東的目標也不一致。企業必須協調這三方面的衝突才能實現理財的目標。

1.6.5.1 股東與經營者目標的衝突和協調

所有權和經營權的分離，是現代公司企業組織的重要特徵。股東的目標是使股東財富或企業價值更大，並要求經營者盡其所能去完成這個目標。但經營者也是個人效用最大化的追求者，他們是理性的經濟人，其具體行為目標與股東不一致。

經營者的目標：①增加企業投資的報酬，包括物質和非物質的報酬，如工資、獎金、榮譽和社會地位的提高等。②增加閒暇時間，包括較少的工作時間、工作時間裡較多的空閒和有效工作時間中較低的勞動強度等。③避免風險。經營者努力工作可能得不到應有的報酬，他們的行為和結果之間具有不確定性，經營者總是力圖避免這種風險，希望付出一分勞動便得到一分收穫；經營者對股東目標的偏離。

經營者的目標和股東不完全一致，經營者可能會為了自身的目標而背離股東的利益。主要表現在以下兩個方面：①道德風險。公司的所有者和經營者是一種委託代理關係。經營者和所有者目標的不一致性，很可能導致經營者在不違反合同的前提下，竭力追求自身目標的最大化，而忽視所有者的利益。例如，經理在工作時並非「鞠躬盡瘁」而是「做一天和尚撞一天鐘」，這樣做僅僅是道德問題，不構成法律和行政責任

問題，股東很難追究其責任。②逆向選擇。經營者為了自己的目標而直接背離股東的目標。例如，以工作需要為借口亂花股東的錢，裝修豪華的辦公室，要求企業提供更好的配車，參加國際會議實際上是公費旅行，更多地增加享受成本；蓄意壓低股票價格，以自己的名義購回，從中漁利而不顧股東的利益等。

防止經營者背離股東目標的方法。股東通常可以採取監督和激勵兩種方法來防止經營者背離自己的目標。

1. 監督

經營者背離股東的目標，其前提是雙方的信息不對稱，經營者瞭解的信息比股東多。為避免「道德風險」和「逆向選擇」，股東須獲取更多的信息，對經營者進行監督，在經營者背離股東目標時，減少其各種形式的報酬甚至解雇他們。股東對經營者的監督，主要通過以下兩種方式進行：一是通過公司的監事會來檢查公司財務，當發現經營者的行為損害股東利益時，要求董事會和經理予以糾正，解聘有關責任人員；二是股東也可以支付審計費聘請註冊會計師審查公司的財務狀況，監督經營者的財務行為。股東對公司情況的瞭解和對經營者的監督是必要的，但由於受到合理成本的限制，不可能全面監督。監督可以減少經營者背離股東目標的行為，但不能解決全部問題。

2. 激勵

防止經營者背離股東利益的另一途徑是制定並實行一套激勵制度，使經營者的利益與公司未來的利益相結合，鼓勵其自覺採取符合企業最大利益的行動。例如，可以通過「年終獎、股票期權、績效股」等形式，使經營者自覺自願地採取各種措施增加股票價值，從而達到股東財富最大化的目標。通常，股東同時採取監督和激勵都不可能使經營者完全按股東的意願行事，採取最大利益的決策，因此給股東帶來的損失此消彼長，相互制約。

1.6.5.2 股東與債權人目標的衝突和協調

當公司向債權人借入資金後，兩者也形成一種委託代理關係。債權人把資金交給企業，其目標是到期時收回本金，並獲得約定的利息收入；公司借款的目的是用它擴大經營，投入高收益的生產經營項目，兩者的目標並不一致。債權人事先知道借出資金是有風險的，並把這種風險的相應報酬納入利率。其常用方式如下：

第一，股東不經債權人的同意，投資於比債權人預期風險要高的新項目。如果高風險的計劃僥幸成功，超額的利潤歸股東獨吞；如果計劃不幸失敗，公司無力償債，債權人與股東將共同承擔由此造成的損失。儘管《中華人民共和國企業破產法》（以下簡稱《破產法》）規定，債權人先於股東分配破產財產，但多數情況下，破產財產不足以償債。所以，對債權人來說，超額利潤肯定分享不到，發生損失卻時有可能要分擔。

第二，股東為了提高公司的利潤，不徵得債權人的同意而迫使公司經營管理當局強行發行新債，致使舊債券的價值下降，使舊債權人蒙受損失。舊債券價值下降的原因是發新債後公司資產負債比率加大，公司破產的可能性增加，如果公司破產，舊債權人和新債權人要共同分配破產後的財產，使舊債券的風險增加，其價值下降。尤其

是不能轉讓的債券或其他借款，債權人沒有出售債權來擺脫困境的出路，處境更加不利。債權人為了防止其利益被傷害，除了尋求立法保護如破產時優先接管外，通常採取以下措施：在借款合同中加入限制性條款，如規定資金的用途，規定不得發行新債或限制發行新債的數額等；發現公司有剝奪其財產意圖時，拒絕進一步合作，不再提供新的借款或提前收回借款。

第三，可以採取的協調措施。所有者與債權人的上述利益衝突，可以通過以下兩種措施進行解決：①限制性借債。債權人事先在借款合同中加入限制性條款，如規定借債用途限制，規定不得新發行新債或限制發行新債，不得用於利潤的分配，使所有者不能削弱債權人的債權價值。②收回借款或停止借款。當債權人發現企業有損害債權價值意圖和行動時，可採取收回債權或拒絕進一步合作，即不再提供新的借款或提前收回借款等措施，通過施加償債壓力從而促使企業嚴格、規範地使用債務資金的目的。

1.6.6　企業的社會責任

企業的社會責任是指企業在謀求所有者或股東權益最大化時，應負有的維護和增進社會利益的義務。

企業的社會責任具體包括以下幾個方面的內容：

1.6.6.1　對員工承擔的責任

根據《中華人民共和國公司法》（以下簡稱《公司法》）的相關規定，企業對員工承擔的社會責任主要有以下幾點：

（1）按時足額發放勞動報酬，並根據社會發展逐步提高工資水準。
（2）保護職工的合法權益，依法簽訂勞動合同，加強勞動保護，實現安全生產。
（3）企業應當採用多種形式，加強公司職工的職業教育和崗位培訓，提高職工素質和能力。
（4）組織工會，開展工會活動，維護職工合法權益。

1.6.6.2　對債權人承擔的責任

債權人是與企業密切聯繫的重要的利益相關者，「保護債權人合法權益」也是《公司法》的立法目的之一。企業對債權人承擔的社會責任主要有以下幾點：

（1）按照法律法規和公司章程的規定，真實、準確、完整、及時地披露公司信息。
（2）誠實信用，不得濫用公司法人獨立地位和股東有限責任損害公司債權人的利益。
（3）積極主動償還債務，不無故拖欠。
（4）確保交易安全，切實履行合法訂立的合同。

1.6.6.3　對消費者承擔的責任

為了提升消費者對企業的信心，企業對消費者承擔的社會責任主要有以下幾點：

（1）確保產品貨真價實，保障消費安全。

（2）誠實守信，提供正確的商品信息，確保消費者的知情權。

（3）提供完善的售後服務。

1.6.6.4 對社會公益承擔的責任

（1）企業參與社會公益是企業的責任，適當地從事一些社會公益活動，有助於提高企業知名度，進而使價值上升。企業的社會責任主要涉及慈善、社區等方面。

（2）企業對慈善事業的社會責任主要是承擔扶貧、濟困和發展慈善事業的責任，表現為企業對不確定的社會群體進行幫助，如捐贈、招聘下崗人員等。

（3）企業應該關心社區的建設，協調好自身與社區內各方面的關係，實現企業與社區的和諧發展，如贊助當地活動，參與救助災害等。

1.6.6.5 對環境和資源承擔的責任

企業對環境和資源的社會責任主要體現在幾個方面：

（1）企業承擔可持續發展與節約資源的責任。

（2）企業承擔保護環境和維護自然和諧的責任，如使排污標準降低至法定標準之下，節約能源等。

（3）企業有義務和責任遵從政府的管理、接受政府的監督。

1.7 財務管理的環節

要做好財務管理工作，實現財務管理目標，除了要有正確的原則以外，還要掌握財務管理的環節。財務管理環節是指財務管理工作的各個階段，包括財務管理的各種業務手段。財務管理的環節主要有財務預測、財務計劃、財務控制、財務分析和財務決策。這些管理環節互相配合，緊密聯繫，形成周而復始的財務管理循環過程，構成完整的財務管理工作體系。

1.7.1 財務預測

財務預測（Financial Forecasting）是根據財務活動的歷史資料，考慮現實的要求和條件，對企業未來的財務活動和財務成果做出科學的預計和測算。

1.7.1.1 財務預測方向

在現代企業財務管理中，企業必須改變過去的事後反應和監督為事前的預測和決策。利用財務預測這個「望遠鏡」，在事前合理估計有利和不利因素，趨利避害，克服財務活動的盲目性，從而把握未來，明確方向。財務預測是進行財務決策的基礎，是編製財務預算的前提。

1.7.1.2 財務預測的內容與方法

財務預測的內容包括流動資產需求量與短期性投資預測、固定資產需求量與長期性投資預測、成本費用預測、銷售收入和利潤預測、現金流量預測等。財務預測所採

用的方法主要有兩種：一種是定性預測，是指企業缺乏完整的歷史資料或有關變量之間不存在較為明顯的數量關係下，專業人員利用財務資料和其他有關資料進行的主觀判斷與推測，主要包括專家意見法、專家調查法（特爾菲法）、經濟判斷法和電池研究法等。另一種是定量預測，是指企業根據比較完備的資料，運用數學方法，建立數學模型，對事物的未來進行的預測。主要包括直接計算法、因素預測法、量本利分析法、比例分析法、趨勢預測法、迴歸預測法、指數預測法、線性規劃法等。實際工作中，通常將兩者結合起來進行財務預測，在進行財務預測時，應當收集和整理大量的財務資料和其他相關資料，運用科學合理的方法進行。

1.7.1.3 財務預測的作用

財務預測的作用在於測算各項生產經營方案的經濟效益，為決策提供可靠的依據；預計財務收支的發展變化情況，以確定經營目標；測定各項定額和標準，為編製計劃、分解計劃指標服務。財務預測環節是在前一個財務管理循環的基礎上進行的，運用已取得的規律性的認識指導未來。

1.7.1.4 財務預測的步驟

（1）明確預測對象和目的。預測的對象和目的不同，則預測資料的收集、預測模型的建立、預測方法的選擇、預測結果的表現方式等也有不同的要求。為了達到預期的效果，必須根據管理決策的需要，明確預測的具體對象和目的，如降低成本、增加利潤、加速資金週轉、安排設備投資等，從而規定預測的範圍。

（2）收集和整理資料根據預測的對象和目的，要廣泛收集有關資料，包括企業內部和外部資料、財務和生產技術資料、計劃和統計資料、本年和以前年度資料，等等。對資料要檢查其可靠性、完整性和典型性，排除偶然性因素的干擾，還應對各項指標進行歸類、匯總、調整等加工處理，使資料符合預測的需要。

（3）選擇預測模型根據影響預測對象的各個因素之間的相互聯繫，選擇相應的財務預測模型。常見的財務預測模型有時間序列預測模型、因果關係預測模型、迴歸分析預測模型等。

（4）實施財務預測將經過加工整理的資料進行系統的研究，代入財務預測模型，採用適當預測方法，進行定性、定量分析，確定預測結果。

1.7.2 財務計劃

1. 財務計劃的概念

財務計劃是企業依據財務管理的總體目標，以財務預測提供的信息和財務決策確定的方案為基礎，運用科學的方法，對企業計劃期內的財務活動所進行的全面計劃。財務計劃是財務預測和財務決策的具體化、系統化，又反應了企業與各方面的財務關係，是企業財務活動的綱領性文件，同時也是財務控制、財務分析和考核的依據。

2. 財務計劃的步驟

財務計劃一般包括三個步驟：分析主客觀條件，確定主要指標；安排生產要素，組織綜合平衡；編製計劃表格，協調各項指標。

財務計劃（Financial Plan）工作是運用科學的技術手段和數學方法，對目標進行綜合平衡，制訂主要計劃指標，擬定增產節約措施，協調各項計劃指標。它是落實企業奮鬥目標和保證措施的必要環節。財務計劃是以財務決策確定的方案和財務預測提供的信息為基礎來編製的。它是財務預測和財務決策的具體化、系統化，又是控制財務收支活動、分析生產經營成果的依據。企業財務計劃主要包括：資金籌集計劃、固定資產投資和折舊計劃、流動資產占用和週轉計劃、對外投資計劃、利潤和利潤分配計劃。編製財務計劃要做好以下工作：

第一，分析主客觀條件，確定主要指標按照國家產業政策和企業財務決策的要求，根據供、產、銷條件和企業生產能力，運用各種科學方法，分析與所確定的經營目標有關的各種因素，按照成本效益的原則，確定出主要的計劃指標。

第二，安排生產要素，組織綜合平衡要合理安排人力、物力、財力，使之與經營目標的要求相適應。在財力平衡方面，要保持流動資金同固定資金的平衡、資金運用同資金來源的平衡、財務支出同財務收入的平衡等，還要努力挖掘企業潛力，從提高經濟效益出發，對企業各方面生產經營活動提出要求，制定好各單位的增產節約措施，制定和修訂各項定額，以保證計劃指標的落實。

第三，編製計劃表格，協調各項指標以經營目標為核心，以平均先進定額為基礎，計算企業計劃期內資金占用、成本、利潤等各項計劃指標，編製出財務計劃表，並檢查、核對各項有關計劃指標是否密切銜接、協調平衡。財務計劃的編製方法，常見的有固定計劃法、零基計劃法、彈性計劃法和滾動計劃法。

1.7.3 財務控制

財務控制（Financial Control）是在生產經營活動的過程中，以計劃任務和各項定額為依據，對資金的收入、支出、占用、耗費進行日常的核算，利用特定手段對各單位財務活動進行調節，以便實現計劃規定的財務目標。財務控制是落實計劃任務、保證計劃實現的有效措施。財務控制要適應管理定量化的需要，應抓好以下幾項工作：

1. 制定控制標準，分解落實責任

按照責任權利相結合的原則，將計劃任務以標準或指標的形式分解落實到車間、科室、班組乃至個人，即通常所說的指標分解。這樣，企業內部每個單位、每個職工都有明確的工作要求，便於落實責任、檢查考核。通過計劃指標的分解，可以把計劃任務變成各單位和個人控制得住、實現得了的數量要求，在企業形成一個「個人保班組、班組保車間、車間保全廠」的經濟指標體系，使計劃指標的實現有堅實的群眾基礎。對資金的收付、費用的支出、物資的占用等，要運用各種手段（如限額領料單、費用控制手冊、內部貨幣等）進行事先控制。凡是符合標準的，就予以支持，並給予機動權限；凡是不符合標準的，則加以限制。

2. 確定執行差異，及時消除差異

按照「幹什麼，管什麼，就算什麼」的原則，詳細記錄指標執行情況，將實際同標準執行對比，確定差異的程度和性質。要經常預計財務指標的完成情況，考察可能出現的變動趨勢，及時發出信號，揭露生產經營過程中發生的矛盾。此外，還要及時

分析差異形成的原因，確定造成差異的責任歸屬，採取切實、有效的措施，調整實際過程（或調整標準），消除差異計劃指標。

3. 評價單位業績，搞好考核獎懲

在一定時期終了，企業應對各責任單位的計劃執行情況進行評價，考核各項財務指標的執行結果，把財務指標的考核納入各級崗位責任制，運用激勵機制，實行獎優罰劣。財務控制環節的特徵在於差異管理，在標準確定的前提下，應遵循例外原則，及時發現差異，分析差異，採取措施，調節差異。常見的財務控制方法有防護性控制、前饋性控制和反饋控制。

1.7.4 財務分析

執行財務分析（Financial Analysis）是以核算資料為主要依據，對企業財務流動的過程和結果進行評價和剖析的一項工作。借助財務分析，可以掌握各項財務計劃指標的完成情況，有利於改善財務預測、決策、計劃工作，還可以總結經驗，研究和掌握企業財務活動的規律性，不斷改進財務管理。企業財務人員要通過財務分析提高業務工作水準，搞好業務工作。進行財務分析一般程序是：

1. 收集資料，掌握情況

開展財務分析首先應充分佔有有關資料和信息。財務分析所用的資料通常包括財務報告等實際資料、財務計劃資料、歷史資料以及市場調查資料。

2. 對比分析，揭露矛盾

對比分析是揭露矛盾、發現問題的基本方法。先進與落後、節約與浪費、成績與缺點，只有通過對比分析才能鑑別出來。財務分析要在充分佔有資料基礎上，通過數量指標的對比來評價業績，發現問題，找出差異，揭露矛盾。

3. 因素分析，明確責任

進行對比分析，可以找出差距，揭露矛盾，但為了說明產生問題的原因還需要進行因素分析。影響企業財務活動的因素，有生產技術方面的，也有生產組織方面的；有經濟管理方面的，也有思想政治方面的；有企業內部的，也有企業外部的。進行因素分析，就是要查明影響財務指標完成的各項因素，從各種因素的相互作用中找出影響財務指標完成的主要因素，以便為分清責任抓住關鍵。

4. 提出措施，改進工作

要在掌握大量資料的基礎上，去偽存真，去粗取精，由此及彼找出各種財務活動之間以及財務活動同其他經濟活動之間的聯繫；由裡到外提出改進措施。提出改進措施，應做到切實可行。措施一經確定，就要組織各方面的力量認真貫徹執行。要通過改進措施的落實，完成經營管理工作，提高財務管理水準。財務分析的方法有很多，主要有對比分析法、比率分析法和因素分析法。

1.7.5 財務決策

1.7.5.1 財務決策的概念

財務決策（Financial Decision）是根據企業經營戰略的要求和國家宏觀經濟政策的

要求，從提高企業經濟效益的財務管理目標出發，在財務預測的基礎上，從若干個可以選擇的財務活動方案中，選擇一個最優方案的過程。

在財務活動預期方案唯一時，決定是否採用這個方案也屬於決策問題。在市場經濟條件下，財務管理的核心是財務決策。在財務預測基礎上所進行的財務決策，是編製財務計劃、進行財務控制的基礎。決策的成功是財務管理最大的成功，決策的失誤是財務管理最大的失誤，決策關係著企業的成敗興衰。更多的財務決策是根據企業經營戰略和國家宏觀經濟政策的要求，從提高企業經濟效益的財務管理目標出發，在兩個或兩個以上可選的財務活動方案中，選擇一個最優方案的過程。該最優方案的選擇是達到某項具體財務目標最合適的方案。

1.7.5.2 財務決策的步驟

在現代企業財務管理系統中，財務決策決定著企業未來的發展方向，關係到企業的興衰成敗。財務決策的工作步驟如下：

1. 確定決策目標

根據企業經營目標，在調查研究財務狀況的基礎上，確定財務決策所要解決的問題，如發行股票和債券的決策、設備更新和購置的決策、對外投資種類的決策等，然後收集企業內部的各種信息和外部的情報資料，為解決決策面臨的問題做好準備。

2. 擬訂備選方案

在預測未來有關因素的基礎上，提出各種為達到財務決策目標而考慮的各種備選的行動方案。在擬訂備選方案時，對方案中決定現金流出、流入的各種因素，要做周密的查定和計算。在擬訂備選方案後，還要研究各方案的可行性以及各方案實施的有利條件和制約條件。

3. 評價各種方案

備選方案提出後，根據一定的評價標準，採用有關的評價方法，評定出各方案的優劣或經濟價值，從中選擇一個預期效果最佳的財務決策方案。經擇優選出的方案，如涉及重要的財務活動（如籌資方案、投資方案等），還要進行一次鑒定，經過專家鑒定認為決策方案切實可行，方能付諸實施。

1.7.5.3 財務決策的內容和方法

財務決策包括籌資方案決策、投資方案決策、成本費用決策、價格決策、利潤及利潤分配決策等。

財務決策可以採用多種方法，需用的方法有優選對比分析法（指標對比法、差量分析法）、線性規劃法、圖表決策法、數學微分法、決策樹分析法、損益決策法（最大最小收益法、最小最大後悔值法）等。

1.8 財務管理的環境

1.8.1 財務管理環境的概念

1.8.1.1 財務管理環境

財務管理環境是指對企業財務管理產生影響作用的各種內部和外部因素。企業作為經濟社會中的一個經濟系統，財務管理是在各種環境因素作用下實現財務活動及其財務關係的協調。很大程度上受環境的影響和制約。研究財務管理環境的現狀和發展趨勢，有助於把握企業的有利條件和不利條件，為企業正確制定財務管理戰略及財務決策提供可靠的依據更好地實現財務管理目標。

1.8.1.2 財務管理環境的概念

從系統論的觀點來看，所謂環境就是存在於研究系統之外的，對研究系統有影響作用的一切系統的總和。如果把財務管理作為一個系統，那麼，財務管理以外的、對財務管理系統有影響作用的一切系統的總和，便構成財務管理的環境。財務管理環境又稱理財環境，是指對企業財務活動和財務管理產生影響作用的企業內外的各種條件或因素的統稱。企業的財務活動是受理財環境制約的，企業內外的生產、技術、供銷、市場、收入等因素，對企業財務活動都有重大的影響。按其涉及的範圍分類，財務管理環境可將其分為宏觀理財環境和微觀理財環境。

1.8.2 宏觀理財環境

宏觀理財環境是指在宏觀範圍內普遍作用於各個部門、地區的各類企業的財務管理的各種條件，通常存在於企業的外部。企業是整個社會經濟體系的一個基層系統，整個社會是企業賴以運行的土壤，無論是社會經濟狀況的變化、市場的變動，還是經濟政策的調整、國際經濟形勢的變化等，都會對企業財務活動產生直接或間接的作用，甚至產生嚴重的影響。財務管理的宏觀環境包括經濟、政治、社會、自然條件等各種因素。從經濟角度來看，主要包括國家經濟發展水準、產業政策、金融市場狀況等。

1.8.2.1 政治環境

政治環境是指國家在一定時期的各項路線、方針、政策和整個社會的政治觀念。在一切社會環境中，政治環境起著基礎性的決定作用，它決定著國家在特定時期內的經濟、法律、科技、教育等各方面的目標導向和發展水準，因此直接或間接地約束著企業財務管理工作。任何一個國家，為進行宏觀管理，必然會制定一系列的方針、政策、法規，以便維護其利益。國家的政治環境會對企業的籌資、投資、營運和分配等理財政策產生至關重要的影響，特別是在國際政治鬥爭中表現得更為突出，有時可以決定企業的生存與興衰，和平穩定的政治環境有利於企業的中長期財務規劃和資金安排。在動盪的政治環境中，企業更加注重考慮籌資的風險程度和投資的安全性，更加

重視短期的資金安排。企業的政治環境主要包括社會安定程度、政府制定的各種經濟政策的穩定性及政府機構的管理水準、辦事效率等，中國的企業特別是國有企業的財務活動必須符合國家的統一發展規劃，接受國家的宏觀監督和調控，符合國家的產業政策和發展方向，承擔必要的社會責任。

1.8.2.2 經濟環境

財務管理的經濟環境是指影響企業財務管理的各種經濟因素，主要包括經濟週期、經濟發展水準、經濟政策、通貨膨脹狀況、利息率波動和市場競爭狀況等。

1. 經濟週期

在市場經濟條件下，經濟發展與運行帶有一定的波動性。這種波動大體上經歷復甦、繁榮、衰退和蕭條幾個階段的循環，這種循環叫作經濟週期。資本主義經濟週期是人所共知的現象，西方財務學者曾探討了經濟週期中的經營理財策略。中國的經濟發展與運行也呈現其特有的週期特徵，帶有一定的經濟波動，經歷過若干次投資膨脹、生產高漲到控制投資、緊縮銀根進行正常發展的過程，從而促進了經濟的持續發展。企業的籌資、投資和資產營運等理財活動都要受這種經濟波動的影響，如在治理緊縮時期，社會資金十分短缺，利率上漲，會使企業的籌資非常困難，甚至影響到企業的正常生產經營活動，相應企業的投資方向會因為市場利率的上漲而轉向本幣存款或貸款。此外，由於國際經濟交流與合作的發展，西方的經濟週期影響也不同程度地波及中國，因此，企業財務人員必須認識到經濟週期的影響。

2. 經濟發展水準

自改革開放以來，中國的國民生產總值的速度增長一直保持在較高水準，各項建設方興未艾。國家制定了產業政策和地區經濟發展佈局，確定了國民經濟各部門的發展任務，確立了沿海、內陸。沿邊自由貿易以及少數民族地區的發展規劃，明確了對產業結構調整和地區發展的政策。國民經濟的飛速發展，給企業擴大規模、調整方向、打開市場以及拓寬財務活動的領域帶來了機遇。同時，在高速發展中資金緊張將是長期存在的矛盾，這又給企業財務管理帶來嚴峻的挑戰。財務管理應當以宏觀經濟發展目標為導向，從業務工作角度保證企業經營目標和經營戰略的實現。

3. 經濟政策

中國經濟體制改革的目標是建立社會主義市場經濟體制，以進一步解放和發展生產力。在這個總目標的指導下，中國已經並正在進行財稅體制、金融體制、外匯體制、外貿體制、計劃體制、價格體制、投資體制、社會保障制度等各項改革。所有這些改革措施，深刻地影響著中國的經濟生活，也深刻地影響著中國企業的發展和財務活動的運行。如金融政策中貨幣的發行量、信貸規模都能影響企業投資的資金來源和投資的預期收益；財稅政策會影響企業的資金結構和投資項目的選擇等。價格政策能影響決定資金的投向和投資的回收期及預期收益等。可見，經濟政策對企業財務的影響是非常大的。這就要求企業財務人員必須把握經濟政策，更好地為企業的經營理財活動服務。

4. 通貨膨脹狀況

通貨膨脹表現為物價持續上升到一定幅度而引起的貨幣貶值、購買力下降。通貨

膨脹不僅對消費者不利，對企業財務活動的影響更為嚴重。企業對通貨膨脹本身無能為力，只有政府才能控制。大規模的通貨膨脹，引起利率上升，企業的籌資成本增加，籌資出現困難，同時引起企業利潤虛增，造成資本的流失。為了減少通貨膨脹對企業的不利影響，企業必須採取措施加以防範。例如，採取套期保值、緊縮的信用政策、提前購買設備和存貨、買進現貨與賣出期貨等。經濟發展中的通貨膨脹也會給企業財務管理帶來較大的不利影響，主要表現在：資金占用額迅速增加；利率上升，企業籌資成本加大，籌資難度增加；利潤虛增、資金流失。通貨膨脹不僅對消費者不利，也給企業理財帶來很大困難。企業對通貨膨脹本身無能為力，只有政府才能控制通貨膨脹的速度。為了減輕通貨膨脹對企業造成的不利影響，財務人員應當採取措施予以防範。在通貨膨脹初期，貨幣面臨著貶值的風險，這時企業進行投資可以避免風險，實現資本保值增值；與客戶簽訂長期購貨合同，以減少物價上漲造成的損失；取得長期負債，保持資本成本的穩定。在通貨膨脹持續期，企業可以採用比較嚴格的信用條件，減少企業債權；調整財務政策，防止和減少企業的資本流失等。

5. 利息率波動

利息率簡稱利率，是資金的增值額同投入資金價值的比率，可以衡量資金增值程度。利率在企業管理及財務決策中起著重要作用。利息率主要指銀行貸款利率。利息率的波動，會對企業的財務活動帶來巨大影響，既給企業帶來機會，也給企業帶來挑戰。當市場利率顯現出上升趨勢時，可以改變企業的籌資方式和籌資規模。例如，企業預期利率會上升，就應該調整籌資策略，改變權益資本籌資和借款籌資方式，而調整為長期債券籌資，這樣可以降低資金成本、提高利潤。同樣，利率的波動也可以改變企業的投資方式和投資規模。例如，當預期利率上升時，按固定利率計算的債券價格會下降，企業可以購買這種債券，以便在將來出售，獲得額外收益。企業財務管理人員應隨時掌握利率變化，把握機會，為企業創造更多的收益。

6. 市場競爭狀況

企業是市場經濟的主體，依賴於市場而存在和發展。企業只要在市場經濟中經營，就存在競爭。競爭是客觀存在的，任何企業都不能迴避。企業之間、產品之間的競爭，涉及設備、技術、人才、推銷、管理等各個方面。市場經濟是一種競爭經濟，競爭能促使企業用更好的方法生產出更好的產品，並由此推動經濟發展，但對企業來說，競爭既是機會也是威脅。作為企業財務人員應認真研究本企業及競爭的特點，弄清自身的優勢和劣勢，分析造成這種情況的原因，尋求對策，為企業進行財務決策提供可靠的依據，使企業在競爭中立於不敗之地。競爭廣泛存在於市場經濟之中，除完全壟斷性行業與企業外，其他行業與企業都無法迴避。企業之間的競爭名義上是產品與市場的競爭，實際上是企業綜合實力的競爭，包括設備、技術、人才、行銷、管理乃至文化等各個方面的比拼。

1.8.2.3 法律環境

財務管理的法律環境是企業組織財務活動、處理與各方經濟關係所必須遵循的法律規範的總和。廣義的法律規範包括各種法律法規和制度。財務管理作為一種社會活

動，其行為要受到法律的約束，企業合法的財務活動也相應受到法律的保護。影響企業財務管理的主要法律法規包括以下幾種：

1. 企業組織法規

企業必須依法成立，組建不同組織形式的企業必須遵循相關的法律規範，它們包括《公司法》《中華人民共和國外資企業法》等。這些法律既是企業的組織法，也是企業的行為法。在企業組織法律法規中，規定了企業組織的主要特徵、設立條件、設立程序、組織機構、組織變更和終止的條件與程序等，涉及企業的資本組織形式，企業籌集資本金的渠道、籌資方式、籌資期限、籌資條件和利潤分配等諸多內容的規範，也涉及不同的企業組織形式的理財特徵。其中《公司法》是公司財務管理最重要的強制性規範，公司的財務管理活動不能違反該法律，公司的自主權不能超出該法律的限制。

2. 財會法律法規

財務法律規範是財務管理工作必須遵守的行為規範，中國的財務法律規範主要是國務院批準政部發布的《企業財務通則》。《企業財務通則》是為了加強企業財務管理、規範企業財務行為，保護企業及其利益相關方面權益，推進現代企業制度而制定的。2006年12月4日，財政部頒發了新的《企業財務通則》（政部令第41號），該通則自2007年1月1日起施行，修訂的《企業財務通則》對企業財務的管理方式、政府投資等財政性資金的財務處理政策、企業職工福利費的財務制度、規範職工激勵制度、強化企業財務風險管理等方面進行了改革。新的《企業財務通則》適用於在中華人民共和國境內成立的具備法人資格的國有及國有控股企業。值得注意的是，金融企業除外，其他企業參照執行。此外，與企業財務管理有關的其他經濟法律規範還有《中華人民共和國證券法》（以下簡稱《證券法》）《中華人民共和國票據法》《支付結算辦法》《中華人民共和國企業破產法》《中華人民共和國合同法》等，企業財務管理人員要熟悉這些法律法規，在守法的前提下利用財務管理的職能，實現企業的財務目標。

中國的財務會計法律法規主要包括《中華人民共和國會計法》（以下簡稱《會計法》）以及《企業會計準則》《企業財務通則》《企業會計制度》等。

3. 稅收法律法規

企業的財務管理會受到稅收的直接影響和間接影響。稅收是國家為實現其職能，強制地、無償地取得財政收入的一種手段。任何企業都具有納稅的法定義務。稅收對財務管理的投資、籌資、股利分配決策都具有重要的影響。在投資決策中，稅收是一個投資項目的現金流出量，計算投資項目各年的現金淨流量必須要扣減這種現金流出量，才能正確反應投資所產生的現金淨流量，進而對投資項目進行估價。在籌資中，債務的利息具有抵減所得稅的作用，確定企業資本結構也必須考慮稅收的影響。股利分配比例和股利分配方式影響股東個人交納的所得稅的數額，進而可能對企業價值產生重要的影響。此外，稅負是企業向外支付的一種費用，要增加企業的現金流出，企業進行合法的稅收籌劃，是財務管理工作的重要內容。

4. 證券法律法規

證券法律制度是確認和調整在證券管理、發行與交易過程中各主體的地位及權利義務關係的法律規範。2014年8月31日，第十二屆全國人民代表大會常務委員會第十

次會議通過《關於修改〈中華人民共和國證券法〉的決定》，並於公布之日起執行。《證券法》的內容包括總則、證券發行、證券交易、上市公司收購、證券交易所、證券公司、證券登記結算機構、證券交易服務機構、證券業協會、證券監督管理機構、法律責任和附則。證券法律制度對企業以證券形式進行籌資與投資、對上市公司信息的披露具有重要的影響。

1.8.2.4 金融環境

金融環境是指一個國家在一定的金融體制和制度下，影響經濟主體活動的各種要素的集合。企業總是需要資金從事投資和經營活動。而資金的取得，除了自有資金外，主要從金融機構金融市場取得。金融政策的變化必然影響企業的籌資、投資和資金營運活動。所以，金融環境是企業最為主要的環境因素，主要包括金融機構、金融市場和利息率等。

1. 金融市場

金融市場是指資金供應者和資金需求者雙方通過信用工具進行交易而融通資金的場所，廣而言之，是實現貨幣借貸和資金融通、辦理各種票據和進行有價證券交易活動的市場。金融市場的種類很多。需要強調的是，首先，金融市場是以資金為交易對象的市場，在金融市場上，資金被當作一種「特殊商品」來交易。其次，金融市場可以是有形的市場，也可以是無形的市場。前者有固定的場所和工作設備，如銀行、證券交易所；後者利用計算機、傳真、電話等設施通過經紀人進行資金商品交易活動，而且可以跨越城市、地區和國界。金融市場對於商品經濟的運行，具有充當金融仲介、調節資金餘缺的功能。

2. 金融機構

在金融市場上，社會資金從資金供應者手中轉移到資金需求者手中，大多要通過金融機構。金融機構在不同國家有很大的區別，一般包括銀行和非銀行金融機構。銀行是經營存款、放款、匯兌等金融業務，承擔信用仲介的金融機構。銀行的主要職能是充當信用仲介、充當企業之間的支付仲介、提供信用工具、充當投資手段和充當國民經濟的宏觀調控手段。中國銀行主要指的是各種商業銀行和政策性銀行。商業銀行包括國有商業銀行（如中國工商銀行、中國農業銀行、中國銀行和中國建設銀行）和其他商業銀行（如交通銀行、深圳發展銀行、招商銀行、光大銀行等）；政策性銀行包括中國進出口銀行、國家開發銀行以及中國農業發展銀行。非銀行金融機構包括金融資產管理公司、信託投資公司、財務公司和金融租賃公司等。

1.8.3 微觀財務管理環境

微觀財務管理環境是指企業內部的、對企業的財務管理產生重要影響的各種因素，常與某些企業的內部條件直接或間接有關，從而決定著某種或某類企業所面臨的特殊問題。主要包括企業管理體制和經營方式、企業資本實力、生產技術條件。

1. 企業管理體制和經營方式

企業管理體制由企業所有制性質和國家宏觀經濟管理體制所決定。在一定管理體制下，不同的企業經營方式，決定了不同的財務管理方法和不同的經營效果。企業必

須根據自己的企業性質,研究所處的經營環境,努力創造優良的條件,發揮比較優勢,快速發展。

2. 企業資本實力

企業資本是指企業所擁有的資本總量以及與之相應的資產總量。資本實力在一定程度上反應了企業的規模、生產經營的複雜程度以及財務管理的難易程度。大型企業資本實力雄厚,投資項目往往是大型的,決策難度大,所需籌集的資金多,盈利分配途徑多,處理各方面的財務關係複雜。而小企業由於資本實力較弱,投資項目不多,籌資相對容易,盈利分配決策比較簡單,各種財務關係也比較容易處理。

3. 生產技術條件

一般來說,企業財務管理服從和服務於其所處的生產技術環境。不同的生產技術條件要求有不同的生產條件配置。對國有企業來說,國家以國有資產所有者的身分對企業財務活動實施必要的和合法的影響和管理。國家通過自身主管政府機構和社會性服務機構對企業執行國家各項法規制度的情況進行檢查和監督。為支持企業的健康發展,國家在必要時還將從資金、人員培訓和業務諮詢方面為企業提供幫助。

1.9 財務管理體制

企業財務管理體制是明確企業各財務層級財務權限、責任和利益的制度。其核心問題是財務如何配置財務管理權限,企業財務管理體制決定著企業財務管理的運行機制和實施模式。

1.9.1 企業財務管理體制的一般模式及優缺點

企業財務管理體制概括地說,可分為以下三種類型:

1. 集權型財務管理體制

集權型財務管理體制是指企業對各所屬單位的所有財務管理決策都進行集中統一,各所屬單位沒有財務決策權,企業總部財務部門不但參與決策和執行決策,在特定情況下還直接參與各所屬單位的執行過程。集權型財務管理體制下企業內部的主要管理權限集中於企業總部,各所屬單位執行企業總部的各項指令。

該體制的優點:企業內部的各項決策均由企業總部制定和部署,企業內部可充分展現其一體化管理的優勢,利用企業的人才、智力、信息資源,努力降低資金成本和風險損失,使決策的統一化、制度化得到有力的保障。採用集權型財務管理體制,有利於在整個企業內部優化配置資源,有利於實行內部調撥價格,有利於內部採取避稅措施及防範匯率風險等。

該體制的缺點:集權過度會使各所屬單位缺乏主動性、積極性,喪失活力,也可能因為決策程序相對複雜而失去適應市場的彈性,喪失市場機會。

2. 分權型財務管理體制

分權型財務管理體制是指企業將財務決策權與管理權完全下放到各所屬單位,各所

屬單位只需對一些決策結果報請企業總部備案即可。分權型財務管理體制下企業內部的管理權限分散於各所屬單位,各所屬單位在人、財、物、供、產、銷等方面有決定權。

該體制的優點:由於各所屬單位負責人有權對影響經營成果的因素進行控制,加之身在基層,瞭解具體情況,既有利於針對本單位存在的問題及時做出有效決策,因地制宜地搞好各項業務,也有利於分散經營風險,促進所屬單位管理人員及財務人員的成長。

該體制的缺點:各所屬單位大多從本位利益出發安排財務活動,缺乏全局觀念和整體意識,從而可能導致資金管理分散、資金成本增大、費用失控、利潤分配無序。

3. 集權與分權相結合型財務管理體制

集權與分權相結合型財務管理體制,其實質就是集權下的分權,企業對各所屬單位在所有重大問題的決策與處理上實行高度集權,各所屬單位則對日常經營活動具有較大的自主權。集權與分權相結合型財務管理體制意在以企業發展戰略和經營目標為核心,將企業屬單內重大決策權集中於企業總部,而賦予各所屬單位自主經營權。其主要特點如下:①在制度上,應制定統一的內部管理制度,明確財務權限及收益分配方法,各所屬單位應遵照執行,並根據自身的特點加以補充。②在管理上,利用企業的各項優勢,對部分權限集中管理。③在經營上,充分調動各所屬單位的生產經營積極性。各所屬單位圍繞企業發展戰略和經營目標,在遵守企業統一制度的前提下,可自主制定生產經營的各項決策。為避免配合失誤,需要明確責任,凡需要由企業總部決定的事項,在規定時間內,企業總部應明確答覆,否則,各所屬單位有權自行處置。

正因為具有以上特點,因此集權與分權相結合型財務管理體制,吸收了集權型和分權型財務管理體制各自的優點,避免了二者各自的缺點,從而具有較大的優越性。

1.9.2 影響企業財務管理體制集權與分權選擇的因素

1. 企業生命週期

一般而言,企業發展會經歷初創階段、快速發展階段、穩定增長階段、成熟階段和衰退階段。企業各個階段特點不同,所對應的財務管理體制選擇模式也會有區別。如在初創階段,企業經營風險高,財務管理宜偏重集權模式。

2. 企業戰略

企業戰略的發展大致經歷四個階段,即數量擴大、地區開拓、縱向或橫向聯合發展和產品多樣化,不同戰略目標應匹配不同的財務管理體制。比如對於縱向一體化戰略的企業,要求各所屬單位保持密切業務聯繫,各所屬單位之間業務聯繫越密切,就越有必要採用相對集中的財務管理體制。只有對本企業的戰略目標及其特點進行深入的瞭解和分析,分別確定集權分權情況才能最有利於企業的長久發展。

3. 企業所處市場環境

如果企業所處的市場環境複雜多變,有較大的不確定性,就要求在財務管理劃分權力給中下層財務管理人員較多的隨機處理權,以增強企業對市場環境變動的適應能力。如果企業面臨的環境是穩定的、對生產經營的影響不太顯著,則可以把財務管理權較多地集中。

4. 企業規模

一般而言，企業規模小，財務管理工作量小，為財務管理服務的財務組織制度也相度簡單、集中，偏重於集權模式。企業規模大，財務管理工作量大，複雜性增加，財務管理各種權限就有必要根據需要重新設置規劃。

5. 企業管理層素質

包括財務管理人員在內的管理層如果素質高、能力強，可以採用集權型財務管理體制；反之，通過分權可以調動所屬單位的生產經營積極性、創造性和應變能力。

6. 信息網絡系統

集權型的財務管理體制，在企業內部需要由一個能及時、準確傳送信息的網絡系統，並通過信息傳遞過程的嚴格控制保障信息的質量。

此外，財權的集中與分散還應該考慮企業類型、經濟政策、管理方法、管理手段、成本代價等相關情況。企業應綜合各種因素，做出符合企業自身特點和發展而言的財務管理體制。

1.9.3　企業財務管理體制的設計原則

從企業的角度出發，其財務管理體制的設定或變更應當遵循如下四項原則：

1. 與現代企業制度的要求相適應的原則

現代企業制度是一種產權制度，它是以產權為依託，對各種經濟主體在產權關係中的權利、責任、義務進行合理有效的組織、調節與制度安排，它具有「產權清晰、責任明確、政企分開、管理科學」的特徵。

企業應實行資本權屬清晰、財務關係明確、符合法人治理結構要求的財務管理體制。企業應當按照國家有關規定建立有效的內部財務管理級次。企業集團公司自行決定集團內部財務管理體制。

2. 明確企業對各所屬單位管理中的決策權、執行權與監督權三者分立原則

現代企業要做到管理科學，首先必須從決策與管理程序上做到科學、民主，因此，決策權、執行權與監督權三權分立的制度必不可少。這一管理原則的作用就在於加強決策的科學性與民主性，強化決策執行的剛性和可考核性，強化監督的獨立性和公正性，從而形成良性循環。

3. 明確財務綜合管理和分層管理思想的原則

現代企業制度要求管理是一種綜合管理、戰略管理。因此，企業財務管理不是也不可能是企業總部財務部門單一職能部門的財務管理。當然也不是各所屬單位財務部門的財務管理，它是一種戰略管理。這種管理要求：①從企業整體角度對企業的財務戰略進行定位；②對企業的財務管理行為進行統一規範，做到高層的決策結果能被低層戰略經營單位完全執行；③以制度管理代替個人的行為管理，從而保證企業管理的連續性；④以現代企業財務分層管理思想指導具體的管理實踐。

4. 與企業組織體制相適應的原則

企業組織體制主要有 U 形組織、H 形組織和 M 形組織三種基本形式。

U 形組織以職能化管理為核心，最典型的特徵是在管理分工下實行集權控制，沒

有中間管理層，依靠總部的採購、行銷、財務等職能部門直接控制各業務單元，子公司的自主權較小。其企業組織結構如圖 1-5 所示。

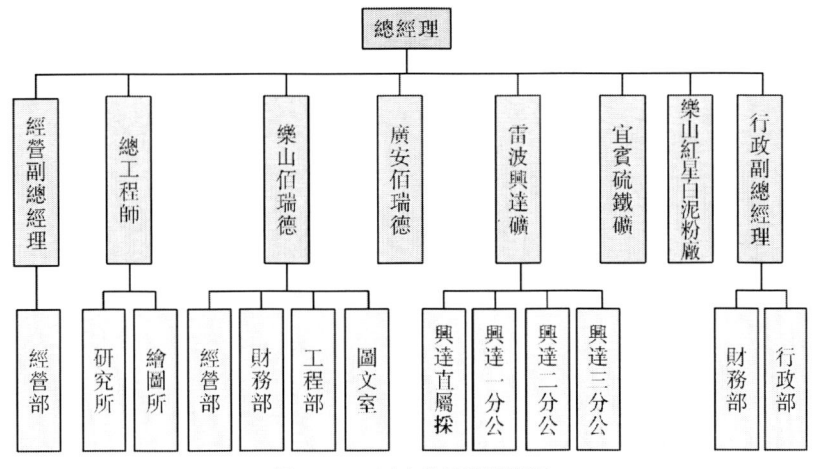

圖 1-5　U 形企業組織結構圖

　　H 形組織即控股公司體制。集團總部下設若干子公司，每家子公司擁有獨立的法人地位和比較完整的職能部門。集團總部即控股公司，利用股權關係以出資者身分行使對子公司的管理權。它的典型特徵是過度分權，各子公司保持了較大的獨立性，總部缺乏有效的監控約束力度。其企業組織結構如圖 1-6 所示。

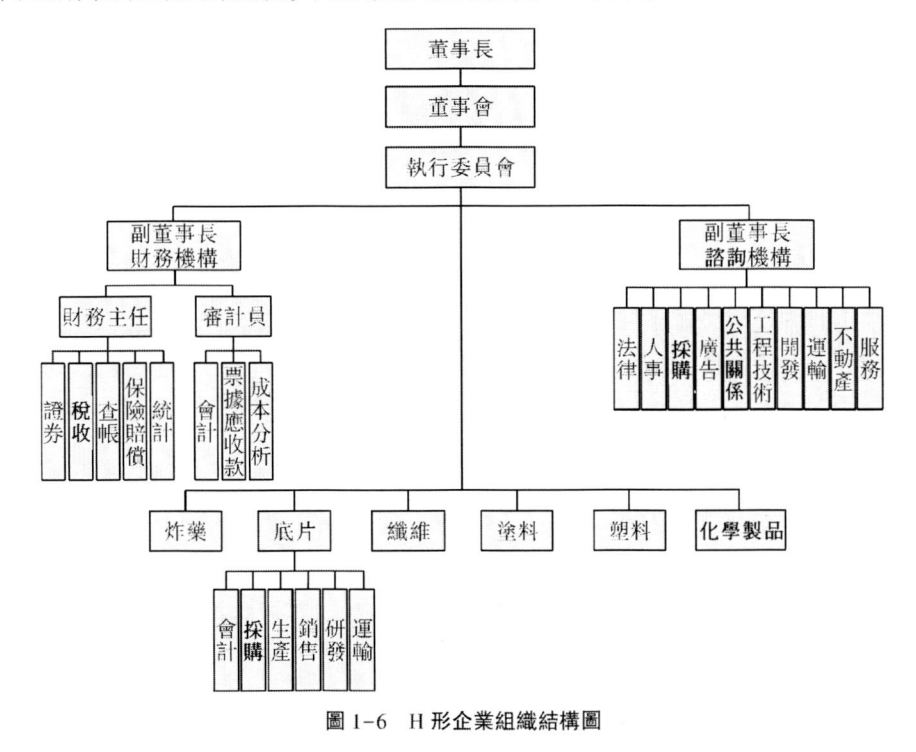

圖 1-6　H 形企業組織結構圖

M 形組織即事業部制，就是按照企業所經營的事業，包括按產品、地區、顧客（市場）等來劃分部門，設立若干事業部。事業部是總部設置的中間管理組織，不是獨立法人，不能夠獨立對外從事生產經營活動。因此，從這個意義上說，M 形組織比 H 形組織集權程度更高。其企業組織結構如圖 1-7 所示。

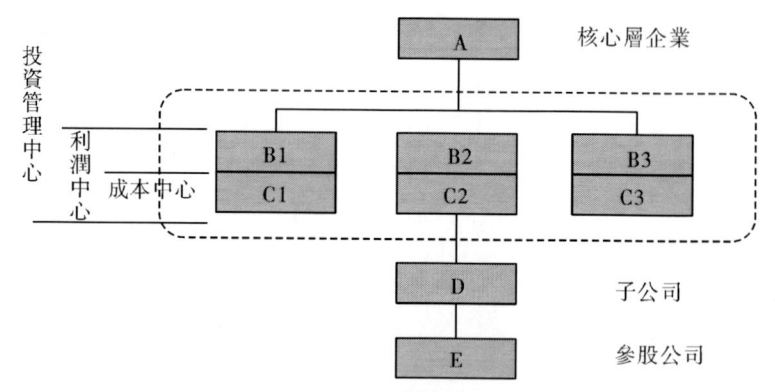

圖 1-7　M 形企業組織結構圖

但是，隨著企業管理實踐的深入，H 形組織的財務管理體制也在不斷演化。總部作為子公司的出資人對子公司的重大事項擁有最後的決定權。因此，總部也就擁有了對子公司集權的法律基礎。現代意義上的 H 形組織既可以分權管理，也可以集權管理。

同時，M 形組織下的事業部在企業統一領導下，可以擁有一定的經營自主權，實行獨立經營、獨立核算，甚至可以在總部授權下進行兼併、收購和增加新的生產線等重大事項決策。

1.9.4　集權與分權相結合型財務管理體制的實踐

總結中國企業的實踐，集權與分權相結合型財務管理體制的核心內容是企業總部應做到制度統一、資金集中、信息集成和人員委派。具體實踐如下：

1. 集中制度制定權

企業總部根據國家法律法規以及《企業會計準則》和《企業財務通則》的要求，結合企業自身的實際情況和發展戰略、管理需要，制定統一的財務管理制度，在全企業範圍內統一施行，各所屬單位只有制度執行權，而無制度制定和解釋權。但各所屬單位可以根據自身需要制定實施細則和補充規定。

2. 集中籌資和融資權

為了使企業內部籌資風險最小，籌資成本最低，應由企業總部統一籌集資金，各所屬單位有償使用。企業總部對各所屬單位進行追蹤審查現金使用狀況，具體做法是各所屬單位按規定時間向企業總部上報「現金流量表」，動態地描述各所屬單位現金增減狀況和分析各所屬單位資金存量是否合理。遇有部分所屬單位資金存量過多，運用不暢，而其他所屬單位又急需資金時，企業總部可調動資金，並應支付利息。企業內部應嚴禁各所屬單位之間放貸，如需臨時拆借資金，在規定金額之上的，應報企業總

部批准。

3. 集中投資權

為了保證投資效益實現，分散及減少投資風險，企業對外投資可實行限額管理，超過限額的投資決策權屬企業總部。被投資項目一經批准確立，財務部門應協助有關部門進行跟蹤管理，對出現的與可行性報告的偏差，應及時報告有關部門予以糾正。對投資效益不能達到預期目的的項目應及時清理解決，並應追究有關人員責任。同時應完善投資管理，企業可根據自身特點建立一套具有可操作性的財務考核指標體系，規避財務風險。

4. 集中用資和擔保權

企業總部應加強資金使用安全性的管理，對大額資金撥付要嚴格監督，建立審批手續，並嚴格執行。這是因為各所屬單位財務狀況的好壞關係到企業所投資本的保值和增值問題，同時各所屬單位因資金受阻導致獲利能力下降，會降低企業的投資回報率。因此，各所屬單位用於經營項目的資金，要按照經營規劃範圍使用，用於資本項目上的資金支付應履行企業規定的報批手續。

擔保不慎，會引起信用風險。企業對外擔保權應歸企業總部管理，未經批准，各所屬單位不得為外企業提供擔保，企業內部各所屬單位相互擔保，也應經企業總部同意。同時，企業總部為各所屬單位提供擔保應制定相應的審批程序，可由各所屬單位與銀行簽訂貸款協議，企業總部為各所屬單位做貸款擔保，同時要求各所屬單位向企業總部提供「反擔保」，保證資金的使用合理及按時歸還，使貸款得到監控。

同時，企業對逾期未收貨款，應做硬性規定。對過去的逾期未收貨款，指定專人，統一步調，積極清理，規定誰經手、誰批准，就由誰去收回貨款。

5. 集中固定資產購置權

各所屬單位需要購置固定資產必須說明理由，提出申請報企業總部審批，經批准後方可購置。各所屬單位資金不得自行用於資本性支出。

6. 集中財務機構設置權

各所屬單位財務機構設置必須報企業總部批准，財務人員由企業總部統一招聘，財務負責人或財務主管人員由企業總部統一委派。

7. 集中收益分配權

企業內部應統一收益分配制度，各所屬單位應客觀、真實、及時地反應其財務狀況及經營成果。各所屬單位收益的分配，屬於法律法規明確規定的按規定分配，剩餘部分由企業總部本著長遠利益與現實利益相結合的原則，確定分配比例。各所屬單位留存的收益原則上可自行分配，但應報企業總部備案。

8. 分散經營自主權

各所屬單位負責人主持本企業的生產經營管理工作，組織實施年度經營計劃，決定生產和銷售，研究和考慮市場周圍的環境，瞭解和注意同行業的經營情況和戰略措施，按所規定時間向企業總部匯報生產管理工作情況。對突發的重大事件，應及時向企業總部匯報。

9. 分散人員管理權

各所屬單位負責人有權任免下屬管理人員，有權決定員工的聘用與辭退，企業總部上不應干預，但其財務管人員的任免應報經企業總部批准或由企業總部統一委派。一般財務人員必須具備相應崗位的專業勝任能力，方可從事財會工作。

10. 分散業務定價權

各所屬單位所經營的業務均不相同。因此，業務的定價應由各所屬單位經營部門自行擬定，但必須遵守加速資金流轉、保證經營質量、提高經濟效益的原則。

11. 分散費用開支審批權

各所屬單位在經營中必然發生各種費用，企業總部沒必要進行集中管理，各所屬單位在遵守財務制度的原則下，由其負責人批准各種合理的用於企業經營管理的費用開支。

本章小結

1. 企業財務管理主要是資金管理，其對象就是資金及其流轉，或稱之為資金運動。在企業中的具體表現形式為不間斷的資金循環過程。企業財務管理是指企業組織財務活動、處理財務關係的一項經濟管理工作。

2. 財務管理基本職能是財務決策，主要有組織職能、調節職能和監督職能。

3. 企業資金運動中各種資金之間存在著相互依存、相互轉化及相互制約的規律運動，企業資金運動規律主要體現在資金形態並存承起規律、資金收支適時平衡規律、支出收入相互匹配規律、資金物資運動致背規律和企業社會資金依存規律等。

4. 企業經營的目標可以細分為生存、發展和獲利。企業財務管理的目標主要有四種：利潤最大化、每股收益最大化、股東財富最大化以及企業價值最大化。每種財務管理目標各有其優點和缺點，企業需結合具體情況來選擇判斷。

5. 一個健全的財務管理系統至少應包括財務預測、財務預算、財務控制和財務分析五個基本環節。企業財務的工作組織主要包括完善企業內部財務管理體制和健全企業財務管理機構兩方面的內容。

6. 股東與經營者、債權人之間的關係是企業最重要的財務關係，但三者的目標並不一致。企業必須協調這三方面的衝突，才能實現企業財務管理的目標。

7. 財務管理原則，也稱理財原則，是指人們對財務活動的共同的、理性的認識。它是聯繫財務管理理論與實務的紐帶。財務管理原則主要有七種。

8. 財務管理環境是客觀存在的，企業只有適應它們的特點，才能有效開展相關工作。財務管理環境涉及的範圍很廣，其中，最重要的環境是政治環境、經濟環境、法律環境以及金融環境等。其中，經濟環境是指對財務管理有重要影響的一系列經濟因素，一般包括經濟週期、經濟發展水準、經濟政策、通貨膨脹、利息率波動和市場競爭等。法律環境是企業組織財務活動、處理與各方經濟關係所必須遵循的法律規範的總和。金融環境主要包括金融市場、金融機構和利率三個方面。

9. 財務管理體制一般有集權、分權和集權與分權相結合三種，各種財務管理體制

各有優缺點。企業究竟選用何種財務管理體制，國家沒有明確的法律法規規定。企業應參考企業所處的生命週期、企業面臨的經營風險、企業的戰略目標定位、企業所處的市場環境、企業規模的大小、企業管理層素質的高低以及信息網絡系統的構建等綜合因素，本著有利於提高財務管理效率的原則綜合決定。

本章練習題

一、單項選擇題

1. 以企業價值最大化作為財務管理目標存在的問題有（　　）。
   A. 沒有考慮資金的時間價值　　　B. 沒有考慮投資的風險價值
   C. 容易引起短期行為　　　　　　D. 企業的價值難以確定

2. 下列選項中，不屬於資金營運活動的是（　　）。
   A. 購置固定資產
   B. 銷售商品收回資金
   C. 採購材料所支付的資金
   D. 採取短期借款方式籌集資金以滿足經營需要

3. 在影響財務管理的各種外部環境中，最為重要的是（　　）。
   A. 技術環境　　　　　　　　　　B. 經濟環境
   C. 金融環境　　　　　　　　　　D. 法律環境

4. 下列各種觀點中，體現了合作共贏的價值理念，較好地兼顧了各利益主體的利益，體現了前瞻性和現實性的統一的財務管理目標是（　　）。
   A. 利潤最大化　　　　　　　　　B. 企業價值最大化
   C. 股東財富最大化　　　　　　　D. 相關者利益最大化

5. 下列選項中，關於利益衝突與協調的說法中，正確的是（　　）。
   A. 所有者與經營者的利益衝突的解決方式是收回借款、解聘和接收
   B. 協調相關者的利益衝突，需要把握的原則：盡可能使企業相關者的利益分配在數量上和時間上達到動態的協調平衡
   C. 企業被其他企業強行吞並，是一種解決所有者和債權人的利益衝突的方式
   D. 所有者和債權人的利益衝突的解決方式是激勵和規定借債信用條件

6. 財務管理的內容分為投資、籌資、營運資金、成本、收入與分配管理五個部分，其中基礎是（　　）。
   A. 投資　　　　　　　　　　　　B. 籌資
   C. 成本　　　　　　　　　　　　D. 收入與分配

7. 在下列各項中，不屬於企業財務管理的金融環境的有（　　）。
   A. 利息率和金融市場　　　　　　B. 金融機構
   C. 金融工具　　　　　　　　　　D. 稅收法規

8. 企業是以盈利為目的的經濟組織，其發展和歸屬是（　　）。
   A. 發展　　　　　　　　　　　　B. 生存

C. 獲利　　　　　　　　　　　D. 就業
9. 財務管理的核心工作環節為（　　）。
　　A. 財務預測　　　　　　　　　B. 財務決策
　　C. 財務預算　　　　　　　　　D. 基準利率和套算利率
10. 根據財務報表等有關資料，運用特定的方法，對企業財務活動過程及其結果，進行分析和評價的工作是指（　　）。
　　A. 財務控制　　　　　　　　　B. 財務決策
　　C. 財務規劃　　　　　　　　　D. 財務分析

二、多項選擇題

1. 企業財務管理的對象是（　　）。
　　A. 資金運動及其體現的財務關係　　B. 資金的數量增減變動
　　C. 資金的循環與週轉　　　　　　　D. 資金的投入退出與週轉
2. 下列各項中，屬於廣義的投資的是（　　）。
　　A. 發行股票　　　　　　　　　B. 購買其他公司債券
　　C. 與其他企業聯營　　　　　　D. 購買無形資產
3. 財務活動主要包括（　　）。
　　A. 籌資活動　　　　　　　　　B. 投資活動
　　C. 資金營運活動　　　　　　　D. 分配活動
4. 假定甲公司向乙公司賒銷產品，並持有丙公司的債券和丁公司的股票，且向戊公司支付公司債利息。假定不考慮其他條件，從甲公司的角度來看，下列各項中屬於本企業與債務人之間的財務關係的是（　　）。
　　A. 甲公司與乙公司之間的關係　　B. 甲公司與丁公司之間的關係
　　C. 甲公司與丙公司之間的關係　　D. 甲公司與戊公司之間的關係
5. 下列選項中，關於財務管理的環節表述正確的是（　　）。
　　A. 財務分析是財務管理的核心，財務預測是為財務決策服務的
　　B. 財務預算是指企業根據各種預測信息和各項財務決策確立的預算指標和編製的財務計劃
　　C. 財務控制就是對預算和計劃的執行進行追蹤監督，對執行過程中出現的問題進行調整和修正，以保證預算的實現
　　D. 財務規劃和預測首先要有全局觀念，根據企業整體的戰略目標和規劃，結合對未來宏觀、微觀形勢的預測，來建立企業財務的戰略目標和規劃
6. 企業價值最大化的缺點包括（　　）。
　　A. 股價很難反應企業所有者權益的價值
　　B. 法人股東對股票價值的增加沒有足夠的興趣
　　C. 片面追求利潤最大化，可能導致企業短期行為
　　D. 對於非股票上市企業的估價不易做到客觀和準確，導致企業價值確定困難
7. 在下列選項中，屬於財務管理經濟環境構成要素的有（　　）。
　　A. 經濟週期　　　　　　　　　B. 公司治理和財務監控

C. 宏觀經濟政策　　　　　　　　D. 經濟發展水準
8. 利潤最大化目標的缺點是（　　）。
　　A. 容易產生追求短期利潤的行為
　　B. 沒有考慮獲取利潤和所承擔風險的大小
　　C. 沒有考慮利潤的取得時間
　　D. 沒有考慮所獲利潤和投入資本額的關係
9. 企業的組織架構一般有以下（　　）類型。
　　A. M形　　　　　　　　　　　　B. U形
　　C. H形　　　　　　　　　　　　D. 上述混合型
10. 財務管理目標的作用是（　　）。
　　A. 激勵作用　　　　　　　　　　B. 指引作用
　　C. 凝聚作用　　　　　　　　　　D. 考核作用

三、思考題

1. 通過對財務管理目標的學習，談談你對幾種主要觀點的認識。
2. 企業財務活動包括哪些方面？
3. 企業與各方面的財務關係有哪些？
4. 從財務學的角度比較各種企業目標，並提出你的觀點。
5. 「利潤最大化」作為企業財務管理的目標有何優缺點？
6. 如何協調股東和經營者、債權人之間的矛盾？
7. 財務管理有哪些職能？
8. 在企業財務管理過程中，應該把握哪些主要原則？

2 財務管理基本價值觀念

本章提要

　　資金時間價值和風險價值是財務管理中非常重要的兩個價值理念，在資金運作增值與風險並存的今天，進行財務管理工作和投資理財活動必須要牢牢樹立資金時間價值觀念和風險觀念，權衡風險與報酬的關係。本章主要闡述：①資金時間價值的含義。②資金時間價值的計算，主要包括複利終值和現值的計算；普通年金終值和現值的計算，即付年金終值和現值的計算；貼現率和期數的推算；名義利率與實際利率的換算。③風險及風險價值的含義。④風險的衡量及風險價值的計算。

本章學習目標

（一）知識目標

（1）理解貨幣時間價值、經濟實質及風險價值的含義；
（2）掌握複利終值、現值的計算；
（3）掌握年金終值、現值的計算；
（4）掌握即付年金終值、現值的計算；
（5）掌握貼現率、期數的推算；
（6）掌握投資風險價值的相關計算。

（二）技能目標

　　通過本章的學習，能夠深刻理解貨幣時間價值和風險價值的含義，並將兩種價值觀念用於各項決策。

2.1　資金時間價值

　　資金時間價值是現代企業財務管理的一個重要概念，財務管理主體在企業籌資、投資、營運及利益分配中都應該考慮資金的時間價值。企業的籌資、投資、營運和利益分配等一系列財務活動，都是綜合性極強的價值管理，因而資金時間價值是一個影響財務活動的基本因素。如果財務管理人員不瞭解資金時間價值，就無法正確衡量、計算不同時期的財務收入與支出，也無法準確地評價企業是處於正在經營的盈利狀態還是虧損狀態。根據會計信息質量的可靠性要求，以貨幣計量企業資金運動全過程的會計實際利潤應充分考慮資金時間價值，因此，正確認識和理解資金的時間價值對科

學合理地進行財務決策具有重要的意義。

2.1.1 資金時間價值的概念

運用資金時間價值觀念分析問題，決策問題，必須要瞭解其含義、產生的客觀基礎、實踐意義等問題。

2.1.1.1 資金時間價值的含義

一定量的貨幣資金在不同的時點上具有不同的價值。年初的 1 萬元，運用以後，到年終其價值應高於 1 萬元。例如，甲企業擬購買一臺設備，採用現付方式，其價款為 40 萬元，如延期至 5 年後付款，則價款為 52 萬元。設企業 5 年期存款年利率為 10%，試問現付同延期付款比較，哪個有利？假定該企業目前已籌集到 40 萬元資金，暫不付款，存入銀行，按單利計算，五年後的本利和為 40×（1+10%×5）= 60（萬元），同 52 萬元比較，企業尚可得到 8 萬元（60 萬元-52 萬元）的利益。可見，延期付款 52 萬元比現付 40 萬元更為有利。這就說明今年年初的 40 萬元，五年以後價值就提高到 60 萬元了。隨著時間的推移，週轉使用中的資金價值發生了增值。資金在週轉使用中由於時間因素而形成的差額價值，稱為資金的時間價值。但如果資金沒有發生運動，就不會導致出現資金的時間價值。比如：存放在家裡的 100,000 元，不管存放了多長時間，都不會發生時間價值，因為沒有運動。

資金在週轉使用中為什麼會產生時間價值呢？這是因為任何資金使用者把資金投入生產、營運過程中，勞動者借以生產新的產品，創造新價值，都會帶來利潤，實現增值。週轉使用的時間資金閒置越長，所獲得的利潤越多，實現的增值額越大。所以資金時間價值的實質，是資金週轉使用後客觀存在的增值額。如果資金是資金使用者從資金所有者那裡借來的，則資金所有者要分享一部分資金的增值額。資金時間價值可以用絕對數表示，也可以用相對數表示，即以利息額或利息率來表示。但是在實際工作中對這兩種表示方法並不做嚴格的區分，通常以利息率進行計量。利息率的實際內容是社會資金利潤率。各種形式的利息率（貸款利率、債券利率及股利率等）的水準，就是根據社會資金利潤率確定的。但是，一般的利息率除了包括資金時間價值因素以外，還包括風險價值和通貨膨脹因素。所以，作為資金時間價值表現形態的利息率，應以無風險、無通貨膨脹條件下的社會平均資金利潤率為基礎，而不應高於這種資金利潤率。資金時間價值是經濟活動中一個重要的概念，也是資金使用中必須認真考慮的一個標準。如果銀行貸款的年利率為 10%，而企業某項經營活動的年資金利潤率低於 10%，那麼這項經營活動將被認為是不合算的。在這裡，銀行的利息率就成為企業資金利潤率的最低界限。

2.1.1.2 資金時間價值存在的條件

資金時間價值產生的前提是商品經濟的高度發展和借貸關係的普遍存在。具體來說，就是貨幣所有者同貨幣使用者的分離。在資本主義條件下，資本分化為借貸資本和經營資本。這時，資金的時間價值才得以人們看得見的形式——利息存在，在經濟生活中廣泛地發生作用。在資本主義社會中，一定量的貨幣投入雇傭勞動的生產過程，

可以使自己增值，因此，貨幣具有帶來剩餘資本價值的使用價值。資本所有者把貨幣的這種使用價值讓渡給經營者，經營者用以進行生產經營活動而獲得利潤，就需要從利潤中分出一部分來給資本所有者作為報酬。借用的時間越長，付出的報酬就越多。這種報酬就是利息。一定時間內利息量同借貸資本量的比率，就是利息率。當利息這種關係普遍化以後，不僅使用借入資本的經營者要計算利息，而就使用自有資本的經營者，也要把利潤的一部分扣除下來，作為對自有資本的報酬，而只把利潤的剩餘部分看作真正的經營收益。於是，資金的時間價值就作為普遍適用的觀念而在經濟生活中廣泛應用了。

由此可見，資金的時間價值是貨幣資金在價值運動中形成的一種客觀屬性。只要有商品經濟存在，只要有借貸關係存在，它必然會發生作用。因此，在社會主義資金的運動中也必然客觀地存在著這種時間價值。

2.1.1.3 運用資金時間價值的必要性

中國的社會主義市場經濟正在蓬勃發展。隨著改革開放方針的貫徹執行，逐步發展和完善了各種金融市場，包括：建立以國家銀行為主的不同形式的金融機構；在以銀行信用為主的同時，實行商業信用、國家信用、消費信用等多種信用方式；運用本票、股票、商業票據、債券等多種信用工具；開展抵押貸款、租賃、信託等多種金融業務；等等。這樣，在中國不僅有了資金時間價值存在的客觀基礎，而且有著充分運用它的迫切性。資金時間價值代表著無風險、無通貨膨脹的社會平均資金利潤率，它應是企業資金利潤率的最低限度，因而它是衡量企業經濟效益、考核經營成果的重要依據。資金時間價值揭示了不同時間點上資金之間的換算關係，因而它是進行籌資決策、投資決策必不可少的計量手段。有人算了一筆帳，如果借款的年利率為10%，使用1億元資金，每年要付出1,000萬元的代價，每月要付83.33萬元，每天要付2.78萬元，每小時要付1,157元，每分鐘要付19元。可見，如果1億元資金閒置不用，不及時投入生產經營，就要造成巨大的損失。企業應該明確地認識資金時間價值存在的客觀必然性，認識充分利用資金時間價值的重要意義，樹立起資金時間價值觀念，自覺地在社會主義建設中加以運用。下面我們將從幾方面來闡述資金時間價值——利率。

1. 利率和利息的概念

利率即利息率，是資金使用權的價格，是一定時期內利息額與借款本金的比率，屬於相對數指標，通常用x%表示。利率是國家對宏觀經濟實施調控的重要經濟槓桿，也是影響企業財務活動和財務決策的重要因素。

利息即利息額，是資金所有者將資金暫時讓渡給使用者而收取的報酬，屬於絕對指標，通常用x元表示。

2. 決定利率的基本因素

利率即投資者進行投資所要求的報酬率。中國利率是由國務院統一制定，由中國人民銀行集中管理，一般稱為法定利率。國家制定利率的主要依據是資金的供求關係和社會平均資金利潤率，同時，還考慮了經濟週期、通貨膨脹、國家貨幣政策和財政政策、國際經濟關係以及國家對利率管制程度等綜合因素的影響。實際生活中，銀行

存款利率、貸款利率、股票的股利率及購入的各種債券的利率，都可以視作投資者的報酬率。

由於現實經濟環境中不可避免存在通貨膨脹現象，以及投資者會面臨各種各樣的風險。上述投資報酬率或者社會資金利潤率除了包含基本的時間價值因素外，還會或多或少地包含通貨膨脹貼水率和風險報酬率。因此，利率主要由三部分組成：純利率（即資金時間價值）、通貨膨脹補償率和風險附加率。其中，風險附加率是投資者要求的除純利率和通貨膨脹之外的風險補償，包括違約風險附加率、流動風險附加率、到期風險附加率等。

純利率，是指沒有風險和通貨膨脹下的社會平均資金利潤率。通常把沒有通貨膨脹條件下的國庫券利率看作是純利率。純利率的高低，受社會平均資金利潤率、資金供求關係和國家宏觀調控政策的影響。

通貨膨脹補償率，是指由於持續的通貨膨脹會不斷降低貨幣的實際購買力，為補償其實力損失而要求提高的利率。

違約風險附加率，是指為了彌補因債務人無法到期還本付息而帶來的風險，由債權人要求提高的利率。違約風險的大小主要取決於借款企業的信譽。若企業信譽好，違約可能性小，資金供應者要求的額外報酬就低；反之，資金供應者要求的違約風險報酬就高。

流動風險附加率，是指為了彌補因債務人資產流動性不好而帶來的風險，由債權人要求提高的利率。其目的是補償證券不能及時變現所遭受的損失。流動風險報酬的大小主要取決於各種證券風險的大小，風險大的證券，變現力低，投資者要求的變現力報酬就高。

到期風險附加率，是指為了彌補因償債期長而帶來的風險，由債權人要求提高的利率。

因此，綜合上述利率的構成，利率計算公式為：

$$利率 = 純利率 + 通貨膨脹補償率 + 風險報酬率$$

進一步展開後的計算公式為：

利率=純利率+通貨膨脹補償率+違約風險附加率+流動風險附加率+到期風險附加率

3．利率變動對企業財務活動的影響

（1）利率對企業投資、籌資決策的影響。利率作為資金的市場價格，是企業財務投資決策的重要槓桿。在企業投資決策中，利率水準會影響企業使用資金的代價。利率越高，則企業所要付出的使用資金的代價也就越高，利率高低對企業收益將產生直接影響。利率在籌資決策中同樣起著非常重要的作用。利率水準決定了企業籌資的資金成本。因此，企業籌資決策中首先要考慮的問題應該是利率水準，因為企業籌集的資金是用於企業經營，如果投資報酬率不足以抵償籌資成本，則該項投資就無利可圖，只有當利率小於投資利率，投資才對企業有利。因此，企業進行籌資、投資決策都必須首要考慮利率水準的高低。

（2）利率對分配決策的影響。企業在盈利時，一般會向投資者分配利潤。分與不分利潤、分多少都應進行相應的決策，在決策時也要考慮利率水準。因為當期分不分

利潤會影響下期企業從其他渠道籌資的多少，而利率水準還會影響企業籌資的資金成本，因此，利率水準會影響企業的分配狀況。

（3）利率對證券價格的影響。利率水準的高低會對上市公司發行的股票價格產生影響，利率是公司使用資金的代價，它將直接影響企業的財務費用，進而影響企業的利潤，而上市公司利潤的高低會對其股價產生直接影響。

2.1.2 資金時間價值的計算

2.1.2.1 相關概念

1. 一次性收付款項

在某特定時間點上一次性支付（或收取），經過一段時間後再相應地一次性收取得（或支付）的款項，即為一次性收付款項，這種性質的款項在日常生活中十分常見。例如，在銀行存入一筆現金 100 元，年利率為複利 10%，經過 3 年後一次性取出本利和為 133.1 元，這裡所涉及的收付款項就屬於一次性收付款項。

2. 終值

終值又稱將來值，是現在一定量現金在未來某一時點上的價值，俗稱本利和。在上例中，3 年後的本利和 133.1 元即為終值。

3. 現值

現值又稱本金，是指未來某一時點上的一定量現金折合到現在的值。上例中 3 年後的 133.1 元折合到現在的價值為 100 元，這 100 元即為現值。

4. 利息計算方式

終值與現值的計算涉及利息計算方式的選擇。目前有兩種利息計算方式，即單利和複利。單利方式下，每期都按初始本金計算利息，當期利息不計入下期本金，計算基礎不變。複利方式下，當期末本利和為計息基礎計算下期利息，即利上加利，俗稱「利滾利」。現代財務管理中一般用複利方式計算終值和現值，因此也有人稱一次性收付款的中值和現值為複利終值和複利現值。

2.1.2.2 單利終值和現值的計算

1. 單利終值的計算

在單利方式下，本金能帶來利息，利息必須在提出以後再以本金形式投入才能生利，否則不能生利，單利的終值就是本利和。假如某人現在銀行存入 5 年定期 10,000 元，銀行的 5 年定期存款利率為 3.85%，同期法定利率為 2.75% 上浮 40%，從第 1 年到第 5 年，各年年末的終值可計算如下：

10,000 元 1 年後的終值 = 10,000×（1+3.85%×1）= 10,385（元）
10,000 元 2 年後的終值 = 10,000×（1+3.85%×2）= 10,770（元）
10,000 元 3 年後的終值 = 10,000×（1+3.85%×3）= 11,155（元）
10,000 元 4 年後的終值 = 10,000×（1+3.85%×4）= 11,540（元）
10,000 元 5 年後的終值 = 10,000×（1+3.85%×5）= 11,925（元）

因此，單利終值的一般計算公式為：

$$F = P \times (1 + i \times n)$$

式中，F 為本利和，即第 n 年末的價值；P 為現值，即 0 年（第 1 年初）的價值；i 為年利率；n 為計息期數。

【例 2-1】王女士將 100,000 元現金存入銀行，以便將來購房時使用，假設銀行年利率為 3.8%。若王女士還有 5 年購房，5 年後王女士購房時能拿到多少現金？（單利計算）

$F = P \times (1 + i \times n) = 100{,}000 \times (1+3.8\% \times 5) = 119{,}000$（元）

2. 單利現值的計算

現值就是以後年份收到或付出資金的現在價值，可用倒推本金的方法計算。由終值求現值，叫作貼現。若年利率為 4%，從第 1 年到第 5 年，各年年末的 1 元錢，其現值可計算如下：

1 年後 1 元的現值 = 0.961,5（元）
2 年後 1 元的現值 = 0.925,9（元）
3 年後 1 元的現值 = 0.892,9（元）
4 年後 1 元的現值 = 0.862,0（元）
5 年後 1 元的現值 = 0.833,3（元）

因此，單利現值的一般計算公式為：

$$F = P/(1 + i \times n)$$

【例 2-2】王女士希望 5 年後取得本利和 300,000 元用以支付購房首付款，假設銀行 5 年期年存款利率為 3.85%，則在單利方式下，張女士現在應存入銀行多少現金？

$F = P/(1 + i \times n) = 300{,}000/(1+3.85\% \times 5) = 251{,}572.33$（元）

2.1.2.3 複利終值和現值的計算

1. 複利終值的計算

複利的終值也稱本利和。在複利方式下，本金能生利息，利息在下期則轉為本金與原來的本金一起計息。若年利率 10%，現在的 1 元錢，從第 1 年到第 5 年，各年年末的終值可計算如下：

1 元 1 年後的終值 = $1 \times (1 + 10\%)^1$ = 1.1（元）
1 元 2 年後的終值 = $1.1 \times (1+10\%) = 1 \times (1 + 10\%)^2$ = 1.21（元）
1 元 3 年後的終值 = $1.2 \times (1+10\%) = 1 \times (1 + 10\%)^3$ = 1.331（元）
1 元 4 年後的終值 = $1.331 \times (1+10\%) = 1 \times (1 + 10\%)^4$ = 1.464（元）
1 元 5 年後的終值 = $1.464 \times (1+10\%) = 1 \times (1 + 10\%)^5$ = 1.610（元）

因此，複利終值的一般計算公式為：

$$F = P \times (1 + i)^n, \quad F = P \times (F/P, i, n)$$

式中，P 為現值，即 0 年（第 1 年初）的價值；F 為複利終值（本利合），即第 n 年末的價值；i 為利率；n 為計息期；$(F/P, i, n)$ 為複利終值係數。

```
                                    F=?
                                    ↑
  0   1   2   3   4   5   6   n-2 n-1 n
  |───┼───┼───┼───┼───┼───┼─/ /─┼───┼───┤
  ↓
  P
```

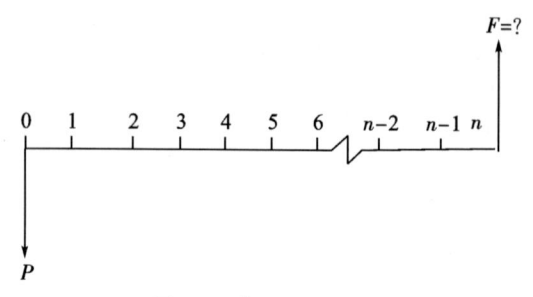

圖 2-1　複利終值示意圖

【例 2-3】張先生現在存入本金 10,000 元，年利率為 4%，5 年後張先生的本利和為：

$F = P \times (1+i)^n = F \times (F/P, i, n)$

$= 1,000 \times (1+4\%)^5 = 10,000 \times 1.216,6 = 12,166.53(元)$

2. 複利現值的計算

複利現值是以後年份收到或付出資金的現在價值。若年利率為 10%，從第 1 年到第 5 年，各年年末的本錢，其現值可計算如下：

$1 \text{ 年 } 1 \text{ 元的現值} = 1 \times \dfrac{1}{(1+4\%)^1} = 0.961,5 \text{ （元）}$

$2 \text{ 年 } 1 \text{ 元的現值} = 1 \times \dfrac{1}{(1+4\%)^2} = 0.924,6 \text{ （元）}$

$3 \text{ 年 } 1 \text{ 元的現值} = 1 \times \dfrac{1}{(1+4\%)^3} = 0.889,0 \text{ （元）}$

$4 \text{ 年 } 1 \text{ 元的現值} = 1 \times \dfrac{1}{(1+4\%)^4} = 0.854,8 \text{ （元）}$

$5 \text{ 年 } 1 \text{ 元的現值} = 1 \times \dfrac{1}{(1+4\%)^5} = 0.821,9 \text{ （元）}$

因此，複利現值的一般計算公式為：

$$P = \dfrac{F}{(1+i)^n} = F \times (1+i)^{-n} = F \times (P/F, i, n)$$

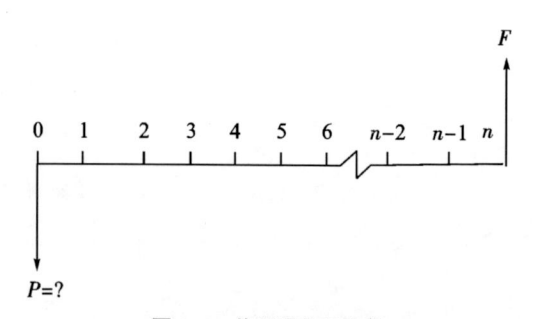

```
                                    F
                                    ↑
  0   1   2   3   4   5   6   n-2 n-1 n
  |───┼───┼───┼───┼───┼───┼─/ /─┼───┼───┤
  ↓
  P=?
```

圖 2-2　複利現值示意圖

【例2-4】某項投資4年後可得收益10,000元。按年利率4%計算，其現值應為：

$$P = \frac{F}{(1+i)^n} = 10,000 \times \frac{1}{(1+4\%)^4} = 10,000 \times 0.854,8 = 8,548 （元）$$

式中的 $(1+i)^n$ 和 $\frac{1}{(1+i)^n}$，分別稱為複利終值系數（Future Value Interest Factor）和複利現值系數（Present Value Interest Factor），其簡略表示形式分別為 $(F/P, i, n)$ 和 $(P/F, i, n)$。在實際工作中，其數值可查閱按不同利率和時期編成的複利終值表和複利現值表（見本書附錄A和B）。

結論：複利終值和複利現值計算互為逆運算；複利終值系數和複利現值系數互為倒數關係。

2.1.2.4 年金終值和現值的計算

1. 年金的概念及形式

年金是指在某一特定的時間序列定期發生的等額系列收付款項，即每次收付的金額相等的系列收付款項稱為年金，通常用符號 A 表示。在年金問題中，系列等額收付的間隔期只要滿足相等的條件即可，例如，每季末等額支付的債券利息就是年金。折舊、租金、利息、保險金、養老金等通常都採取年金的形式。年金的收款、付款方式有多種：每期期末收款、付款的年金，稱為普通年金或後付年金；每期期初收款、付款的年金，稱為即付年金或預付年金；距今若干期以後發生的每期期末收款、付款的年金，稱為遞延年金；無期限連續收款、付款的年金，稱為永續年金。

2. 普通年金的計算

普通年金是指一定時期每期期末等額的系列收付款項。由於在經濟活動中後付年金最為常見，故稱普通年金，如圖2-3所示。

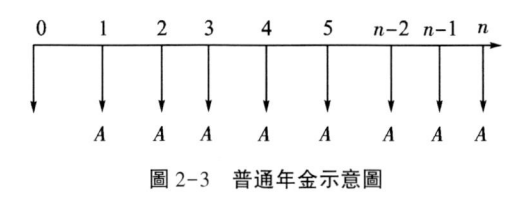

圖2-3 普通年金示意圖

（1）普通年金終值的計算（已知年金 A，求終值 F）。

如果年金相當於零存整取儲蓄存款的零存數，那麼，年金終值就是零存整取的整取數。年金終值猶如零存整取的本利和。每年存款1元，年利率為10%，經過5年，普通年金終值如圖2-4所示。

財務管理

[圖示：時間軸 0,1,2,3,4,5，各期末現金流 1，折算至第5年末終值]

1 × (1+10%)⁰
1 × (1+10%)¹
1 × (1+10%)²
1 × (1+10%)³
1 × (1+10%)⁴

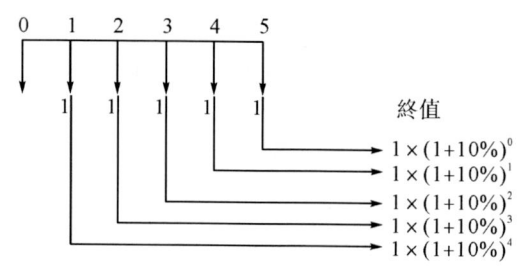

圖 2-4 普通年金終值示意圖

圖 2-4 可稱為計算資金時間價值的時間序列圖，計算複利終值和現值也可以利用這種時間序用圖。繪製時間序列圖可以幫助我們理解各種現金流量終值和現值的關係。

第 1 年年末 A 折算到第 5 年末的終值為 $1 \times (1+10\%)^4 = 1.464,1$

第 2 年年末 A 折算到第 5 年末的終值為 $1 \times (1+10\%)^3 = 1.331,0$

第 3 年年末 A 折算到第 5 年末的終值為 $1 \times (1+10\%)^2 = 1.210,0$

第 4 年年末 A 折算到第 5 年末的終值為 $1 \times (1+10\%)^1 = 1.100,0$

第 5 年年末 A 折算到第 5 年末的終值為 $1 \times (1+10\%)^0 = 1.000,0$

第 1 年到第 5 年的年金終值之和 $= 1.464,1 + 1.331,0 + 1.210,0 + 1.100,0 + 1.000,0 = 6.105,1$

第 1 年年末的 A 折算到第 n 年年末的終值為 $A \times (1+i)^{n-1}$

第 2 年年末的 A 折算到第 n 年年末的終值為 $A \times (1+i)^{n-2}$

普通年金終值的計算公式為：

$$F = A + A \times (1+i)^1 + A \times (1+i)^2 + A \times (1+i)^3 + \cdots + A \times (1+i)^{n-1}$$

等式兩邊同乘（1+i）可得：

$$F \times (1+i) = A + A \times (1+i)^1 + A \times (1+i)^2 + A \times (1+i)^3 + \cdots + A \times (1+i)^n$$

上述兩式相減：

$$F \times (1+i) - F = A \times (1+i)^n - A$$

$$F = A \times \left[\frac{(1+i)^n - 1}{i} \right]$$

式中，$\frac{(1+i)^n - 1}{i}$ 通常稱為「利率為 i，期數為 n，1 元年金終值系數」，用符號（$F/A, i, n$）表示，可以通過查閱年金終值系數表（見本書附錄 C）取得。

上述公式也可以寫作 $F = A \times \left[\frac{(1+i)^n - 1}{i} \right] = A(F/A, i, n)$

【例 2-5】某公司準備 3 年後購置一臺預計價值為 310 萬元的大型設備。現每年年末從利潤中留出 100 萬元存入銀行，年利率為 4%，問 3 年後這筆資金是否夠購買這臺大型設備？

解析：先計算出每年年末從利潤中留存 100 萬元的款項 3 年後的價值；然後與大型設備的預計價值比較，當該筆資金 3 年後的價值大於大型設備的預計價值時，才足夠

購買。

每年年末從利潤中留出並存入銀行的款項相等，表現為普通年金，求 3 年後的價值，即為普通年金終值。

$F = 100 \times (F/A, 4\%, 3) = 100 \times 3.121,6 = 312.16$（萬元）

從以上計算可知，該筆資金 3 年後的價值為 312.16 萬元，小於大型設備的預計價值 310 萬元，所以足夠購買。

(2) 年償債基金（已知年金終值 F，求年金 A）。

償債基金是指為了在約定的未來某一時點清償某筆債務或積聚一定數額資金而必須分次等額提取的存款準備金。每次提取的等額存款金額類似年金存款，它同樣可以獲得按複利計算的利息，因而應清償的債務（或應積聚的資金）即為年金終值，每年提取的償債基金即為年金。由此可見，償債基金的計算也就是年金終值的逆運算。其計算公式如下：

$$A = F \times \left[\frac{i}{(1+i)^n - 1}\right]$$

式中，$\dfrac{i}{(1+i)^n - 1}$ 稱為「利率為 i，期數為 n，1 元償債基金系數」，用符號 $(F/A, i, -n)$ 表示，其數值可先通過查年金終值系數表，然後求倒數推算出來。所以，上述公式也可表示為：

$$A = F \times \left[\frac{i}{(1+i)^n - 1}\right] = F / (F/A, i, n)$$

或者 $= F \times (F/A, i, -n)$

【例 2-6】某企業有一筆 5 年後到期的借款，數額為 2,000 萬元，為此設置償債基金，年複利率為 4%，到期一次還清借款，則每年年末應存入多少錢？

解析：因為 $2,000 = A (F/A, 4\%, 5)$
$= A \times 5.415,3$

$A = \dfrac{2,000}{5.415,3} = 369.32$（萬元）

上述計算表明，該公司每年年末從利潤中留出 369.32 萬元存入銀行，銀行複利計算，年利率 4%，5 年後這筆基金為 2,000 萬元，可以償還 5 年後到期的 2,000 萬元債務。

結論：償債基金與普通年金終值互為逆運算；償債基金系數與普通年金終值系數。

(3) 普通年金現值的計算。

年金現值通常為每年投資收益的現值總和，它是一定時期內每期期末收付款項的複利現值之和。每年取得收益 1 元，年利率為 10%，為期 5 年，普通年金現值如圖 2-5 所示。

財務管理

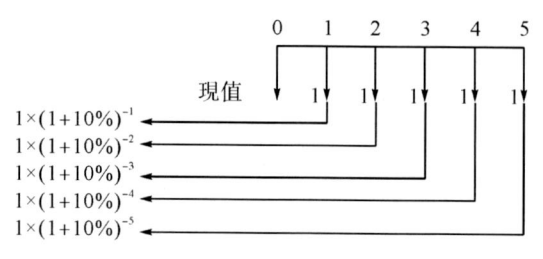

```
                        0    1    2    3    4    5
                   現值  ↓   ↓    ↓    ↓    ↓    ↓
                        
         1×(1+10%)⁻¹ ←——1
         1×(1+10%)⁻² ←———————1
         1×(1+10%)⁻³ ←————————————1
         1×(1+10%)⁻⁴ ←—————————————————1
         1×(1+10%)⁻⁵ ←——————————————————————1
```

圖 2-5　普通年金現值示意圖

普通年金現值是一定時期內每期期末收付款項的單利現值之和。其計算公式為：

第 1 年年末 A 折算到第 1 年年初的現值為 $1 \times (1+10\%)^{-1} = 0.909,1$

第 2 年年末 A 折算到第 1 年年初的現值為 $1 \times (1+10\%)^{-2} = 0.826,4$

第 3 年年末 A 折算到第 1 年年初的現值為 $1 \times (1+10\%)^{-3} = 0.751,3$

第 4 年年末 A 折算到第 1 年年初的現值為 $1 \times (1+10\%)^{-4} = 0.683,0$

第 5 年年末 A 折算到第 1 年年初的現值為 $1 \times (1+10\%)^{-5} = 0.620,9$

第 1 年到第 5 年的年金現值之和 $P = 0.909,1 + 0.826,4 + 0.751,3 + 0.683,0 + 0.620,9 = 3.790,7$

第 $(n-1)$ 年年末的 A 折算到第 1 年年初的現值為 $A \times (1+i)^{-(n-1)}$

第 n 年年末的 A 折算到第 1 年年初的現值為 $A \times (1+i)^{-n}$

普通年金現值的計算公式為：

$$P = A \times (1+i)^{-1} + A \times (1+i)^{-2} + \cdots + A \times (1+i)^{-(n-2)} + A \times (1+i)^{-n}$$

將上式兩邊乘以 $(1+i)$ 得：

$$(1+i) \times P = A + A \times (1+i)^{-1} + \cdots + A \times (1+i)^{-(n-2)} + A \times (1+i)^{-(n-1)}$$

兩式相減得：

$$(1+i) \times P - P = A \times [1 - (1+i)^{-n}]$$

經整理，得：

$$P = A \times \left[\frac{1 - (1+i)^{-n}}{i} \right]$$

式中，$\dfrac{1-(1+i)^{-n}}{i}$ 稱為利率為 i，期數為 n 的 1 元年金現值系數，記作 $(P/A, i, n)$。

普通年金現值系數的計算公式也可以表示為：

$$P = A \times \left[\frac{1-(1+i)^{-n}}{i} \right] = A \times (P/A, i, n)$$

【例 2-7】某公司擬籌資 3,000 萬元用於投資一條生產線。該生產線投資以後預計在今後的 10 年每年的收益為 350 萬元，公司要求的最低報酬率為 12%。問這項投資是否合算？

解析：因生產線投產後預計每年收益為 350 萬元，表現為年金，可以用年金現值公式求每年收益的現值之和。

解：$P = 350 \times (P/A, 12\%, 10) = 350 \times 5.650,2 = 1,977.57$（萬元）

每年收益的現值之和為 1,977.57 萬元，小於擬籌資額 3,000 萬元，這項投資不合算。

(4) 年資本回收額的計算（已知現值 P，求年金 A）。

年資本回收額是指在一定時期內，等額收回初始投資資本或清償所欠債務的金額，亦屬於已知整存整取的問題。其計算公式為：

$$A = P \times \left[\frac{1}{1-(1+i)^{-n}} \right]$$

式中，$\frac{1}{1-(1+i)^{-n}}$ 稱為利率為 i，期數為 n 的資本回收系數，記作 $(A/P, i, n)$，其數值可通過查閱年金現值系數，然後求倒數推算出來，所以上述公式也可以表示為：

$$A = P \times (A/P, i, n) = P \times [1/(P/A, i, n)]$$

【例 2-8】某公司擬籌資 3,000 萬元，用於投資生產線，公司要求的最低報酬率是 12%，該生產線以後預計在今後 10 年每年的收益至少應為多少時，這項投資才合算？

解：因為 $3,000 = A (A/P, 12\%, 10) = A \times 5.650,2$

所以，$A = \dfrac{3,000}{5.650,2} = 530.95$（萬元）

上述計算表明，該生產線投產以後預計在今後 10 年間每年的收益至少應該為 530.95 萬元時，這項投資才合算。

結論：年資本回收額與普通年金現值成逆運算；年資本回收系數與普通年金現值系數成倒數關係。

3. 即付年金的計算

即付年金，亦稱先付年金，即在每期期初收付款項的年金。它與普通年金的區別在於收付款的時點不同，普通年金在期末收付款，即付年金在期初收付款，普通年金與即付年金對比分別如圖 2-6 和 2-7 所示。

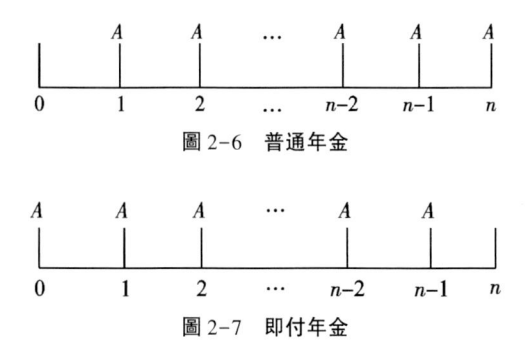

```
              A    A    ...   A    A    A
          |---|----|----|-----|----|----|
          0   1    2   ...   n-2  n-1   n
```
圖 2-6　普通年金

```
          A    A    A    ...   A    A
          |----|----|----|-----|----|----|
          0    1    2   ...   n-2  n-1   n
```
圖 2-7　即付年金

從圖 2-6 和圖 2-7 可以看出，n 期的即付年金與 n 期的普通年金，其收付款次數是一樣的，只是收付款時點不一樣。如果計算年金終值，即付年金要比普通年金多計一期的利息；如果計算年金現值，則即付年金要比普通年金少折現一期，因此，只要在普通年金的現值、終值的基礎上，乘以 $(1+i)$ 便可計算出即付年金的終值與現值。

(1) 即付年金終值的計算（已知年金現值 P 和年金 A，求年金終值 F）。

即付年金終值是指在一定期間內每期期初等額收付款項的複利終值之和，它是其最後一次收付時的本利和，如圖 2-8 所示。

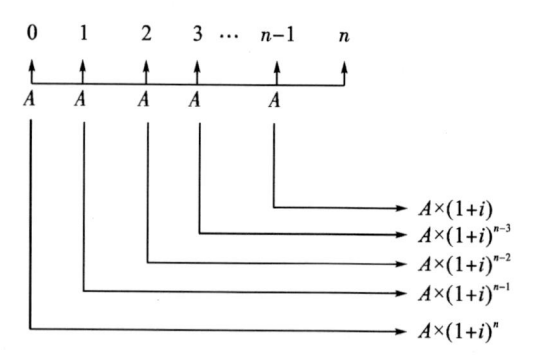

```
0     1     2     3   ···  n-1    n
↑     ↑     ↑     ↑          ↑
A     A     A     A          A
                              → A×(1+i)
                         → A×(1+i)^(n-3)
                   → A×(1+i)^(n-2)
             → A×(1+i)^(n-1)
       → A×(1+i)^n
```

圖 2-8　即付年金終值

由圖 2-8 可知，即付年金終值為：

$$F = A \times (1+i)^1 + A \times (1+i)^2 + \cdots + A \times (1+i)^{n-2} + A \times (1+i)^{n-1} + A \times (1+i)^n$$

$$= A \times \left[\frac{1-(1+i)^{-n}}{i}\right]$$

$$= A \times \left[\frac{(1+i)^{n+1}-1}{i} - 1\right]$$

其中，$\left[\frac{(1+i)^{n+1}-1}{i} - 1\right]$ 是即付年金終值系數，是指即付年金為 1 元，利率為 i，經過 n 期的年金的終值，它跟普通年金終值系數 $\frac{(1+i)^n-1}{i}$ 相比，期數加 1，系數減 1，可記為 [$(F/A, i, n+1) - 1$]，查閱「年金終值系數表」$(n+1)$ 期的值，然後減去 1 後得出即付年金終值系數。

因此，即付年金終值計算公式為：

$$F = A \times \left[\frac{(1+i)^{-n}-1}{i} - 1\right] = A\left[(F/A, i, n+1) - 1\right]$$

也可表示為：

$$F = A \times \left[\frac{(1+i)^{-n}-1}{i} \times (1+i)\right] = A \times \left[(F/A, i, n) \times (1+i)\right]$$

【例 2-9】某人連續每年年初存入銀行 2,000 元，連續存 6 年，年利率 6%，則到 6 年年末的本利和是多少？

解：$F = 2,000 \times (F/A, 6\%, 6+1) - 1) = 2,000 \times (8.393, 8-1) = 14,787.60$（元）

或　$F = 2,000 \times (F/A, 6\%, 6) \times (1+6\%) = 2,000 \times 6.975, 3 \times 1.06 = 14,787.64$（元）

(2) 即付年金現值的計算（已知年金終值 F 和年金 A，求年金現值 P）。

即付年金現值是指在一定時期內，每期期初收付款項的複利現值之和，如圖 2-9 所示。

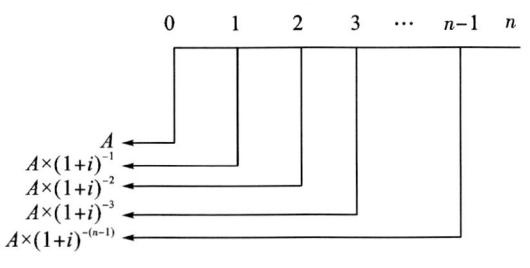

图 2-9 即付年金現值

由圖 2-9 可知，即付年金現值為：

$$P = A + A \times (1+i)^{-1} + \cdots + A \times (1+i)^{-(n-3)} + A \times (1+i)^{-(n-2)} + A \times (1+i)^{-(n-1)}$$

$$= A \times \frac{[1-(1+i)^{-n}]}{1-(1+i)^{-1}}$$

$$= A \times \frac{1+i-(1+i)^{-(n-1)}}{(1+i)-1}$$

$$= A \times \left[\frac{1-(1+i)^{-(n-1)}}{i} + 1\right]$$

其中，$\left[\dfrac{1-(1+i)^{-(n-1)}}{i} + 1\right]$ 是即付年金現值系數，它跟普通年金現值系數 $\dfrac{1-(1+i)^{-n}}{i}$ 相比，期數減 1，系數加 1，可記作 $[(P/A, i, n-1) + 1]$，查閱「年金現值系數表」$(n-1)$ 期的值，然後加上 1 後得出即付年金現值系數。

因此，即付年金現值的計算公式為：

$$P = A \times \left[\frac{1-(1+i)^{-(n-1)}}{i} + 1\right] = A \times [(P/A, i, n-1) + 1]$$

也可表示為：

$$P = A \times \left[\frac{1-(1+i)^{-n}}{i} \times (1+i)\right] = A \times [(P/A, i, n) \times (1+i)]$$

【例 2-10】某企業租用一臺機器 8 年，每年年初要支付租金 50,000 元，年利率為 6%。問這些租金相當於現在一次性支付多少錢？

解：$P = 50,000 \times (P/A, 6\%, 8) \times (1+6\%) = 50,000 \times 6.209,8 \times 1.06 = 329,119.40$（元）

或　$P = 50,000 \times [(P/A, 6\%, 8-1) + 1] = 50,000 \times (5.582,4 + 1) = 329,120.00$（元）

4. 遞延年金的計算

遞延年金是指第一次收付款發生時間不在第一期末，而是隔若干期後才開始發生的系列等額收付款項，它是普通年金的特殊形式，凡不是從第一期開始的普通年金都是遞延年金。橫軸表示時間的延續，數字表示各期的順序號，A 表示各期收付款的金

額。圖中前兩年沒有款項收（付），一般用 m 表示遞延期，本例中 $m=2$，第一次收（付）款發生在第三期期末，連續收（付）n 次。遞延年金的收付形式如圖 2-10 所示。

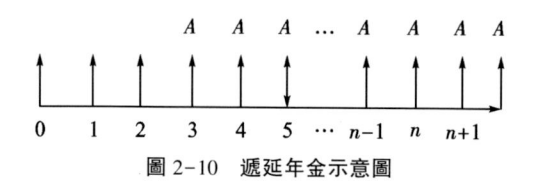

$$
\begin{array}{ccccccccc}
 & A & A & A & \cdots & A & A & A \\
\mid & \uparrow & \uparrow & \uparrow & \uparrow & \uparrow & \uparrow & \uparrow \\
0 & 1 & 2 & 3 & 4 & 5 & \cdots & n-1 & n & n+1
\end{array}
$$

圖 2-10　遞延年金示意圖

（1）遞延年金終值的計算（已知從第二期或第二期以後等額收付的普通年金 A，求終值 F）。

求遞延年金的終值與求普通年金的終值沒有差別（要注意期數），遞延年金終值與遞延期無關。如圖 2-11 所示，橫軸表示時間的延續，數字表示各期的順序號，A 表示各期收付款的金額，m 表示遞延期數，n 表示收付款次數。

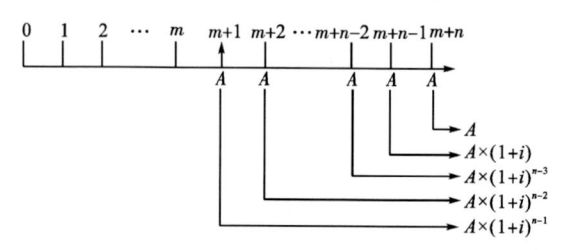

圖 2-11　遞延年金終值

由圖 2-11 可知，遞延年金終值為：

$$F = A + A\times(1+i) + A\times(1+i)^2 + \cdots + A\times(1+i)^{n-2} + A\times(1+i)^{n-1}$$

$$= A \times \frac{[1-(1+i)^n]}{1-(1+i)}$$

$$= A \times \frac{(1+i)^{(n)}-1}{i}$$

$$= A \times (F/A, i, n)$$

由此可見，遞延年金終值只與 A 的個數有關而與遞延期無關。

【例 2-11】某投資者擬購買一處房產，開發商提出了三個付款方案：

方案一是現在起 15 年內每年末支付 3 萬元；

方案二是現在起 15 年內每年支付 2.5 萬元；

方案三是前 5 年不支付，第 6 年起到第 15 年末支付 5 萬元。

假設銀行貸款利率按 10% 的複利計息，若採用終值方式比較，問哪一種付款方式對購買者有利？

解：方案一：

$F_1 = 3\times(F/A, 10\%, 15) = 3\times31.772 = 95.136$（萬元）

方案二：

$F_2 = 2.5\times([F/A, 10\%, 16]-1) = 87.375$（萬元）

方案三：

$F_3 = 5 \times (F/A, 10\%, 10) = 5 \times 15.937 = 79.685$（萬元）

答：通過上述計算得出，通過用終值指標數值的對比，F1>F2>F3，由於是站在購買者角度，應該是付款終值越小越好。所以，本案例應該採用第三種付款方案對購買者有利。

（2）遞延年金現值的計算。

遞延年金現值的計算方法有三種：

方法一是把遞延年金看作是 n 期的普通年金，求出在遞延期第 m 期的普通年金現值，然後再將此折現到第一期的期初（即圖 2-12 中 0 的位置，橫軸表示時間的延續，0，1，2，…表示各期的順序號，0′，1′，2′，…表示各期的順序號，A 表示各期收付款的金額。）

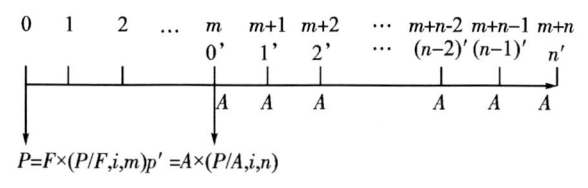

圖 2-12　遞延年金現值 1

由圖 2-12 可得遞延年金的現值：

$$P = P' \times (F/P, i, m) = A \times [(P/A, i, n) \times (P/F, i, m)]$$

其中，m 為遞延期，n 為連續收付款的期數。

方法二是現計算 $m+n$ 期的年金現值，再減去 m 期年金現值，如圖 2-13 所示。

$P' = F \times (P/F, i, m)$
$P'' = A \times (P/A, i, m+n)$

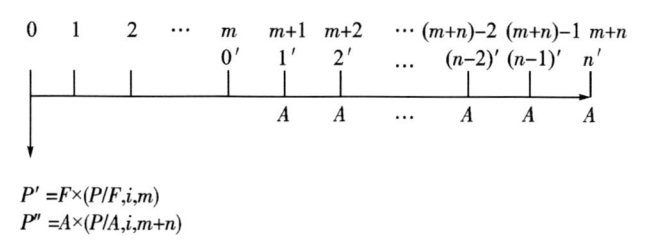

圖 2-13　遞延年金現值 2

由圖 2-13 可得遞延年金的現值：

$$P = P'' - P'$$
$$= A \times [(P/A, i, m+n) - (P/A, i, m)]$$

方法三是先求出連續收支款項的終值，再將其折現到第一期的期初（即圖 2-14 中 0 的位置）。

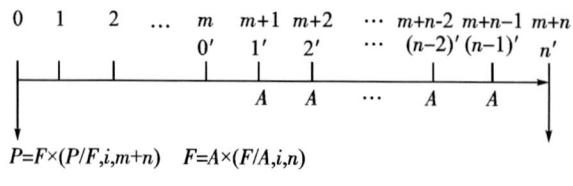

```
   0    1    2   ...    m   m+1  m+2  ...  m+n-2 m+n-1 m+n
                             0'   1'   2'   ... (n-2)' (n-1)'  n'
   |────┼────┼────┼────┼────┼────┼────┼────┼────┼────┼────|
                                  A    A    ...    A     A
   
   P=F×(P/F,i,m+n)    F=A×(F/A,i,n)
```

圖 2-14　遞延年金現值 3

由圖 2-14 可得遞延年金的現值為：

$$P = F \times (P/F, i, m+n) = A \times [(F/A, i, n) \times (P/F, i, m+n)]$$

【例 2-12】某企業向銀行借入一筆款項，銀行貸款的年利率為 10%，每年複利一次，借款合同約定前 5 年不用還本付息，從第 6 年開始到第 10 年每年年末償還本息 50,000 元，計算這筆款項金額的大小。

解：

根據遞延年金現值計算方法有三種，其計算公式也有三種，下面逐個計算：

$P_1 = A \times [(P/A, i, n) \times (P/F, i, m)]$
$\quad = 50,000 \times [(P/A, 10\%, 5) \times (P/F, 10\%, 5)]$
$\quad = 117,690 （元）$

$P_2 = A \times [(P/A, i, m+n) - (P/A, i, m)]$
$\quad = 50,000 \times [(P/A, 10\%, 10) - (P/A, 10\%, 5)]$
$\quad = 117,690 （元）$

$P_3 = A \times [(F/A, i, n) \times (P/F, i, m+n)]$
$\quad = 50,000 \times [(F/A, 10\%, 5) \times (P/F, 10\%, 10)]$
$\quad = 117,675.80 （元）$

不同計算方法的計算結果存在差異，是由於計算各種係數時小數點尾數取捨造成的。

5. 永續年金現值的計算

永續年金是指無限期等額收（付）的特種年金，可視為普通年金的特殊形式，即期限趨於 ∞ 的普通年金。存本取息可視為永續年金的例子。此外，也可將利率較高、持續期限較長的年金視為永續年金計算。由於永續年金持續期無限，沒有終止的時間，因此沒有終值、只有現值。通過普通年金現值計算可推導出永續年金現值的計算公式為：

$$P = A \times \frac{1-(1+i)^{-n}}{i}$$

當 $n \to \infty$ 時，$(1+i)^{-n}$ 的極限為零，故上式可寫為：

$$P \approx \frac{A}{i}$$

【例 2-13】某人持有某公司的優先股，每年每股股利為 2 元，若此人想長期持有，在利率還清按 10% 的情況下，請對該項股票投資進行估價。這是一個求永續年金現值的計算問題，即假設該優先股每年股利固定且持續較長時期，計算出股利的現值之和，

即為該股的估價：

$$\frac{P}{A} = \frac{2}{10\%} = 20 \text{（元）}$$

通過上面計算可知，該項股票投資估價為 20 元。

6. 折現率（利息率）和期數的推算

以上所述資金的時間價值的計算，都假定折現率（利息率）和期數是給定的。在實際工作中，有時僅知道計算期數、終值和現值，要根據這些條件去求折現率（利息率）；有時僅知道折現率（利息率）、終值、現值要根據這些條件去求期數。為了求折現率、利息率和期數，首先就要根據已知的終值和現值求出換算系數。這裡所講的換算系數是指複利終值系數、複利現值系數、年金終值系數和年金現值系數。例如，根據公式：$F = P \times (F/P, i, n)$ 可得到 $(F/P, i, n) = \frac{F}{P}$，即將終值除以現值得到複利終值系數。

同理，我們可得到：

$$(P/F, i, n) = \frac{P}{F}$$

$$(F/A, i, n) = \frac{F}{A}$$

$$(P/A, i, n) = \frac{P}{A}$$

7. 折現率（利息率）的推算

根據上述公式，設 $F/A = a$，若年金終值 F，年金 A，計算期 n 已知，則可利用公式 $F/A = (F/A, i, n)$，查普通年金終值系數表，找出系數值為 a 對應的 i 即可；設 $P/A = a$，若年金現值 P，年金 A，計算期 n 已知，則可利用公式 $P/A = (P/A, i, n)$，查普通年金現值系數表，找出系數值為 a 對應的 i 即可。若系數表中找不到完全相同的系數值 a，因而無法直接找到完全對應的 i，則可運用內插法求解。現以公式 $P/A = (P/A, i, n)$ 為例，說明採用內插法求 i 的基本步驟：

第一步，計算出 P/A 的值，假設 $P/A = a$。

第二步，查普通年金現值系數表。沿著已知 n 所在的行橫向查找，若恰好能找到某一系數值等於 a，則該系數值所在的行相對應的利率便為所求的 i 值。

第三步，若無法找到恰好等於 a 的系數值，就應在表中 n 行上找與 a 最接近的兩個左右臨界系數值，一個大於 a 的系數值（設為 a_1）、一個小於 a 的系數值（設為 a_2），則 $a_1 > a > a_2$，分別讀出 a_1、a_2 所對應的臨界利率 i_1 和 i_2，然後進一步運用內插法。

第四步，在內插法下，假定利率 i 同相關的系數在較小範圍內線性相關，因而可根據臨界系數 a_1、a_2，運用線性相關假定原理的內插法計算公式如下：

$$\frac{i - i_1}{i_2 - i_1} = \frac{a - a_1}{a_2 - a_1}$$

由上式可得，$i=i_1+\dfrac{a-a_1}{a_2-a_1}(i_2-i_1)$

【例2-14】公司向銀行借款1,000,000元，每年年末還本付息額為200,000元，連續6年還清，問其貸款利率是多少？

解析：根據題意，已知 $P=1,000,000$，$A=200,000$，$n=6$，

$P/A=1,000,000/200,000=5=(P/A, i, 6)$

查 $n=6$ 的普通年金現值係數表，由於在 $n=6$ 這一行無法找到恰好等於5的係數值，所以查找大於5和小於5的兩個臨界係數值，分別為：$a_1=5.075,7$，$a_2=4.971,3$，並讀出對應 $i_1=5\%$，$i_2=6\%$。相關數據如表2-1所示。

表2-1　　　　　　　　　　　利率內插法

利率		係數	
i_1	6%	a_1	4.917,3
i	?	a	5
i_2	5%	a_2	5.075,7

運用內插法可得：

方法一（小 i 加）：

$i=$小 $i+\dfrac{大\ a-a}{大\ a-a_1}\times(大\ i-小\ i)$

$i=5\%+\dfrac{5.057,5-5}{5.075,7-4.971,3}\times(6\%-5\%)=5.48\%$

方法二（大 i 減）：

$\dfrac{i-5\%}{6\%-5\%}=\dfrac{5-5.075,7}{4.971,3-5.075,7}$

$i=5\%+\dfrac{5-5.075,7}{4.971,3-5.075,7}\times(6\%-5\%)=5.48\%$

8. 期間的推算

期間 n 的推算，其原理和步驟同折現率（利息率）i 的推算是一樣的。現以普通年金現值為例，說明在 P/A 和 i 已知情況下，推算 n 的基本步驟。

根據上述公式，設 $F/A=a$，若年金終值 F，年金 A，折現率（利率）i 已知，則可利用公式 $F/A=(F/A, i, n)$，查普通年金終值係數表，找出期數 n 對應的 i 即可。設 $P/A=a$，若年金現值為 P，年金為 A，貼現率（或利率）i 已知，則可利用公式 $P/A=(P/A, i, n)$，查普通年金現值係數表，找出係數值為 a 對應的 n 即可。若係數表中找不到完全相同的係數值 a，因而無法直接找到完全對應的 n，則可運用內插法求解。現以公式 $P/A=(P/A, i, n)$ 為例，說明採用內插法求 n 的基本步驟：

第一步，計算出 P/A 的值，假設 $P/A=a$。

第二步，查普通年金現值係數表。沿著已知 i 所在的行向查找，若恰好能找到某一係數值等於 a，則該係數值所在的行相對應的期數便為所求的 n 值。

第三步，若無法找到恰好等於 a 的系數值，就應在表中 n 行上找與 a 最接近的兩個左右臨界系數值，一個大於 a 的系數值（對應期數設為 n_1）、一個小於 a 的系數值（對應期數設為 n_2），則 $n_1 > n > n_2$，分別讀出 a_1、a_2 所對應的臨界利率 n_1 和 n_2，然後進一步運用內插法。

第四步，在內插法下，假定期數 n 同相關的系數在較小範圍內線性相關，因而可根據臨界系數 a_1、a_2，運用線性相關假定原理的內插法計算公式如下：

$$\frac{n-n_1}{n_2-n_1} = \frac{a-a_1}{a_2-a_1}$$

由上式可得，$n = n_1 + \dfrac{a-a_1}{a_2-a_1}(n_2-n_1)$

【例2-15】公司擬購入一臺機器，需 1,200,000 元資金，預測該投資項目的收益率達 15%，每年可創造 400,000 元，則該機器至少使用多久對企業才有利？

解析：根據題意，已知 $P=1,200,000$，$A=400,000$，$i=15\%$，則：

$P/A = 1,200,000/400,000 = 3 = (P/A, 15\%, n)$

查 $i=15\%$ 的普通年金現值係數表，由於在 $i=15\%$ 這一列無法找到恰好等於 3 的係數值，所以查找大於 3 和小於 3 的兩個臨界係數值，分別為：$a_1 = 3.352,2$，$a_2 = 2.855,0$，並讀出對應 $n_1 = 5$，$n_2 = 4$，相關數據如表 2-2 所示。

表 2-2　　　　　　　　　　　　　期數內插法

期數		系數	
n_1	5	a_1	3.352,2
n	?	a	3
n_2	4	a_2	2.855,0

運用內插法可得：

方法一（小 n 加）：

$n = 小\,n + \dfrac{大\,a - a}{大\,a - 小\,a} \times (大\,n - 小\,n)$

$n = 4 + \dfrac{3.352,2 - 3}{3.352,2 - 2.855,0} \times (5-4) = 4.29$（年）

方法二（大 n 減）：

$\dfrac{n-4}{5-4} = \dfrac{3.352,2-3}{3.352,2-2.855,0}$

$n = 4 + \dfrac{3-2.855,0}{3.352,2-2.855,0} \times (5-4) = 4.29$（年）

9. 名義利率與實際利率的換算

上面討論的有關計算均假設利率為年利率，每年複利一次。但實際上，複利的計息不一定是完整年，有可能是季度、月或日。比如某些債券平年計息一次；有的抵押貸款每月計息一次；銀行之間拆借資金均為每天計息一次。當每年複利次數超過一次

時，這樣的年利率叫作名義利率，而每年由於複利一次的利率才是實際利率。對於一年內多次複利的情況，可採取兩種方法計算時間價值。第一種方法是按如下公式將名義利率調整為實際利率，然後按實際利率計算時間價值。

$$i = (1+\frac{r}{m})^m - 1$$

式中，i 為實際利率；r 為名義利率；m 為每年複利次數。

【例2-16】如果你現在存入銀行100,000元，年利率5%，每季度複利一次。那麼2年後能取得多少元本利和？

解析：先根據名義利率與實際利率的關係，將名義利率折算成實際利率。

$$i = (1+\frac{r}{m})^m - 1 = (1+\frac{5\%}{4})^4 - 1 = 5.09\%$$

再按實際利率計算資金時間價值：

$F = P(1+i)^n = [100,000 \times (1+5.09\%)^2]$ 元 $= 110,439.08$（元）

或者（將已知的年利率 r 折算成利率 $r \div m$，期數變為 $m \times n$）：

$$P = P(1+\frac{r}{m})^{m \times n}$$

$$= \{100,000 \times [(1+\frac{5\%}{4})^{2 \times 4}]\}$$

$=110,448.61$（元）

假定在年利率不變的前提下，一年內複利幾次時，實際利率一定大於名義利率，當然，實際得到的利息也比按名義利率計算的利息高。

2.2 投資風險價值

資金時間價值是在沒有風險和通貨膨脹的條件下進行投資的收益率。上節所述，沒有涉及風險問題。但是在財務活動中風險是客觀存在的。所以，還需考慮當企業冒著風險投資是能否獲得額外收益的問題。

2.2.1 投資風險價值的概述

1. 什麼是投資風險價值

投資風險價值又稱投資風險收益、投資風險報酬，是指投資者由於冒著風險進行投資而獲得的超過資金時間價值的額外收益。

2. 投資決策類型

在市場經濟條件下，進行投資決策所涉及的各個因素可能是已知、確定的，即沒有風險和不確定的問題。但在實踐中往往對未來情況並不十分明了，有時甚至連各種情況發生的可能性如何也不清楚。因此，根據對未來情況的掌握程度，投資決策可分為以下三種類型：

第一，確定性投資決策：是指未來情況確定不變或已知的投資決策。例如，購買政府發行的國庫券，由於國家實力雄厚，事先規定的債券利息率到期肯定可以實現，這就屬於確定性投資。

第二，風險性投資決策：是指未來情況不能完全確定，但各種情況發生的可能性概率為已知的投資決策。例如，購買某家用電器公司的股票，已知該公司股票在經濟繁榮、一般、蕭條時的收益率分別為15%、10%、5%；另根據有關資料分析，認為近期該行業繁榮、一般、蕭條的概率分別30%、50%、20%，這種投資就屬於風險性投資。

第三，不確定性投資決策：是指未來情況不僅不能完全確定，而且各種情況發生的可能性也不清楚的投資決策。例如，投資煤炭開發工程，若煤礦開發順利可獲得100%的收益率，若找不到理想的煤層則將發生虧損。至於能否找到理想的煤層，獲利與虧損的可能性各有多少事先很難預料，這種投資就屬於不確定性投資。各種長期投資方案通常都有一些不能確定的因素，完全的確定性投資方案是很少見的。不確定性投資決策，因為對各種情況出現的可能性不清楚，無法加以計量，但如對不確定性投資方案規定一些主觀概率，就可進行定量分析。不確定性投資方案有了主觀概率以後，與風險投資方案就沒有多少差別了。因此，在財務管理中對風險性和不確定性投資決策並不嚴格區分，往往把兩者統稱為風險。

2.2.2 投資風險價值的表示方法

投資風險價值也有兩種表示方法：風險收益額和風險收益率。投資者由於冒著風險進行投資而獲得的超過資金時間價值的額外收益，稱為風險收益額；風險收益額對於投資額的比率，則稱為風險收益率。在實際工作中，對兩者並不嚴格區分，通常以相對數風險收益率進行計量。在不考慮物價變動的情況下，投資收益率（即投資收益額對於投資額的比率）包括兩部分：一是資金時間價值，它是不經受投資風險而得到的價值，即無風險投資收益率；二是風險價值，即風險投資收益率。其關係如下式：

$$投資收益率＝無風險投資收益率＋風險投資收益率$$

風險是指在一定環境下和一定限期內客觀存在的、影響企業目標實現的各種不確定事件。風險意味著有可能出現與人們取得收益的願望相背離的結果。但是，人們在投資活動中，由於主觀努力，把握時機，往往能有效地避免失敗，並取得較高的收益。所以，風險不同於危險，危險只可能出現壞的結果，而風險則是指既可能出現壞的結果，也可能出現好的結果。風險在長期投資中是經常存在的。投資者討厭風險，不願遭受損失，為什麼又要進行風險性投資呢？這是因為有可能獲得額外的風險收益。人們總想冒較小的風險而獲得較多的收益，至少要使所得的收益與所冒的風險相當。風險和收益相伴而生，高風險有可能獲得高收益，低風險只能得到低收益；反之，高收益必有高風險，低收益則也可能存在高風險。因此，進行投資決策必須考慮各種風險因素，預測風險對投資收益的影響程度，以判斷投資項目的可行性。

2.2.3 投資風險價值的計算

風險收益具有不易計量的特性。要計算在一定風險條件下的投資收益，必須利用概率論的方法，按未來年度預期收益的平均偏離程度來進行估量。

2.2.3.1 概率分佈和預期收益

1. 概率分佈

一個事件的概率是指這一事件的某種後果可能發生的機會。例如，企業投資收益率在25%的概率為0.4，就意味著企業獲得25%的投資收益率的可能性是40%。如果把某一事件所有可能的結果都列示出來，對每一結果給予一定的概率，便可構成概率的分佈。

【例2-17】南方某公司投資一條生產線，生產豆奶或果汁。根據市場調查，預計在三種不同的市場情況下，可能獲得的年淨利潤及其概率等資料如表2-3所示。

表2-3　　　　　　　　預計年利潤及概率表

市場情況	概率（P_i）	預計年利潤（X_i）萬元	
		生產豆奶	生產果汁
繁榮	0.3	600	700
一般	0.5	500	400
衰敗	0.2	100	200

表2-3中的數據表明，在市場繁榮的情況下，生產豆奶和果汁的預計淨利潤分別為600萬元和700萬元，其可能性為30%；在市場一般的情況下，生產豆奶和果汁的預計年淨利潤分別為500萬元和400萬元，其可能性為0.5；在市場衰敗的情況下，生產豆奶和果汁的預計年淨利潤分別為100萬元和100萬元，其可能性為20%。

這裡，概率表示每種結果出現的可能性，即經濟情況會出現的三種結果，其概率分別為0.3、0.5和0.2。概率以P表示，任何概率都要符合以下兩條規則：

① $0 < P_i < 1$；

② $\sum_{i=1}^{n} P_i = 1$

概率分佈是指某一事件的各種結果可能性的概率分佈。在實際應用中，概率分佈有兩種類型：一種是不連續的概率分佈，其特點是概率分佈在各個特定點上，即為離散型分佈；另一種是連續的概率分佈，其特點是概率分佈在連續圖像上的兩個點的區間上，即為連續型分佈。

這就是說，每一個隨機變量的概率最小值為0，最大值為1，不可能小於0，也不可能大於1，全部概率之和必須等於1，即100%，n為可能出現的所有結果的個數。

2. 預期收益（期望值）

根據某一事件的概率分佈情況，可以計算出預期收益。預期收益又稱收益期望值，是指某一計算公式為投資方案未來收益的各種可能結果，用概率為權數計算出來的加

權平均數，是加權平均的中心值。其計算公式為：

$$\bar{E} = \sum_{i=1}^{n} X_i P_i$$

式中，$\bar{E}$ 為預期收益；X_i 為第 i 種可能結果的收益；P_i 為第 i 種可能結果的概率；n 為可能結果的個數。根據表 2-3，可分別計算生產豆奶和生產果汁兩個方案的預期收益。

豆奶方案：
$\bar{E}$ = 6,000.3+0.2+5,000.5+1,000.2 = 450（萬元）

果汁方案：
$\bar{E}$ = 7,000.3+4,000.5+2,000.2 = 450（萬元）

計算結果表明，兩個方案預計年利潤的期望值相同，均為 450 萬元，說明利用期望值判斷兩個方案的風險是相同的。因此，需用淨利潤的具體數值與期望值的偏離程度及離散程度來判斷風險的大小。

在預期收益相同的情況下，投資的風險程度同收益的概率分佈有密切的聯繫。概率分佈越集中，實際可能的結果就會越接近預期收益，實際收益率低於預期收益率的可能性就越小，投資的風險程度也就越小；反之，概率分佈越分散，投資的風險程度也就越大。

2.2.3.2 風險收益的衡量

投資風險程度究竟如何計量，這是個比較複雜的問題，以前通常以能反應概率分佈離散程度的標準離差來確定。根據標準離差計算投資風險收益，按以下步驟進行。現以豆奶方案為例說明。

第一步，計算投資項目的預期收益。計算豆奶和果汁方案的預期收益，已在表 2-3 之後列示。

第二步，計算投資方案的收益標準離差。

以上計算的結果是在所有各種風險條件下，期望可能得到的平均收益值為 450 萬元。但是，實際可能出現的收益往往偏離期望值。要知道各種收益可能值（隨機變量）與期望值的綜合偏離程度是多少，不能用三個偏差值相加的辦法求得，而只能用求解偏差平方和的方法來計算標準離差，記作 Q。其計算公式為：

$$Q = \sqrt{\sum_{i=1}^{n}(X_i - E)^2 P_i}$$

代入上例數據求得：

$Q_{豆奶} = \sqrt{(600-450)^2 \times 0.3 + (500-450)^2 \times 0.5 + (100-450)^2 \times 0.2} = 180.28$（萬元）

$Q_{果汁} = \sqrt{(700-450)^2 \times 0.3 + (400-450)^2 \times 0.5 + (200-450)^2 \times 0.2} = 196.85$（萬元）

因為豆奶的標準離差小於果汁的標準離差，所以在期望收益額均為 450 萬元的條件下，豆奶方案的風險程度小於果汁方案，應選擇投資豆奶方案。

標準離差是由各種可能值（隨機變量）與期望值之間的差距所決定的。它們之間差距越大，說明隨機變量的可變性越大，意味著各種可能情況與期望值的差別越大；

反之，它們之間的差距越小，說明隨機變量越接近於期望值，就意味著風險越小。所以，收益標準離差的大小，可以看作投資風險大小的具體標志。

第三步，計算投資項目的收益標準離差率。

標準離差是反應隨機變量的離散程度的一個指標，但它是一個絕對值，而不是一個相對值，只能用來比較預期收益相同的投資項目的風險程度，而不能用來比較預期收益不同的投資項目的風險程度。為了比較預期收益不同的投資項目的風險程度，還必須求得標準離差和預期收益的比值，即標準離差率，記作 v。其計算公式為：

$$v = \frac{Q}{E}$$

標準離差作為絕對數，只適用於評價和比較期望值相同的決策方案的風險程度；對期望值不同的決策方案，只能借助於標準離差率這一相對數值來評價和比較。

根據上述資料，可以計算出生產豆奶和果汁的標準離差率。

代入例 2-17 中的數據求得：

$$v_{豆奶} = \frac{180.28}{450} \times 100\% = 40.06\%$$

$$v_{果汁} = \frac{196.85}{450} \times 100\% = 43.74\%$$

2.2.4 投資風險價值

2.2.4.1 風險和風險價值的概念

在介紹風險之前，先看一個例子：假設投資者購買了報酬率為5%的一年期國庫券，則如果該投資者持有該國庫券滿一年，便會得到5%的收益率。但是如果投資者購買的是某公司的普通股股票，並準備持有一年，預期的現金股利可能會如期實現，也可能無法實現。而且，一年後的股價可能高於預期，也可能低於預期，甚至會低於初始的購買價格，導致該投資的實際收益與預期收益相差很多，這就是風險。風險是現代企業財務管理環境的一個重要特徵，在企業財務管理的每一個環節中都不可避免地要面對風險。

1. 風險的概念

風險是指預期結果的不確定性。風險不僅可以帶來超出預期的損失，也可能帶來超出預期的收益，即風險不僅包括負面效應的不確定性，還包括正面效應的不確定性。上述國庫券屬於無風險的證券，普通股則屬於有風險的證券。證券的不確定性越大，其風險也就越大。嚴格地說，風險和不確定性是有區別的。風險是指事前可以知道所有可能的結果以及每種結果出現的概率。而不確定性是指事前不知道所有可能的結果，或者雖然知道可能的結果但不知道每種結果出現的概率。

2. 風險價值的概念

投資者由於冒著風險進行投資而獲得的超過資金時間價值以外的額外收益，稱為風險價值，又稱投資風險收益或投資風險報酬。風險可能會導致投資者超出預期的損失，也可能給投資者帶來超出預期的收益。風險越大，可能帶來越大的損失，也可能

帶來越大的收益。風險價值衡量了投資者將資產從無風險資產轉移到風險資產而要求得到的「額外補償」，它的大小取決於兩個因素：一是所承擔風險的大小；二是投資者對風險的偏好大小。

2.2.4.2 風險的種類

財務管理中的風險是多種多樣的，從不同角度來看，有不同類型的風險。

1. 系統風險和非系統風險

從證券市場及投資組合角度來看，可以分為系統風險和非系統風險。系統風險又稱不可分散風險、市場風險，是指所有的公司都產生影響的因素引起的風險，如戰爭、通脹、宏觀經濟形勢變動、國家經濟政策變化、世界政治形勢改變等引起的風險。這類風險不能通過分散化投資來消除。非系統風險又稱可分散風險，是指個別公司發生的特有事件造成的風險，如公司新產品開發失敗、取得合同訂單、失去重要合同訂單、訴訟失敗等。這類事件是非預期的、隨機的，它只影響本公司或影響與之相關的少數公司，不會對整個市場產生大的影響，這種風險通過投資組合來分散，即發生於一家公司的不利事件可以被其他公司的有利事件所抵消。

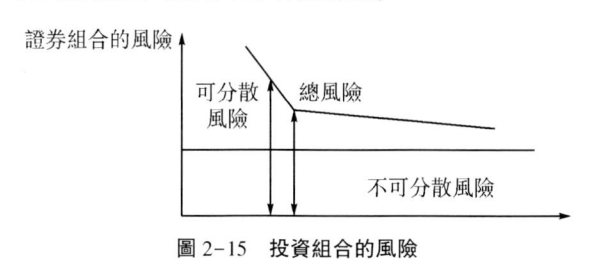

圖 2-15　投資組合的風險

2. 經營風險和財務風險

從企業本身來看，風險按形成原因，可以分為經營風險和財務風險。

經營風險是指因生產經營方面的原因給企業目標帶來不利影響的可能性。這些生產經營條件的變化可能來自企業內部的原因，也能來自企業外部的原因，如生產成本加大、生產技術老化、生產組織不合理等，以及外部客觀環境的變動，如顧客購買力發生變化、競爭對手增加、產品不適銷對路、市場份額減少、新老產品更新不上潮流等。這些內外因素，使企業的生產經營產生不確定性，最終引起收益變化。

財務風險是指由於借款而給企業目標帶來的可能影響，是籌資、決策所帶來的風險，也籌資風險。企業借款，雖可以解決企業資金短缺的困難、提高目前資金的盈利能力，但也改變了企業的資金結構和自有資金利潤率，企業還須還本付息，並且借入資金所獲得的利潤是否大於支付的利息額，具有不確定性，因此借款有風險。在全部資金來源中，借入資金所占的比重大，企業的負擔就重，風險程度也就增加；借入資金所占的比重小，企業的負擔就輕，風險程度也就減輕。因此，確定合理的資金結構，既可以提高資金盈利能力，又能防止財務風險加大。

3. 違約風險、流動風險和期限性風險

按其表現形式來看，可以分為違約風險、流動性風險和期限性風險。違約風險是

指借款人能到期支付利息或未如期償還款項而給債權人帶來的風險。流動性風險是指為了彌補因債務人資產流動性不好而帶來的風險，其目的是補償證券不能及時變現所遭受的損失。期限性風險是指為了彌補因償債期長給債權人帶來的風險。

2.2.4.3 風險收益

1. 風險與收益的一般關係

對風險價值系數的計算說明投資收益率包括無風險收益率和風險收益率兩部分。投資收益率與收益標準離差率之間存在著種線性關係，如下式所示：

$$K = R_F + R_R = R_F + bV$$

式中，K 為投資收益率；R_F 為無風險收益率；R_R 為風險收益率；b 為風險價值系數；V 為標準離差率。

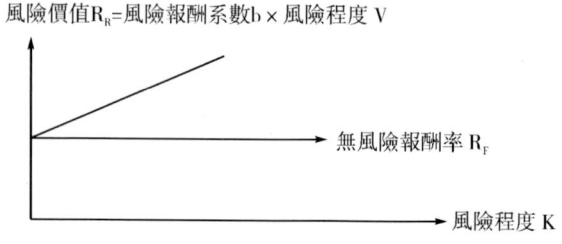

風險價值 R_R = 風險報酬系數 b × 風險程度 V

無風險報酬率 R_F

風險程度 K

圖 2-16　期望投資報酬率

2. 風險價值系數大小的確定

至於風險價值系數的大小，則是由投資者根據經驗，並結合其他因素加以確定的。通常有以下幾種方法：

根據以往同類項目的有關數據確定。根據以往同類投資項目的投資收益率、無風險收益率和收益標準離差率等歷史資料，可以求得風險價值系數。例如，企業進行某項投資，其同類項目的投資收益率為 10%，無風險收益率為 6%，收益標準離差率為 50%。根據公式，計算如下：

$K = R_F + bV = 6\% + 10\% \times 50\% = 11\%$

應當指出，風險價值計算的結果具有一定的假定性，並不十分精確。研究投資風險價值原理，關鍵是要在進行投資決策時，樹立風險價值觀念，認真權衡風險與收益的關係，選擇有可能地避免風險，分散風險，並獲得較多收益的投資方案。中國有些企業在進行投資決策時，往往不考慮多種可能性，更不考慮失敗的可能性，孤注一擲，盲目引進設備、擴建廠房、增加品種、擴大生產，以致造成浪費甚至面臨破產。這種事例屢見不鮮，實當引以為戒。因此，財務管理主體在投資決策時應當充分運用風險價值原理，充分考慮市場、經營中可能出現的各種情況，對各種方案進行權衡，以求實現最佳的經濟效益。

由企業領導或有關專家確定。如果現在進行的投資項目缺乏同類項目的歷史資料，不能採用上述方法計算，則可根據主觀的經驗加以確定。投資決策可以由企業領導，如總經理、財務副經理、財務主任等研究確定，也可由企業組織有關專家確定。這時，

風險價值系數的確定在很大程度上取決於企業對風險的態度。比較敢於冒風險的企業，往往把風險價值系數定得低些；而比較穩健的企業，則往往定得高些。

由國家有關部門組織專家確定。國家財政、銀行、證券等管理部門可組織有關方面的專家，根據各行業的條件和有關因素，確定各行業的風險價值系數。這種風險價值系數的國家參數由有關部門定期頒布，供投資者參考。

3. 進行風險價值計算時應注意的問題

應當指出，風險價值計算的結果具有一定的假定性，並不十分精確。研究投資風險價值原理，關鍵是要在進行投資決策時，樹立風險價值觀念，認真權衡風險與收益的關係，選擇有可能避免風險、分散風險，並獲得較多收益的投資方案。中國有些企業在進行投資決策時，往往不考慮多種可能性，更不考慮失敗的可能性，孤注一擲，盲目引進設備、擴建廠房、增加品種、擴大生產，以致造成浪費甚至面臨破產。這種事例屢見不鮮，實當引以為戒。因此，財務管理主體在投資決策中，應當充分運用風險價值原理，充分考慮市場、經營中可能出現的各種情況，對各種方案進行權衡，以求實現最佳的經濟效益。

2.2.4.4 風險的評定

以上對投資風險程度的衡量是就單個投資方案而言的。如果要對多個投資方案進行選擇，那麼進行投資決策時的原則應該是投資收益率越高越好，風險程度越低越好。具體說來有以下幾種情況：①果兩個投資方案的預期收益率基本相同，則應當選擇標準離差率較低的那一個投資方案。②如果兩個投資方案的標準離差率基本相同，則應當選擇預期收益率較高的那一個投資方案。③如果甲方案預期收益率高於乙方案，而其標準離差率低於乙方案，則應當選擇甲方案。④如果甲方案預期收益率高於乙方案，則其標準離差率也高於乙方案，在此情況下則不能一概而論，而要取決於投資者對風險的態度。有的投資者願意接受較大的風險，以追求較高的收益率，可能選擇甲方案；有的投資者卻不願意冒較大的風險，願意接受較低的收益率，可能選擇乙方案。但如果甲方案收益率高於乙方案的收益率，而其收益標準離差率高於乙方案的程度較小，則選擇甲方案可能是比較適宜的。

【知識拓展】

小小計算器能量可不小

一、計算原理

為了便於掌握學習該方法，筆者拋開終值、現值等系數表，借助簡單計算器，在計算器中輸入乘號「×」後再輸入等號「=」（代表求 N 次方）求解。除了介紹該計算的基本方法外，筆者在盡量選擇相當簡單而且便於查表的利率和期數的案例，以便對計算結果進行驗證。當然，通過一道簡單的例題來驗證該方法計算與查表計算的結果相一致是很有必要的。這種方法對學生進一步學習或參加一些資格考試，只需記住替換數學公式，在整個解題過程中通過敲打計算器按鍵便能瞬間計算出結果。而在現行

的多數情況下（包括實際運用中），資金時間價值計算更多是通過查表或者借助工具軟件來實現。

二、工具選取

該計算方法對計算器的要求極低，市面上 10 元左右的最低端計算器均能完全滿足計算對工具需要。

三、方法設計

在介紹具體方法前，首先，將現值、終值、年金、期數和利率的簡記英文字母和英文翻譯製成表格；其次，將系數分類、已知、所求、原始公式和替換後的公式及表示方法製成表格；最後，為便於簡化公式，利於學生記憶，將複利、年金系數中經常使用的 $(1+i)^n$ 用 X 表示。系數簡記表和原始系數公式與替換系數公式對照表分別見表 2-4 和表 2-5。

表 2-4　　　　　　　　　　系數簡記表

現值	P	Present Value
終值	F	Future Value
年金	A	Annuity
期數	n	Number
利率	i	Interest

表 2-5　　　　原始系數公式與替換系數公式對照表

系數	已知	所求	原始公式	替換後的公式	表示方法
複利終值系數	現值	終值	$F=P(1+i)^n$	$F=P \times X$	$(F/P,i,n)$
複利現值系數	終值	現值	$P=F(1+i)^{-n}$	$P=F \times (1/X)$	$(P/F,i,n)$
普通年金終值系數	年金	終值	$F=A\{[(1+i)^n-1]/i\}$	$F=A \times [(X-1)/i]$	$(F/A,i,n)$
償債基金系數	終值	年金	$A=F\{i/[(1+i)^n-1]\}$	$A=F \times [(i/X)-1]$	$(A/F,i,n)$
普通年金現值系數	年金	現值	$P=A\{[1-(1+i)^{-n}]/i\}$	$P=A \times \{[(1-(1/X)]/i\}$	$(P/A,i,n)$
資本回收系數	現值	年金	$A=P\{1/[(1-(1+i)^{-n})]\}$	$A=P \times \{1/[1-(1/X)]\}$	$(A/P,i,n)$

（一）複利終值系數的計算

案例 1：佳誼公司現準備一筆資金 580,000 元用於 3 年後的設備更新，若複利利率為 4%，該公司 3 年後可用於設備更新的資金為多少？

解析：首先需要判斷該經濟業務的所屬類型，進而選擇系數公式。

這道題中的關鍵點在於如何計算複利終值系數（F/P，4%，3），按照一般的教學和學習方法，需要查詢複利終值系數表中的橫坐標期數為 3，縱坐標利率為 4% 所對應的坐標點數據，查詢的系數結果為 1.124,9，然後乘以 580,000，結果為 652,442 元。而筆者的觀點是在不需要查表的情況下僅用計算器直接計算出複利終值系數（F/P）。在計算該系數時，一定要運用該系數的原始公式 $F=(1+i)^n$，即 $F=(1+4\%)^3$。按照前

面設定，該案例的期數 $n=3$，利率 $i=4$，即 $X=(1+4\%)^3$。

根據題意已知現值，要求複利終值。故，選用複利現值系數，查表計算得：

$F=P\times(F/P, i, n) = 58,000\times(F/P, 4\%, 3) = 580,000\times1.124,9 = 652,442$（元）

下面通過新方法利用計算器予以操作，依據替換後公式 $F=P\times X$，$X=(1+i)^n=(1+4\%)^3$ 進行計算步驟如下：

第一大步計算出 X 的結果（以後該 X 方法不再重述）。

（1）輸入數值「1.04」；

（2）輸入乘號「×」；

（3）連續輸入等號「=」2次（輸入1次等號表示求2次方，輸入2次等號表示求3次方），結果顯示為 1.124,864（假定要求保留六位小數）。

第二大步輸入乘號「×」。

第三大步輸入數值「580,000」。

第四大步輸入等號「=」，計算器上顯示的最後答案為 65,242.112，即為 65,242.11（四捨五入且保留兩位小數）。

驗證結論：該答案與教材答案完全相符，證明該方法可行。

在實際的工作中，基本上沒有一個實際利率與教材上利率完全相等的，要麼是大一點點，要麼是小一點點。在這種情況下，教材提供的大約8頁系數表就顯得是一張廢紙，沒有實質性的參考意義。

（二）複利現值系數的計算

案例2：景雲公司準備5年後用 250,000 元償還欠款，在複利利率為6%的條件下，問公司現在需要向銀行一次性存入多少款項？

解析：根據題意已知複利終值求複利現值，所以選用複利現值系數，查表計算得：

$P=F\times(1+i)^{-n}=F\times(1/X) = 250,000\times0.747,3 = 186,825$ 元。

用上述計算方法步驟如下：

第一大步計算出 X 的結果。

（1）輸入數值「1.06」；

（2）輸入乘號「×」；

（3）連續輸入等號「=」4次。

第二大步輸入除號「÷」。

第三大步輸入等號「=」。

第四大步輸入乘號「×」。

第五大步輸入數值「250,000」。

第六大步輸入等號「=」，計算器上顯示的最後答案為 186,814.54。

驗證結論：結果與教材結果 186,825 相差 10.46，誤差率 0.005,6%。因為一方面不同的計算方法帶來的四捨五入結果是不一致，屬於正常現象；另一方面財務計算的結果目的是用於決策，如此小的差異，不會對決策帶來實質性影響，可以忽略不計。

（三）普通年金終值系數的計算

案例3：京潤公司準備3年後購置一臺預計價值為350萬元的大型設備，現每年年

末從利潤中留成 110 萬元存入銀行，年利率為 10%，問 3 年後這筆資金是否足夠滿足購買這臺大型設備？

解析：首先，計算每年年末從利潤中留成 110 萬元的款項 3 年後的價值；然後，與大型設備的預計價值比較。當該筆資金 3 年後的價值大於大型設備的預計價值時才足夠購買。該案例每年年末從利潤中留成並存入銀行的款項相等，表現為普通年金，求 3 年後的價值，即為普通年金終值。

根據題意已知普通年金現值，要求普通年金終值，選用普通年金終值係數，查表計算得：

$F = A \times \{[(1+i)^n - 1]/i\} = A \times [(X-1)/i] = 110 \times [(1.331-1)/0.1] = 364.1(萬元)$

用上述計算方法步驟如下：

第一大步計算出 X 的結果。

(1) 輸入數值「1.12」；

(2) 輸入乘號「×」；

(3) 連續輸入等號「=」2 次。

第二大步輸入減號「-」。

第三大步輸入數值「1」。

第四大步輸入除號「÷」。

第五大步輸入數值「0.1」。

第六大步輸入數值「110」。

第七大步輸入符號「=」，計算器上顯示的最後答案為 364.1。

驗證結論：該答案與教材答案完全相符，證明該方法可行。

(四) 普通年金現值係數的計算

案例 4：某公司擬籌資 240 萬元，用於購買一項專利。該專利投產後預計在今後 5 年每年可獲得收益 60 萬元，公司要求的最低投資報酬率 12%，問這些投資是否合算？

解析：先計算該項專利投產後每年收益的現值之和，然後與籌資額比較。當現值之和大於或等於籌資額時，這項投資才可行。因專利投產後預計在今後 5 年每年獲得收益均為 60 萬元，表現為普通年金，可以用普通年金公式求每年收益的現值之和。

根據題意已知普通年金終值，要求普通年金現值，選擇運用普通年金現值係數，查表計算得：

$P = A \times \{[1-(1+i)^{-n}]/i\} = A \times \{[1-(1/X)]/i\} = 600,000 \times [(1-1/1.762,3)/0.12] = 2,162,866$ 元。

計算結果表明，每年收益的現值之和為 2,162,880 元，小於籌資額 240 萬元，所以該投資是不可行的。用上述計算方法步驟如下：

第一大步計算出 X 的結果。

(1) 輸入數值「1.12」；

(2) 輸入乘號「×」；

(3) 連續輸入等號「=」4 次。

第二大步輸入除號「÷」。

第三大步輸入等號「＝」。
第四大步輸入減號「－」。
第五大步輸入數值「1」。
第六大步輸入等號「＝」。
第七大步輸入除號「÷」。
第八大步輸入數值「0.12」。
第九大步輸入乘號「×」。
第十大步輸入數值「600,000」。

第十一大步輸入等號「＝」。計算器上顯示的最後答案為 $-2,162,865.72$，取絕對值 $2,162,865.72$。因為前面本應通過 $1-X$，而筆者為了更快捷，用的是 $X-1$，導致計算結果成負數，所以應取絕對值。

驗證結論：該答案與教材答案完全相符，證明該方法可行。

（五）其他系數的相關計算

由於償債基金係數與普通年金終值係數互為逆運算，普通年金係數與資本回收係數計算互為逆運算。所以根據前面已經計算出的普通年金終值係數和普通年金現值係數計算而計算償債基金係數和資本回收係數就迎刃而解，只需將普通年金終值係數和普通年金現值係數求倒數即可。

由於篇幅問題，其他的如即付年金終值和現值，遞延年金終值和現值也可以按同樣的模式進行計算，不再過多闡述。

（六）其他注意事項

整個計算過程 $X=(1+i)^n$ 的計算是核心點，n 次方的輸入等於輸入等號「＝」的次數減去 1；中途計算出的係數建議保留 6 位小數，這樣計算的結果與查表計算的結果誤差值更小。

四、方法創新

（一）速度準確兼顧

針對案例 4，如果按照市場假定的銀行基準貸款利率 5.45%，雖然無法通過查表方式得出結果，但可通過該方法計算，筆者只用了不到 20 秒的時間。這表明，該方法不但將不能變為可能，而且還能達到快捷、準確的目的。針對案例 3，筆者用該方法耗時 15 秒，而用查表法耗時近兩分鐘，該方法大大地縮短了計算時間。

（二）係數無需查表

此方法無須其他應用軟件，無須提供複利終值、複利現值、年金終值、年金現值係數表，也就是說，財務管理所附係數表可以退出歷史舞臺。

（三）利率自由設定

打破了教材上係數必須以 1% 的整倍數而導致的理論與實際脫節問題，該方法對利息沒有任何要求，具有較強實用性。

本章小結

本章主要討論了財務決策中非常重要的兩個觀念：資金時間價值和風險價值觀念。資金時間價值是指貨幣經過一定時間的投資和再投資所增加的價值，可以用「增加額」及絕對數來表示。一般用「增加額/本金」即用相對數來表示，理解時應與利率相區分。財務人員經常需要對不同項目在不同時點產生不同金額現金流量的決策進行比較。為了正確進行比較和決策，必須深刻理解資金時間價值的含義。資金時間價值是貫穿於整個財務決策過程中的，具有非常重要的地位，被稱為「理財第一原則」。資金時間價值的精髓在於：不同時間的貨幣具有不同的價值，只有將其折算到同一時點才能相互比較。

資金時間價值的應用包括：

(1) 單利終值和現值的計算

單利終值的計算公式為：$F=P \times (1+i \times n)$

單利現值的計算公式為：$P=F / (1+i \times n)$

(2) 複利終值和現值的計算

複利終值的計算公式為：$F=P \times (1+i)^n$，$F=P \times (F/P, i, n)$

複利現值的計算公式為：$P=\dfrac{F}{(1+i)^n}=F \times (1+i)^{-n}=F \times (P/F, i, n)$

(3) 普通年金終值和現值的計算

普通年金終值的計算公式為：$F=A \times \left[\dfrac{(1+i)^n-1}{i}\right]=A (F/A, i, n)$

普通年金現值的計算公式為：$P=A \times \left[\dfrac{1-(1+i)^{-n}}{i}\right]=A \times (P/A, i, n)$

(4) 即付年金終值和現值的計算

即付年金終值的計算公式為：

(公式1) $F=A \times \left[\dfrac{(1+i)^{n+1}-1}{i}-1\right]=A \times [F/A, i, n+1) -1]$

(公式2) $F=A \times \left[\dfrac{(1+i)^n-1}{i} \times (1+i)\right]=A \times [(F/A, i, n) \times (1+i)]$

即付年金現值的公式為：

(公式1) $P=A \times \left[\dfrac{1-(1+i)^{-(n-1)}}{i}+1\right]=A \times [(P/A, i, n-1) +1]$

(公式2) $P=A \times \left[\dfrac{1-(1+i)^{-n}}{i} \times (1+i)\right]=A \times [(P/A, i, n) \times (1+i)]$

(5) 遞延年金終值和現值的計算

遞延年金終值的公式為：$F=A \times \dfrac{(1+i)^n-1}{i}=A \times (F/A, i, n)$

遞延期現值的計算公式為：

（公式1） $P=A\times[(P/A,i,n)\times(P/F,i,m)]$

（公式2） $P=A\times[(P/A,i,m+n)-(P/A,i,m)]$

（公式3） $P=A\times[(F/A,i,n)\times(P/F,i,m+n)]$

(6) 永續年金現值的計算

永續年金現值的計算公式為：$P=A\times\frac{1-(1+i)^{-n}}{i} \quad P\approx\frac{A}{i}$

(7) 折現率和期數的推算

折現率的推算公式為：

（公式1） $i=i_1+\frac{a-a_1}{a_2-a_1}(i_2-i_1)$

（公式2）（小 i 加）：$i=小\ i+\frac{大\ a-a}{大\ a-a}\times(大\ i-小\ i)$

期數的推算公式為：

（公式1） $n=n_1+\frac{a-a_1}{a_2-a_1}(n_2-n_1)$

（公式2）（小 n 加）：$n=小\ n+\frac{大\ a-a}{大\ a-小\ a}\times(大\ n-小\ n)$

(8) 名義利率與實際利率的換算

其計算公式為：

$F=P(1+\frac{r}{m})^{m\times n}$

(9) 投資風險價值的計算

期望值的計算公式為：$\bar{E}=\sum_{i=1}^{n}X_iP_i$

標準離差的計算公式為：$Q=\sqrt{\sum_{i=1}^{n}(X_i-E)^2P_i}$

標準離差率的其計算公式為：$v=\frac{Q}{E}$

期望報酬率的公式為：$K=R_F+R_R=R_F+bV$

本章練習題

一、單項選擇題

1. 企業發行債券，在名義利率相同的情況下，對其最不利的複利計息期是（   ）。

    A. 1年   B. 半年

    C. 1個季度   D. 1個月

2. 一定時期內每期期初等額收付的系列款項是（　　）。
   A. 即付年金　　　　　　　　B. 永續年金
   C. 遞延年金　　　　　　　　D. 普通年金

3. 已知（F/A, 10%, 5）為 6.105,1，（F/A, 10%, 7）為 9.487,2，則 6 年、10% 的即付年金 5 值系數為（　　）。
   A. 8.487,2　　　　　　　　B. 7.715,6
   C. 7.105,1　　　　　　　　D. 5.105,1

4. 甲公司從銀行借入期限為 10 年、年利率為 10% 的一筆長期借款 30,000 元，用於投資一個壽命為 10 年的項目，若該投資項目對企業是有利項目，則每年至少應收回的現金為（　　）。
   A. 6,000　　　　　　　　　B. 3,000
   C. 5,374　　　　　　　　　D. 4,882

5. 有一投資項目期限為 8 年，前三年年初沒有產生現金流量，從第四年年初開始每年產生 500 萬元的現金流量，假定年利率為 10%，則其現值為（　　）萬元。
   A. 1,995　　　　　　　　　B. 1,566
   C. 18,136　　　　　　　　D. 1,423

6. 甲企業向乙企業購買一臺機器設備，合同約定 3 年後一次性支付款項 20 萬元，假定年利率為 10%，則該付款方式相當於現在支付價款（　　）萬元。
   A. 20　　　　　　　　　　 B. 15.026
   C. 15.384,6　　　　　　　 D. 6.042,3

7. 某慈善人士打算為某希望小學設立獎學金，獎學金每年發放一次，金額為 3,000 元。獎學金基金存入中國建設銀行。銀行一年期存款利率為 4%，則該慈善人士需拿出（　　）元作為獎勵基金。
   A. 120,000　　　　　　　　B. 75,000
   C. 300,000　　　　　　　　D. 30,000

8. 有甲、乙兩個投資項目，兩個項目的預期收益相同，甲項目預期收益的標準差大於乙項目，則（　　）。
   A. 甲項目風險大於乙　　　　B. 甲項目風險小於乙
   C. 甲乙項目風險相同　　　　D. 甲乙項目風險大小無法比較

9 企業向保險公司投保屬於（　　）。
   A. 接受風險　　　　　　　　B. 規避風險
   C. 減少風險　　　　　　　　D. 轉移風險

10. 投資者由於冒風險進行投資而獲得的超過資金時間價值的額外收益，被稱為投資（　　）。
   A. 資金時間價值　　　　　　B. 期望收益率
   C. 風險價值　　　　　　　　D. 風險

二、多項選擇題

1. 下列表述中，正確的是（　　）。
   A. 複利終值系數和複利現值系數互為倒數
   B. 普通年金終值系數和普通年金現值系數互為倒數
   C. 普通年金終值系數和償債基金系數互為倒數
   D. 普通年金現值系數和資本回收系數互為倒數

2. 下列各項中，屬於普通年金形式的是（　　）。
   A. 零存整取存款的整取額　　B. 定期定額支付的養老金
   C. 年資本回收額　　　　　　D. 償債基金

3. 下列各項中，屬於導致企業經營風險的因素有（　　）。
   A. 市場銷售帶來的風險
   B. 生產成本因素帶來的風險
   C. 原材料供應地經濟政策變動帶來的風險
   D. 通貨膨脹引起的風險

4. 下列各項中，可以視為永續年金的是（　　）。
   A. 零存整取
   B. 存本取息
   C. 利率較高、持續期限較長的等額定期系列收付款項
   D. 整存整取

5. 某人向銀行借款 6 萬元，期限 3 年，每年還本付息額為 2.3 萬元，則借款利率為（　　）。
   A. 小於 6%　　　　　　　　B. 大於 8%
   C. 大於 7%　　　　　　　　D. 小於 8%

6. 有甲、乙兩個投資項目，分別投入 30% 和 33%，則下列不正確的是（　　）。
   A. 甲項目的風險大於乙項目的風險　　B. 甲項目的風險小於乙項目的風險
   C. 甲項目的風險等於乙項目的風險　　D. 不確定

7. 下列各項中，屬於衡量風險程度的指標是（　　）。
   A. 方差　　　　　　　　　　B. 標準差
   C. 標準離差率　　　　　　　D. 概率

8. 下列各項中，屬於風險轉移策略的是（　　）。
   A. 預測匯率　　　　　　　　B. 參加保險
   C. 租賃經營　　　　　　　　D. 分包

9. 下列各項中，說法不正確的是（　　）。
   A. 風險越大，風險投資人獲得的投資收益就越高
   B. 風險越大，意味著損失越大
   C. 風險是客觀存在的，投資人無法選擇是否承受風險
   D. 人們進行財務決策時，選擇低風險是因為低風險會帶來高收益

10. 影響資金時間價值大小的因素主要有（　　）。

A. 資金額　　　　　　　　B. 利率和期限
C. 計息方式　　　　　　　D. 風險

三、判斷題

1. 經營風險是指因生產經營方面的原因給企業盈利帶來的不確定性，它受產經營內部的諸多因素的影響。（　　）

2. 對各個單項投資而言，標準離差越大，風險越高。（　　）

3. 甲方案在每年年初付款 50,000 元，連續付款五年，乙方案在五年中每年年末，50,000 元，若利率相同，則乙方案的終值大。（　　）

4. 某人分期付款購房，每年年初支付 3 萬元，連續支付 20 年，假定銀行利率為 8%，則分期付款相當於現在一次性付款 31.810,8 萬元。（　　）

5. 即付年金和普通年金的區別在於計息時間與付款時間的不同。（　　）

6. 對於多個投資方案而言，無論各方案的期望值是否相同，標準離差率最大的方案是風險最大的方案。（　　）

7. 永續年金終值與普通年金終值的計算方法相同。（　　）

8. 預付年金現值系數是普通年金現值系數期數加 1、系數減 1。（　　）

9. 遞延年金是指首次收付金額不是從第一期開始的即付年金。（　　）

10. 名義利率是指一年內多次複利時給出的年利率，它等於每期利率與年內複利次數的。（　　）

四、計算題

1. 某企業從銀行借款 20 萬元，年利率為 10%，每半年計息一次，5 年後還本付息額是多少？

2. 某企業採用融資租賃方式於 2004 年 1 月 1 日從某租賃公司租入一臺設備，設備價 t 計 40,000 元，租期為 8 年，到期後設備歸企業所有，為了保證租賃公司完全彌補融資成本、相關手續費並有一定盈利，雙方商定採用 18% 的折現率。試計算該企業每年年末應支付的等租金。

3. 某公司有一項付款業務，有兩種付款方式可供選擇：（1）現在支付 15 萬元，一次性支付；（2）分 5 年支付，每年年初支付款項分別為：3 萬元、4 萬元、5 萬元、3 萬元、2 萬元。

假定年利率為 6%，按現值計算，則該公司應選擇哪種付款方式比較合適？

3. 甲打算購置一套住房，有兩種付款方式可供選擇：（1）從現在起，每年年初支付 3 萬元，連續支付 15 年，共 45 萬元；（2）從第五年起，每年年初支付 3.2 萬元，連續支付 15 年，共 48 萬元。假設銀行利率為 10%，則甲應選擇哪種付款方式比較合適？

4. 甲擬在 5 年後償還 100,000 元的債務，從現在起每年年末等額存入銀行一筆款項，假如銀行利率為 10%，每年需存入多少元？某慈善機構擬建一項永久性獎學金，每年獎金額度為 20,000 元，銀行利率為 5%，則我現在應存入多少元？

5. 案例資料：

資料（a）：W 公司四年後將有一筆貸款到期，需一次性償還 200 萬元，為此 W 公

司擬設置償債基金，銀行存款年利率為6%。

資料（b）：W公司有一個產品開發項目，需一次性投入資金100萬元，該公司目前的投資，收益率水準為15%，擬開發項目的建設期為兩個月，當年投產，當年見效益，產品生命週期預計為10年。

資料（c）：W公司擬購買一臺柴油機，以更新目前的汽油機。柴油機價格較汽油機高出400元，每年可節約燃料費用100元。

問題：

（1）根據資料（a），計算W公司每年末應存入的償債基金數額。

（2）根據資料（b），分析該產品開發項目平均每年至少創造多少收益，經濟上才可行。

（3）根據資料（c），當W公司必要收益率要求為10%時，柴油機應至少使用多少年，對企業而言才有利。

（4）根據資料（c），假設該柴油機最多能使用5年，則必要收益率應達到多少時，對企業而言才有。

分析討論：

（1）解決償債基金和資本回收問題通常用到何種係數表。

（2）在已知年金現值，終值和貼現率（或收益率）情況下計算期限；在已知年金現值、終值和期限情況下計算貼現率（或收益率）二者均是個複雜的過程，試總結一下經驗或規律。

（3）如何理解資金時間價值和風險價值觀念是現代財務管理的兩個基本觀念。

6. 20×8年年初，YD公司計劃從銀行獲取1,000萬元貸款，貸款的年利率為10%，貸款期限10年；銀行提出以下四種還款方式讓公司自行選定，以便簽訂借款合同。這四種貸款償還方式為：

（1）每年只付利息，債務期末一次付清本金；
（2）全部本息到債務期末一次付清；
（3）在債務期間每年均勻償還本利和；
（4）債期過半後，每年再均勻償還本利和。

問題：上述還款方式中，哪種還款方式是可行的？假如你是公司的總經理，你將選用哪種還款方式來償還貸款？為什麼？

提示：注意資金的時間價值，用現值來比較。

分析討論：

（1）為什麼對四種還款方式比較時，選擇用現值進行比較，能否用終值進行比較。

（2）在選擇付款方式時，計算每種方案還款金額的現值的過程中，會用到哪些係數？

3 財務預算管理

本章提要

　　財務預算是企業預算的一部分，它是與企業現金收支、經營成果和財務狀況有關的各項預算的總稱。財務預算主要包括現金預算、損益預計和資產負債預計。本章主要是闡述：①財務預算的含義與體系；②財務預算的編製方法；③現金預算與預計損益表和預計資產負債表的編製。

本章學習目標

（一）知識目標

(1) 瞭解財務預算的含義、功能與作用；
(2) 掌握財務預算體系的構成；
(3) 熟悉財務預算的編製方法，重點掌握彈性預算和零基預算的編製方法；
(4) 掌握現金預算與預計損益表和預計資產負債表的編製。

（二）技能目標

　　通過本章的學習，能夠獨立編製企業的財務預算，為今後的財務預算實務工作奠定基礎。

　　預算應用於企業管理已經有百餘年的歷史，由此誕生的全面預算管理早已成為企業必備的、基礎性的管理制度，是投資者和企業家管理營運企業的一種必備的管理方法和工具。實行預算管理是企業資本經營機制運行的必然需要，企業要進行資本經營，必然要引入財務預算管理機制。財務預算與企業現金收支、經營成果和財務狀況有關，並反應出各項經營業務和投資的整體計劃，其最終目的是要形成合併財務報表預算。這是企業全面預算的重點。

3.1　財務預算概述

3.1.1　財務預算的含義

　　「預算」（Budget）一詞起源於法文 baguette，意思是用皮革制成的袋子或公文包。在 19 世紀中期，英國財政大臣有一種習慣，即在提出下年度稅收需求時，常在英國議員們面前打開公文包，展示他所需要的數字，因此，財政大臣的「公文包」就指下年

度的收入支出預算。大約在 1870 年時，「budget」一詞正式出現在財政大公文包中的文件上，這就是預算制度最初的來源。預算在不同的領域因應用的背景與範圍不同，其含義也有所不同。我們日常生活中所講的預算，常常是指國家、機關團體、事業單位的預算制會計。現行事業預算會計是一種收支預算或某項工程的資金需求計劃，以達到國家財政預算收支或限額預算撥款的控制，保證國家財政收支預算的平衡。而企業領域運用的預算則有其特定的含義，企業預算是在科學的生產經營預測與決策的基礎上，用價值和實物等多種形態反應企業未來一定時期內的生產經營及財務成果等的一系列計劃與規劃。

預算管理則是利用預算這一主線對企業內部各部門、各種財務及非財務資源進行的控制、反應與考評等一系列活動，並借此而提高管理水準和管理效益。財務預算也稱作總預算，它是在預測和決策的基礎上，圍繞企業戰略目標，對企業預算期的資金取得與投放、各項收入與支出、經營成果與分配等資金運動和財務狀況所做的總體安排。財務預算主要包括反應現金收支活動的現金預算、反應企業財務成果的利潤預算，反應企業稅後利潤分配去向的利潤分配預算，反應企業財務狀況的資產負債預算等內容。現金預算是對預算期內企業現金收入、現金支出及現金餘缺等現金收付活動的具體安排。它以經營預算、長期投資預算和籌資預算為基礎，反應了企業預算期內的現金流量及其結果。利潤預算是按照利潤表的內容和格式編製的，反應企業預算期經營成果的預算。它以動態指標形式總括反應了企業預算期內執行經營預算及其他相關預算之後的效益情況。利潤分配預算是按照利潤分配表的內容和格式編製的，反應企業預算期實現淨利潤的分配或虧損彌補以及年末未分配利潤情況的預算。它總括反應了企業預算期的淨利潤在各個方面進行分配的數額和過程。資產負債預算是按照資產負債表的內容和格式編製的，綜合反應企業預算期初、期末財務狀況的預算。它以靜態指標的形式總括反應了企業執行經營預算、長期投貸預算和籌資預算前後的財務狀況變動情況。績效評價預算是以企業整體績效評價指標和各責任中心分項績效評價指標為對象編製的預算，它是以投入產出分析為基本方法，對企業及各責任中心在預算期的盈利能力、資產質量、債務風險、經營增長、管理狀況及預算目標完成情況進行的綜合評判。財務預算的各種具體預算均由財務部門負責編製。財務預算是一系列專門反應企業未來一定預算期內預計財務狀況和經營成果，以及現金收支等價值指標的各種預算的總稱，具體包括現金預算、財務費用預算、預計利潤表、預計利潤分配表和預計資產負債表等內容。

3.1.2 財務預算的功能

預算就是計劃的一種形式，它是企業為達到一定目的在一定時期對資源進行配置的計劃，是用數字或貨幣編製出來的某一時期的計劃。一個預算就是一種定量計劃，用來幫助協調和控制給定時期內資源的獲得、配置和使用。編製預算可以看成是將構成組織機構的各種利益整合成一個所有各方都同意的計劃，並在試圖達到目標的過程中，說明計劃是可行的。貫穿正式組織機構的預算計劃與控制工作把組織看成是一系列責任中心，並努力把測定績效的一種系數與測定該績效影響效果的其他系數區別開

來。財務預算具有經營規劃、溝通和協調、資源分配、營運控制和績效評估等五個基本功能。

（1）經營規劃。使管理階層在制定經營計劃時更具前瞻性。

（2）溝通和協調。通過編製預算讓各部門的管理者更好地扮演縱向與橫向溝通的角色。

（3）資源分配。由於企業資源有限，通過財務預算可以將資源分配給獲利能力相對較高的相關部門或項目、產品。

（4）營運控制。預算可被視為一種控制標準，若將實際經營成果與預算相比較，可讓管理者找出差異，分析原因，改善經營。

（5）績效評估。通過預算建立績效評估體系，可幫助各部門管理者做好績效評估工作。故編製財務預算是企業財務管理的一項重要工作，財務預算的編製需要以財務預測的結果為根據，並受到財務預測質量的制約。財務預算必須服從決策目標的要求，使決策目標具體化、系統化、定量化。

3.2 財務預算的作用

3.2.1 總體作用

編製財務預算是企業財務管理的一項重要工作。預算管理的管理作用可以總結為戰略管理、績效考評和經營風險防範三個方面。

從戰略管理上來講，全面預算管理促進了企業內部各部門的溝通、交流與合作，減少了相互間的衝突與矛盾。全面預算使企業的經營者站在企業整體運行的高度來考慮，各部門、各環節之間的相互關係：明確責任，整體協調，避免責任不清而導致相互推諉，同時，能積極調動企業各部門的積極性，促成企業整體與長期目標的最終實現。

從績效考評上來說，全面預算是企業計量化和貨幣化的體現。因此，預算為績效考核評價提供了標準，便於對各部門實施量化的績效考評和獎懲制度，也便於對員工實行有效的激勵與行為控制。全面預算管理對企業各部門及其員工的工作進行了規範，使企業的經營活動有目標可循，有制度可依，消除了指令朝令夕改、企業經營活動隨意性強的現象。

從風險控制上來說，全面預算管理可以促進企業計劃工作的開展與完善，減小企業的經營風險與財務風險。預算的基礎是計劃，預算能促使企業的各級負責人提前制訂計劃，避免企業因盲目發展而遭受不必要的經營風險和財務風險。事實上，制定和執行全面預算的過程，就是企業使自身經營環境、企業資源和企業發展目標在重化的前提下保持動態平衡的自適應、自控制過程。

3.2.2 具體作用

3.2.2.1 明確工作目標

財務預算是具體化的財務目標。編製財務預算有助於企業內部各個部門主管和職

工瞭解本企業、本部門以及本人在實現企業財務目標中的地位、作用和責任，有助於財務人員為保證企業經營目標的實現，經濟合理地使用資金與籌措資金，從而有計劃、有步驟地將企業的長期戰略規劃、短期經營策略和發展方向予以具體化和有機結合，明確各級責任單位努力的方向，激勵員工參與實現經營目標的積極性，齊心協力地從各自的角度去完成企業的預算目標、戰略目標和發展目標。企業的總目標可以通過財務目標得到體現，而財務預算則是具體化的財務目標。通過財務預算的編製，企業總目標被分解落實成各部門的具體目標，分門別類、有層次地表達為企業的銷售、生產、成本和費用、收入和利潤等方面量化的具體目標。通過編製財務預算，可以使各級各部門的管理人員和員工明確自己應達到的數量化的具體經營目標，明確自己相應的職責和權限。這樣，既有利於增強各級責任單位的管理責任性，激發各級管理人員的積極性，又能促使管理人員和員工關注企業預算期間的各項生產經營條件的改善及外部市場競爭環境的變化，積極研究對策，不斷提高經營管理水準。

3.2.2.2 協調經營活動

財務預算圍繞企業的財務目標，把企業經營過程中的各個環節、各個方面的工作嚴密地組織起來，消除部門之間的隔閡和本位主義，使企業內部各方面的力量相互協調、其經營目標順利運轉。資金運用保持平衡，減少和消除可能出現的各種矛盾衝突，從而使企業成為一個為完成企業內部各級各部門協調一致，才能最大限度地實現企業的目標，但由於各級各部門的職責和具體目標不同，往往容易強調自身的困難而忽視其他部門的利益，有時還會出現互相扯皮、推諉甚至衝突的現象。例如，銷售部門提出一個龐大的銷售計劃，但是生產部門沒有相應的生產能力或者生產部門不考慮市場需求編製出一個充分發揮生產能力的計劃，但銷售部門卻可能無力將這些產品推銷出去；又或者銷售和生產部門都認同加大生產能力，而財務部門卻無法籌集到必要的資金，其結果必然是造成浪費和損失。通過編製財務預算，就可以為企業內部各級、各部門提供一個相互瞭解溝通、相互協調的機會和平臺，有利於提高企業各級管理人員和全體員工的全局觀念，有利於綜合平衡企業內部各方利益，增進各部門之間相互的瞭解和協作，有效防止衝突，實現企業總體利益的最大化。

3.2.2.3 業績考核與激勵

以目標利潤為導向的財務預算在執行過程中，目標利潤以及由此分解的各個分預算目標是考核各級、各部門工作業績的主要依據。通過實際效果與預算的比較，便於對各部門及各位員工的工作業績進行考核評價，並以此為依據進行獎懲，有利於調動員工的積極性。財務預算具有標準性和尺度性。企業通過編製財務預算，將經營決策目標具體化、系統化。因此，財務預算可以有效地防止企業日常經營活動偏離預定的經營決策目標，並成為控制企業日常經濟活動的依據和衡量其合理性的標準，同時預算執行情況和完成程度就自然成為檢查和評價企業各級、各部門管理人員和員工的績效和質量的標準尺度，並為業績考核和獎懲激勵提供依據。

3.2.2.4 優化配置資源

任何企業的原料、設備、資金等經濟資源和人力資源都是有限的，應該予以合理

有效的運用。如果企業各級、各部門都只考慮自身的利益就會造成資源的浪費，降低資源的使用效率，從而損害企業的整體利益。通過編製財務預算，可能使各級、各部門管理人員瞭解企業面臨的競爭環境和企業的總體目標，以及企業的有限資源，促使他們樹立全局觀念，將資源優先分配給盈利能力強的部門、項目及產品，從而使企業的資源配置更加合理有效。

3.2.2.5 合理安排資金

財務預算的控制作用主要體現在三個方面：事前控制、事中控制和事後控制。財務預算的事前控制主要是控制預算單位的業務範圍和規模以及可用資金限額。由於企業總的預算資金總是有一定的限度，因此各部門不能隨心所欲，應區分輕重緩急，在資金允許的情況下，合理安排工作。合理的預算能夠激發各部門和企業員工的工作積極性，促使員工主動獻計獻策，提出降低費用支出、增加收入的措施，以確保預算目標的完成。財務預算的事中控制主要是按照預算確定的目標，對預算收入進行督促，爭取實現預期的收益和貨幣資金的流入。此外，還可以對預算的各項耗費和貨幣資金的流出進行審核，防止超支，保證預算有效執行。財務預算的事後控制主要是進行預算和實際執行結果比較，分析差異產生的原因，進行業績評價，並為下一期的預算編製提供依據。

3.3 財務預算的地位

全面預算管理作為對現代企業成熟與發展起過重大推動作用的管理系統，是企業內部管理控制的一種主要方法。從最初的計劃、協調、發展到現在的兼具控制、激勵、評價等諸多功能的一種綜合貫徹企業經營戰略的管理工具，全面預算管理在企業內部控制中日益發揮核心作用。正如著名管理學家戴維·奧利所說的，全面預算管理是為數不多的幾個能把企業的所有關鍵問題融合於一個體系之中的管理控制方法之一。

全面預算是企業對預算期內的經營活動、投資活動、籌資活動和財務活動的總體安排，包括經營預算、長期投資預算、籌資預算與財務預算四大類內容。財務預算雖然是全面預算編製體系中的最後環節，但卻起著統御全面預算體系全局的作用，是全面預算體系的核心。因此，財務預算亦稱為總預算，作為全面預算體系中的最後環節的預算，它可以從價值方面總括地反應經營期特種決策預算與業務預算的結果，使預算執行一目了然。其餘預算均是帳務預算的輔助預算或分預算。通過財務預算可以全面、綜合地協調、規劃企業內部各部門、各層次的經濟關係與職能，使之統一服從於未來經營總體目標的要求。同時，財務預算又能使決策目標具體化、系統化和定量化，能夠明確規定企業有關生產經營人員各自職責及相應的奮鬥目標，做到人人事先心中有數。

3.3.1 財務預算是對經營預算的匯總

儘管從表面上看，財務預算主要是對經營預算的匯總，但這種匯總絕不是簡單地數而是按照企業經營目標對經營預算進行的審核、分析、修訂和綜合平衡。也就是說，

將經營預算匯總為財務預算的過程也是對經營預算進行審核、修訂和完善的過程。財務預算與經營預算是統御與被統御的關係。

3.3.2 財務預算的內容反應了企業預算期的財務目標

經營預算是為了實現企業預算期的財務目標而開展的具體的生產經營活動，而實現利潤最大化是企業的財務目標。從本質上來講，企業實行全面預算管理的重要目的，就是實現企業利潤最大化。利潤預算中的「利潤總額」「淨利潤」等指標，是企業財務目標的數量反應，也是企業投資者、經營管理者、債權人、企業員工等利益相關者都十分關注的指標。可以這麼說，假設企業僅僅編製財務預算就能達到企業利潤最大化的目標，那麼，企業就完全沒有必要再編製經營預算（當然這種假設是不存在的）。因此，在全面預算體系中，財務預算起著導向和目標作用，經營預算則是為了實現利潤預算而採取的具體方法、措施和途徑。

3.3.3 長期投資預算從屬於財務預算，並受財務預算的制約

長期投資預算是規劃企業長期投資活動的預算，而企業進行長期投資活動的目的，也正是為了實現企業中長期的利潤最大化。同時，長期投資預算還要受資產負債預算及現金預算的制約，如果資產負債預算和現金預算所反應的企業財務狀況不佳。例如，資產負債率過高、現金流量短缺，企業是沒有能力進行長期投資活動的。因此，長期投資預算是服從和從屬於財務預算的。

3.3.4 籌資預算是經營預算、長期投資預算的補充，並受制於財務預算

大家都知道「資金是企業運行的血液，企業進行生產經營活動和長期投資活動離不開資金」這一簡單的道理。同時這個道理也告訴我們：企業運行，需要資金；企業如果不運行，則不需要資金。因此，從本質上來看，籌資預算是經營預算和長期投資預算的有機組成部分，沒有經營預算和長期投資預算，也就沒有籌資預算。因為經營預算和長期投資預算從屬於財務預算，毫無疑問作為上述預算組成部分的籌資預算也從屬於財務預算，並受財務預算的制約。全面預算是根據企業目標所編製的經營、資本、財務等年度收支總體計劃，包括特種決策預算、日常業務預算與財務預算三大類。特種決策預算又叫專門決策預算，是指企業不經常發生的、需要根據特定決策臨時編製的一次性預算，特種決策預算包括經營決策預算和投資決策預算兩種類型，日常業務預算又叫經營預算，是指與企業日常經營活動直接相關的經營業務的各種預算。它主要包括：①銷售預算；②生產預算；③直接材料耗用量及採購預算；④應交增值稅、銷售稅金及附加預算；⑤直接人工預算；⑥製造費用預算：⑦產品成本預算；⑧期末存貨預算；⑨銷售費用預算；⑩管理費用預算等內容。這類預算通常與企業利潤表的計算有關，大多以實物量指標和價值量指標分別反應企業收入和費用的構成情況。這些預算前後銜接、相互勾稽，既有實物量指標，又有價值量和時間量指標。財務預算作為全面預算體系中的最後環節，可以從價值方面總括地反應經營決策預算與業務預算的結果，亦稱為總預算，其餘預算則相應稱為輔助預算或分預算。顯然，財務預算在全面預算體系中佔有舉足輕重的地位。

3.4　財務預算的編製方法

企業採用什麼方法編製預算，對預算目標的實現具有至關重要的影響，從而直接影響到預算管理的效果。西方國家，尤其是美國一些企業在編製預算時，分別採用了固定預算、彈性預算、滾動預算、零基預算和增量預算等方法。事實上，不同的預算編製方法適應不同的情況，企業在編製預算時必須結合具體部門、單位的實際情況，對不同的經濟內容採用不同的預算編製方法，不能將預算編製的方法模式化。

3.4.1　固定預算方法和彈性預算法

財務預算的編製方法，按其業務量基礎的數量特徵不同，可分為固定預算方法和彈性預算法兩大類。

固定預算又稱靜態預算，是指以預算期某一固定業務量水準為基礎編製的預算。固定預算是一種傳統的預算編製方法。固定預算的主要優點：預算編製的工作量不大，各預算之間關係緊密；在實際業務量與預算業務量相同或差距不大時，有利於考核及控制企業的生產經營活動。固定預算的不足之處，主要表現為：不能即時反應市場狀況變化對預算執行的影響；上下級之間容易處於對立面，容易導致預算執行中的突擊行為。固定預算適用於固定費用或者數額比較穩定的預算項目，一般情況下，非營利組織和業務水準比較穩定的企業使用得較多。

【例3-1】某企業生產甲產品，預計銷量為10,000臺，預計銷售價格為157元，預計銷售成本為銷售收入的60%，銷售費用為銷售收入的5%，則可按上述已定的資料編製銷售利潤預算表，如表3-1所示。

表 3-1　　　　　　　　　　　銷售利潤預算表　　　　　　　　　　金額：元

項目	預算數
銷售量	10,000
銷售單價	157
銷售收入	1,570,000
銷售成本	942,000
銷售毛利	628,000
銷售費用	78,500
銷售利潤	548,500

固定預算法存在兩個缺點：第一，適應性差，在該方法下，不論未來預算期內實際業務量水準是否發生波動，都只按事先預計的某一個確定的業務量水準作為編製預算的基礎；第二，可比性差，當實際業務量與編製預算所依據的預計業務量發生較大差異時，有關預算指標的實際數與預算數之間就會因業務量基礎不同而失去可比性。

一般來說，固定預算方法只適用於業務量水準較為穩定的企業或非營利組織。

彈性預算也稱變動預算或滑動預算，與固定預算相對應，是指以業務量、成本和利潤之間的依存關係為依據，按照預算期可預見的各種業務量水準與編製能適應多種情況的預算方法。編製預算時，依據的業務量可以是產量、銷售量、直接人工時、機器工時和直接人工工資。

彈性預算是為克服固定預算的缺點而設計的，其特點為：第一，預算的編製依據不是某一固定的業務量，而是一個可以預見的業務量範圍，使預算具有伸縮彈性，增強了預算的適用性。第二，彈性預算以成本的不同習性分類列示，便於將實際指標與實際業務量情況下的預算指標進行對比，使預算執行的評價與考核建立在合理性基礎之上，更好地發揮預算的控制作用。從理論上說，所有預算都可以採用彈性預算的方法，但在實際工作中，從經濟的角度出發，彈性預算多用於成本、費用、利潤預算的編製。美國一項對上市公司彈性預算應用情況的調查研究發現，有48%的公司在對生產成本進行預算時採用彈性預算方法，但僅有27%的公司在對分銷、市場行銷、研究與開發費用、管理費用進行預算時採用彈性預算方法。這些數據表明在生產部門中，彈性預算也得到了廣泛的應用。

彈性預算的優點：①適用性強，彈性預算能夠反應預算期內與一定相關範圍內的多種業務量水準相對應的不同預算額，從而擴大了預算的適用範圍；②穩定性強，只要各項消耗標準和價格等依據不變，便可以連續使用，從而可以極大地減少工作量；③可比性強，在預算期實際業務量與計劃業務量不一致的情況下，可以將實際指標與實際業務量相應的預算額進行對比，從而能夠使預算執行情況的評價與考核建立在更加客觀和可比的基礎上，便於更好地發揮預算的控制作用。

當然，運用彈性預算而不運用固定預算的最主要的原因還在於，運用彈性預算能夠在控制了數量變化後，更好地對某個職能部門或管理人員的經營業績進行評價。

【例3-2】某公司生產A產品，單位變動成本為400元（其中直接材料240元，直接人工120元，製造費用40元），固定成本總額為80,000元。A產品的最高生產量為240件，最低生產量為160件，正常生產銷售量為200件。試根據上述資料編製成本彈性預算。該公司的成本彈性預算表如表3-2所示。

表3-2　　　　　　　　　　　成本彈性預算表　　　　　　　　　　金額：元

項目	單位變動成本	變動成本彈性預算數		
		240件	200件	160件
直接材料	240	57,600	48,000	38,400
直接人工	120	28,800	24,000	19,200
製造費用	40	9,600	8,000	6,400
固定成本		80,000	80,000	80,000
總成本		176,000	160,000	144,000

假如例 3-2 中實際產銷量為 220 件，實際總成本為 169,000 元，則可計算出實際成本每 1 支為 1,000 元（169,000−168,000）。由於未來業務量的變動會影響到成本、費用、利潤等各個方面，因此彈性預算方法從理論上講適用於編製全面預算中所有與業務量有關的各種預算。但從實用的角度來看，主要用於編製彈性成本費用預算和彈性利潤預算等。

3.4.2 增量預算方法和零基預算方法

增量預算是指以基期成本費用水準為基礎，結合預算期業務量水準以及有關降低成本的預算。控制成本費用預算的方法按其出發點的特徵不同，可分為增量預算方法和零基預算方法兩大類。

3.4.2.1 增量預算方法

增量預算方法簡稱增量預算，是以基期的成本費用水準為出發點，結合預算期業務量水準及有關影響成本因素的未來變動情況，通過調整有關原有費用項目而編製預算的一種方法。

增量預算方法的優點在於，它以基期數據為依據，考慮計劃年度有關因素的變動，然後編製預算，因此編製預算的基礎資料容易取得，編製工作較為容易。零基預算方法的全稱為「以零為基礎編製計劃和預算的方法」，是指在編預算支出均以零為出發點，一切從實際需要考慮成本費用預算時，不考慮以往會計期間所發生的費用項目或費用數額，而是以所有的可能出發，逐項審議預算期內各項費用的內容及開支標準是否合理，在綜合平衡的基礎上編製費用預算的一種方法。從以上分析可以看出，採用零基預算法時，所有業務活動都要重新進行評價，各種開支預算都要以零為起點進行觀察、分析和衡量，它不受現行做法的框框所束縛，能充分發揮各級人員的積極性和創造精神，能根據最新科技成就和現代管理方法，安排各項業務活動和收支預算。

這種方法可能導致以下不足：

（1）受原有費用項目的限制，可能導致保護落後。由於按這種方法編製預算，往往不加分析地保護或接收原有的成本項目，可能使原來不合理的費用開支繼續存在下去，形成不必要的開支合理化，造成預算上的浪費。

（2）滋長預算中的「平均主義」和「簡單化」。採用此方法，容易鼓勵預算編製人憑主觀根據成本項目平均削減預算或只增不減，不利於調動各部門降低費用的積極性。

（3）不利於企業未來的發展。按照這種方法編製的費用預算，對於那些未來實際應開支的項目可能因沒有考慮未來情況的變化而造成預算的不足。

3.4.2.2 零基預算方法

零基預算方法是由美國得克薩斯工具公司擔任財務預算工作的彼得·派爾於 1970 年編製該公司的費用預算時提出的。曾任美國總統的卡特在擔任美國佐治亞州的州長時，在該州極力推廣此法。卡特當選總統後，曾指示 1979 年聯邦政府要全面實行零基預算，於是該預算方法在當時的美國風行一時，引人注目。零基預算方法全稱為「以

零為基礎的編製計劃和預算的方法」，簡稱零基預算，是指在編製費用預算時，不考慮以往會計期間所發生的費用項目或費用數額，而是將所有的預算支出均以零為始點，一切從實際需要與可能出發，進而規劃預算期內的各項費用的內容。預算不僅是用以測算盈利的手段，更重要的是能提供各種不同方案的業務量及其收支盈利水準，作為經營決策的重要依據。

零基預算法的優點：①可以不受現有費用項目限制，促使企業合理有效地進行資源分配，將有限資金「用在刀刃上」，能夠促使各預算部門精打細算，量力而行，合理使用資金，調動各方面降低費用的積極性。②以零為出發點，對一切費用一視同仁，有利於企業面向未來考慮預算問題。③作為節約企業成本費用和提高經濟效果的有效預算管理辦法，與其他的業務計劃和預算控制方法比較，實施的結果能取得更為滿意的成果。該方法的缺點是工作量較大，編製時間較長。為簡化預算編製的工作量，一般每隔幾年才按此方法編製一次預算，這種方法較適用於產出較難辨認的服務性部門預算編製。

零基預算的編製程序包括以下幾個步驟：

（1）動員與討論。即動員企業內部所有部門，根據本企業計劃期間的戰略目標和各部門的具體任務，充分討論在計劃期內需要發生哪些費用項目，並為每一費用項目編寫一套開支方案，其中包括費用開支目的和開支數額。

（2）劃分不可避免項目和可避免項目。即對酌量性固定成本的每一費用項目，將其劃分為不可避免項目和可避免項目。前者是指在預算期內必須發生的費用項目，後者是指在預算期通過採取措施可以不發生的費用項目。在編製預算過程中，對不可避免項目必須保證資金供應；對可避免項目則需要逐項進行成本-效益分析，按照各個項目開支必要性的大小，以及費用預算支出是否合理等，確定各項費用預算的優先順序。

（3）劃分不可延緩項目和可延緩項目。即將納入預算的各項費用進一步劃分為不可延緩項目和可延緩項目。前者是指必須在預算期內足額支付的費用項目，後者是指可以在預算內部分支付或延緩支付的費用項目。在預算編製過程中，應優先保證滿足不可延緩項目的開支，然後再根據需要和可能，按照項目的輕重緩急確定可延緩項目的開支標準，進而落實預算。

【例3-3】昆侖公司採用零基預算編製銷售及管理費用預算，經多次討論研究，擬出在預算期20×7年可能發生的一些費用項目及金額，如表3-3所示。

表3-3　　　　　　　　昆侖公司20×7年銷售及管理費用資料　　　　　　　單位：元

項目	金額	項目	金額
廣告費	48,000	差旅費	9,000
業務招待費	15,000	培訓費	11,000
辦公費	13,000	房屋租金	14,000

上述費用中，辦公費、差旅費、培訓費和房屋租金屬於不可避免成本，必須得到金額保證。廣告費和業務招待費屬於可避免成本，可通過成本-收益分析來確定。經分

析，認為廣告費每投入成本 1 元，可獲得收益 10 元，業務招待費每投入成本 1 元，可獲得收益 6 元。

假定該公司預期內對上述各項費用可動用的資金為 100,000 元，則在分配資金時應滿足辦公費、差旅費、培訓費和房屋租金等不可避免成本費用支出，餘額按其收益進行分配。

解析：

（1）確定不可避免項目的預算金額：

（13,000+9,000+11,000+14,000）元＝47,000 元

（2）確定可分配的資金數額：（100,000-47,000）元＝53,000 元

（3）按成本-收益分析比重將可分配的資金數額在廣告費和業務招待費之間分配。

廣告費可分配資金 $=53,000\times\dfrac{10}{10+6}=33,125$ 元

業務招待費可分配資金 $=53,000\times\dfrac{6}{10+6}=19,875$ 元

（4）編製銷售及管理費用零基預算表，如表 3-4 所示。

表 3-4　　　　昆侖公式 20×7 年銷售及管理費用零基預算表　　　　金額：元

項目	廣告費	業務招待費	辦公費	差旅費	培訓費	房屋租金	合計
預算金額	33,125	19,875	13,000	9,000	11,000	14,000	100,000

3.4.3　定期預算方法和滾動預算方法

編製預算的方法按其預算期的時間特徵不同，可分為定期預算方法和滾動預算方法兩種。

3.4.3.1　定期預算方法

定期預算是指在編製預算時，以不變的會計期間（如日曆年度）作為預算期的編製預算的方法。定期預算的唯一優點是能使預算期間與會計年度相銜接，便於考核、評價預算的執行結果。定期預算方法簡稱定期預算，是指在編製預算時以不變的會計期間（如日曆年度）作為預算期的一種編製預算的方法。定期預算方法的優點是能夠使預算期與會計年度相配合，便於考核和評價預算的執行結果，這種方法有三方面缺點：

（1）預算指導性差。由於預算期較長，因而編製預算時，難以預測未來預算期的某些活動，特別是對預算期的後半階段，往往只能提出一個比較籠統的預算，從而給預算的執行帶來種種困難。

（2）預算的靈活性差。事先預見到的某些活動，在預算執行過程中往往會有所變動，而原有預算未能及時調整，從而使原有預算顯得不相適應。

（3）預算的連續性差。預算執行過程中，由於受預算期的限制，使管理人員的決策視野局限於預算期間的活動，缺乏長遠的打算，不利於企業的長期穩定與有序發展。

3.4.3.2 滾動預算方法

滾動預算方法簡稱滾動預算，又稱連續預算或永續預算，是指在編製預算時不將預算期與會計年度掛勾，隨著預算的執行，不斷延伸補充預算，逐期向後滾動，使預算期始終保持一個固定期間的一種預算編製方法。

滾動預算，按其預算編製和滾動的時間單位不同，可分為逐月滾動、逐季滾動和混合滾動三種。

逐月滾動方式，是指在預算編製過程中，以月份作為預算編製和滾動的時間單位，每個月調整一次預算的方法。例如，在20×6年1—12月的預算執行過程中，需要在1月末根據當月預算的執行情況，修訂2—12月的預算，同時補充20×7年1月份的預算，到2月末可根據當月預算的執行情況，修訂3月至20×7年1月的預算，同時補充20×7年2月份的預算依此類推。逐月滾動預算示意圖如圖3-1所示。

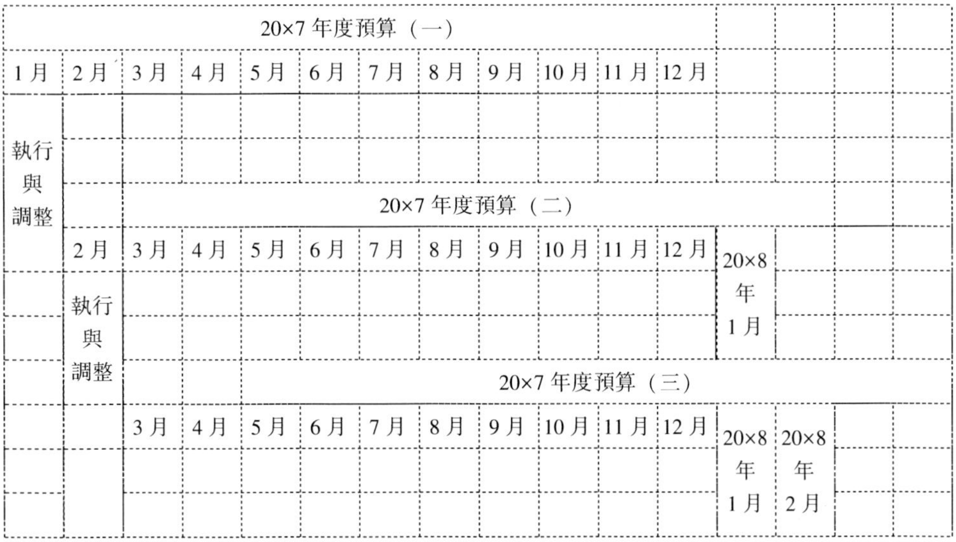

	20×7年度預算（一）										
1月	2月	3月	4月	5月	6月	7月	8月	9月	10月	11月	12月
執行與調整	20×7年度預算（二）										
	2月	3月	4月	5月	6月	7月	8月	9月	10月	11月	12月	20×8年1月
	執行與調整	20×7年度預算（三）									
		3月	4月	5月	6月	7月	8月	9月	10月	11月	12月	20×8年1月	20×8年2月

圖 3-1　逐月滾動預算示意圖

逐季滾動方式，是指在預算編製過程中，以季度作為預算編製和滾動的時間單位每個季度調整一次預算的方法。

混合滾動方式，是指在預算編製過程中，同時使用月份和季度作為預算編製和滾動之間單位的方法。它是滾動預算的一種變通方式。這種預算方法的理論依據：人們對未瞭解程度具有對近期把握大、對遠期把握小的特徵，為了做到遠略近詳，在預算編製過程中，可以對近期預算提出較高的精度要求，使預算的內容相對詳細；對遠期預算提出較低的精度要求，使預算的內容相對簡單，這樣可以減少預算工作量。例如，對20×6年1—3月的前三個月逐月編製詳細預算，而對4—12月，則分別按季度編製粗略預算，3月末根據第1季度預算的執行情況，編製4—6月的詳細預算並修訂，第3季度至第4季度的預算依此類推。由於滾動預算在時間上不再受日曆年度的限制，能夠連續不斷地規劃未來的生產經營活動，不會造成預算的人為間斷，同時，可以使企

業管理人員瞭解未來 12 個月內企業的總體規劃與近期預算目標，能夠確保企業管理工作的完整性與穩定性。

滾動預算方法有以下四個優點：

（1）透明度高。實現了與日常管理的緊密銜接，可以使管理人員始終能夠從動態的角度，把握住企業近期的規劃目標和遠期的戰略佈局，使預算具有較高的透明度。

（2）及時性強。可以根據前期預算的執行情況，結合各種因素的變動影響及時調整和修訂近期預算。

（3）連續性好。在時間上不再受日曆年度的限制，能夠連續不斷地規劃未來的經營活動。

（4）完整性和穩定性突出。可以使企業管理人員瞭解企業未來的總體規劃與遠期預算目標，能夠確保企業管理工作的完整性和穩定性。滾動預算方法的主要缺點是預算工作量較大。

滾動預算編製方法的不足之處是頻率較快、工作量較大。因此預算的滾動期應視實際需要而定，比如採用季度滾動來代替月度滾動等。

在實際工作中，採用哪一種滾動預算方式應視企業的實際需要而定。

3.5　財務預算編製的模式

在財務預算編製之前，企業必須根據自身的特點選擇適當的預算模式，只有這樣才能更好地發揮預算的作用，從而提高企業的管理水準。

3.5.1　以銷售為核心的預算模式

以銷售為核心的預算基本上是按「以銷定產」體系編製，預算起點是以銷售預算為基礎的銷售預算；然後，再根據銷售預算考慮期初、期末存貨的變動來安排生產最後，是保證生產順利進行的各項資源的供應和配置。在考核時以銷售收入作為主導指標考核。以銷售為核心的預算模式主要由以下幾項內容組成：銷售預算、生產預算、供應預算、成本費用預算、利潤預算、現金流量預算，此外還包括相應的財務預算（狹義）和資本支出等各項具體內容。以銷售為核心的預算模式主要適用於如下企業：

3.5.1.1　以快速成長為目標的企業

如果企業的目標不是追求一時一刻利潤的高低，而是追求市場佔有率的提高，則可以採取以銷售為核心的預算模式。

3.5.1.2　處於市場增長期的企業

這種類型的企業產品逐漸被市場接受，市場佔有份額直線上升，產品生產技術較為成熟，這一時期企業的主要工作，就是不斷開拓新的市場以提高自己的市場古有率，增加銷售收入。這種情況下，採用以銷售為核心的預算模式能夠較好地適應企業管理和市場行銷戰略的需要，促進企業效益的全面提高。

3.5.1.3 季節性經營的企業

以銷售為核心的預算模式,還適用於產品生產季節性較強或市場需求波動較大的企業。從特定的會計年度來看,這種企業所面臨的市場不確定性較大,其生產經營活動必須根據市場變化靈活調整。所以,按特定銷售活動所涉及的事情和範圍來進行預算管理,就能既適應這種管理上的靈活性需求,又有利於整個企業的協調運作。

以銷售為核心的預算模式符合市場需求,能夠實現以銷定產。同時有利於減少資金沉澱,提高資金使用效率,有利於不斷提高市場佔有率,使企業快速成長。但是這種模式可能會造成產品過度開發,忽略成本降低和出現過度賒銷的現象,不利於企業提高利潤,從而不利於企業長遠發展。

3.5.2 以利潤為核心的預算模式

以利潤為核心預算模式的特點,是以企業「利潤最大化」作為預算編製的核心,預算編製的起點和考核的主導指標都是利潤。以利潤為核心的預算模式主要適用於以利潤最大化為目標的企業和大型企業集團的利潤中心。這種管理模式的優點如下:

1. 有助於使企業管理方式由直接管理轉為間接管理

預算利潤通過預算編製得到落實,預算表的約束作用與企業集團的激勵機制相互配合,進一步激發了預算執行者的工作主動性。

2. 明確工作目標,激發員工工作的積極性

企業集團的預算利潤一旦確定之後,就會層層落實,這樣就使每位員工在預算期間的工作任務透明化,以此配合企業的薪酬激勵方案,每位員工都能明白自己在預算期內的工作任務及其與薪酬的關係,從而努力完成預算期內各自的工作任務,最終確保整個企業預算利潤的實現。

3. 有利於增強企業集團的綜合盈利能力

在以利潤為核心的預算模式中,利潤是財務預算編製的起點,這就使利潤不僅是預算的結果,還是預算的前提;使利潤不再是追求銷售和成本的結果,而是為了追求利潤目標,確定銷售和成本必須保持怎樣的水準,表現為一種主動性。通過把握這種主動性,企業主要著力於擴大銷售和內部挖掘,從而維持企業的競爭能力,增強企業集體的綜合盈利能力。以利潤為核心的預算行為可能引發短期行為,使企業只顧預算年度利潤,忽略企業長遠發展;可能引發冒險行為,使企業只顧追求高額利潤,增加企業的財務和經營風險可能引發虛假行為,使企業通過一系列手段虛降成本,虛增利潤。

3.5.3 以成本為核心的預算模式

以成本為核心的預算模式就是以成本為核心,預算編製以成本預算為起點,預算控制以成本控制為主軸,預算考評以成本為主要考評指標的預算模式。它在明確企業目前實際情況的前提下,通過市場調查,結合企業潛力和預期利潤進行比較,進而倒擠出企業目標成本,加以適當的量化和分類整理,形成一套系統完善的預算指標,進

而分解落實到各級責任單位和個人，直至規劃達成每個目標的大致過程，同時，明確相應的以成本指標完成的情況為考評依據的獎懲制度，使相關責任單位和個人的責、權、利緊密結合。在企業生產經營過程中跟蹤成本流程，按預算指標進行全過程的控制管理。

以成本為核心管理模式的關鍵是設定合理的目標成本，對其進行分解，在執行過程中加強控制，從而實現目標成本。目標成本主要包括理想的目標成本、正常的目標成本和現實的目標成本。由於理想的目標成本較難實現，所以在實際工作中很少使用。正常的目標成本主要在經濟穩定的情況下得到廣泛應用，而現實的目標成本最適於在經濟形勢變化多端的情況下採用。以成本為核心的預算模式主要適用於產品處於市場成熟期的企業和大型企業集團的成本中心。這種預算模式有利於促使企業採取降低成本的各種辦法，不斷降低成本，提高盈利水準；有利於企業採取低成本擴張戰略，擴大市場佔有率，提高企業成長速度。但是這種方法可能會只顧降低成本而忽略新產品的開發和產品的質量。

3.5.4 以現金流量為核心的預算模式

以現金流量為核心的預算模式就是主要依據企業現金流量預算進行預算管理的模式。現金流量是這一預算模式下預算管理工作的起點和關鍵所在。採用現金流量模式的預算適用於以下企業：

1. 產品處於市場衰退期的企業

根據產品生命週期理論，任何一種產品都包括導入期、成長期、成熟期和衰退期四個階段。其中在衰退期，由於產品已被市場拋棄或出現了更為價廉物美的替代品，產品的市場份額急遽縮小。如何做好現金的回流工作以及如何尋找新的投資機會以維持企業的長遠生存就成了財務工作的重點。可見，在該階段，以現金流量預算作為整個預算體系的核心，是由該階段的生產經營特點所決定的，有其必然性。當企業出現財務困難、現金短缺時，也應採用以現金流量為核心的預算模式，以便擺脫財務危機。

2. 重視現金回收的企業

有些企業雖然不存在財務危機，但理財比較穩健，重視現金流量的增加，這樣的企業也應採用以現金流量為核心的預算模式。這種預算模式有利於增加現金流入、控制現金流出，同時可以實現資金收支平衡，使企業盡快擺脫財務危機。但由於預算中安排的資金投入較少，不利於企業高速發展。另外，預算思想保守可能會使企業錯過發展的有利時機。

3.6 財務預算編製的程序

預算編製程序是指預算由誰來制定，制定的過程如何。常見的預算編製程序有三種：自上而下（權威式預算）、自下而上、上下結合。後兩種預算被稱為參與式預算。每一種預算編製程序在理論上都有其自身的特點和適用範圍，而在應用中也都有其疑

難問。

1. 自上而下式預算編製程序

自上而下的權威式預算，由公司總部高層管理者按照戰略管理需要，結合集團公司股東大會意願及企業集團所處行業的市場環境來制定預算，下級經營單位和部門只是預算執行的主體，很少能參與到預算編製過程中。其預算編製的具體程序為：第一，股東大會或母公司提出子公司年度預算目標利潤；第二，子公司董事會提出公司為達成目標利潤的主要任務指標；第三，各經營分部或職能部門提出各自的預算方案；第四，子公司經營層或董事會對預算方案進行評審；第五，經營層或董事會確定預算方案；第六，下達部門預算；第七，具體落實預算指標並進行監督與管理。

按自上而下的方式編製的預算更接近企業戰略目標。自上而下預算編製方式的最大好處：能保證母公司總部的利益，同時考慮企業集團戰略發展的需要。自上而下式編製預算的不足：將權力高度集中在總部，導致不能發揮各子公司的主動性和創造性。這樣達成的協議往往難以在管理基層達成共識，不利於「人本管理」，從而不利於企業集團的未來發展。

2. 自下而上式預算編製程序

自下而上式預算程序的流程方向與自上而下式正好相反，預算由組織的下級部門編製，然後匯總到上級部門，最後到公司總部。總部根據自己制定的預算編製大綱和總目標對下級匯總上來的預算進行協調，並最終審核批准預算。自下而上式預算的具體編製程序為：第一，母公司董事會提出預算編製的指導性原則；第二，各子公司根據自身情況，提出年度可完成的任務指標及相應的說明；第三，子公司編製內部預算；第四，下達執行預算。

這種預算編製組織程序的優點：提高了子公司的主動性，體現了分權主義和人本管理思想的要求，同時將子公司置於市場前沿，提高了子公司獨立作戰的能力。

這種預算編製組織程序的不足：它只強調結果控制而忽略過程控制，一旦結果既成事實，則沒有彌補過失的餘地，可能引發管理失控；為爭奪母公司的資本資源而多報或少報預算等；導致資源浪費；不利於子公司盈利潛能的最大限度發揮。

3. 上下結合式預算編製程序

上下結合式預算編製程序是現代預算最為可取的一種方式：一方面，通過上下結合達到預算意識的溝通和總部預算目標的完全執行；另一方面，通過上下結合可以避免單純自上而下和自下而上預算編製方式的各種不足。上下結合式預算編製程序給予各管理層充分博弈的空間。但也應看到，這種預算編製程序的最大不足，在於過多的討價還價會削弱預算的戰略性等問題。

3.7　財務預算編製實例

根據前述財務預算的內容可知，財務預算的編製，應按業務預算、專門決策預算、財務預算的順序進行，並按各預算執行單位所承擔經濟業務的類型及其責任權限編製不同形式的預算。

3.7.1　現金預算的編製

現金預算也稱作現金收支預算，是對預算期內企業現金收入、現金支出及現金餘缺籌措等現金收付活動的具體安排。這裡所說的現金是指企業的庫存現金和銀行存款等貨幣資金。現金預算是企業按照收付實現制原則編製的，它綜合反應了企業在預算期內的現金流轉情況及其結果。現金預算的內容不僅決定著企業在預算期內的現金流入流出總量，也決定企業預算期內所需現金的籌措總額和籌措時間。因此，現金預算是全面預算管理體系的重要預算，是經營預算、長期投資預算以及利潤預算順利實施的保障。

現金預算是對其他預算中有關現金收支部分的匯總以及對現金收支差額所採取的平衡措施。它的編製在很大程度上要取決於企業對經營預算、長期投資預算和籌資預算中的現金收支安排。因此，企業在編製經營預算、長期投資預算和籌資預算時，必須為編製現金預算做好數據準備。也就是說，編製各項預算時，凡是涉及現金收付的項目，必須單獨列示出來。顯然，現金預算的編製要以其他各項預算為基礎，以其他預算所提供的現金流量作為數字依據。現金預算由期初現金餘額、預算期現金收入、預算期現金支出、現金收支差額、融資方案、期末現金餘額六個部分構成。因為要保證企業經營活動、投資活動、籌資活動及財務活動的正常運行，企業日常就需要保持一個合理適度的現金餘額。這個合理適度額就是企業的現金最佳持有量，它既不會因為現金結存太多而造成現金閒置，又不會因為現金結存不足而導致企業缺乏支付能力。

【例3-4】A公司20×8年經營預算、長期投資預算、籌資預算、利潤分配預算等涉及現金收支的預算已經全部編製完畢，財務部安排專人據以編製公司20×8年現金流量編製方法和步驟如下。

解析：首先，財務部通過測算確定公司預算期初現金餘額為300萬元，預算期末現金餘額1,500萬元；其次，財務部經過審核認為經營預算及其他預算中的現金收支項目和金額符合公司的現金政策，可以作為編製現金預算的依據；再次，對公司在20×8年內需要償還的各項融資債務進行排查，確認公司20×8年需要償還銀行短期借款1,000萬元，需要承付銀行承兌匯票800萬元；最後，通過匯總各項預算中的現金收支金額和20×8年需要償還的融資債務，結合期初、期末現金餘額計劃，計算出預算期需要增加現金2,274,446元，如表3-5所示。

表 3-5　　　　　　　　　　20×8 年各項預算現金收支匯總表　　　　　　　單位：元

序號	項目	現金收支	說明
1	期初現金餘額	3,000,000.00	
2	預算期現金收入	82,890,000.00	
2.1	銷售收入	67,690,000.00	
2.2	投資收益	200,000.00	
2.3	長期借款	15,000,000.00	
3	預算期現金支出	103,634,486.00	
3.1	材料採購	36,046,388.00	
3.2	直接人工	1,307,156.00	
3.3	製造費用	3,340,530.00	
3.4	銷售費用	7,100,000.00	
3.5	管理費用	6,840,000.00	
3.6	財務費用	2,000,000.00	
3.7	交納稅費	7,444,612.00	
3.8	固定資產項目	18,830,000.00	
3.9	股權投資	1,500,000.00	
3.10	股東分紅	1,225,800.00	
3.11	歸還短期借款	10,000,000.00	根據銀行借款合同
3.12	承付銀行匯票	8,000,000.00	根據匯票承付時間
4	期末現金餘額	5,000,000.00	
5	現金收支差額	-22,744,486.00	5=1+2-3-4

根據 20×8 年現金短缺數額，擬定增加短期負債 2,300 萬元，並結合項目投資 20×8 年融資負債預算，如表 3-6 所示。

表 3-6　　　　　　　　　　A 公司 20×8 年融資負債預算表

序號	項目	單位	利率	期初餘額	預算增加數	預算減少數	期末餘額
1	短期融資負債	萬元		2,000	2,300	1,800	2,500
1.1	銀行短期借款	萬元		1,200	1,800	1,000	2,000
1.1.1	工行銀行借款	萬元	7%	1,200	600	1,000	800
1.1.2	中國銀行借款	萬元	7%	0	1,200	0	1,200
1.2	信用籌資	萬元		800	500	800	500
1.2.1	商業承兌匯票	萬元	0%	0	200	0	200
1.2.2	銀行承兌匯票	萬元	0.1%	800	300	800	300
2	長期融資負債	萬元		200	1,500	0	1,700
2.1	工商銀行借款	萬元		200	1,500	0	1,700
3	融資負債合計	萬元		2,200	3,800	1,800	4,200

最後，編製完成20×8年現金流量預算，如表3-7所示。

表 3-7　　　　　　　　　A 公司 20×8 年現金流量預算表　　　　　　　　單位：元

序號	項目	20×8 年預算	數據來源
1	期初現金餘額	3,000,000	根據 20×7 年年末現金情況預計
2	預算期現金收入	105,890,000	2 = 2.1+2.2+2.3
2.1	經營活動現金收入	67,690,000	
2.1.1	產品銷售收入	67,690,000	
2.1.2	其他業務收入	−	
2.2	投資活動現金收入	200,000	
2.2.1	投資收益	200,000	
2.2.2	其他投資	−	
2.3	籌資活動	38,000,000	
2.3.1	吸收投資	−	
2.3.2	銀行借款	33,000,000	長期借款加短期借款
2.3.9	其他	5,000,000	信用籌資
3	預算期現金支出	103,634,486	3 = 3.1+3.2+3.3
3.1	經營活動現金支出	64,078,686	
3.1.1	購買材料	36,046,388	
3.1.2	直接人工	1,307,156	
3.1.3	製造費用	3,340,530	
3.1.4	銷售費用	7,100,000	
3.1.5	管理費用	6,840,000	
3.1.6	財務費用	2,000,000	
3.1.7	交納稅費	7,444,612	
3.1.9	其他經營支出	−	
3.2	投資活動現金支出	20,330,000	
3.2.1	購建固定資產	18,830,000	
3.2.2	其他投資	1,500,000	
3.3	籌資活動現金支出	19,225,800	
3.3.1	歸還借款	10,000,000	歸還銀行短期借款
3.3.2	分配股利	1,225,800	
3.3.3	其他籌資活動	8,000,000	承付信用籌資
4	期末現金餘額	5,255,514	4 = 1+2−3

現金收支預算的編製　現金收支預算是企業以預算期不同責任部門所發生的現金收支項目和數額為對象。編製的現金預算可以清楚展示，預算期的現金收入由哪個部門負責實現，現金支出分別由哪些部門負責落實。同時，企業通過編製現金收支預算可

以搞好現金收支的歸口管理，有利於明確有關職能部門的現金收付責任，便於對現金收支完成情況的責任考核。

3.7.2 資產負債預算的編製

資產負債預算是按照資產負債表的內容和格式編製的，綜合反應企業預算期初、期末各種資產、負債及所有者權益狀況的預算。

資產負債預算是根據「資產＝負債+所有者權益」這一會計等式所反應的三個會計要素之間的相互關係，把企業預算期初、期末的資產、負債和所有者權益各項目按照規定的分類標準和順序進行排列形成的。

通過編製資產負債預算可以瞭解企業所擁有或控制的經濟資源和承擔的責任、義務；可以瞭解企業資產、負債、所有者權益各項目的構成比例是否合理，財務狀況是否穩定，並以此分析企業的生產經營能力、營運能力和償債能力。通過對資產負債預算的分析，如果發現資產負債率、流動比率、速動比率、股東權益比率等財務比率不佳，企業就可以採取修訂完善有關預算的辦法，改善企業預算期的財務狀況。因此，編製資產負債預算具有控制和駕馭企業各項預算的重要作用。

資產負債預算是在預算期初資產負債表的基礎上，依據企業編製的經營預算、長期投資預算、籌資預算、現金預算、利潤及利潤分配預算等資料計算分析編製的。因為企業編製年度預算時，預算期初的資產負債狀況還不可能知道。因此，編製資產負債預算需要按例 3-7 所列步驟進行。

表 3-8　　　　　　　　　A 公司 20×8 年現金收支預算表　　　　　　　　單位：元

序號	責任部門	預算金額	業務內容
1	現金收入	105,890,000.00	
1.1	銷售部	67,690,000.00	產品銷售貨款
1.2	財務部	38,200,000.00	銀行借款、承兌匯票與投資收益
2	現金支出	103,634,486.00	
2.1	銷售部	7,100,000.00	銷售費用
2.2	財務部	30,855,612.00	歸還借款、財務費用、股東分紅、稅金、管理費用、投資
2.3	採購部	3,967,388.00	採購支出及管理費用
2.4	管理部門	1,293,800.00	管理費用
2.5	技術部	1,062,000.00	管理費用
2.6	生產部	588,200.00	管理費用
2.7	人力資源部	846,800.00	管理費用
2.8	工程部	19,548,000.00	項目支出、管理費用
2.9	物流部	725,000.00	管理費用
2.10	甲分廠	2,365,860.80	直接人工、製造費用
2.11	乙分廠	2,281,825.20	直接人工、製造費用
3		2,255,514.00	3＝1-2

【例3-5】A公司20×8年經營預算及其他預算已經全部編製完畢，財務部開始編製公司20×8年資產負債表。編製方法如下：

首先，財務部審核了所有經營預算、長期投資預算、籌資預算、現金預算及利潤分配預算，確認上述預算中均填有預算期初、期末數據，勾稽關係沒有錯誤。

其次，按照資產負債預算中各項資產和負債的流動性大小順序排列，根據經營預算及其他預算資料，逐個分析計算資產、負債、所有者權益項目的期初、期末數據。其中：

（1）其他應收款的期初、期末餘額均為 6,000,000 元；

（2）在建工程期初餘額為 16,403,800 元，加上預算期固定資產投資 18,830,000 元，減去預算期在建工程竣工結轉固定資產 4,625,000 元，得期末餘額為 30,608,800 元。

最後，將分析計算得來的預算期初和期末數據，填入資產負債預算表格，按照「資產＝負債＋所有者權益」的會計恆等式試算平衡。編製的資產負債預算如表 3-9 所示。

表 3-9　　　　　　　　　　A 公司 20×8 年資產負債表　　　　　　　　　金額：元

資產	行次	期初數	期末數	數據來源
一、流動資產				
貨幣資金	11	3,000,000.00	5,255,514.00	現金預算
應收帳款	12	3,000,000.00	5,510,000.00	應收帳款預算
其他應收款	13	6,000,000.00	6,000,000.00	
存貨	14	13,993,200.00	14,124,200.00	14=15+16+17
（一）材料存貨	15	9,840,000.00	10,004,000.00	材料採購預算
（二）在產品存貨	16	1,177,000.00	1,177,000.00	在產品存貨預算
（三）產成品存貨	17	2,976,200.00	2,943,200.00	產成品存貨預算
流動資產合計	18	25,993,200.00	30,889,714.00	18=11+12+13+14
二、長期投資				
長期股權投資	21	—	1,500,000.00	權益性資本投資預算
三、固定資產				
固定資產原價	31	13,900,000.00	17,925,000.00	固定資產預算
減：累計折舊	32	3,600,000.00	4,350,000.00	固定資產折舊預算
固定資產淨值	33	10,300,000.00	13,575,000.00	33=31+32
在建工程	34	16,403,800.00	30,608,800.00	
固定資產合計	35	26,703,800.00	44,183,800.00	35=33+34
四、資產總計	50	52,697,000.00	76,573,514.00	50=18+21+35
負債和所有者權益				
一、流動負債				
短期借款	61	12,000,000.00	20,000,000.00	融資負債預算

表3-9(續)

資產	行次	期初數	期末數	數據來源
應付票據	62	8,000,000.00	5,000,000.00	融資負債預算
應付帳款	63	4,070,000.00	4,500,000.00	應付帳款預算
應付福利費	64	–	32,914.00	直接人工預算未支付現金
應交稅費	65	174,900.00	715,700.00	應交稅費及附加費預算
其他應交款	66	2,100.00	14,700.00	應交稅費及附加費預算
流動負債合計	67	24,247,000.00	30,263,314.00	67 = 61+62+62+64+65+66
二、長期負債				
長期借款	71	2,000,000.00	17,000,000.00	融資負債預算
負債合計	75	26,247,000.00	47,263,314.00	75 = 67+71
三、所有者權益				
實收資本	81	10,000,000.00	10,000,000.00	所有者權益預算
資本公積	82	1,000,000.00	1,000,000.00	所有者權益預算
盈餘公積	83	3,450,000.00	4,389,780.00	所有者權益預算
其中：法定公益金	84	1,200,000.00	1,526,880.00	所有者權益預算
未分配利潤	85	12,000,000.00	13,920,420.00	所有者權益預算
所有者權益合計	86	26,450,000.00	29,310,200.00	86 = 81+82+83+85
四、負債和所有者權益總計	90	52,697,000.00	76,573,514.00	90 = 75+86

　　預算草案編製完成後，首先報請公司預算管理委員會審核，然後提交董事會審議。預算從編製到審批下來，一般需要經過自上而下和自下而上的多次反覆。預算反覆編製、審核、調整的過程，也是各級預算組織之間相互交流和溝通的過程。只有這樣，才能提高預算的合理性和準確性，才能使最終付諸實施的預算既符合公司的整體利益，又符合公司內各部門、各環節的具體情況，避免由於高層管理人員的主觀臆斷造成預算脫離實際的現象。

本章小結

　　全面預算管理是一種定量的綜合管理方法，是對現代企業經營決策的具體化和數量化。

　　財務預算是全面預算的重要組成部分，包括現金預算、預計資產負債表、預計利潤表和預計現金流量表。現金預算的主要方法是現金收支法。在具體使用現金收支法時，首先要根據本期銷售預算等資料，預計本期營業現金收入和其他現金收入，然後再根據本期各項成本費用預算資料，預計本期營業現金支出和其他現金支出，然後確定本期現金餘額的最低存量，以此推算出本期現金餘額。溢餘現金可用於歸還借款和

開展短缺投資活動，短缺現金應設法籌集來彌補，如向銀行借款或出售短缺證券等。

預計利潤表是反應和控制企業在預算期內損益和盈利情況的預算。它是在匯總預算期內銷售預算、產品成本預算、各項費用預算等資料的基礎上編製而成的。預計資產負債表示反應預算期末企業財務報告的預算。它是以報告期末的資產負債表為基數，根據預算期內的各種業務預算、現金預算及資本預算等有關資料編製而成的。

全面預算的編製方法有固定預算和彈性預算、零基預算和滾動預算、定期預算和滾動預算等。

財務預算的功能主要有具有經營規劃、溝通和協調、資源分配、營運控制和績效評估等五個基本功能。

財務預算的作用可以分為總體作用和具體作用。總體作用較為宏觀，可以從戰略管理、從績效考評和風險控制層面展開；而具體作用則主要體現在明確工作目標、協調經營活動業績考核與激勵、優化配置資源、合理安排資金等方面。

財務預算編製的模式主要有以銷售為核心、以利潤為核心、以成本為核心、以現金流量為核心的預算模式。不同的編製模式應參考企業所處的生產經營階段靈活確定。

財務預算編製的程序是指預算由誰來制定，制定的過程如何。常見的預算編製程序有三種：自上而下（權威式預算）、自下而上、上下結合。每一種預算編製程序在理論上都有其自身的特點和適用範圍。

本章練習題

一、單項選擇題

1. 現金預算屬於下列項目中的（　　）。
   A. 日常業務預算　　　　　　B. 生產預算
   C. 專門決策預算　　　　　　D. 財務預算
2. 下列項目中，可以總括反應企業在預算期間盈利能力的預算是（　　）。
   A. 專門決策預算　　　　　　B. 現金預算
   C. 預計利潤表　　　　　　　D. 預計資產負債表
3. 下列項目中，能夠克服固定預算方法缺點的是（　　）。
   A. 固定預算　　　　　　　　B. 彈性預算
   C. 滾動預算　　　　　　　　D. 零基預算
4. 編製彈性預算的關鍵在於（　　）。
   A. 分解製造費用
   B. 確定材料標準耗用量
   C. 選擇業務量計算單位
   D. 將所有成本劃分為固定成本與變動成本兩大類
5. 固定預算編製方法的致命確定是（　　）。
   A. 過於機械呆板　　　　　　B. 可比性差
   C. 計算量大　　　　　　　　D. 可能導致保護落後

6. 某企業編製「直接材料預算」，預計第四季度期初存量 456 千克，本季度生產需要量 2,120 千克，預計期末存量 350 千克，材料單價為 10 元，若材料採購貨款有 50% 在本季度內付清，另外 50% 在下季度付清，假設不考慮其他因素，則該企業預計資產負債表年末「應付帳款」項目為（　　）元。
   A. 11,130　　　　　　　　B. 14,630
   C. 10,070　　　　　　　　D. 13,560

7. 下列各項中，屬於編製財務預算的關鍵和起點的是（　　）。
   A. 直接材料預算　　　　　B. 直接人工預算
   C. 生產預算　　　　　　　D. 銷售預算

8. 相對於固定預算而言，彈性預算的主要優點是（　　）。
   A. 可比性強　　　　　　　B. 穩定性強
   C. 連續性強　　　　　　　D. 具有遠期指導性

9. 編製零基預算的出發點是（　　）。
   A. 基期的費用水準　　　　B. 歷史上費用的最高水準
   C. 國內外同行業費用水準　D. 零

10. 下列各項中，不屬於傳統預算方法的是（　　）。
    A. 固定預算　　　　　　　B. 彈性預算
    C. 增量預算　　　　　　　D. 定期預算

二、多項選擇題

1. 下列各項中，屬於為克服傳統預算的缺點而設計的先進預算方法有（　　）。
   A. 固定預算　　　　　　　B. 彈性預算
   C. 滾動預算　　　　　　　D. 零基預算

2. 現金預算的內容一般包括（　　）。
   A. 現金收入與支出　　　　B. 期初現金餘額
   C. 現金多餘或不足　　　　D. 資金的籌集和運用

3. 財務預算的基本功能主要有（　　）。
   A. 經營規劃　　　　　　　B. 溝通和協調
   C. 資源分配　　　　　　　D. 營運控制

4. 下列各項中，被納入現金預算的有（　　）。
   A. 繳納稅費　　　　　　　B. 經營性現金支出
   C. 資本性現金支出　　　　D. 股利與利息支出

5. 定期預算這種方法主要缺點有（　　）。
   A. 預算的指導性差　　　　B. 預算的靈活性差
   C. 預算的一致性差　　　　C. 預算的連續性差

6. 從實用角度看，彈性預算主要用於編製（　　）。
   A. 特種決策預算　　　　　B. 成品成本預算
   C. 利潤預算　　　　　　　D. 銷售及管理費用預算

7. 在預算執行過程中，可能導致預算調整的情形有（　　）。

A. 原材料價格大幅上漲

B. 公司進行重大資產重組

C. 主要產品市場需求大幅下降

D. 營改增導致公司稅負大幅下降

8. 下列各項中，既能反應經營業務又能反應現金收支內容的有（　　）。

A. 銷售預算　　　　　　　　　　B. 應交稅費預算

C. 直接材料消耗及採購預算　　　D. 銷售及管理費用預算

9. 下列各項中，屬於傳統預算方法的是（　　）。

A. 定期預算　　　　　　　　　　B. 增量預算

C. 固定預算　　　　　　　　　　D. 彈性預算

10. 不能夠同時以實物量指標和價值量指標分別反應企業經營業務和相關現金收入或支出的預算有（　　）。

A. 現金預算　　　　　　　　　　B. 銷售預算

C. 生產預算　　　　　　　　　　D. 直接人工預算

三、判斷題

1. 財務預算是指反應企業預算期現金支出的預算。（　　）
2. 增量預算與零基預算相比能夠調動各部門降低費用的積極性。（　　）
3. 預計資產負債表和預計利潤表構成了整個財務預算。（　　）
4. 銷售預算是以生產預算為依據編製的。（　　）
5. 生產預算是預算編製的起點。（　　）
6. 零基預算能使所有編製的預算更切合當前的實際情況，從而使預算充分發揮其控制支出的作用。（　　）
7. 預算在企業財務管理中具有舉足輕重的作用，因此必須保持預算的權威性，一般不得調整。（　　）
8. 預計財務報表與一般財務報表在形式與內容上都相同，只是數據的表現形式不同。（　　）
9. 管理費用多屬於固定成本，所以管理費用預算一般是按項反應全年預計水準。（　　）
10. 在產品成本預算中，產品成本總預算金額是指將直接材料、直接人工、製造費用以及銷售與管理費用的預算金額匯總相加而得到的。（　　）

四、計算題

1. 某企業 20×8 年現金預算部分數據如表 3-7 所示。假定該企業每季末的現金餘額不得低於 600 元，相關數據見表 3-7。

表 3-7　　　　　　　　　20×8 年度現金預算　　　　　　　　金額：元

摘要	第一季度	第二季度	第三季度	第四季度	全年
期初現金餘額	9,000	G	N	W	F1
加：現金收入	A	94,000	120,000	X	406,500

表3-7(續)

摘要	第一季度	第二季度	第三季度	第四季度	全年
可動用現金合計	89,000	H	P	119,500	G1
減：現金支出					
直接材料	B	55,000	60,000	45,000	H1
製造費用	34,000	30,000	Q	Y	130,000
銷售費用	2,000	3,000	R	4,500	13,500
購置設備	10,000	12,000	10,000	Z	45,000
支付股利	3,000	3,000	3,000	3,000	J1
現金支出合計	C	I	S	A1	K1
現金餘缺	-6,000	J	13,000	B1	L1
現金籌措與運用					
銀行借款（期初）	D	K	-		M1
歸還本息（期末）	-	-	T	C1	N1
現金籌集與運用合計	E	L	U	D1	P1
期末現金合計	F	M	V	8,000	Q1

要求：計算填列現金預算表中用字母表示的項目數據。

2. 某企業的裝配車間，正常生產能力的機器工作小時為5,000小時，有關製造費用的資料如表3-8所示。

表3-8　　　　　　　　某企業製造費用相關資料

費用類別	變動費用（元/小時）	固定費用（元/5,000小時）
間接材料	15	1,200
間接人工	4	54,000
維護費	3	4,800
水電費	2	2,700
折舊費		90,000
辦公費		1,800
其他費用		5,500
小計	24	160,000

要求：

（1）若該年的生產能力預計為4,500小時，計算確定裝配機的製造費用預算。

（2）若該年的生產能力為5,600小時，固定費用中的折舊費將增長5%，計算確定裝配車間的製造費用預算。

3. 某企業擬編製20×9年1月的現金收支預算。預計20×9年1月初現金餘額為12,400元；月初應收帳款115,000元，預計可收回60%，本月銷售收入980,000元，預計現銷比例為40%；本月採購材料190,000元，預計現金比例為50%，月初應付帳

款 70,000 元，需在月內全部付款完畢；月內需支付工資 125,000 元，製造費用 108,000 元，營業費用 61,000 元，管理費用 58,500 元，購置設備需支付現金 40,000 元。假定企業現金不足時，可向銀行借款，現金多餘是可以購買有價證券，企業月末現金餘額不得低於 109,000 元。

要求：

(1) 計算本月經營現金收入。
(2) 計算本月經營現金支出。
(3) 計算本月現金收支差額。
(4) 確定最佳資本籌措或運用額。
(5) 確定現金月末餘額。

4 籌資管理

本章提要

　　籌資是企業管理財務的起點，是指企業作為籌資主體根據其生產經營、對外投資和調整資本結構等需要，通過各種籌資渠道和金融市場，運用各種籌資方式，經濟有效地籌措和集中資本的活動。不同的渠道和籌資方式各有其特點和適用性，企業籌資活動需要兩者合理地配合。本章主要闡述：①籌資的概念、動機、原則、意義、渠道和方式。②資金需求量的預測中主要運用的方法：銷售百分比法和資金習性預測法。③權益性資本籌集中各種籌資方式的優缺點。④負債性資金來源中各種籌資方式的優缺點。

　　資金成本是指企業籌集和使用長期資金（包括自有資金和借入資金）的成本，而資本結構是指企業中各種資金的構成及其比例關係。本章主要闡述：①資金成本的概念。②個別資金成本，綜合資金成本，邊際資金成本的測算。③企業中存在的槓桿效應，包括經營槓桿效應、財務槓桿效應和總槓桿效應的含義和計算。④資本結構的含義，影響資本結構的因素以及資本結構優化方法。

本章學習目標

（一）知識目標

（1）理解籌資的概念、籌資種類和籌資原則。
（2）掌握吸收直接投資和普通股籌資方式及其優缺點。
（3）掌握長期投資和企業發行債券籌資方式及其優缺點。
（4）瞭解融資租賃含義和融資租賃租金的構成。
（5）定義資金成本並瞭解其不同的種類。
（6）掌握各種個別資金成本的計算。
（7）定義財務管理中的槓桿效應。
（8）掌握財務槓桿、經營槓桿和總槓桿的計算。
（9）掌握最優資金結構的每股收益無差別點法、比較資金成本法及公司價值分析法。

（二）技能目標

（1）能運用銷售百分比法預測企業資金需求量。
（2）會計算債券發行價格，能為企業發行債券籌資進行決策。
（3）會計算融資租賃租金，能為企業進行最佳融資租賃決策。
（4）通過本章的學習，能夠為企業籌集資金提供意見，學會各種資金成本法及公司價值分析方法，並明白企業中固定成本的存在而導致槓桿效應的原理。這些內容對優化企業資金結構、化解企業財務風險具有重要意義。

4.1 企業籌資概述

資金是企業進行生產經營活動的必要條件。籌資是決定資金運動規模和生產經營發展程度的重要環節。通過一定的渠道，採取適當的方式，組織資金的供應，是企業財務管理的一項重要內容。企業生產經營所需要的要素包括土地、勞動力、資本和企業家才能等。其中，資本是十分重要的生產要素。無論是在企業成立時，還是在後續擴大發展過程中，均需資金的支撐。不少企業雖然帳面有很好的盈利，但因為資金鏈斷裂而不得不宣告破產或瀕臨倒閉。所以，資金籌集是財務管理的重要內容，是財務管理的重點工作。本部分闡述資金籌集的概念、動機、分類、原則、意義、渠道和方式等，通過對資金籌集概述內容的瞭解以對資金籌集有個總體的感知。

4.1.1 企業籌資的概念

企業籌資是指企業作為籌資主體，根據其生產經營、對外投資和調整資本結構等需要，通過各種籌資渠道和金融市場，運用各種籌資方式，經濟有效地籌集和集中資本的活動。它是企業財務管理的起點。

4.1.2 企業籌資的動機

企業籌資的基本目的是為了自身的生存和發展。資金籌集主要是因為企業存在資金需求。

1. 籌資動機

企業成立時，資金是不可或缺的一個要素。當成立一家企業時，向投資者籌集資金以滿足企業成立的基礎條件。該種動機下籌集的資金是公司的資本，是公司後續發展的基石。但是，由於本章內容重點關注企業成立之後的資金籌集，所以設立動機是一個次要動機，不作為主要動機。

【例4-1】某企業新建，經核定資金，確定固定資產需2,000萬元，存貨1,040萬元，貨幣資金660萬元，共計3,700萬元；籌建時實有資本金2,380萬元，向銀行取得長期借款1,320萬元，共計3,700萬元。某企業新建後的資產負債狀況如表4-1金額欄A所示。

表4-1　　　　某企業不同動機籌資後的資產負債狀況表　　　　單位：萬元

資產	A 新建籌資後	B 擴張籌資後	C 調整籌資後	負債及所有者權益	A 新建籌資後	B 擴張籌資後	C 調整籌資後
貨幣資金	660	660	660	應付帳款		620	220
應收帳款				短期借款			1,000
存貨	1,040	1,640	1,640	長期借款	1,320	1,500	900
固定資產	2,000	2,300	2,300	股東權益	2,380	2,480	2,480
合計	3,700	4,600	4,600	合計	3,700	4,600	4,600

2. 擴張動機

擴張動機是指企業為了擴大生產經營規模或者增加對外投資而進行資集的一類動機。一般來說，處於成長階段的企業會有這種擴張動機。例如，企業為拓市場，需要進行新產品研發、新設備投資等；為了增加市場供應，增加產品生產需要添置固定資產等；企業為了開拓新領域投資等，這些均需要進行資金籌集活動。該擴張動機使得企業總資產和權益增加，企業所籌資金主要為擴張所用。

【例4-2】上述某企業根據擴大生產經營需要，籌資900萬元，其中長期借款180萬元，吸收應付帳款620萬元，股東投入資本100萬元；用以增添設備300萬元，增加流動資金600萬元，其他項目沒有變動。某企業擴張籌資後的資產負債狀況如表4-1金額欄所示。

從表4-1中的A、B欄可以看出，該企業擴張籌資後，資產總額從籌資前的3,700萬元擴大到4,600萬元。負債及股東權益總額亦同樣增長。

3. 調整動機

調整動機是指企業為了調整目前資本結構而追加籌資的一種動機。資本結構簡單說就是各種籌資構成或占比情況。企業處於不同的發展階段，需要不同資金結構與之匹配。企業某一階段較為合理的資本結構而在企業另一階段可能就不再適合企業的發展，需要調整。例如，企業目前的資本結構中負債資本比例過高使其暴露在較高的財務風險下，需要通過增加股權資本或者債轉股方式等降低負債資本比例。再如，企業當前部分債務到期償還，但為了調整資本結構，企業仍然會舉債使資本結構趨向合理。

4. 綜合動機

企業同時存在擴大生產經營需要和調整目前資本結構的混合籌資動機。可以說，該動機是上述兩種動機和其他動機的綜合，籌集的資金既可能滿足企業擴張需求也可以調整資本結構，還可以滿足企業其他需要。

4.1.3 資金籌集的原則

資金的籌集是重要的財務活動，進行資金籌資需要遵循一系列原則，以有效實現資金籌集目標。

1. 合法合規原則

社會主義法制的基本要求是「有法可依、有法必依、執法必嚴，違法必究」，遵紀守法是每個企業在資金籌集過程中必須堅持的基本準則。企業籌資合法合規原則，可以避免非法籌資行為擾亂金融秩序，給社會各界帶來危害。

2. 來源合理原則

不同來源的資金，對企業的收益和成本有不同影響。因此，企業財務人員應認真研究資金來源渠道和資金市場，合理選擇資金來源。

3. 規模適度原則

資金籌集的規模適度原則是指企業的籌資活動應該與企業的實際情況相適應。一方面，企業籌資規模應當合理。過多籌資會增加籌資費用，降低投資收益。而籌資不足會影響企業生產經營活動。另一方面，企業資本結構應當適度。雖然最佳資本結構

的確定存在較大困難，但是，相對合適的資本結構是可實現的。由於企業籌資規模受到企業註冊資本限額、企業債務契約約束等多方面因素的影響，且不同時期企業的資金需求量不一樣，所以財務人員要認真分析企業的生產經營狀況，預測資金的需要數量，合理確定籌資規模。

4. 成本效益原則

資金籌集要遵循成本效益原則。首先，資金籌集活動會發生各種費用，我們稱為資金成本。企業應當在可選擇籌資方案中選擇資金成本相對低的方案。其次，籌集的資金會給企業帶來投資收益。企業應該選擇最佳的資金籌集方式和籌資結構、規模等來獲得較優收益。最後，企業應當保證資金籌集的成本不大於投資收益，這是進行一切籌資決策的基礎適用原則。企業籌集資金必然要付出一定的代價，不同籌資方式下的資金成本不同，因此，財務人員應對各種籌資方式進行分析、對比，選擇經濟、可行的籌資方式，提高收益，降低風險。

5. 及時到位原則

企業往往會在某一特定時期內要求籌集足夠的資金以維持企業生存和支持發展需要。所以，資金籌集需要遵循及時原則，保證資金及時到位。一旦錯過特定時期，企業可能因資金不足陷入種種風險。企業財務人員在籌集資金時必須熟知資金時間價值的原理和計算方法，以便根據資金需求的具體情況，合理安排資金的籌集時間，適時獲取所需金。

4.1.4 資金籌集的意義

在現代市場經濟競爭中，企業只有正確選擇融資方式來籌集生產經營活動中所需要的資金，才能保障企業生產經營活動的正常運行和擴大再生產的需要。企業所處的內外環境各不相同，所選擇的融資方式也有相應的差異。企業只有採取了適合企業自身發展的籌資渠道和融資方式才能夠促進企業的長期發展，實現其經營、投資和調整結構等意義。

1. 經營意義

企業籌資很大程度上是為了維持生存和擴大生產經營的需要。企業處於成長階段時，為了擴大市場份額或者為了轉變生產經營方式往往需要追加籌集。例如，企業為了開拓新業務領域，需要資金研發新產品、添置新設備、招募高端人才。企業為了提高市場份額，提高收入增長率，也需要資金支持生產經營活動的擴大發展。

2. 投資意義

企業為了避免因供應不足和投資不足降低企業價值，往往會籌集資金開展對外投資活動。例如，為了實現原材料供應充足，企業需要資金投資上游企業；為了保證淨現值為正項目的投資，企業也需要資金用於投資活動獲取投資收益。

3. 調整意義

資金籌集的意義還在於可以調整資本結構，推動資本結構最佳化。例如，當前的資本結構中負債資金過多，使得企業存在較大的財務風險。雖然負債資本可以獲得節稅效應，但是風險過高導致代理成本等額外成本增加，可能會降低公司價值。為了降

低債務資本比例，企業可以通過其他資金渠道改善當前的資本結構。再如，企業不同階段會有不同的資本結構。初創期由於經營風險較高，債權人態度相對消極，所以資本結構中權益資本應占較大比重。成長階段由於經營風險依然較大，所以只能增加少量的負債資本。到了成熟期，企業經營風險較低，這時的債務資本與股權資本並重。衰退期企業可以進一步提高債務資本比例以獲得減稅好處。可見，不同時期企業需要根據實際情況籌措資金來調整資本結構。

4.1.5　籌資的分類

企業籌集的資金可按不同的標準進行分類，主要分類如下：

1. 按資金的來源渠道分為權益籌資和負債籌資

權益資金也稱為自有資金，借入資金也叫作負債資金。因此，企業資金按其來源渠道可分為所有者權益和負債兩大類。企業通過發行股票、吸收直接投資、內部累積等方式籌集的資金屬於企業的所有者權益，代表對企業淨資產的所有權，所有者權益一般不用還本。企業採用吸收自有資金的方式籌集資金，財務風險小，但付出的資金成本相對較高。

負債籌資是指企業通過承擔定期償還的債務來籌集資金，籌集所得的資金形成企業的債務資本。債務籌資主要方式有銀行借款、公司發行債券、融資租賃等。這種方式籌集的資金到期要歸還本金和利息，企業採用借入資金的方式籌集資金一般承擔較大風險，但付出的資金成本相對較低。權益資金和負債資金各有優勢，應當合理選擇籌資方式。

2. 按資金使用期限的長短分為短期資金和長期資金

短期資金一般是指供一年以內或超過一年的一個營業週期以內使用的資金。短期資金主要投資於現金、應收帳款、存貨等，短期資金通常採取利用商業信用和取得銀行流動資金，其籌集主要是滿足日常生產經營需要。

長期資金一般是指供一年以上使用的資金。長期資金通常採用吸收投資、發行股票、發行公司債券、取得長期借款、融資租賃和內部累積等方式來籌資。通常，該資金主要投資於新產品的開發和推廣、生產規模的擴大、廠房和設備的更新等。

原則上講，短期資金和長期資金由於其資金籌集的用途不同，應當盡可能避免相互挪用。

3. 按照資金的取得方式分為內部籌資和外部籌資

內部籌資，是指企業利用自身的儲蓄（折舊和留存收益）轉化為投資的過程，其資金來源是企業自然累積形成的。一般來說，進行內部籌資活動不需要籌資費用，但籌資數額會受到未分配利潤和盈餘公積規模的限制。內部籌資具有原始性、自主性、低成本性和抗風險性等特點，是企業生存與發展不可或缺的重要組成部分。其中，折舊主要用於補償固定資產損耗，留存收益是再投資和債務清償的主要資金來源。以留存收益作為籌資工具，不會減少企業的現金流量，也不需要支付籌資費用。

外部籌資，是指吸收其他經濟主體的閒置資金，使之轉化為自己投資的過程，包括股票發行、債券發行、商業信貸、銀行借款等和其他商業信用融資等。外部籌資具

有高效性、靈活性、大額性和集中性等特點。企業的所有者對企業具有經營管理權，如果企業經營狀況好，盈利多，可多方面籌集資金；但如果企業經營狀況差，年年虧損，甚至被迫破產清算，則籌資渠道和方式會受到制約。在成立初期的企業由於尚未盈利通常難以內部籌資，所以此時外部籌資會成為主要籌資方向。通常情況下，外部籌資都會發生籌資費用，如銀行借款的手續費，發行股票的發行費用等。

4. 按照資金的籌集機制劃分為直接籌資和間接籌資

直接籌資是指企業直接與投資者溝通而不經過銀行等金融機構的中間作用進行的資金籌集活動，可以是發行股票、發行債券和直接注入資本。隨著中國資本市場的發展，直接籌資的環境日益改善，直接籌資機制越來越受到青睞。

間接籌資是指通過銀行等金融機構進行籌資的籌資機制。該種籌資機制是一種基礎籌資方式，相對直接籌資而言更加簡便，籌資費用相對較低。間接籌資主要是銀行借款和融資租賃。

4.1.6 籌資渠道

籌資渠道（Financing Channel）是指籌集資金來源的方向與通道，體現了資金的源泉和流量。籌資作為一個相對獨立的行為，其對企業經營管理財業績的影響，主要是借助資本結構的變動而發生作用的。中國企業目前籌資渠道主要包括如下幾種：

1. 國家財政資金

國家對企業的直接投資是國有企業特別是國有獨資企業獲得資金的主要渠道，現有國有企業的資金來源中，其資本部分大多是由國家財政以直接撥款方式形成的。除此以外，還有些是國家對企業「稅前還貸」或減免各種稅款而形成的。不管是何種形式的資金來源，從產權關係上來看，它們都屬於國家投入的資金，產權歸國家所有。

2. 銀行信貸資金

銀行對企業的各種貸款，是中國目前各類企業最為重要的資金來源。中國銀行分為商業性銀行和政策性銀行兩種。商業性銀行是以營利為目的、從事信貸資金投放的金融機構，它主要為企業提供各種商業貸款；政策性銀行是為特定企業提供政策性貸款。

3. 其他金融機構資金

其他金融機構主要指信託投資公司、保險公司、租賃公司、證券公司、財務公司等。它們所提供的各種金融服務，既包括信貸資金投放，也包括物資的融通，還包括為企業承銷證券等金融服務。

4. 其他企業資金

企業在生產經營過程中往往形成部分暫時閒置的資金，並為一定的目的而進行相互投資。另外，企業間的購銷業務可以通過商業信用方式來完成，從而形成企業間的債權債務關係，形成債務人對債權人的短期信用資金佔用。企業間的相互投資和商業信用的存在，使其他企業資金也成為企業資金的重要來源。

5. 居民個人資金

企業職工和居民個人的結餘貨幣，作為「遊離」於銀行及非銀行金融機構等之外

的個人資金，可對企業進行投資，形成民間資金來源渠道，從而為企業所用。

6. 企業自留資金

它是指企業內部形成的資金，也稱企業內部留存，主要包括提取公積金和未分配利潤等。這些資金的重要特徵之一是，它們無須企業通過一定的方式去籌集，而是直接來自企業內部。

4.1.7 籌資方式

籌資方式是指企業在籌措資金時所採用的具體形式，企業籌資方式主要有以下幾種：①吸收直接投資；②發行股票；③利用留存收益；④向銀行借款；⑤利用商業信用；⑥發行公司債券；⑦融資租賃。

籌資渠道是為了解哪裡有資金，說明取得資金的客觀可能性；籌資方式是解決用什麼方式取得資金，即將可能性轉化為現實性。一定的籌資方式可以適用多種籌資渠道；同一籌資渠道，也可以採用不同的籌資方式。籌資渠道與籌資方式的關係如表4-2所示。

表 4-2　　　　　　　　　籌資渠道與籌資方式的關係

籌資方式	籌資渠道	資金成本	財務風險	資本類型
商業信用	企業、個人	最低	較高	負債資金
金融借款	銀行等	較低	較高	負債資金
發行債券	企業、個人等	較低	較高	負債資金
發行股票	國家、企業、個人、外商等	很高	很低	股權資金
吸收投資	國家、企業、個人、外商等	很高	很低	股權資金
融資租賃	企業、租賃公司等	高	一般	負債資金

4.2　權益資金的籌集

企業籌資管理的重要內容是針對客觀存在的籌資渠道，選擇合理的籌資方式進行籌資，有效的籌資組合可以降低籌資成本，提高籌資效率。

4.2.1　吸收直接投資

1. 出資方式

吸收直接投資（以下簡稱吸收投資）是指企業按照「共同投資、共同經營、共擔風險，共享利潤」的原則直接吸收國家、法人、個人投入資金的一種籌資方式。在採用吸收投資方式籌集資金時，一般投資者可以用下列資產作價出資：①現金出資是吸收投資中一種最重要的籌資方式，有了現金，便可採購其他物質資源。因此，企業應盡量動員投資者採用現金方式出資，吸收投資中所需投入資金的數額，取決於投入的

實物、工業產權之外需多少資金來滿足建廠的開支和日常週轉需要。②以實物出資就是投資者以廠房、建築物、設備等固定資產和原材料、商品等流動資產所進行的投資，企業吸收的實物一般應符合以下條件：為企業科研、生產、經營所需，技術性能較好，作價公平合理。實物出資所涉及的實物作價方法應當符合國家有關規定。③以工業產權出資是指投資者以專利權、專有技術、商標權等無形資產所進行的投資，企業吸收的工業產權一般應符合以下條件：能幫助研究和開發出新的高科技產品，能幫助生產出適合對路的高科技產品，能幫助改進產品質量，提高生產效率，能幫助企業大幅度降低各種消耗，出資作價比較合理。特別是以土地使用權作為出資的，這裡的土地使用權是指按有關法律法規和合同約定的沒有產權糾紛，經過拍賣或評估並辦理相關登記手續的才能作為出資。

2. 吸收投資的程序

企業吸收投資一般應遵循如下程序：確定籌資數量；聯繫投資者；協商投資事項；簽訂投資協議。

3. 吸收投資的優缺點

吸收直接投資的優點是有利於增強企業信譽，有利於盡快形成生產能力，有利於降低財務風險；其缺點是資金成本較高，容易分散企業控制權。

4.2.2 股票籌資

4.2.2.1 股票的含義

股票（Stock）是指股份有限公司發行的有價證券，是公司簽發的證明股東對公司所持股份的憑證，代表投資者對公司的所有權。其中，認購公司股票的投資者成為公司的股東，按照持股比例享有收益和承擔風險。

4.2.2.2 股票的種類

發行特定種類的股票是籌資者和投資者的需求相互作用的結果。按照不同的標準，股票有不同的種類劃分。

1. 按照股東的權利義務分為普通股和優先股

（1）普通股。普通股（Common Stock）是指公司發行的代表股東履行平等義務，享有平等權利，股利支付不固定的股票。大多數公司只發行普通股，它是最基本也是應用最廣泛的股權，籌資方式。以下如果沒有特殊說明，股票均指普通股。

（2）優先股。優先股（Preferred Stock）是指公司發行的具有優先權的股票。其中，優先權是相對普通股而言，包括優先股股東優先分配股利，優先股股東對剩餘財產的求償權優先於普通股股東。

2. 按照票面記名與否分為記名股票和無記名股票

記名股票是指在股票票面上記錄股東名稱的股票，並且名稱或者姓名要記入公司股東名冊。一般而言，公司向發起人、法人和國家發行的股票是記名股票。不記名股票是指票面上並不記載股東姓名的股票。公司向社會公眾發行的股票，可以選擇記名股票，也可以是不記名股票。

3. 按照票面有無金額分為面值股票和無面值股票

面值股票是指公司發行票面上標明金額的股票。無面值股票是票面上並未標註金額的股票，而只列示其占股票總數的比例。股東持有面值股票時，以其票面金額占總票面金額比例享有權利和承擔義務。而無面值股票存在的理由是股價的波動性，股票價值並不會保持在固定的票面金額水準上。

4. 按照投資主體分為國家股、法人股和個人股

國家股是指實質由國家資本投資認購的股票，形成公司的國有股權資本。法人股是指法人單位認購的股票。個人股為社會公眾以個人可支配資產投資公司購買的股票。

5. 按照發行對象和上市地區分類分為A股、B股、H股、N股和S股

A股是指提供給中國個人、法人以及合格境外機構投資者買賣交易的，以人民幣標明面額並以人民幣作為交易幣種的股票。B股是指供中國境內個人投資者、國外和港澳臺投資者交易的，以人民幣標明金額但以外幣買賣的股票。這兩種股票可在上海證券交易所和深圳證券交易所交易。H股、N股和S股代表註冊地在中國大陸，但是上市地分別在中國香港、紐約和新加坡的股票。

4.2.2.3 股票發行

公司發行股票並不是沒有門檻，不同股票的發行條件不一樣，創業板上市的股票相對於一般股票的發行門檻相對較低。一般股票的發行基本條件如下：

（1）公司新設立之初申請發行股票，應當符合生產經營範圍符合國家產業政策；發行普通股限於一種，同股同權；發起人三年內沒有重大違法行為；在公司擬發行的股本總額中，發起人認購的部分不得少於3,000萬元，但國家另有規定的除外；向社會公眾發行部分不少於公司擬發行股本總額的25%，其中公司職工認購的股本數不得超過擬向社會公眾發行股本總額的10%。公司擬發行股本總額超過4億元的，中國證券監督管理委員會（簡稱「證監會」）按照規定可以酌情降低向社會公眾發行部分的比例，但是最低不少於公司擬發行股本總額的10%；發起人認購的股份不少於發行總股本的35%；證監會規定的其他條件。

（2）國有企業改組設立股份制公司發行股票，除上述條件外，還需符合：發行前一年末淨資產占總資產不低於30%，無形資產占淨資產不高於20%；近三年連續盈利；國務院或國家授權部門決定國家持有的股份；採取募集方式等。

（3）股份有限公司增資發行股票須具備以下條件：前一次發行的股份已經募集完畢，並且時間間隔在一年以上；近三年連續盈利；近三年財務會計無虛假記載；預期利潤率可達同期的銀行存款利率；其他。

上述條件的具體規定可參見《公司法》和《證券法》等。

4.2.2.4 股票發行程序

（1）公司董事會就發行股票做出決議，這是發行程序的第一步。公司首先存在發行需求，然後根據需求做出發行股票的決議，包括股票發行的方案、資金用途、籌資可行性等內容。

（2）股東大會對董會決議做出決定。股東大會應該對發行股票的種類、數量、價

格、發行對象、發行時間、發行方式、籌資用途等方面做出決定。

（3）發行公司為發股票做好準備工作，如整理相關材料，撰寫相關文件和資料。

（4）提出發行股票申請。發行公司由保薦人保薦向證監會提交申請，提交申請所需資料。

（5）證監會審核。這是十分重要的一環，證監會根據相關規定對申請公司的資質和文件進行審核，做出可發行和不可發行的決定。

（6）簽署承銷協議。公司可選擇由證券承銷機構承銷公司的股票，其需與承銷機構簽署承銷協議。其中，承銷方式包括代銷和包銷。代銷是指證券機構代理出售證券，不對未出售的證券負責，相關風險由發行公司承擔。包銷是指證券公司對公司所有股票承擔銷售義務，沒有銷售出去的股票由承銷機構負責。

（7）公布招股說明書並且按規定程序招股。公布招股說明書是為了說明公司發行股票的情況，幫助投資者瞭解公司，指導認購股票。

（8）繳納股款和交割股票。投資者支付股款獲得公司的股票，發行公司收到股款並，且交割股票。

4.2.2.5 股票發行定價方法

發行價格是普通股籌資的一個重要因素，它是指公司規定的投資者認購時需要付款，直接決定公司將增加多少資本金。股票價格的確定有以下幾種方式：

（1）協商定價法。股票的價格經發行人與承銷的證券公司協商確定，並報中國證監會核准。發行人應當考慮公司經營業績、淨資產、發展潛力、行業特點、股市狀態，提交定價發行報告，說明確定發行價格的依據。這種確定股票發行價格的方法稱為協商定價法。

（2）市盈率法。市盈率是指以市盈率為基礎確定股票價格的方法。發行市盈率可以參照公司所在行業平均市盈率水準確定。

（3）股利折現法。普通股的未來現金流就是公司未來發放的股利，由於普通股股利，發放具有不確定性，主要依賴於公司的股利政策，且普通股沒有到期日。

（4）競價確定法。競價確定法是指由投資者或省承銷機構以投標方式相互競爭來確定股票價格的方法。

（5）淨資產倍率法。淨資產倍率法是指以淨資產倍率確定發行股票價格的一種方法。市淨率的確定可以依據同類公司股票的價格表現確定，也可以在公司存在已發行股票基礎上根據股價水準估算。

4.2.2.6 發行普通股籌資的優缺點

（1）發行普通股籌資的優點：①發行普通股籌集的資金是公司的權益資本，沒有到期日，不用償還。所以，除了破產清償的情況，公司對普通股籌資所得可以長久使用。②普通股不像債券和借款需要定期支付利息，也不像優先股需要固定支付股利。其股利的支付依據公司盈利狀況，所以公司採用普通股籌資方式意味財務負擔較輕，籌資風險小。③公司發行普通股籌集股權資本，增加公司所有者權益，可以提高公司信譽，而較多的權益資本也可以為更多舉債籌資提供保障。

（2）發行普通股籌資的缺點：①資金成本高。債務資本與股權資本比，股權資本成本較高；股權資本中的普通股與優先股相比，普通股資本成本較高。所以，發行普通股意味著公司將承擔較高的資金成本。②稀釋股東控制權。採用普通股籌資方式，引進新股東，可能會分散原有股東的股權。對於擁有控制權的股東來說，他們的控制權可能會受到影響。③股價下跌。新股東分享原先公司累積的盈餘，降低了每股淨收益，可能會引起公司股價下跌。

4.2.2.7 股票的價值

（1）股票價值。有關股票的價值有多種提法，它們在不同場合有不同的含義。票面價值通常指面值，是公司在其發行的股票上標明的票面金額。股票的票面價值僅在初次發行時有一定意義，如果股票以面值發行，則股票面值總和即為公司的資本金總和。隨著時間的推移，公司的資產會發生變化，股票的市場價格會逐漸背離面值，同時股票的票面價值也逐漸失去原來的意義。

（2）帳面價值。帳面價值又稱股票淨值或每股淨資產，是指每股股票包含的實際資產價值。每股帳面價值是以公司淨資產除以發行在外的普通股股數求得的，它是投資者分析股票投資價值的重要指標。

（3）清算價值。清算價值是公司進行清算時每一股份所代表的實際價值。從理論上講，股票的清算價值應與帳面價值一致，實際上並非如此，大多數公司的實際清算價值總是低於帳面價值。市場價值是股票在股票市場進行交易過程中具有的價值。

（4）內在價值。股票的內在價值即理論價值，即股票未來收益的現值，取決於股息收入和市場收益率。股票的內在價值決定股票的市場價格，但市場價格又不完全等於其內在價值。股票的市場價格受供求關係以及其他許多因素的影響，但股票的市場價格總是圍繞第3章資金籌措與預測著股票的內在價值波動。

4.2.2.8 普通股股東的權利和義務

普通股股票的持有人是股份公司的股東，一般具有以下權利：

（1）公司管理權。對大公司來說，普通股股東成千上萬，不可能每個人都直接對公司進行管理。普通股股東的管理權主要體現在董事會選舉中有選舉權和被選舉權，通過選出的董事會代表所有股東對企業進行控制和管理，股東行使管理權的途徑是參加股東大會。股東大會是股份公司的權力機構，股東大會由股東組成，通常定期召開。

（2）分享盈餘和剩餘財產要求權。股東的這一權利直接體現了其在經濟利益上的要求，這一要求又可以表現為兩個方面：

一是股東有權要求從股份公司經營的利潤中分配股息和紅利，公司盈餘的分配方案由股東大會決定，每一個會計年度由董事會根據企業的盈利數額和財務狀況來決定分發股利的多少並經股東大會批准通過。

二是股東在股份公司解散清算時，有權要求取得公司的剩餘資產。但是公司破產清算資產的變價收入首先要用來清償債務，然後支付優先股股東，最後才能分配給普通股東。

（3）出讓股份權。股東有權出售或轉讓股票，這也是普通股股東的一項基本權利。

(4) 優先認股權。優先認股權是普通股股東擁有的權利，即普通股股東可優先於其他投資者購買公司增發新股票的權利。當公司增發普通股票時，原有股東有權按持有公司股票的比例，在一定期限內以低於市價的認購價格購買新股。

普通股股東的義務是遵守公司章程，依其所認購的股份和入股方式繳納股金，除法律、法規規定的情形外，不得退股，法律、行政法規及公司章程規定應當承擔的其他義務。

4.2.2.9 股票的發行

股份公司在設立時要發行股票，此外，公司設立之後，為了擴大經營、改善資本結構，也會增資發行新股。股票的發行是利用股票籌集資金的一個最重要問題，簡介如下：

1. 股票發行的規定與條件

按照中國《公司法》和《證券法》的有關規定，股份有限公司發行股票，應符合以下規定與條件：

(1) 每股金額相等，同次發行的股票，每股的發行條件和價格應當相同。

(2) 股票發行價格可以按票面金額，也可以超過票面金額，但不得低於票面金額。

(3) 股票應當載明公司名稱、公司登記日期、股票種類、票面金額及代表的股份數、股票編號等主要事項。

(4) 向發起人、國家授權投資的機構和法人發行的股票，應當為記名股票。對社會公眾發行的股票，可以為記名股票，也可以為不記名股票。

(5) 公司發行記名股票，應當設置股東名冊，記載股東的姓名或者名稱、住所、各股東所持股份、各股東所持股票編號、各股東取得其股份的日期，發行無記名股票，公司應當記載股票數量、編號及發行日期。

(6) 公司發行新股，必須具備下列條件：具備健全且運行良好的組織結構，具有持續能力，財務狀態良好；最近三年財務會計文件無虛假記載，無其他重大違法行為，證券監管機構規定的其他條件。

(7) 公司發行新股，應由股東大會做出有關下列事項的決議：新股種類及數額、新股發行價格、新股發行的起止日期、向原有股東發行新股的種類及數額。

2. 股票發行的程序

股份有限公司在設立時發行股票與增資發行新股，程序上有所不同。

(1) 設立時發行股票的程序：募集股份申請；公告招股說明書，製作認股書，簽訂承銷協議和代收股款協議；招認股份，繳納股款；召開創立大會，選舉董事會、監事會；辦理設立登記，交割股票。

(2) 增資發行新股的程序：股東大會做出發行新股的決議；由董事會向國務院授權的部門或省級人民政府申請並經批准；公告新股招股說明書和財務會計報表及附屬明細表，與證券經營機構簽訂承銷合同，定向募集時向新股認購人發出認購公告或通知；招認股份，繳納股款；改組董事會、監事會，辦理變更登記並向社會公告。

3. 股票發行方式和銷售方式

公司發行股票籌資，應當選擇適宜的股票發行方式和銷售方式，並恰當地制定發行價格，以便及時募足資本。

(1) 股票發行方式

股票發行方式，指的是公司通過何種途徑發行股票，總的來講，股票的發行方式可分為如下兩類：

一是公開間接發行。這種發行方式指通過仲介機構，公開向社會公眾發行股票。中國股份有限公司採用募集設立方式向社會公開發行新股時，須由證券經營機構承銷的做法，就屬於股票的公開間接發行。這種發行方式的發行範圍廣、發行對象多，易於足額募集資本，股票的變現性強，流通性好。股票的公開發行還有助於提高發行公司的知名度和擴大其影響力，但這種發行方式也有不足，如手續繁雜、發行成本高。

二是不公開直接發行。這種發行方式是指不公開對外發行股票，只向少數特定的對象直接發行，因而不需經仲介機構承銷。中國股份有限公司採用發起設立方式和以不向社會公開募集的方式發行新股的做法，即屬於股票的不公開直接發行。這種發行方式彈性較大，發行成本低，但發行範圍小，股票變現性差。

(2) 股票的銷售方式

股票的銷售方式，指的是股份有限公司向社會公開發行股票時所採取的股票銷售方法。股票銷售方式有以下兩類：

一是自銷方式，是指發行公司自己直接將股票銷售給認購者，這種銷售方式可由發行公司直接控制發行過程，實現發行意圖，並可以節省發行費用，但往往籌資時間長，發行公司要承擔全部發行風險，並需要發行公司有較高的知名度、信譽和實力。

二是承銷方式，是指發行公司將股票銷售業務委託給證券經營機構代理，這種銷售方式，是發行股票所普遍採用的，中國《公司法》規定股份有限公司向社會公開發行股票，必須與依法設立的證券經營機構簽訂承銷協議，由證券經營機構承銷。

4. 股票發行價格

股票的發行價格是股票發行時所使用的價格，也就是投資者認購股票時所支付的價格。股票發行價格通常由發行公司根據股票面額、股市行情和其他有關因素決定。以募集設立方式設立公司首次發行的股票價格，由發起人決定；公司增資發行新股的股票價格，由股東大會做出決議。股票的發行價格可以和股票的面額一致，但多數情況下不一致，股票的發行價格一般有以下三種：

一是等價。等價就是以股票的票面額為發行價格，也稱為平價發行。

二是時價。時價是以公司原發行同種股票的現行市場價格為基準來選擇增發新股的發行價格，也稱市價發行。

三是中間價。中間價就是以時價和等價的中間值確定的股票發行價格。按時價或中間價發行股票，股票發行價格會高於或低於其面額，前者稱溢價發行，後者稱折價發行（見圖4-1）。如溢價發行，發行公司所獲的溢價款列入資本公積，中國《公司法》規定股票發行價格可以平價發行，也可以溢價發行，但不得折價發行。

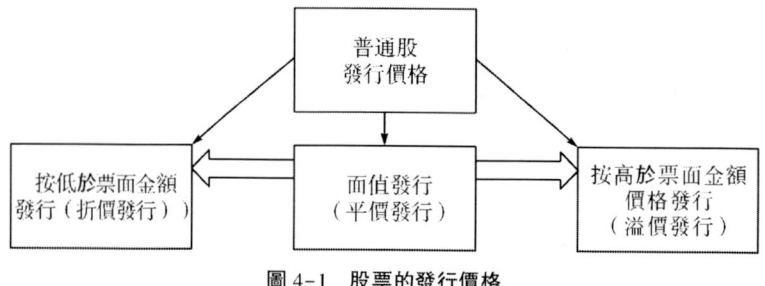

圖 4-1　股票的發行價格

4.2.2.10　股票上市

1. 股票上市的目的

股票上市是指股份有限公司公開發行的股票經批准在證券交易所進行掛牌交易經批准在交易所上市交易的股票則稱為上市股票。股份公司申請股票上市，一般出於這樣的一些目的：

(1) 資本大眾化，分散風險。股票上市後，會有更多的投資者認購公司股份，公司則可將部分股份轉售給這些投資者，再將得到的資金用於其他方面，這就分散了公司的風險。

(2) 提高股票的變現力。股票上市後便於投資者購買，自然提高了股票的流動性和變現力。

(3) 便於籌措新資金。股票上市必須經過有關機構的審查批准並接受相應的管理，執行各種信息披露和股票上市的規定，這就大大增強了社會公眾對公司的信賴，使之樂於購買公司的股票。同時，由於一般人認為上市公司實力雄厚，也便於公司採用其他方式（如負債）籌措資金。

(4) 提高公司知名度，吸引更多顧客。股票上市公司為社會所知，並被認為經營優良會帶來良好聲譽，吸引更多的顧客，從而擴大銷售量。

(5) 便於確定公司價值。股票上市後，公司股價有市價可循，便於確定公司的價值，有利於促進公司財富最大化。

但股票上市也有對公司不利的一面，這主要是指：公司將負擔較高的信息披露成本，各種信息公開的要求可能會暴露公司商業秘密；股價有時會歪曲公司的實際狀況，醜化公司聲譽；可能會分散公司的控制權，造成管理上的困難。

2. 股票上市的條件

公司公開發行的股票進入證券交易所交易必須受嚴格的條件限制。中國《證券法》規定，股份有限公司申請股票上市，必須符合下列條件：

(1) 股票經國務院證券監督管理機構核准已公開發行。

(2) 公司股本總額不少於人民幣 3,000 萬元。

(3) 公司發行的股份達到公司股份總數的 25% 以上；公司股本總額超過人民幣 4 億元公開發行的比例為 1% 以上。

(4) 公司最近 3 年無重大違法行為，財務會計報告無虛假記載。

此外，公司股票上市還應符合證券交易所規定的其他條件。

4.2.2.11　發行優先股

1. 優先股票的特徵

優先股是一種特別票，它與普通股有許多相似之處，但又具有債券的某些特徵，但從法律的角度來講，優先股屬於自有資金。優先股股東所擁有權利與普通股股東近似，優先股的股利不能像債務利息那樣從稅前扣除，而必須從淨利中支付。但優先股有固定的股利，這與債券利息相似，優先股對盈利的分配和剩餘資產的求償具有優先權，這也類似於債券。

2. 優先股的種類

按不同標準，可對優先股作不同分類，現在介紹幾種最主要的分類方式。

（1）累積優先股和非累積優先股。按股利能否累積，優先股可分為累積優先股和非累積優先股。累積優先股是指在任何營業年度內未支付的股利可累積起來，由以後營業年度的盈利一起支付的優先股股票。非累積優先股是僅按當年利潤分取股利，而不予以累積補付的優先股股票。也就是說，如果本年度的盈利不足以支付全部優先股股利，對所積欠的部分，公司不予累積計算，優先股股東也不能要求公司在以後年度中予以補發。

（2）可轉換優先股和不可轉換優先股。按是否可轉換為普通股股票，優先股可分為可轉換優先股與不可轉換優先股。可轉換優先股是股東可在一定時期內按一定比例把優先股轉換為普通股的股票。轉換的比例是事先確定的，其數值大小取決於優先股與普通股的現行價格，不可轉換優先股只能獲得固定股利報酬，而不能獲得轉換收益。

（3）參與優先股和非參與優先股。按能否參與剩餘利潤分配，優先股可分為參與優先股和非參與優先股。參與優先股是指不僅能取得固定股利，還有權與普通股一同參與利潤分配的股票。根據參與利潤分配的方式不同，優先股又可分為全部參與分配的優先股和部分參與分配的優先股。前者表現為優先股股東有權與普通股股東共同等額分享本期剩餘利潤，後者則表現為優先股股東有權按規定額度與普通股股東共同參與利潤分配，超過規定額度部分的利潤，歸普通股股東所有。非參與優先股是指不能參與剩餘利潤分配，只能取得固定股利的優先股。

（4）可贖回優先股和不可贖回優先股。按是否有贖回優先股票的權利，優先股可分為可贖回優先股和不可贖回優先股。可贖回優先股，是指股份公司可以按一定價格收回的優先股股票。在發行這種股票時，一般都附有收回性條款，在收回條款中規定了贖回該股票的價格，此價格一般略高於股票的面值。不可贖回優先股是指不能收回的優先股股票。因為優先股都有固定股利，所以，不可贖回優先股一經發行，便會成為一項永久性的財務負擔。因此，在實際工作中，大多數優先是可贖回優先股，而不可贖回優先股則很少發行。從以上介紹可以看出，累積優先股、可轉換優先股、參與優先股均對股東有利，而可贖回優先股則對股份公司有利。

3. 優先股股東的權利

優先股的「優先」是相對普通股而言的，這種優先權主要表現在以下幾個方面：

（1）優先分配股利權。先分配股利的權利，是優先股的最主要特徵。優先股的股利除數額固定外，還必須在通股股利之前予以支付。對於累積優先股來說，這種優先權就更為突出。

（2）優先分配剩餘資產權。企業破產清算時，出售資產所得的收入，優先股位於債權人的求償之後，但先於普通股只限於優先股的票面價值，加上累積未支付的股利。

（3）部分管理權。優先股東的管理權限是有嚴格限制的。通常，在公司的股東大會上優先股股東沒有表決權，當公司研究與優先股有關的問題時有權參加表決。

4. 優先股籌資的優缺點

（1）優先股籌資的優點：①沒有固定到期日，不用償還本金。事實上等於使用的是一筆無限期的貸款，無償還本金義務，也無須做再籌資計劃。但大多數優先股又附有收回條款，這就使得使用優先股更有彈性，當財務狀況較弱時發行，而財務狀況轉強時收回，這樣有利於結合資金需求，同時又能控制公司的資金結構。②股利支付既固定，又有一定彈性。一般而言，優先股都採用固定股利，但固定股利支付並不構成公司的法定義務，如果財務狀況不佳，則可暫時不支付優先股股利，那麼優先股股東也不能像債權人一樣迫使公司破產。③有利於增強公司信譽，從法律上講，優先股屬於自有資金，因而，優先股擴大了權益基礎，可適當增加公司的信譽，加強公司的借款能力。

（2）優先股籌資的缺點：①籌資成本高。優先股所支付的股利要從稅後利潤中扣除，不同於債務利息可在稅前要扣除。因此，優先股成本很高。②籌資限制多，發行優先股，通常有許多限制條款，如對普通股股利支付上的限制等。③財務負擔重，優先股需要支付固定股利，但又不能在稅前扣除，所以當利潤下降時優先股的股利會成為公司一項較重的財務負擔。

4.2.2.12 留存收益籌資

1. 留存收益籌資的渠道

（1）盈餘公積，是指有指定用途的留存淨利潤，它是公司按照《公司法》規定從淨利潤中提取的累積資金，包括法定盈餘公積金和任意盈餘公積金。

（2）未分配利潤，是指未限定用途的留存淨利潤。這裡有兩層含義：一是這部分淨利潤沒有分給公司的股東；二是這部分淨利潤未指定用途。

2. 留存收益籌資的優缺點

（1）留存收益籌資的優點：①資金成本較普通股低。用留存收益籌資，不用考慮籌資費用，資金成本較普通股低。②保持普通股股東的控制權、用留存收益籌資，不用對外發行股票，由此增加的權益資本不會改變企業的股權結構，不會稀釋原有股東的控制權。③增強公司的信譽，留存收益籌資能夠使企業保持較大的、可支配的現金流，既可解決企業經營發展的資金需要，又能提高企業舉債的能力。

（2）留存收益籌資的缺點：①籌資數額有限制。留存收益籌資最大可能的數額是企業當期的稅後利潤和上年未分配利潤之和，如果企業經營虧損，則不存在這一渠道的資金來源。此外，留存收益的比例常常受到某些股東的限制，他們可能從消費需求、

風險偏好等因素出發，要求股利支付比率要維持在一定水準上。留存收益過多，股利支付過少，可能會影響到今後的外部籌資。②資金使用受制約。留存收益中某些項目的使用，如法定盈餘公積金等，要受國家有關規定的制約。

4.2.2.13 發行公司債券

1. 公司債券的特徵

債券是發行人以借入資金為目的，依照法律程序發行，承諾按約定的利率和日期支付利息，並在特定日期償還本金的書面債務憑證。由企業或公司發行的債券稱為企業債券或公司債券。公司債券與股票都屬於有價證券，對於發行公司來說，都是一種籌資手段，而對於購買者來說，都是投資手段，但兩者有很大區別，主要有以下幾點：

（1）債券是債務憑證，是對債權的證明；股票是所有權憑證，是對所有權的證明。債券持有人是債權人，股票持有人是所有者，債券持有者與發行公司只是一種借貸關係，而股票持有者則是發行公司經營的參與者。

（2）債券的收入為利息，利息的多少一般與發行公司的經營狀況無關，是固定的；股票的收入是股息，股息的多少是由公司的盈利水準決定的，一般是不固定的。如果公司經營不善發生虧損或者破產，投資者就得不到任何股息，甚至連本金也保不住。

（3）債券的風險較小，因為其利息收入基本是穩定的；股票的風險則較大。

（4）債券是有期限的，到期必須還本付息；股票除非公司停業，一般不退還股本。

（5）債券屬於公司的債務，它在公司剩餘財產分配中優先於股票。

2. 公司債券的基本要素

（1）債券的面值。債券的面值即票面金額，是債券到期時應償還債務的金額。債券的面值印在債券上固定不變，到期時必須足額償還。

（2）債券的期限。債券從發行之日至到期日的時間稱為債券的期限。在債券的期限內，公司必須定期支付利息，債券到期時，必須償還本金，也可按規定分批償還或提前一次償還。

（3）債券的利率。債券的利率一般為固定年利率。在不計複利的情況下，債券面值與利率相乘可得出年利息。

（4）債券的價格。理論上，債券的面值就應是它的價格，但事實上並非如此。由於發行者的種種考慮或資金市場上供求關係、利息率的變化，債券的市場價格往往不等於它的面值。需要指出的是，發行者計息還本，是以債券的面值為依據，而不是以其價格為依據的。

3. 公司債券的種類

公司債券有很多形式，大致有如下分類：

（1）按債券上是否記有持券人的姓名或名稱，分為記名債券和無記名債券。
（2）按能否轉換為公司股票，分為可轉換債券和不可轉換債券。
（3）按有無特定的財產擔保，分為抵押債券和信用債券。
（4）按債權人是否有權參加公司盈餘分配，分為參加公司債券和不參加公司債券。
（5）按利率的不同，分為固定利率債券和浮動利率債券。

(6) 按能否上市，分為上市債券和非上市債券。

(7) 按照償還方式，分為到期一次債券和分期債券。

(8) 按照其他特徵，分為收益債券、附認股權債券、附屬信用債券等。

4. 公司債券發行的條件

中國《證券法》規定，公開發行公司債券的公司必須具備以下條件：股份有限公司的淨資產額不低於 3,000 萬元，有限責任公司的淨資不低於 6,000 萬元；累計債券總額不超過公司淨資產的 4%；最近 3 年平均可分配利潤足以支付公司債券 1 年的利息；籌集資金投向符合國家產業政策；債券的利率不得超過國務院限定的利率水準；國務院規定的其他條件。另外，發行公司債券籌集的資金，必須用於審批機關批准的用途，不得用於彌補虧損和非生產性支出，否則會損害債權人的利益。發行可轉換的公司債券，除應具備上述條件外，還應符合股票發行的條件，並報請國務院證券監管部門批准。

5. 公司債券的發行價格

債券的發行價格有三種：等價發行、折價發行和溢價發行。等價發行又叫面值發行，是指按債券的面值出售；折價發行是指以低於債券面值的價格出售；溢價發行是指按高於債券面值的價格出售。債券之所以會存在溢價發行和折價發行，是因為資金市場上的利息率是經常變化的。而公司債券一經發行，就不能調整其票面利息率，從債券的開印到正式發行，往往需要經過一段時間，在這段時間內如果資金市場上的利率發生變化，就要靠調整發行價格的方法來使債券順利發行。

(1) 按期付息到期還本債券發行價格的計算（複利）。在按期付息到期一次還本，且不考慮發行費用的情況下，債券發行價格的計算公式為：

$$債券發行價格 = \frac{票面金額}{(1+市場利率)^n} + \sum_{t=1}^{n} \frac{票面金額 \times 票面利率}{(1+市場利率)^t}$$

或者，

$$債券發行價格 = 票面金額 \times (P/F, i_1, n) + 票面金額 \times i_2 \times (P/A, i_2, n)$$

式中：n 為債券期限；i_1 為市場利率；i_2 為票面利率。

【例 4-3】甲公司發行面值為 5,000 元，票面年利率為 8%，期限為 10 年，每年年末付息的債券。在公司決定發行債券時，認為 8% 的利率是合理的。如果到債券正式發行時，市場上的利率發生變化，那麼就要調整債券的發行價格，現按以下三種情況分別討論。

資金市場上的利率保持不變，則甲公司債券的發行價格為：

5,000×（P/F, 8%, 10）+5,000×8%×（P/A, 8%, 10）

= 5,000×0.463,2+5,000×8%×6.710,1

= 2,316+2,684.04

= 5,000.04 ≈ 5,000（元）

資金市場上的利率上升，達到 12%，則甲公司債券的發行價格為：

5,000×（P/F, 12%, 10）+5,000×8%×（P/A, 12%, 10）

= 5,000×0.322,0+5,000×8%×5.650,2

= 1,610+2,260.08

= 3,870.08≈3,870（元）

也就是說，公司只有按 3,870 元的價格出售，投資者才會購買此債券，並獲得 12%的報酬。

資金市場上的利率下降，達到6%，則甲公司債券的發行價格為：

5,000×（P/F，6%，10）+5,000×8%×（P/A，6%，10）

= 5,000×0.558,4+5,000×8%×7.360,1

= 2,792+2,944.04

= 5,736.04≈5,736（元）

也就是說，投資者把5,736元的資金投資於甲公司面值為5,000元的債券，可獲得6%的報酬。

（2）一次還本付息債券發行價格的計算（單利）：

$$債券發行價格 = 票面金額 \times (1 + i_2 \times n) \times (P/F, i_1, n)$$

【例4-4】乙公司發行面值為5,000元，票面年利率為8%（單利），期限為10年，到期一次還本付息的債券。

目前市場利率為12%，則乙公司債券的發行價格為：

債券發行價格=5,000×（1+8%×10）×（P/F，12%，10）

= 9,000×0.322

= 2,898（元）

4.2.2.14 債券籌資的優缺點

與其他長期負債籌資方式相比，債券籌資的主要優點：籌資對象廣，市場大；債券籌資的成本比股票籌資的成本低，這是因為債券發行成本較低，債券利息在稅前支付；債券融資不會影響企業的管理控制權，債券資金具有財務槓桿作用。債券籌資的不足之處：債券籌資的風險很高，因為債券有固定的到期日，並要支付限定的利息，一旦企業不能支付到期的本息，債權人有權提出要求企業破產。債券籌資的限制條件很多，降低了公司經營的靈活性。

4.2.2.15 融資租賃

1. 融資租賃的含義和確定

租賃是指出租人以收取租金為條件，在契約或合同規定的期限內，將資產租讓給承租人使用的一種交易行為。租賃活動由來已久，是解決企業資金來源的一種籌資方式。融資租賃又稱財務租賃，是區別於經營租賃的一種長期租賃形式，也是現代租賃的主要形式。判斷一項租賃是否屬於融資租賃，不在於租約，主要在於交易的實質。根據中國財政部頒布的《企業會計準則——租賃》中的規定，滿足以下一項或數項標準的租賃可認定為融資租賃（除此以外，都認為是經營租賃）：

（1）在租賃期屆滿時，租賃資產的所有權轉移給承租人。

（2）承租人有購買租賃資產的選擇權，所訂立的購價預計將遠低於行使選擇權時租賃資產的公允價值，因而在租賃開始日就可以合理確定承租人將會行使這種選擇權，

這裡的低於一般是指購價低於行使選擇權時租賃資產的公允價值的5%（含5%）。

（3）租賃期占租賃資產尚可使用年限的大部分（通常為75%以上，含75%）。但是，如果租賃資產在開始租賃前，已使用年限就超過該資產全新時可使用年限的大部分，則該項標準不適用。

（4）就承租人而言，租賃開始日最低租賃付款額的現值幾乎相當於租賃開始日租賃資產適用的公允價值；就出租人而言，租賃開始日最低租賃收款額的現值幾乎相當於租賃開始日租賃資產的公允價值。但是，如果租賃資產在開始租賃前已使用年限超過該資產全新時可使用。

（5）租賃資產性質特殊，如果不作重新改制，只有承租人才能使用年限的大部分，則該項標準不適用，這裡的「幾乎相當於」掌握在95%以上。

2. 融資租賃的形式

（1）直接租賃。直接租賃的出租給承租人主要是製造廠商、租賃公司。除製造廠商外，其他出租人都是從製造廠商處購買資產出租的。直接租賃是指承租人直接向出租人租入所需要的資產，並付出租金。

（2）售後租回。根據協議，企業將其擁有的某項資產賣給出租人，然後再將其租回使用。資產的售價大致為市價。採用這種租賃形式，出售資產的企業可得到相當於售價的一筆資金，同時仍然可以使用資產。當然，在此期間，該企業要支付租金，並失去了財產所有權。從事售後租回的出租人為租賃公司等金融機構。

（3）槓桿租賃。槓桿租賃涉及承租人、出租人和資金出借者三方當事人。從承租人的角度來看，這種租賃與其他租賃形式並無區別，同樣是按合同的規定，在基本租賃期內定期支付定額租金獲取資產的使用權。但對出租人卻不同，出租人只出購買資產所需的部分資金（如3%）作為自己的投資；另外，以該資產作為擔保向資金出借者借入其餘資金（如7%），因此它既是出租人又是借款人，同時擁有對資產的所有權，既收取租金又要償付債務。如果出租人不能按期償還借款，那麼資產的所有權就要轉歸資金出借者。

3. 融資租賃的基本程序

（1）選擇租賃公司，提出委託申請。當企業決定採用融資租賃方式以獲取某項設備時，需要瞭解各個租賃公司的經營範圍、專業能力、資信情況，瞭解有關租賃公司的籌資條件和租賃費率等，分析比較，選定一家。然後，企業便可向其提出申請，辦理委託，這時，籌資企業需填寫「租賃申請書」，承擔所需設備的具體要求，同時還要提供企業的財務狀況文件，包括資產負債表、利潤表和流量表等。

（2）選擇設備，探詢價格。可以有以下幾種做法：

一是由企業委託租賃公司選擇設備、商定價格。

二是由企業先同設備供應廠商談判、詢價、簽訂購買合同，然後將合同轉給租賃公司，由租賃公司付款，即所謂的「轉讓」。

三是經租賃公司指定，由企業代其訂購設備，代其付款，貨款由租賃公司償付，即所謂的「代理人付款」。

四是由租賃公司和承租企業協商合作、購買設備。

五是簽訂購貨協議。由承租企業和租賃公司中的一方或雙方，與選定的設備供應廠商進行購買設備的技術談判和商務談判，在此基礎上與設備供應廠商簽訂購貨協議。

（3） 簽訂租賃合同。

租賃合同係由承租企業與租賃公司簽訂，它是租賃業務的重要法律文件。融資租賃合同的內容可分為一般條款和特殊條款兩部分。一般條款主要包括：①合同說明，主要明確合同的性質、當事人身分、合同簽訂的日期等；②名詞解釋，釋義合同中重要名詞以避免歧義；③租賃設備條款，詳細列明租賃設備的名稱、規格型號、數量、技術性能、交貨地點及使用地點等；④租賃設備交貨、驗收和稅款、費用條款，租期和起租日期條款；⑤租金支付條款，規定租金的構成、支付方式和貨幣名稱。這些內容通常以附表形式列作合同附件。特殊條款主要規定購貨合同與租賃合同的關係：①租賃設備的所有權；②租期中不得退租；③對出租人免責和對承租人保障；④對承租人違約和對出租人補救；⑤設備的使用和保管、維修和保養；⑥保險條款、租賃保證金和擔保條款；⑦租賃期滿對設備的處理條款。

（4） 交貨驗收承租企業收到租賃設備，要進行驗收。驗收合格簽發交貨及驗收證書並提交給租賃公司，租賃公司據以向廠商支付設備價款。

（5） 設備供應廠商托收貸款，租賃公司承付貸款。

（6） 投保承租企業驗貨後即向保險公司辦理保險事宜。

（7） 交付租金承租企業按合同規定的租金數額、支付方式等，向租賃公司支付租金。這也就是承租企業對所籌資金的分期還款。

（8） 處理設備融資租賃合同期滿時，承租企業應按租賃合同的規定，實行退租、續租或留購，租賃期滿的設備通常都以低價賣給承租企業或無償贈送給承租企業。

4. 融資租賃租金的計算

（1） 融資租賃租金的構成：

設備價款。設備價款是租金的主要內容，它由設備的買價、運雜費和途中保險費等構成。

籌資成本。籌資成本是指租賃公司為購買租賃設備所籌資金的成本，即設備租賃期間的利息。

租賃手續費。租賃手續費包括租賃公司承辦租賃設備的營業費用和一定的盈利。租賃手續費的高低一般無固定標準，可由承租企業與租賃公司協商確定。

（2） 租金的計算方法。

在中國融資租賃業務中，計算租金的方法一般採用等額年金法。等額年金法是利用年金現值的計算公式經變換後計算每期支付租金的方法。

①後付租金的計算。承租企業與租賃公司商定的租金支付方式，大多為後付等額租金，即普通年金。根據年資本回收額的計算公式，可確定出後付租金方式下每年年末支付租金數額的計算公式：

$$A = P / (P/A, i, n)$$

【例4-5】某企業採用融資租賃方式於20×8年1月1日從某租賃公司租入設備一臺，設備價款為300,000元，租期為5年，到期後設備歸企業所有。為了保證租賃公司

完全彌補融資成本和相關的手續費並有一定的盈利,雙方商定採用10%的折現率。要求:計算該企業每年年末應支付的等額租金。

解析:該案例設備價款為300,000元,合同約定是每年年末支付等額租金,符合已知終值普通年金現值,求年金。

$A = 300,000 \div 3.790,8 = 79,138.97$(元)

②先付租金的計算。承租企業有可能會與租賃公司商定,採取先付等額租金的方式支付租金,根據即付年金的現值公式,可得出先付等額租金的計算公式:

$$A = P / [(P/A, i, n) \times (1+i)]$$

或者,

$$A = P / [(P/A, i, n-1) + 1]$$

【例4-6】例如上例採用先付等額租金方式,則每年年初支付的租金可計算如下:

$A = 300,000 / [(P/A, 10\%, 5) \times (1+10\%)]$

$= 300,000 / [3.790,8 \times (1+10\%)]$

$= 71,944.17$(元)

或者,

$A = 300,000 / [(P/A, 10\%, 4) + 1]$

$= 300,000 / (3.169+1)$

$= 71,944.17$(元)

5. 融資租賃籌資的優缺點

(1)融資租賃籌資的優點:①籌資速度快,租賃往往比借款購置設備更迅速、更靈活,因為租賃是籌資與設備購置同時進行,可以縮短設備的購進、安裝時間,使企業盡快形成生產能力,有利於企業盡快占領市場,打開銷路。②限制條款少,如前所述,向銀行借款都有相當多的限制條款,雖然類似的限制在租賃公司中也有,但一般比較少。③設備淘汰風險小。當今,科學技術在迅速發展,固定資產更新週期日趨縮短,企業設備陳舊過時的風險很大,利用租賃集資可減少這一風險。這是因為融資租賃的期限一般為資產使用年限的75%,不會像自己購買設備那樣整個使用期間都承擔風險,且多數租賃協議都規定由出租人承擔設備陳舊過時的風險。④財務風險小。租金在整個租期內分攤,不用到期歸還大量本金。許多借款都在到期日一次償還本金,這會給財務基礎較弱的公司造成相當大的困難,有時會造成不能償付的風險。而租賃則把這種風險在整個租期內分攤,可適當減少不能償付的風險。⑤稅收負擔輕。租金可在稅前扣除,具有抵免所得稅的效用。

(2)融資租賃籌資的缺點:租金總額通常高於資產的購買成本,因此租賃籌資成本很高;在企業財務困難時,固定的租金會構成企業較沉重的負擔;由於承租人僅取得租賃資產的使用權,如果資產發生增值(如土地、房產等),承租人無法享受這種增值;由於融資租賃期限較長,且租賃契約一般不可撤銷,因而可能在資金的運用方面使企業發展受到制約。

4.3 資金需要量的預測

通過前面的介紹，我們已經瞭解了企業的主要籌資渠道和籌資方式。事實上，企業在籌資前，應當採用一定的方法預測資金需要數量。只有這樣，才能使籌集來的資金既能保證滿足生產經營的需要，又不會有太多的閒置。本節將介紹常用的預測資金需要量的方法。

4.3.1 定性預測法

定性預測法是指利用直觀的資料，依靠熟悉財務情況和生產經營情況的相關人員的經驗以及分析、判斷能力，預測未來資金需要量的方法。這種方法通常在企業缺乏完備、準確的歷史資料的情況下採用。定性預測法儘管十分有用，但它不能揭示資金需要量與有關因素之間的數量關係。例如，預測資金需要量應和企業生產經營規模相聯繫。生產規模擴大、銷售數量增加，會引起資金需求增加；反之，則會使資金需求量減少。

定性預測法是指利用直觀可獲得的資料，依靠專家或經驗人員的主觀判斷來預測資金需要量的一種方法。

4.3.1.1 資金預測的步驟

資金預測具體的實施步驟為：

1. 初步的資金需要量預測

熟悉企業財務和生產經營狀況的人員，根據經驗分析判斷，提出初步資金需要量意見。通常企業需要專家進行資金需要量初步預測，因為專家擁有豐富的知識累積，對企業的財務狀況和經營成果感知度較高，預測經驗相對豐富，對於市場變化較為敏感。當然，專家的評估判斷也需要企業內部相關人員的配合和幫助。

2. 修正的資金需要量預測

初步的資金需要量預測交由公司管理者、財務總監、生產部門主管、銷售經理等重要管理層討論，有時也需要和基層員工開展訪談或座談會。經過討論對初步預測進行修正。

3. 再修正的資金需要量預測

上述步驟需要再進行一次或者多次討論，不僅就把握和總結企業內部變化趨勢，也要結合企業外部環境，同行業競爭格局等諸多因素分析預測資金需要量。

4. 最終資金需要量預測

經過多次修正的資金需要量預測經過管理者和專家的一致同意後作為最終的資金需要量預測。可見，定性預測法需要專家的知識累積對種種因素變化趨勢的分析把握。當然，定性預測法中也會包含一些定量分析的應用，如利用財務指標、銷售數據等。總體來說，定性預測法需要考慮諸多因素，對於預測者的經驗和知識提出較高的要求。

4.3.1.2 籌資數量預測的依據

企業經營和投資業務是其資金需求的數量依據，開展企業籌資數量預測的根本目的是保證企業經營和投資業務的順利進行，使籌集的資本既能夠保證經營和投資的需要，又不會合理的閒置，從而促使企業財務管理目標的實現。影響企業籌資數量的因素有很多，如法律的限制、企業經營和投資規模等。總結起來，企業籌資數量預測的影響因素有以下三方面：①法律方面的限定，《公司法》對成立股份公司有最低註冊資本的要求，同時也對累計債券總額有規定，不能超過公司淨資產的4%；②其他因素，如利率的高低、企業資信等級狀況等都會對籌資數量產生影響。

1. 銷售收入百分比法

銷售收入百分比法是指以未來銷售收入變動的百分比為主要參數，考慮隨銷售變動而變動的資產負債表項目及其他因素對資金需求的影響，從而預測未來需要追加的資金量的一種定量計算方法。這種方法認為，在生產經營過程中所需要的資金首先是來自留存收益的增加，即依靠內部籌資解決，在內部籌資不能滿足資金需求的情況下再進行外部籌資。

銷售收入百分比法需要建立兩個基本假設前提：一是資產負債表某些項目以及利潤表某些項目與銷售之間成比例變化；二是資產負債表中給出的各項資產、負債占銷售收入的比例為最優比例，企業在未來繼續予以保持，資產負債表中另外一些項目的金額保持不變。因此，在某資產項目與銷售額的比率既定的情況下，便可預測未來一定銷售額下該項目的資金需求量。

銷售收入百分比法的主要優點是能夠為財務管理提供短期的預計財務報表，以適應外部籌資的需要，但是在相關比例發生變化時，必須調整原有銷售收入百分比。

2. 銷售收入百分比法的運用

銷售收入百分比法的運用一般是借助於預計資產負債表和預計利潤表。通過預計利潤預測企業留用利潤這種內部資本累積，通過預計資產負債表預測企業資本需求總額和外部籌資的增加額。

（1）編製預計利潤表預測留用利潤數。首先，收集基年實際利潤表資料，計算確定利潤數與銷售額的百分比；其次，取得預測年度銷售收入預計數，用此預計數和之前確定的數，計算預測年度利潤表各項目的預計數，並編製預測年度預計利潤表；最後，利用預後利潤預計數和預定的留用比例，測算留用利潤的數額。

（2）編製預計資產負債表預測外部籌資額。運用銷售收入百分比法要選定與銷售收入比例不變的項目，這類項目可被稱為敏感項目，它們隨著銷售收入的增減變化，包括敏感資產項目和敏感負債項目。敏感資產項目一般包括貨幣資金、應收帳款；負債項目一般包括應付票據、應付帳款、應交稅費、應付職工薪酬等，固定資產、長期資產、長期負債等通常都不列為敏感項目。

按預測模型預測外部籌資額，其模型為：

$$\Delta F = \frac{(A-L)(S_1-S_0)}{S_0} - D_1 - S_1 R_0 (I-d_1) + M_1$$

式中，ΔF 表示企業在預測年度需從企業外部追加籌措資金的數額，S_1 表示預測期銷售額；S_0 表示基期銷售額；D_1 為預測期提取的折舊減去用於固定資產更新改造後的餘額；d_1 為預測期的股利發放率；M_1 為預測期的零星資金需求量；ΔS 表示預測期銷售增長額。

A 表示隨銷售收入變動而成正比例變動的資產項目基期金額。資產項目與銷售收入的關係一般可分為三種情況：第一種情況是隨銷售收入變動成正比例變動，如貨幣資金、應收帳款、存貨等流動資產項目，這些是公式中 A 的計量對象；第二種情況是與銷售收入變動沒有必然因果關係，如長期股權投資、無形資產等，這些項目不是 A 的計量對象；第三種情況是與銷售收入變動有多種可能的關係，如固定資產。假定基期固定資產的利用已經飽和，那麼增加銷售就必須追加固定資產投資，且一般可以認為其與銷售增長成正比，應把基期固定資產淨額計入 A 之內；假定基期固定資產的剩餘生產能力足以滿足銷售增長的需要，則不必追加資金添置固定資產。

L 表示隨銷售收入變動而成正比例變動的負債項目基期金額，負債項目與銷售收入的關係一般可分為兩種情況：第一種情況是隨銷售收入變動成正比例變動，如應付帳款、應交稅費、應付職工薪酬等流動負債項目，這些是公式中 L 的計量對象；第二種情況是與銷售收入變動沒有必然因果關係，如各種長期負債等，這些項目不是 L 的計量對象。L 在公式中前面有減號，是因為它能給企業帶來可用資金。資產是資金的占用，負債是資金的來源。

R_0 表示預測年度增加的可以使用的留存收益，是在銷售淨利率、股利發放率等確定的情況下計算得到的。R 是企業內部形成的可用資金，可以作為向外界籌資的扣減數。

對於銷售百分比法的使用應注意：資產負債表中各項目與銷售收入的關聯情況在各企業不一定是相同的，上面的敘述存在著假定性，應當考察企業本身的歷史資料以確定 A 與 L 的計量範圍。此外，所有者權益類項目與銷售收入變動無關，公式中沒有涉及。

3. 銷售額比率法的基本假定

應用銷售額比率法預測資金需要量是建立在以下假定基礎之上的：①企業的部分資產和負債與銷售額同比例變化；②企業各項資產、負債與所有者權益結構已達到最優。

應用銷售額比率法預測資金需要量通常需經過以下步驟：
（1）預計銷售額增長率。
（2）確定隨銷售額變動而變動的資產和負債項目。
（3）確定需要增加的資金數額。
（4）根據有關財務指標的約束確定對外籌資數額。
（5）確定公司敏感性項目和非敏感性項目，計算敏感資產項目占銷售收入百分比與敏感負債項目占銷售收入百分比之差。

4. 計算資金需求量增加數

（1）公司籌集資金量的多少是由銷售收入增長引起的公司負債資金不能夠滿足資

產所決定的。

（2）採用先分項後匯總的方法預測資金需要量。

這種方法是根據資金占用項目（如現金、存貨、應收帳款、固定資產）同產銷量之間的關係，把各項目的資金分成變動資金和不變資金兩部分，然後匯總在一起，求出企業持續不斷的生產經營活動，不斷地產生對資金的需求，需要籌措和集中資金。同時，企業因開展對外投資活動和調整資本結構，也需要籌集和融通資金。企業籌措的各種資金的使用成本、風險以及從資金市場上獲得的效率，在很大程度上左右著公司的籌資決策。而企業籌資決策能力的大小又影響著企業投資決策的能力。因此，企業在籌集資金時，必須明確籌資的目的，遵循籌資的基本要求，把握籌資的渠道與方式。資金籌資的數量依據是企業資金的需要量，因此，必須科學合理地預測資金的需要量。資金需要量的預測是編製財務計劃的基礎。

4.3.2 迴歸直線法

迴歸直線法是根據企業業務量和資金占用的歷史資料，運用最小平方法原理計算不變資金和單位銷售額變動資金的一種資金習性分析方法。其計算公式為：

$$a = \frac{\sum x_x^2 \sum y_i - \sum x_i \sum x_i y_i}{n \sum x_i^2 - (\sum x_i)^2}$$

$$b = \frac{n \sum x_i y_i - \sum x_i y_i}{n \sum x_i^2 - (\sum x_i)^2}$$

或者，

$$b = \frac{\sum y_i - na}{\sum x_i}$$

式中，y_i 表示第 i 期資金占用量；x_i 表示第 i 期的產銷量。

【例4-7】某企業20×5—20×0年歷年產銷量和資金變化情況如表4-3所示。根據表4-3整理出表4-4，20×1年預計銷售量為1,500萬件，需要預計20×1年的資金需要量。

表4-3　　　　　　　　　產銷量和資金變化情況表

序號	年度	產銷量（X）/萬件	資金占用（Y）/萬件
1	20×5	120	100
2	20×6	110	95
3	20×7	100	90
4	20×8	120	100
5	20×9	130	105
6	20×0	140	110

表 4-4　　　　　　　　　　資金需要量預測表（按總額預測）

序號	年度	產銷量（X）/萬件	資金占用（Y）/萬件	XY	X^2
1	20×5	1,200	1,000	1,200,000	1,440,000
2	20×6	1,100	950	1,045,000	1,210,000
3	20×7	1,000	900	900,000	1,000,000
4	20×8	1,200	1,000	1,200,000	1,440,000
5	20×9	1,300	1,050	1,365,000	1,690,000
6	20×0	1,400	1,100	1,540,000	1,960,000
合計 n=6		$\sum X = 7,200$	$\sum Y = 6,000$	$\sum XY = 7,250,000$	$\sum X^2 = 8,740,000$

$$a = \frac{\sum x_i^2 \sum y_i - \sum x_i \sum x_i y_i}{n \sum x_i^2 - (\sum x_i)^2} = \frac{8,740,000 \times 6,000 - 7,200 \times 7,250,000}{6 \times 8,740,000 - (7,200)^2} = 400$$

$$b = \frac{n \sum x_i y_i - \sum x_i \sum y_i}{n \sum x_i^2 - (\sum x_i)^2} = \frac{6 \times 7,250,000 - 7,200 \times 6,000}{6 \times 8,740,000 - (7,200)^2} = 0.5$$

解得：$y = 400 + 0.5x$

把 20×1 年預計銷售量 155 萬件代入上式，得出 20×1 年資金需要量為：
400+0.5×1,500＝1,150（萬元）

4.3.3　實際預算法

實際預算法是指企業在項目投資額基本確定的情況下，根據項目所需的實際投資額確定籌資規模的方法。具體預算步驟為：①確定投資需要額，即確定預算項目的投資規模。②確定需要籌集的資金總額。一般情況下，投資總額確定後，籌資總規模也基本上確定。但是，企業在一定時期內，可能存在本期投資項目所需資金在上期已經籌足並到位，或者下期投資項目所需資金在本期需要籌集等情況，因而使得項目投資額在時間安排上與企業在一定時期內確定的籌資總規模並非完全一致。考慮到這兩種可能性，企業在確定一定時期籌資規模時，可通過分項匯總的方法來預計其籌資總額。③計算企業內部籌資額，即根據企業內部資金的來源，計算本期可提供的資金數額。④用籌資總額減去企業內部籌資額，即可確定企業對外籌資規模。

用實際預算法確定籌資規模，具有方法簡單、結論準確的特點，但它必須以較為詳盡的項目投資基礎資料為前提。

4.4　資金成本

資金成本是衡量資本結構優化程度的標準，也是對投資獲得經濟效益的最低要求。企業籌得的資本付諸使用以後，只有投資報酬率高於資金成本率，才能表明所籌集的

資本取得了較好的經濟效益。本節著重從公司長期資金的角度,闡述資金成本的作用和測算方法。

4.4.1 資金成本

4.4.1.1 資金成本概念

資金成本是指企業為籌集和使用資本而付出的代價,包括籌資費用和使用費用。資金成本是資本所有權與資本使用權分離的結果。對出資者而言,由於讓渡了資本使用權,必須要求得到一定的補償,資金成本表現為讓渡資本使用權所帶來的投資報酬。對籌資者而言,由於取得了資本使用權,必須支付一定的代價,資金成本表現為取得資本使用權所付出的代價。

4.4.1.2 資金成本的內容

1. 籌資費

籌資費是指企業在資本籌措過程中為獲得資本而付出的代價,如向銀行支付的借款手續費,因發行股票、公司債券而支付的發行費等。籌資費用通常在資本籌集時一次性發生,在資本使用過程中不再發生,因此,視為籌資數額的一項扣除。

2. 使用費

使用費是指企業在資本使用過程中因使用資本而付出的代價,如向銀行等債權人支付的利息、向股東支付的股利等。使用費用是因為使用了他人資金而必須支付的,是資金成本的主要內容。

4.4.1.3 資金成本的屬性

資金成本作為企業的一種成本,具有一般商品成本的基本屬性,又有不同於一般商品成本的某些特性。在企業正常的生產經營活動中,一般商品的生產成本是其生產所耗費的直接材料、直接人工和製造費用之和,對於這種商品的成本,企業需從其收入中予以補償。資金成本也是企業的一種耗費,也需由企業的收益補償,但它是為獲得和使用資本而付出的代價,通常並不直接表現為生產成本,而是作為財務費用或者是構成資產價值。此外,產品成本需要計算實際數,而資金成本則只要求計算預測數或估計數,有的資金成本可能是現實的,而有的資金成本則是理論的或者是虛擬的。資金成本與貨幣的時間價值既有聯繫又有區別。資金的時間價值是資金成本的基礎,而資金成本既包括貨幣的時間價值,又包括投資的風險價值。因此,在有風險的條件下,資金成本也是投資者要求的必要報酬率。

4.4.1.4 資金成本的種類

在企業籌資實務中,通常運用資金成本的相對數,即資金成本率。資金成本率是指企業用資費用與有效籌資額之間的比率,通常用百分比來表示。一般而言,資金成本率有下列幾類:

(1) 個別資金成本率。個別資金成本率是指企業各種長期資金的成本率,如股票資金成本率、債券資金成本率、長期借款資金成本率。

（2）綜合資金成本率。綜合資金成本率是指企業全部長期資金的成本率。企業在進行長期資金結構決策時，可以利用綜合資金成本率。

（3）邊際資金成本。邊際資金成本是指企業追加長期資金的成本率。企業在追加籌資方案的選擇中，需要運用邊際資金成本。

4.4.1.5 資金成本的作用

1. 資金成本是比較籌資方式和選擇籌資方案的依據

各種資本的資金成本率是比較、評價各種籌資方式的依據。在評價各種籌資方式時，一般會考慮的因素包括對企業控制權的影響、對投資者吸引力的大小、籌資的難易和風險、資金成本的高低等，而資金成本是其中的重要因素。在其他條件相同時，企業籌資應選擇資金成本最低的方式。

2. 個別資金成本率是企業選擇籌資方式的依據

一個企業長期資金的籌集往往有多種籌資方式可供選擇，包括長期借款、發行債券、發行股票等。這些長期籌資方式的個別資金成本率的高低不同，可作為比較選擇各種籌資方式的一個依據。

3. 綜合資金成本率是企業進行資本結構決策的依據

企業的全部長期資金通常是由多種長期資金籌資類型的組合而構成的，所以企業長期資金的籌資有多個組合方案可供選擇。不同籌資組合的綜合資金成本率的高低，可以用作比較各個籌資組合方案，做出資本結構決策的一個依據。

4. 邊際資金成本是比較、選擇追加籌資方案的依據

企業為了擴大生產經營規模，往往需要追加籌資。不同追加籌資方案的邊際資金成本的高低，可以作為比較、選擇追加籌資方案的一個依據。

5. 資金成本是評價投資項目可行性的主要標準

資金成本是企業對投入資本所要求的報酬率，即最低必要報酬率。任何投資項目，如果它預期的投資報酬率超過該項目使用資金的資金成本率，則該項目在經濟上就是可行的。因此，國際上通常將資金成本率視為一個投資項目必須賺得的「最低報酬率」或「必要報酬率」，視為是否採納一個投資項目的「取舍率」，將其作為比較選擇投資方案的一個經濟標準。

在企業投資評價分析中，可以將資金成本率作為折現率，用於測算各個投資方案的淨現值和現值指數，以比較選擇投資方案進行投資決策。

6. 資金成本是評價企業整體業績的重要依據

一定時期企業資金成本率的高低，不僅反應企業籌資管理的水準，還可作為評價企業整體經營業績的標準。企業的生產經營活動，實際上就是所籌集資本經過投放後形成的資產營運。如果利潤率高於成本率，可以認為企業經營有利；反之，如果利潤率低於成本率，則可認為企業經營不利，業績不佳，需要改善經營管理，提高企業全部資本的利潤率並降低成本率。

4.4.1.6 影響資金成本的因素

1. 總體濟環境

總體經濟環境和狀態決定企業所處的國民經濟發展狀況和水準以及預期的通貨膨脹。總體經濟環境變化的影響，反應在無風險報酬率上。如果國民經濟保持健康、穩定、持續的增長，整個社會的資金供給和需求相對均衡且通貨膨脹水準低，資金所有者投資的風險小、預期報酬率低，籌資的資金成本相應就比較低。相反，如果國民經濟不景氣或者經濟過熱，通貨膨脹持續居高不下，投資者的投資風險大、預期報酬率高，籌資的資金成本就高。

2. 資本市場效率

資本市場效率表現為資本市場上的資本商品的市場流動性。資本商品的流動性高，表現為容易變現且變現時價格波動較小。如果資本市場缺乏效率，證券的市場流動性低，投資者投資風險大、要求的預期報酬率高，那麼通過資本市場籌集的資本的成本就比較高。

3. 企業經營狀況和籌資狀況

企業內部經營風險是企業投資決策的結果，表現為資產報酬率的不確定性。企業籌資狀況導致的財務風險是企業籌資決策的結果，表現為股東權益資本報酬率的不確定性。兩者共同構成企業總體風險。如果企業經營風險高，財務風險大，則企業總體風險水準高，投資者要求的預期報酬率高，企業籌資的資金成本相應就高。

4. 企業對籌資規模和時限的需求

在一定時期內，國民經濟體系中資金供給總量是定的，資本是種稀缺資源。因此企業需要籌集的資金規模越大、使用資金時限越長，資金成本就越高。當然，籌資規模、時限與資金成本的正向相關性並非線性關係。一般來說，籌資規模在一定限度內，並不引起資金成本的明顯化；當籌資規模突破一定限度時，才引起資金成本的明顯變化。

4.4.2 個別資金成本率的計算

個別資金成本率是指單一籌資方式的資金成本率，包括銀行借款資金成本率、公司債券資金成本率、籌資租賃資金成本率、普通股資金成本率、優先股資金成本率和留存收益成本率等，其中前三類是債務資金成本，後三類是權益資金成本。個別資金成本率可用於比較和評價各種籌資方式。

4.4.2.1 資金成本率計算的基本模式

1. 一般模式

為了便於分析比較，資金成本通常以不考慮時間價值的一般通用模型計算，用相對數即資金成本率表達。計算時，將初期的籌資費用作為籌資額的一項扣除，扣除籌資費用後的籌資額稱為籌資淨額，通用的計算公式為：

$$K = \frac{D}{P - F} = \frac{D}{P \times (1 - f)}$$

式中，K為資金成本率，以百分率表示；D為用資費用額；P為籌資額；F為籌資費用額；f為籌資費用率，即籌資費用額與籌資額的比率。

由此可見，個別資金成本率的高低取決於三個因素，即用資費用、籌資費用和籌資額，現說明如下：

（1）用資費用是決定個別資金成本率高低的一個主要因素。在其他兩個因素不變的情況下，某種資本的用資費用大，其成本率就高；反之，用資費用小，其成本率就低。

（2）籌資費用也是影響個別資金成本率高低的一個因素。一般而言，發行債券和股票的籌資費用較大，故其資金成本率較高；而其他籌資方式的籌資費用較小，故其資金成本率較低。

（3）籌資額是決定個別資金成本率高低的另一個主要因素。在其他兩個因素不變的情況下，某種資本的籌資額越大，其成本率越低；反之，籌資額越小，其成本率越高。

此外，對上列公式及其分母P、F還需說明以下三點：首先，籌資費用是一次性費用，屬於固定性資金成本，它不同於經常性的用資費用，後者屬於變動性資金成本；其次，籌資費用是籌資時即支付的，可視為對籌資額的一項扣除，即籌資淨額或有效籌資額為$P-F$；最後，用公式$K=\dfrac{D}{P}$而不用$K=\dfrac{K}{1-f}$表明資金成本率與利息率在含義上和在數量上的差別。例如，借款利息率是利息額與借款籌資額的比率，它只含有用資費用即利息費用，但不考慮籌資費用即借款手續費。

2. 折現模式

在充分考慮貨幣的時間價值和投資風險的情況下，公司債券的稅前資金成本率也就是債券持有人的投資必要報酬率，再乘以（1–T）可折算為稅後的資金成本率。測算過程如下所述。

第一步，現測算債券的稅前資金成本率，測算公式為：

$$P_0 = \sum_{t=1}^{n} \frac{I}{(1+R_2)^t} + \frac{P_n}{(1+R_2)^n}$$

式中，P_0表示債券籌資淨額，即債券發行價格（或現值）扣除發行費用；I表示債券年利息額；P_n表示債券面額或到期值；R_2表示債券投資的必要報酬率，即債券的稅前資金成本，t表示債券期限。

第二步，測算債券的稅後資金成本率，測算公式為：

$$K_2 = R_2 \times (1-T)$$

式中，T為所得稅稅率。

【例4-8】某公司準備溢價96元發行一批面值為1,000元，票面利率為10%，期限為5年的債券，每年計息一次，平價每張債券的發行費用為16元，公司所得稅稅率為25%。在考慮資金時間價值的前提下，則該債券的資金成本率為多少？

$$1,096 - 16 = \sum_{t=1}^{5} \frac{100}{(1+R_2)^t} + \frac{1,000}{(1+R_2)^5}$$

$R_2 = 8\%$

$K_2 = 8\% \times (1 - 25\%) = 6\%$

對於金額大、時間超過一年的長期資金，更準確一些的資金成本率計算方式是採用折現模式。

4.4.2.2 債權資金成本率的測算

長期債權資金成本率，一般有長期借款資金成本率和長期債券資金成本率兩種。根據企業所得稅相關法律法規的規定，企業債務的利息允許從稅前利潤中扣除，從而可以抵免企業所得稅。因此，企業實際負擔的債權資金成本率應當考慮所得稅因素，即

$$K_1 = \frac{I \times (1 - T)}{L \times (1 - f)} \times 100\%$$

式中，K_1 為債權資金成本率，也可稱稅後債權資金成本率；I 為企業債務利息率，亦可稱稅前債權資金成本率；T 為企業所得稅稅率。

在企業債權籌資實務中，可能出現一些較為複雜的情況，如債務利息的結算次數，債務面值與到期值不一致，企業信用或債券等級差別從而債權人風險不同等，因此需要根據具體情況測算其資金成本率。

1. 銀行借款成本率的計算

銀行借款資金成本包括借款利息和借款手續費用。利息費用稅前支付，可以起抵稅作用，一般計算稅後資金成本率，稅後資金成本率與權益資金成本率具有可比性。銀行借款的資金成本率按一般模式計算為：

$$K_i = \frac{I \times (1 - T)}{L \times (1 - f)} \times 100\% = \frac{L \times i \times (1 - T)}{L \times (1 - f)} \times 100\%$$
$$= \frac{i \times (1 - T)}{(1 - f)}$$

式中，K_i 為銀行借款資金成本率；i 為銀行借款年利息；L 為借款總額，f 為籌資費用率；T 為所得稅稅率。

【例4-9】某企業取得 5 年期長期借款 200 萬元，年利率為 10%，每年付息一次，到期一次還本，借款費用率為 0.2%，企業所得稅稅率為 25%。該項借款的資金成本率為：

$$K_1 = \frac{i \times (1 - T)}{(1 - f)} = \frac{10\% \times (1 - 25\%)}{1 - 0.2\%} \approx 7.52\%$$

2. 公司債券資金成本的計算

企業債券成本中利息費用可以在所得稅前列付，但發行債券的籌資費用一般較高，應予以考慮。債券的籌資費用即發行費用，包括申請費、註冊費、印刷費、上市費及攤銷費等，其中有的費用按一定比例的標準支付。此外，公司債券可以溢價發行也可以平價發行。因此，債券的資金成本測算與借款的資金成本計算也有所不同。

在不考慮資金時間價值時，債券資金成本率可按以下公式計算：

$$K_2 = \frac{I_2 \times (1 - t)}{P_2 \times (1 - f_2)} \times 100\% = \frac{B \times i_2 \times (1 - T)}{P_2(1 - f_2)} \times 100\%$$

式中，K_2 為債券資金成本率；I_2 為債券利息；P_2 為債券籌資總額；T 為所得稅稅率；f_2 為籌資費用率；B 為債券面值總額；i_2 為債券年利息率。

【例 4-10】某公司擬發行債券 1,000 萬元，期限 5 年，債券票面利率為 8%，每年付一息利息，發行費用為發行價格的 5%，所得稅稅率為 25%。問該債券的資金成本率為多少？

解析：

根據債券資金成本率公式：

$$K_2 = \frac{B \times i_2 \times (1 - T)}{P_2(1 - f_2)} \times 100\%$$

將相關數據代入公式可得：

$$K_2 = \frac{1,000 \times 8\% \times (1 - 25\%)}{1,000 \times (1 - 5\%)} \times 100\% \approx 6.32\%$$

例 4-10 中的債券系以等價發行，如果按溢價 100 萬發行，則其資金成本率為：

$$K_2 = \frac{1,000 \times 8\% \times (1 - 25\%)}{1,100 \times (1 - 5\%)} \times 100\% \approx 5.74\%$$

介於目前中國法律法規不允許折價發行，所以對折價發行的資金成本的計算就不再單獨舉例，其計算方法與溢價發行的資金成本的計算方法沒有本質的區別。

4.4.2.3 權益資金成本率的測算

1. 普通股資金成本率的計算

普通股資金成本主要是向股東支付的各期股利。由於各期股利並不一定固定，隨企業各期收益波動，因此普通股的資金成本只能按貼現模式計算，並假定各期股利的變化具有一定的規律性。如果是上市公司普通股，其資金成本率還可以根據該公司的股票收益率與市場收益率的相關性，按資本資產定價模型法估計。

（1）股利增長模型法。假定資本市場有效，股票市場價格與價值相等，假定某股票本期支付的股利為 D，未來各期股利按 g 速度增長。目前股票市場價格為 P，則普通股資金成本為：

$$K = \frac{D \times (1 + g)}{P \times (1 - f)} \times 100\% + g$$

【例 4-11】某公司普通股市價 30 元，籌資費用率 2%，本年發放現金股利每股 0.6 元，預期股利每年增長率為 10%。則：

$$K = \frac{0.6 \times (1 + 10\%)}{30 \times (1 - 2\%)} \times 100\% + 10\% \approx 12.24\%$$

（2）資本資產定價模型法。資本資產定價模型可以描述為普通股投資的必要報酬率等於無風險報酬率加上風險報酬率。假定資本市場有效，股票市場價格與價值相等。假定無風險報酬率為市場平均報酬率，則普通股資金成本率為：

$$K = R_f + \beta \times (R_m - R_f)$$

式中，R_f 表示無風險報酬率；R_m 表示市場報酬率；β 表示第 i 種股票的 β 系數。

在確定無風險收益率、市場報酬率和某種股票的 β 值後，即可測試該股票的必要報酬率，即資金成本率。

【例4-12】已知某股票的 β 值為1.5，市場報酬率為10%，無風險報酬率為6%。則該股票的資金成本為多少？

$K = 6\% + 1.5(10\% - 6\%) = 12\%$

2. 優先股資金成本率的測算

優先股的股利通常是固定的，公司利用優先股籌資需花費發行費用，因此，優先股資金成本率的測算類似於普通股。其測算公式為：

$$K = \frac{P}{P_0 \times (1-f)} \times 100\%$$

式中：K 為優先股資金成本率；D 為優先股每股年股利；P_0 為優先股籌資淨額，即發行價格扣除發行費用。

【例4-13】ABC 公司準備發行一批優先股，每股發行價格為5元，發行費用為0.2元，預計年股利為0.5元。其資金成本率測算如下：

$K = \dfrac{0.5}{5-0.2} \times 100\% \approx 10.42\%$

3. 留存收益成本率的計算

留存收益由企業稅後淨利形成，是一種所有者權益，其實質是所有者向企業的追加投資。企業利用留存收益籌資無須發生籌資費用。如果企業將留存收益用於再投資，所獲得的收益率低於股東自己進行一項風險相似的投資項目的收益率，企業就應該將其分配給股東。留存收益的資金成本率表現為股東追加投資要求的報酬率，其計算與普通股成本相同，也分為股利增長模型法和資本資產定價模型法，不同點在於留存收益成本率不考慮籌資費用。其計算公式為：

$$K = \frac{D_1}{V_0} + g$$

式中，D_1 為每年股利，V_0 為普通股金額，按發行價格計算；g 為年增長率。

【例4-14】某公司普通股目前市價為50元，估計年增長率為5%，預計明年發放股利3元。計算該企業留存收益成本。

$K = \dfrac{3}{50} \times 100\% + 5\% = 11\%$

4.4.2.4 平均資金成本率的計算

平均資金成本率是指多元化籌資方式下的綜合資金成本，反應了企業資金成本整體水準的高低。在衡量和評價單一籌資方案時，需要計算個別資金成本；在衡量和評價企業籌資總體的經濟性時，需要計算企業的平均資金成本。平均資金成本用於衡量企業資金成本水準，確立企業理想的資本結構。

企業平均資金成本是以各項個別資本在企業總資本中的比重為權數，對各項個別資金成本率進行加權平均而得到的總資金成本率。其計算公式為：

$$K_P = \sum_{i=1}^{n} K_j W_j$$

式中，K_P 為平均資金成本率；K_i 為第 j 種個別資金成本率；W_j 為第 j 種個別資本在全部資本中的比重。

平均資金成本率的計算，存在著權數價值的選擇問題，即各項個別資本按什麼權數來確定資本比重。通常，可供選擇的價值形式有帳面價值、市場價值、目標價值等。

1. 帳面價值權數

帳面價值權數即以各項個別資本的會計報表帳面價值為基礎來計算資本權數，確定各類資本占總資本的比重。其優點是資料容易取得，可以直接從資產負債表中得到，而且計算結果比較穩定；其缺點是當債券和股票的市價與帳面價值差距較大時，導致按帳面價值計算出來的資金成本不能反應目前從資本市場上籌集資本的現時機會成本，不適合評價現時的資本結構。

2. 市場價值權數

市場價值權數即以各項個別資本的現行市價為基礎來計算資本權數，確定各類資本占總資本的比重。其優點是能夠反應現時的資金成本水準，有利於進行資本結構決策。但現行市價處於經常變動之中，不容易取得，而且現行市價反應的只是現時的資本結構，不適用未來的籌資決策。

3. 目標價值權數

目標價值權數即以各項個別資本預計的未來價值為基礎來確定資本權數，確定各類資本占總資本的比重。目標價值是目標資本結構要求下的產物，是公司籌措和使用資金對資本結構的一種要求。對於公司籌措新資金，需要反應期望的資本結構來說，目標價值是有益的，適用於未來的籌資決策，但目標價值的確定難免具有主觀性。

以目標價值為基礎計算資本權重，能體現決策的相關性。目標價值權數的確定，可以選擇未來的市場價值，也可以選擇未來的帳面價值。選擇未來的市場價值，與資本市場現狀聯繫比較緊密，能夠與現時的資本市場環境狀況結合起來，目標價值權數的確定一般以現時市場價值為依據。但市場價值波動頻繁，可行方案是選用市場價值的歷史平均值，如 30 日、60 日、120 日均價等。總之，目標價值權數是主觀願望和預期的表現，依賴於財務經理的價值判斷和職業經驗。

【例4-15】萬達公司 2016 年期末的長期資金帳面總額為 1,000 萬元，其中，銀行長期貸款 400 萬元，占 40%；長期債券 150 萬元，占 15%；普通股 450 萬元，占 45%。長期貸款、長期債券和普通股的個別資金成本的占比分別占 5%、6%、9%。普通股市場價值為 1,600 萬元，債務市場價值等於價值。該公司的平均資金成本率為多少？

按帳面價值計算：
平均資金成本率 = 5%×40%+6%×15%+9%×45% = 6.95%

按市場價值計算：

$$平均資金成本率 = 5\% \times \frac{400}{400+150+1,600} + 6\% \times \frac{150}{400+150+1,600} + 9\% \times \frac{1,600}{400+150+1,600}$$

$$= 5\% \times \frac{400}{2,150} + 6\% \times \frac{150}{2,150} + 9\% \times \frac{1,600}{2,150}$$

$$= 0.93\% + 0.42\% + 6.70\%$$

$$= 8.05\%$$

4.4.3 邊際資金成本率的測算

4.4.3.1 邊際資金成本率的測算原理

邊際資金成本率是指企業追加籌資的資金成本率，即企業新增一元資本所需負擔的成本。在現實中，可能會出現這樣一種情況：當企業以某種籌資方式籌資，且超過一定限度時，邊際資金成本率會提高。此時，即使企業保持原有的資本結構，也仍有可能導致加權平均資金成本率的上升。因此，邊際資金成本率亦稱隨籌資額增加而提高的加權平均資金成本率。

企業追加籌資有時可能只採取某一種籌資方式。在籌資數額較大或在目標資本結構既定的情況下，往往需要通過多種籌資方式的組合來實現。這時，邊際資金成本率應該按加權平均法測算，而且其資本比例必須以市場價值確定。

4.4.3.2 邊際資金成本率的測算

企業在追加籌資中，為了便於比較選擇不同規模範圍的籌資組合，可以預先測算邊際資金成本率，並以表或圖的形式反應。具體可按下列步驟進行：

第一步，確定目標資本結構。

第二步，測算各種資本的成本率。財務人員分析了資本市場狀況和公司的籌資能力後，認定隨著公司籌資規模的擴大，各種資本的成本率也會發生變動。

第三步，測算籌資總額分界點。根據公司目標資本結構和各種資本的成本率變動的分界點，測算公司籌資總額分界點。例如，企業某投資項目需要資金 5 萬元，某企業的資金結構為長期借款的 20%，其他為權益資金，則需籌集長期借款的突破點：

$$籌資突破點 = \frac{可用某一特定成本籌集到的各種資金額}{該種資金在資本結構中的比重}$$

或，

$$籌資突破點 = (\sum_{i=1}^{n} K_j W_j)$$

式中，K_j 為第 j 種資本的成本率分界點；W_j 為目標資本結構中第 j 種資本的比例。

第四步，計算了籌資總額分界點後需要將其按照從小到大的順序排列。

第五步，測算邊際資金成本率。根據上步驟測算出的籌資分界點。

【例 4-16】某公司擁有長期借款 100 萬元，普通股 300 萬元，公司擬再籌集資金 200 萬元，並維持目前資本結構，隨著籌資額的增加，各種資金成本變化如表 4-5 所示。

表 4-5　　　　　　　　　　　某公司籌資額與資金成本

資金種類	新籌資額	資金成本率
長期借款	40 萬元及以下	4%
	40 萬元以上	8%
普通股	75 萬元及以下	10%
	75 萬元以上	12%

要求：計算邊際資金成本。

解析：

①確定公司目前資本結構：

長期借款比重＝100／（100+300）＝0.25

普通股比重＝300／（100+300）＝0.75

②計算籌資總額突破點：長期借款的籌資總額突破點＝（40/0.25）萬元＝160 萬元

普通股的籌資總額突破點＝（75/0.75）萬元＝100 萬元

③計算邊際資本成本

根據計算的籌資總額突破點，可以得到 3 組籌資總額範圍：0~100 萬元；100 萬~160 萬元；160 萬~200 萬元。對以上 3 組範圍分別計算加權平均資本成本，即可得到各種籌資範圍的邊際成本率。計算結果如表 4-6 所示。

表 4-6　　　　　　　　　　　某公司邊際資本成本

序號	籌資總額範圍(萬元)	資金種類	資本結構	資金成本率(%)	邊際資本成本率(%)
1	0~100	長期借款	0.25	4	8
		普通股	0.75	10	
2	100~160	長期借款	0.25	4	10
		普通股	0.75	12	
3	160~200	長期借款	0.25	8	11
		普通股	0.75	12	

值得注意的是，根據各個不同的籌資總額突破點和加權平均資金成本，可以做出追加籌資的規劃。當企業需要追加籌措資金時應考慮邊際資本成本的高低，確定最優的籌資方式組合。

4.4.4　槓桿效應

財務管理中存在著類似於物理學中的槓桿效應，表現為：特定固定支出或費用的存在導致當某一財務變量以較小幅度變動時，另一相關變量會以較大幅度變動。財務管理中的槓桿效應包括經營槓桿、財務槓桿和總槓桿三種效應形式。槓桿效應既可以

產生槓桿利益，也可能帶來槓桿風險。

4.4.4.1 經營槓桿效應

1. 經營槓桿

經營槓桿，是指由於固定性經營成本的存在而使得企業的資產報酬（息稅前利潤）變動率大於業務量變動率的現象。經營槓桿反應了資產報酬的波動性，用以評價企業的經營風險。用息稅前利潤（EBIT）表示資產總報酬，則：

$$EBIT = S - V - F = (P - V_C)Q - F = M - F$$

式中，EBIT（Earnings Before Interest and Tax）為息稅前利潤；S（Sales）為銷售額；V（Variable cost）變動性經營成本；F（Fixed cost）為固定性經營成本；P（Price）為銷售單價；V_C 為單位變動成本；Q（Quantity）為產銷業務量；M（Contribution Margin）為邊際貢獻。

上式中，影響 EBIT 的因素包括產品售價、銷售量、產品成本等因素。當產品成本中存在固定成本時，如果其他條件不變，產銷業務量的增加雖然不會改變固定成本總額，但會降低單位產品分攤的固定成本，從而提高單位產品利潤，使息稅前利潤的增長率大於產銷業務量的增長率，進而產生經營槓桿效應。當不存在固定性經營成本時，所有成本都是變動性經營成本，邊際貢獻等於息稅前利潤，此時息稅前利潤變動率與產銷業務量的變動率完全一致。

2. 經營槓桿系數

只要企業存在固定性經營成本，就存在經營槓桿效應。但不同的產銷業務量，其經營槓桿效應的大小程度是不一致的。測算經營槓桿效應程度，常用指標為經營槓桿系數。經營槓桿系數（Degree of Operating Leverage，DOL）是息稅前利潤變動率與產銷業務量變動率的比，計算公式為：

$$DOL = \frac{\Delta EBIT/EBIT}{\Delta Q/Q} = \frac{息稅前利潤變動率}{產銷量變動率}$$

式中，DOL 表示經營槓桿系數；EBIT 表示營業利潤，即息稅前利潤；$\Delta EBIT$ 表示營業利潤的變動額；Q 表示產銷量；ΔQ 表示產銷量變動值。

為了便於計算，可將上式做如下變換：

因為 $EBIT = Q(P-V) - F$

$\Delta EBIT = \Delta Q(P-V)$

$S = QP$

$\Delta S = \Delta PQ$

所以，$DOL = \dfrac{Q(P-V)}{Q(P-V) - F}$

或，$DOL = \dfrac{S - C}{S - C - F}$

或，$DOL = \dfrac{M_0}{M_0 - F_0}$

或，$DOL = \dfrac{EBIT_0 + F_0}{EBIT_0} = \dfrac{基期邊際貢獻}{基礎期息稅前利潤}$

式中，DOL 表示經營槓桿系數；S 表示銷售額；P 表示銷售單價；V 表示單位銷售的變動成本額；F 表示固定成本總額；C 表示變動成本總額，可按變動成本率乘以銷售總額確定；M 為邊際貢獻。

【例4-17】A公司的產品銷售量為4,000件，單位產品售價為100元，銷售總額為400,000元，固定成本總額為80,000元，單位產品變動成本為60元，變動成本率為60%，變動成本總額為240,000元。其經營槓桿系數為多少？

$$DOL_Q = \dfrac{Q(P-V)}{Q(P-V)-F} = \dfrac{4,000 \times (100-60)}{4,000 \times (100-60) - 80,000} = 2$$

$$DOL_S = \dfrac{S-C}{S-C-F} = \dfrac{400,000 - 240,000}{400,000 - 240,000 - 80,000} = 2$$

在例4-17中，經營槓桿系數為2的意義在於：當企業銷售增長1%時，息稅前利潤將增長2倍；反之，當企業銷售下降1%時，息稅前利潤下降2倍。前面一種情形表現為經營槓桿利益，後面一種情形表現為經營風險。

3. 經營槓桿與經營風險

經營風險是指企業由於生產經營上的原因而導致的資產報酬波動的風險。引起企業經營風險的主要原因是市場需求和生產成本等因素的不確定性，經營槓桿本身並不是資產報酬不確定的根源，只是資產報酬波動的表現。但是，經營槓桿放大了市場和生產等因素變化對利潤波動的影響。經營槓桿系數越高，表明資產報酬等利潤波動程度越大，經營風險也就越大。

在企業不發生經營性虧損、息稅前利潤為正的前提下，經營槓桿系數最低為1，不會為負數；只要有固定性經營成本存在，經營槓桿系數總是大於1。

影響經營槓桿的因素包括企業成本結構中的固定成本比重及息稅前利潤水準。其中，息稅前利潤水準又受產品銷售數量、銷售價格、成本水準（單位變動成本和固定成本總額）高低的影響。固定成本比重越高、成本水準越高，產品銷售數量和銷售價格水準越低，經營槓桿效應越大；反之亦然。

4. 影響經營槓桿利益與風險的其他因素

影響企業經營槓桿系數，或者說影響企業經營槓桿利益和營業風險的因素，除了固定成本以外，還有其他許多因素，主要包括以下幾種：

（1）產品供求的變動

產品供求關係的變動，對產品的售價和變動成本都可能產生影響，從而對營業槓桿系數產生影響。在例4-17中，假定產品銷售量由4,000件變為4,200件，其他因素不變，則經營槓桿系數會變化為：

$$DOL_Q = \dfrac{Q(P-V)}{Q(P-V)-F} = \dfrac{4,200 \times (100-60)}{4,200 \times (100-60) - 80,000} = 1.91$$

（2）產品售價的變動

在其他因素不變的條件下，產品售價的變動將會影響營業槓桿系數。在例4-17

中，假定產品銷售單價由 100 元升為 110 元，其他條件不變，經營槓桿系數會變為：

$$DOL_Q = \frac{Q(P-V)}{Q(P-V)-F} = \frac{4,000 \times (110-60)}{4,000 \times (110-60) - 80,000} = 1.67$$

(3) 單位產品變動成本的變動

在其他因素不變的條件下，單位產品變動成本額或變動成本率亦會影響經營槓桿系數的大小。假定變動成本率由 60% 升至 65%，其他條件不變，則經營槓桿系數會變為：

$$DOL_{VC} = \frac{S-C}{S-C-F} = \frac{400,000 - 240,000}{400,000 - 260,000 - 80,000} = 2.33$$

(4) 固定成本總額的變動

在一定的產銷規模內，固定成本總額相對保持不變。如果產銷規模超出了一定的限度，固定成本總額也會發生一定的變動。假定在例 4-17 中，產品銷售總額由 40 萬元增至 50 萬元，同時固定成本總額由 8 萬元增至 9.5 萬元，變動成本率仍為 60%。這時，A 公司的經營槓桿系數會變為：

$$DOL_F = \frac{S-C}{S-C-F} = \frac{500,000 - 300,000}{500,000 - 300,000 - 95,000} = 1.90$$

在上述因素變動的情況下，經營槓桿系數一般也會發生變動，從而產生不同程度的經營槓桿利益和經營風險。由於經營槓桿系數影響著企業的息稅前利潤，從而制約著企業的籌資能力和資本結構。因此，經營槓桿系數是企業做出資本結構決策的一個重要因素。

4.4.4.2 財務槓桿效應

1. 財務槓桿原理

財務槓桿，亦稱籌資槓桿，是指由於固定性資金成本的存在，企業的普通股收益（或每股收益）變動率大於息稅前利潤變動率的現象。財務槓桿反應了股權資本報酬的波動性，用以評價企業的財務風險。用普通股收益或每股收益表示普通股權益資本報酬，則：

$$TE = (EBIT - I) \times (1 - T) - D$$

$$EPS = \frac{(EBIT - I) \times (1 - T) - D}{N}$$

式中，TE（Total Earnings）為全部普通股淨收益；EPS（Earnings Per Share）為每股收益；I 為債務資本利息；T 為所得稅稅率；D（Dividend）為優先股股利；N（Number）為普通股股數。

上式中，影響普通股收益的因素包括資產報酬、資金成本、所得稅稅率等因素。當有固定利息費用等資金成本存在時，如果其他條件不變，息稅前利潤的增加雖然不改變固定利息費用總額，但會降低每一元息稅前利潤分攤的利息費用，從而提高每股收益，使得普通股收益的增長率大於息稅前利潤的增長率，進而產生財務槓桿效應。當不存在固定利息、股息等資本成本時，息稅前利潤就是利潤總額，此時利潤總額變動率與息稅前利潤變動率完全一致。如果兩期所得稅稅率和普通股股數保持不變，每

股收益的變動率與利潤總額變動率也完全一致，進而與息稅前利潤變動率一致。

2. 財務槓桿系數

只要企業籌資方公式中存在固定性資金成本，就存在財務槓桿效應。如固定利息、固定籌資費等的存在，都會產生財務槓桿效應。在同一固定的資金成本支付水準上，不同的息稅前利潤水準，對固定資金成本的承受負擔是不一樣的，其財務槓桿效應的大小程度也是不一致的。測算財務槓桿效應程度，常用指標為財務槓桿系數。財務槓桿系數（DFL）是每股收益變動率與息稅前利潤變動率的倍數，計算公式為：

$$DFL = \frac{\Delta EAT/EAT}{\Delta EBIT/EBIT} = \frac{稅後利潤變動率}{息稅前利潤變動率}$$

$$DFL = \frac{\Delta EPS/EPS}{\Delta EBIT/EBIT} = \frac{息稅前利潤變動率}{息稅前利潤額}$$

$$DFL = \frac{EPS 變動率}{EBIT 變動率}$$

式中，DFL 表示財務槓桿系數；ΔEAT 表示稅後利潤變動額；EAT 表示稅後利潤額；ΔEBIT 表示息稅前利潤變動額；EBIT 表示息稅前利潤額；ΔEPS 表示每股收益變動額；EPS 表示普通股每股收益額。

因為 $EPS = \frac{(EBIT - I) \times (1 - T)}{N}$

$\Delta EPS/EPS = \frac{\Delta EBIT \times (1 - T)}{(EBIT - I) \times (1 - T) - D}$

$DFL = \frac{EBIT}{EBIT - I - \frac{D}{1 - T}}$

假如不考慮優先股，可將上列公式變換為：

$$EPS = \frac{(EBIT - I) \times (1 - T)}{N}$$

因為 $\Delta EPS = \frac{\Delta EBIT \times (1 - T)}{N}$

所以 $DFL = \frac{EBIT}{EBIT - I}$

或 $DFL = 1 + \frac{I_0}{EBIT_0 - I_0} = 1 + \frac{基期利息}{基期息稅前利潤 - 基期利息}$

式中，I 表示債務年利息；T 表示公司所得稅稅率；N 表示流通在外的普通股股數。

【例4-18】A、B、C 均為上市公司，均適用25%的企業所得稅稅率，資本總額為10,000 萬元，每股面值均為1元。A 公司資本全部由普通股組成；B 公司債務資本3,000 萬元（利率10%），普通股7,000 萬元；C 公司債務資本5,000 萬元（利率10%），普通股5,000 萬元。3 個公司20×6、20×7 的 EBIT 分別為10,000 萬元、15,000 萬元。有關財務指標如表4-7所示（單位：萬元）。

要求：分析固定資產變動成本與槓桿系數的關係。

表 4-7　　　　　　　　　　　　　財務槓桿的計算過程表

序號	利潤項目		A 公司	B 公司	C 公司
1	普通股股數		10,000 萬股	7,000 萬股	5,000 萬股
2	利潤總額	20×6 年	10,000	10,000−3,000×10% = 9,700	10,000−5,000×10% = 9,500
3		20×7 年	15,000	15,000−3,000×10% = 14,700	15,000−5,000×10% = 14,500
4		增長率	50%	51.55%	52.63%
5	淨利潤	20×6 年	10,000×（1−25%） = 7,500	9,700×（1−25%） = 7,275	9,500×（1−25%） = 7,125
6		20×7 年	15,000×（1−25%） = 11,250	14,700×（1−25%） = 11,025	14,500×（1−25%） = 10,875
7		增長率	50%	51.55%	52.63%
8	普通股盈餘	20×6 年	7,500	7,275	7,125
9		20×7 年	11,250	11,025	10,875
10		增長率	50%	51.55%	52.63%
11	每股收益	20×6 年	7,500÷10,000 = 0.75	7,275÷7,000 = 1.04	7,125÷5,000 = 1.43
12		20×7 年	11,250÷10,000 = 1.13	11,025÷7,000 = 1.58	10,875÷7,000 = 1.55
13		增長率	50%	51.55%	52.63%
14	財務槓桿系數		50%÷50% = 1	51.55%÷50% = 1.03	52.63%÷50% = 1.05

分析：A 公司由於不存在固定資本成本的資本，因此沒有財務槓桿效應；B 公司存在債務資本，其普通股股收益增長幅度是息稅前利潤增長幅度的 1.03 倍；C 公司存在債務資本，且債務資本（固定資本成本）比 B 公司的比重高，其普通股收益增長幅度是息稅前利潤增長幅度的 1.05 倍。因此，固定資本成本所佔比重較高，財務槓桿系數就越大，財務槓桿效應也就越大。

3. 財務槓桿與財務風險

財務風險是指企業由於籌資原因產生的資金成本負擔而導致的普通股收益波動的風險。引起企業財務風險的主要原因是資產報酬的不利變化和資金成本的固定負擔。由於財務槓桿的作用，當企業的息稅前利潤下降時，企業仍然需要支付固定的資金成本，因此，普通股剩餘收益以更快的速度下降。財務槓桿放大了資產報酬變化對普通股收益的影響，財務槓桿系數越高，表明普通股收益的波動程度越大，財務風險也就越大。只要有固定性資金成本存在，財務槓桿系數總是大於 1。

從公式可知，影響財務槓桿的因素包括企業資本結構中債務資本比重、普通股收益水準、所得稅稅率水準。其中，普通股收益水準又受息稅前利潤、固定資金成本（利息）高低的影響。債務成本比重越高、固定的資金成本支付額越高、息稅前利潤水準越低，財務槓桿效應就越大，反之亦然。

4. 影響財務槓桿利益與風險的其他因素

影響企業財務槓桿系數，或者說影響企業財務槓桿利益和財務風險的因素，除了債權資本固定利息以外，還有其他許多因素，主要包括以下幾種：

（1）資本規模的變動。在其他因素不變的情況下，如果資本規模發生了變動，財務槓桿系數也將隨之變動。依據4-18，假定B公司20×7年資本規模由10,000元變為12,000元，其他因素保持不變，則20×7年財務槓桿系數變為：

$$DFL = \frac{15,000}{15,000 - 12,000 \times \frac{3,000}{10,000} \times 10\%} = 1.025$$

（2）資本結構的變動。一般而言，在其他因素不變的情況下，資本結構發生變動，或者說債權資本比例發生變動，財務槓桿系數也會隨之變動。在例4-18中，假定B公司20×7年公司債務資本比由30%提升到40%，其他因素保持不變，則20×7年財務槓桿系數變為：

$$DFL = \frac{15,000}{15,000 - 10,000 \times 40\% \times 10\%} = 1.027$$

（3）債務利率的變動。在債務利率發生變動的情況下，即使其他因素不變，籌資槓桿系數也會發生變動。依據例4-18，假定B公司20×7年公司利率由10%降為9%，其他因素保持不變，則20×7年財務槓桿系數變為：

$$DFL = \frac{15,000}{15,000 - 10,000 \times 30\% \times 9\%} = 1.018$$

（4）息稅前利潤的變動。息稅前利潤的變動通常也會影響財務槓桿系數。依據例4-18，假定B公司20×7年公司息稅前利潤由15,000萬元增至16,000萬元，其他因素保持不變，則20×7年財務槓桿系數變為：

$$DFL = \frac{16,000}{16,000 - 10,000 \times 30\% \times 10\%} = 1.019$$

在上列因素發生變動的情況下，財務槓桿系數一般也會發生變動，從而產生不同程度的財務槓桿利益和財務風險。因此，財務槓桿系數是資本結構決策的一個重要因素。

4.4.4.3 總槓桿效應

1. 總槓桿

經營槓桿和財務槓桿可以獨自發揮作用，也可以綜合發揮作用。總槓桿是用來反應兩者之間共同作用結果的，即權益資本報酬與產銷業務量之間的變動關係。固定性經營成本的存在，產生經營槓桿效應，導致產銷業務量變動對息稅前利潤變動有放大作用。同樣，固定性資金成本的存在，產生財務槓桿效應，導致息稅前利潤變動對普通股收益有放大作用。兩種槓桿共同作用，將導致產銷業務量的變動引起普通股每股收益更大的變動。

總槓桿是指由於固定經營成本和固定資金成本的存在，普通股每股收益變動率大於產銷業務量變動率的現象。

2. 總槓桿系數

只要企業同時存在固定性經營成本和固定性資金成本，就存在總槓桿效應。產銷量變動通過息稅前利潤的變動傳導至普通股收益，使得每股收益發生更大的變動。用總槓桿系數（Degree of Leverage，DTL）表示總槓桿效應程度。可見，總槓桿系數是經營槓桿系數和財務槓桿系數的乘積，是普通股每股收益變動率相當於產銷量變動率的倍數。其計算公式為：

$$DTL = \frac{\Delta EPS/EPS_0}{\Delta Q/Q_0} = \frac{普通股盈餘變動率}{產銷量變動率}$$

上式經變形，財務槓桿系數的計算也可以為：

$$DTL = \frac{\Delta EBIT/EBIT_0}{\Delta Q/Q_0} \times \frac{\Delta EPS/EPS_0}{\Delta EBIT/EBIT_0}$$

$$= DOL \times DFL$$

$$= \frac{EBIT_0 + F_0}{EBIT_0} \times \frac{EBIT_0}{EBIT_0 - I_0}$$

$$= \frac{EBIT_0 + F_0}{EBIT_0 - I_0}$$

$$= \frac{基期邊際貢獻}{基期利潤總額}$$

$$= \frac{基期稅後邊際貢獻}{基期稅後利潤}$$

【例4-19】A公司有關資料如表4-8所示，請分別計算該公司20×7年經營槓桿系數、財務槓桿系數和總槓桿系數。

表 4-8　　　　　　　　　　槓桿效應計算過程表　　　　　　　　　單位：萬元

序號	項目	20×6年	20×7年	變動率
1	銷售額（售價20元）	100	160	60%
2	邊際貢獻（單位5元）	50	80	60%
3	固定成本	10	10	0
4	息稅前利潤（EBIT）	40	70	75%
5	利息	5	5	0
6	利潤總額	35	65	85.71%
7	淨利潤（稅率25%）	26.25	48.75	85.71%
8	每股收益（100萬股，元）	0.26	0.49	88.46%
9	經營槓桿（DOL）		1.25	
10	財務槓桿（DFL）		1.14	
11	總槓桿（DTL）		1.43	

分析：
①經營槓桿：

$$DOL = \frac{息稅前利潤變動率}{產銷業務量變動率} = \frac{75\%}{60\%} = 1.25$$

或者，

$$DOL = \frac{基期邊際貢獻}{基期息稅前利潤} = \frac{50}{40} = 1.25$$

②財務槓桿：

$$DFL = \frac{EPS 變動率}{EBIT 變動率} = \frac{85.71\%}{75\%} = 1.14$$

或者，

$$DFL = \frac{EBIT_0}{EBIT_0 - I_0} = \frac{40}{35} = 1.14$$

③總槓桿：

$$DTL = \frac{普通股盈餘變動率}{產銷量變動率} = \frac{85.71\%}{60\%} = 1.43$$

或者，

$$DTL = \frac{基期邊際貢獻}{基期利潤總額} = \frac{50}{15} = 1.43$$

驗證：已知 DOL＝1.25，DFL＝1.14，求得 DTL＝1.25×1.14＝1.43，與上面兩種方式直接計算的 DTL＝1.43 結果相等，表明在上述所有的槓桿係數計算過程中基本確定沒有計算錯誤。

3. 總槓桿與公司風險

公司風險包括企業的經營風險和財務風險。總槓桿係數反應了經營槓桿和財務槓桿之間的關係，用以評價企業的整體風險水準。在總槓桿係數一定的情況下，經營槓桿係數與財務槓桿係數此消彼長。總槓桿效應的意義在於：第一，能夠說明產銷業務量變動對普通股收益的影響，據以預測未來的每股收益水準；第二，揭示了財務管理的風險管理策略，即要保持一定的風險狀況水準，需要維持一定的總槓桿係數。在此前提下，經營槓桿和財務槓桿可以有不同的組合。

一般來說，固定資產比較重大的資本密集型企業、經營槓桿係數高、經營風險大，企業籌資主要依靠權益資本，以保持較小的財務槓桿係數和財務風險；變動成本比重較大的勞動密集型企業、經營槓桿係數低、經營風險小，企業籌資主要依靠債務資本，以保持較大的財務槓桿係數和財務風險。在企業初創階段，產品市場佔有率低，產銷業務量小，經營槓桿係數大，此時企業籌資主要依靠權益資本，在較低程度上使用財務槓桿；在企業擴張成熟期，產品市場佔有率高，產銷業務量大，經營槓桿係數小，此時，企業資本結構中可擴大債務資本，在較高程度上使用財務槓桿。

總槓桿係數可以用於綜合評價企業的整體風險，能夠說明產銷業務量的變動對普通股收益的影響，以此來預測未來的每股收益水準；能夠揭示財務管理的風險管理策略。企業要維持一定的總槓桿目標，可以通過經營槓桿和財務槓桿的不同組合形式實現。

4.5 資本結構

資本結構及其管理是企業籌資管理的核心問題。企業應綜合考慮相關影響因素，運用適當的方法確定最佳資本結構，提升企業價值。如果企業現有資本結構不合理，應通過籌資活動優化調整資本結構，使其趨於科學合理。

4.5.1 資本結構的含義

資本結構是指企業資本總額中各種資本的構成及其比例關係。在籌資管理中，資本結構有廣義和狹義之分。廣義的資本結構包括全部債務與股東權益的構成比率；狹義的資本結構則指長期負債與股東權益資本構成比率。在狹義的資本結構下，短期債務作為營運資金來管理。本書所指的資本結構通常僅是狹義的資本結構，也就是債務資本在企業全部資本中所占的比重。

不同的資本結構會給企業帶來不同的後果。企業利用債務資本進行舉債經營具有雙重作用，既可以發揮財務槓桿效應，也可能帶來財務風險。因此企業必須權衡財務風險和資金成本的關係，確定最佳的資本結構。評價企業資本結構最佳狀態的標準應該是能夠提高股權收益或降低資金成本，最終實現提升企業價值的目的。股權收益，表現為淨資產報酬率或普通股每股收益；資金成本，表現為企業的平均資金成本率。根據資本結構理論，當公司平均資金成本最低時，公司價值最大。所謂最佳資本結構，是指在一定條件下使企業平均資金成本率最低、企業價值最大的資本結構。資本結構優化的目標是降低平均資金成本率或提高普通股每股收益。

從理論上講，最佳資本結構是存在的，但由於企業內部條件和外部環境的經常性變化，動態地保持最佳資本結構十分困難。因此在實踐中，目標資本結構通常是企業結合自身實際進行適度負債經營所確立的資本結構。

4.5.2 影響資本結構的因素

資本結構是一個產權結構問題，是社會資本在企業經濟組織形公式中資源配置的結果。資本結構的變化，將直接影響社會資本所有者的利益。

4.5.2.1 企業經營狀況的穩定性和成長率

企業產銷業務量的穩定程度對資本結構有重要影響。如果產銷業務量穩定，企業可較多地負擔固定的財務費用；如果產銷業務量和盈餘有週期性，則要負擔固定的財務費用將承擔較大的財務風險。經營發展能力表現為未來產銷業務量的增長率，如果產銷業務量能夠以較高的水準增長，企業可以採用高負債的資本結構，以提升權益資本的報酬。

4.5.2.2 企業的財務狀況和信用等級

企業財務狀況良好，信用等級高，債權人願意向企業提供信用，企業容易獲得債

務資本。相反，如果企業財務情況欠佳，信用等級不高，債權人投資風險大，這樣會降低企業獲得信用的能力，加大債務資本籌資的資金成本。

4.5.2.3 企業資產結構

資產結構是企業籌集資本後進行資源配置和使用後的資金使用結構，包括長短期資產構成和比例以及長短期資產內部的構成和比例。資產結構對企業資本結構的影響主要包括：擁有大量固定資產的企業主要通過長期負債和發行股票籌集資金；擁有較多流動性資產的企業更多地依賴流動負債籌集資金；資產適用於抵押貸款的企業負債較多；以技術研發為主的企業則負債較少。

4.5.2.4 企業投資人和管理當局的態度

從企業所有者的角度來看，如果企業股權分散，企業可能更多地採用權益資本籌資以分散企業風險。如果企業為少數股東控制，股東通常重視企業控股權問題，為防止控股權稀釋，企業一般盡量避免普通股籌資，而採用優先股或債務資本籌資。從企業管理當局的角度來看，高負債資本結構的財務風險高，一旦經營失敗或出現財務危機，管理當局將面臨市場接管的威脅或者被董事會解聘。因此，穩健的管理當局偏好於選擇低負債比例的資本結構。

4.5.2.5 行業特徵和企業發展週期

不同行業資本結構差異很大。產品市場穩定的成熟產業經營風險低，因此可提高債務資本比重，發揮財務槓桿作用；高新技術企業的產品、技術、市場尚不成熟，經營風險高，因此可降低債務資本比重，控制財務槓桿風險。在同一企業不同發展階段，資本結構的安排也有所不同。企業初創階段，經營風險高，在資本結構安排上應控制負債比例；企業發展成熟階段，產品產銷業務量穩定且持續增長，經營風險低，可適度增加債務資本比重，發揮財務槓桿效應；企業收縮階段，產品市場佔有率下降，經營風險逐步加大，應逐步降低債務資本比重，保證經營現金流能夠償付到期債務，保持企業持續經營的能力，減少破產風險。

4.5.2.6 經濟環境的稅務政策和貨幣政策

資本結構決策必然要研究理財環境因素，特別是宏觀經濟狀況。政府調控經濟的手段包括財政稅收政策和貨幣金融政策，當所得稅稅率較高時，債務資本的抵稅作用大，企業可以充分利用這種作用來提高企業價值。貨幣金融政策影響資本供給，從而影響利率水準的變動，當國家執行緊縮的貨幣政策時，市場利率較高，企業債務資金成本增大。

4.5.3 每股收益分析法

資本結構優化方法要求企業權衡負債的低資金成本和高財務風險的關係，確定合理的資本結構。資本結構優化的目標，是降低平均資金成本率或提高普通股每股收益。

每股收益分析法是利用每股收益無差別點來進行資本結構決策的方法，可以用每股收益的變化來判斷資本結構是否合理，即能夠提高普通股每股收益的資本結構，就

是合理的資本結構。在資本結構管理中，利用債務資本的目的之一，就在於債務資本能夠提供財務槓桿效應，可以利用負債籌資的財務槓桿作用來增加股東財富。

每股收益受到經營利潤水準、債務資金成本水準等因素的影響，分析每股收益與資本結構的關係，可以找到每股收益無差別點。所謂每股收益無差別點，是指不同籌資方式下每股收益都相等時的息稅前利潤和業務量水準。根據每股收益無差別點，可以分析判斷在什麼樣的息稅前利潤水準或產銷業務量水準下，適於採用何種籌資組合方式，進而確定企業的資本結構安排。

在每股收益無差別點上，無論是採用債務還是股權籌資方案，每股收益都是相等的。當預期息稅前利潤或業務量水準大於每股收益無差別點時，應當選擇財務槓桿效應較大的籌資方案；反之亦然。在每股收益無差別點時，不同籌資方案的 EPS 是相等的，用公式表示如下：

$$\frac{(EBIT - I_1) \times (1 - T) - DP_1}{N_1} = \frac{(EBIT - I_2) \times (1 - T) - DP_2}{N_2}$$

式中，EBIT 為息稅前利潤平衡點（未知數），即每股收益無差別點；I_1、I_2 為兩種增資方式下的長期債務年利息；T 為企業所得稅稅率；DP_1、DP_2 為兩種增資方式下的優先股利；N_1、N_2 為兩種增資方式下的在外發行的普通股股數。

【例4-20】A 公司目前的資本結構為：總資本 1,000 萬元，其中債務資本 400 萬元（年利息 40 萬元）；普通股資本 600 萬元（600 萬股，面值 1 元，市價 5 元），企業由於有一個較好的新投資項目，需要追加籌資 300 萬元，有兩種籌資方案。

甲方案：向銀行取得長期借款 300 萬元，利息率為 8%。

乙方案：增發普通股 100 萬股，每股發行價 3 元。

根據財務人員測算，追加籌資後銷售額可望達到 1,200 萬元，變動成本率為 60%，固定成本為 200 萬元，所得稅稅率為 25%，不考慮籌資費用因素。根據上述數據，代入無差別點公式：

$$\frac{(EBIT - I_1) \times (1 - T) - DP_1}{N_1} = \frac{(EBIT - I_2) \times (1 - T) - DP_2}{N_2}$$

即 $\dfrac{(EBIT - 40 - 300 \times 8\%) \times (1 - 25\%) - 0}{600} = \dfrac{(EBIT - 40) \times (1 - 25\%) - 0}{600 + 300}$

得，$EBIT = 111.92$（萬元）

這裡，111.92 萬元是兩個籌資方案的每股收益無差別點。在此點上，兩個方案的每股收益相等，均為 0.114 元。企業預期追加籌資後銷售額 1,200 萬元，預期獲利 390 萬元，高於無差別點 111.92 萬元，應當採用財務風險較大的乙方案，即向銀行借款方案。在 1,200 萬元銷售額水準上，甲方案的每股收益為 0.65 元，乙方案的每股收益為 0.43 元。

當企業需要的資本額較大時，可能會採用多種籌資方式組合籌資。這時，需要詳細比較分析各種組合籌資方式下的資金成本及其對每股收益的影響，選擇每股收益最高的籌資方式。

上述每股收益無差別點的分析結果還可以用圖表示，見圖 4-2。

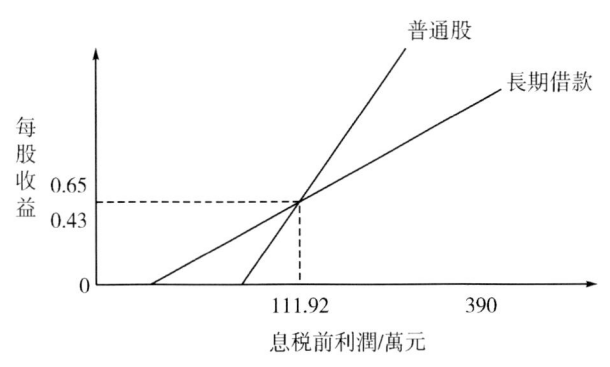

图 4-2　A 公司每股收益無差別點分析

從圖 4-2 可以看出，每股收益無差別點的息稅前利潤為 111.92 萬元的意義在於：

（1）當息稅前利潤大於 111.92 萬元時，增加長期借款比增發普通股有利，可以發揮財務槓桿作用。

（2）當息稅前利潤小於 111.92 萬元時，增發股票對企業有利，反而增加同等金額的長期借款不利。

每股收益分析法的測算原理比較容易理解，測算過程較為簡單。它以普通股每股收益最高為決策標準，也沒有具體測算財務風險因素。其決策目標實際上是股東財富最大化或股票價值最大化，而不是公司價值最大化，可用於資本規模不大、資本結構不太複雜的股份有限公司，而對企業沒有對外發行股票的企業顯然沒有參考意義。

4.6　盈虧平衡分析

4.6.1　盈虧平衡點的概念

盈虧平衡點（Break Even Point，BEP）又稱零利潤點、保本點、盈虧臨界點、收益轉折點，通常是指全部銷售收入等於全部成本時（銷售收入線與總成本線的交點）的產量。以盈虧平衡點為界限，當銷售收入高於盈虧平衡點時企業盈利；反之，企業就虧損。盈虧平衡點可以用銷售量來表示，即盈虧平衡點的銷售量；也可以用銷售額來表示，即盈虧平衡點的銷售額。盈虧平衡點能夠使得財務人員確定能夠彌補所有經營成本的銷售量。

4.6.2　盈虧平衡模型的基本要素

為了運用盈虧平衡模型，將生產成本分為兩部分：固定成本和變動成本。根據基本經濟學知識，從長期來看所有的成本都是變動成本。因此，盈虧平衡分析是一個短期的概念。

1. 固定成本

固定成本，也稱為間接成本，是指不隨公司銷量或產量變化而變化的成本。每單

位產品的固定成本會隨著生產量的增加而下降，因為公司總的固定成本被分攤到越來越多的產出量上。在一定的生產環境下，固定成本一般包括：①管理人員工資；②折舊；③保險；④用於間歇性廣告的款項；⑤房產稅；⑥租金。

2. 變動成本

變動成本也稱為直接成本，其會隨著產出量的變化而變化。總的變動成本等於單位變動成本乘以總的生產量和銷售量。盈虧平衡分析模型假設了總變動成本和銷售量之間的比例關係。因此，如果銷量上升10%，假設變動成本也將變動成本隨著產出量變化上升10%。需要注意的是，如果產量為零，那麼變動成本為零，但是固定成本不為零。這也就意味著只要單價超過每單位變動成本，就能彌補部分固定成本。這也有助於解釋為什麼有些公司銷售量暫時下降時仍繼續生產，原因在於盡最大可能彌補固定成本。變動成本一般包括：①直接人工；②直接材料；③與生產有關的能源成本（燃料、電、天然氣）；④產品出廠的運輸費用；⑤包裝費；⑥銷售佣金。

目前，中國沒有任何法律或會計核算規定明確指出公司總成本必須被分為固定的或變動的，這要根據公司的具體情況進行判斷。在一家公司能源成本可能是固定的，而在另一家公司能隨著產出量變化而成為變動成本。進一步講，一些成本可能是固定成本，然後隨著產出量達到一定數量而迅速上升，但此時仍為固定成本，之後隨著產量的再一次提升，這樣的成本被稱為半變動成本或半固定成本。總成本、固定成本和變動成本變化如圖4-3所示。

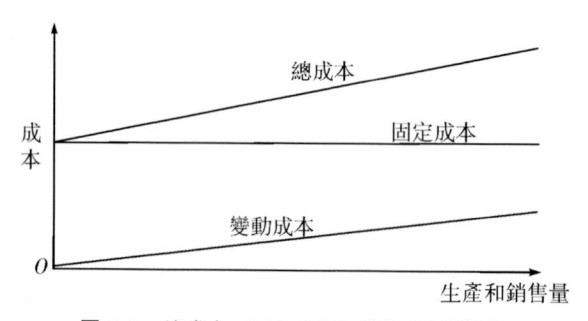

圖4-3 總成本、固定成本和變動成本變化圖

4.6.3 盈虧平衡點的計算

找到生產的盈虧平衡點有很多種方法，所有方法需要用到盈虧平衡模型的基本要素。該模型是公司利潤表的簡單改編，可以用以下的分析公式來表示：

銷售額－（總變動成本＋總固定成本）＝利潤

在生產單位的基礎上，每單位產品售價和每單位產量的變動成本在盈虧平衡分析中研究的利潤就是EBIT，因此，用這個字母縮寫代替「利潤」。就生產單位而言，當EBIT等於零時，上述等式就變成了盈虧平衡分析模型。

單價 × 銷售量－[每單位變動成本 × 銷售量＋總固定成本] ＝EBIT＝0

找到滿足等式生產和銷售量，也就使得EBIT＝0，通過求解EBIT＝0時的公式

如下：

$$盈虧平衡量 = \frac{總固定成本}{單價 - 每單位變動成本}$$

利潤與固定成本、變動成本、銷量之間的關係如圖 4-4 所示。

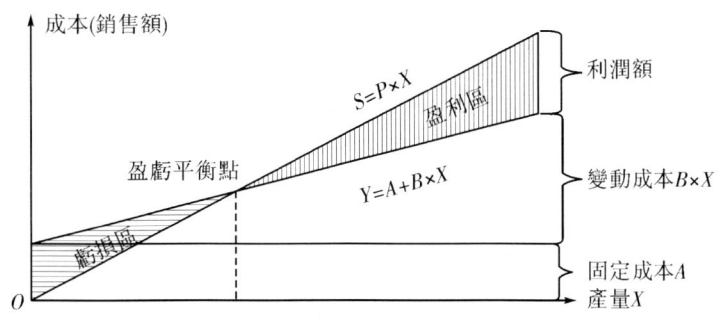

圖 4-4 盈虧平衡點示意圖

【例 4-21】A 公司售價是 100 元，單位變動成本是 60 元，公司的總固定成本為每年 1,000,000 元，下一年公司生產和銷售的盈虧平衡點是多少？

解析：已知售價，單位變動成本，固定成本，根據公式：

$$盈虧平衡點 = \frac{總固定成本}{單價 - 每單位變動成本}$$

將上述數據代入公式，得：

$$盈虧平衡點 = \frac{1,000,000}{100 - 60} = 25,000$$

因此，A 公司下一年的銷量需要達到 25,000 才能僅僅彌補固定成本。實質上，在銷量達到 25,000 後，A 公司將彌補其產生的固定成本，此時 EBIT＝0。

【例 4-22】B 製造公司去年收入是 2,000 萬元，息稅前利潤為 1,000 萬元。固定成本是 200 萬元，變動成本為 800 萬元，即公司收入的 40%。基於公司現在的成本結構，預測該公司下一年的盈虧平衡銷售收入。

解析：已知 B 公司的固定成本為 200 萬元，變動成本佔銷售收入的 800/2,000＝40%。因此，依據公式盈虧平衡銷售收入計算如下：

$$盈虧平衡銷售收入 = \frac{2,000,000}{1 - \frac{8,000,000}{20,000,000}} \approx 3,333,333$$

4.6.4 盈虧平衡點分析法的用途

對許多生產問題和全公司性的問題進行分析時，盈虧平衡點這個概念是極為重要的。可是，有一點值得注意，對公司盈虧平衡點的最佳估計，實在是具有內在的困難，同時日常管理決策也常常改變盈虧平衡點。在多產品綜合性的企業中，數字的意義變得粗略而模糊不清，因而所得出的關於固定成本、變動成本、產量等項目的粗略數字

使許多重要細節不是那麼清晰，因此出現了這樣的情況：即使存在嚴重的問題，但是看起來，整個公司的狀況還是可以接受的。例如，在計算通用汽車公司的總營業額時，必須包括汽車、冰箱、大型內燃機、貨車、洗衣機、火花塞和其他許多項目。一個產品或一個部門良好的成績掩蓋了其他產品或部門的不良情況。在這裡必須強調的一點是，對每個產品應該使用不同的盈虧平衡點，這具有一定的意義。但是常常很難合理攤派許多成本，特別當產品品種易於發生變化時更是如此。

思考：假如 A 公司增加 300 萬元資金的來源有長期借款 150 萬元和發放普通股 150 萬元兩種方式同時進行，如何評價企業的該混合籌資方案的優劣。

本章小結

籌資管理的核心是籌資決策，籌資決策的目的是優化資本結構，降低籌資成本，規避籌資風險，以達到企業財務管理的目標，實現企業價值的最大化。因此在企業的籌資決策中，資金成本、槓桿利益與風險、資本結構是研究的重點。本章主要闡述籌資管理中所要涉及了的四個問題。第一個問題，籌資決策中的相關資金成本率，這主要涉及資金成本率的概念、內容、種類及相關資本的計量。第二個問題，籌資決策中企業該如何權衡利益與風險的關係，如何規避風險。在本章闡述了經營槓桿、財務槓桿、複合槓桿的相關概念及計算方法，以幫助企業測算風險。第三個問題，如何確定各籌資來源的比例問題。第四個問題，本章主要闡述了盈虧平衡點的測算問題，包括基於銷量的盈虧平衡點和基於銷售額的盈虧平衡點。

本章練習題

一、單項選擇題

1. 普通股股東的權利不包括（　　）。
   A. 公司管理權　　　　　　　　B. 分享盈餘權
   C. 優先認股權　　　　　　　　D. 優先分配剩餘財產權
2. 下列選項中，關於普通股籌資的說法不正確的是（　　）。
   A. 籌資風險大　　　　　　　　B. 能增加公司的信譽
   C. 籌資限制較少　　　　　　　D. 容易分散控制權
3. 下列選項中，不屬於籌資方式的是（　　）。
   A. 企業自留資金　　　　　　　B. 發行公司債券
   C. 融資租賃　　　　　　　　　D. 利用商業信用
4. 下列選項中，關於吸收直接投資的說法不正確的是（　　）。
   A. 有利於增強企業信譽　　　　B. 有利於盡快形成生產能力
   C. 有利於降低財務風險　　　　D. 資金成本較低
5. 下列選項中，不會影響債券的價值的因素有（　　）。
   A. 票面價值與票面利率　　　　B. 市場利率

C. 到期日與付息方式　　　　　　D. 購買價格

6. 下列選項中,不屬於融資租賃租金構成項目的是(　　)。
   A. 租賃設備的價款　　　　　　B. 租賃期間利息
   C. 租賃手續費　　　　　　　　D. 租賃設備維護費

7. 下列各項中,與留存收益籌資相比,屬於吸收直接投資特點的是(　　)。
   A. 資金成本較低　　　　　　　B. 籌資速度較快
   C. 籌資規模有限　　　　　　　D. 形成生產能力較快

8. 下列各種籌資方式中,最有利於降低公司財務風險的是(　　)。
   A. 發行普通股　　　　　　　　B. 發行優先股
   C. 發行公司債券　　　　　　　D. 發行可轉換債券

9. 企業為了優化資本結構而籌集資金,這種籌資的動機是(　　)。
   A. 創立性籌資動機　　　　　　B. 支付性籌資動機
   C. 擴張性籌資動機　　　　　　D. 調整性籌資動機

10. 在計算資金成本時,與所得稅有關的資金來源是下述情況中的(　　)。
    A. 普通股　　　　　　　　　　B. 優先股
    C. 銀行借款　　　　　　　　　D. 留存收益

11. 一般來講,以下四項中(　　)最低。
    A. 長期借款成本　　　　　　　B. 優先股成本
    C. 債券成本　　　　　　　　　D. 普通股成本

12. 某公司利用長期債券、優先股、普通股、留存收益來籌集長期資金1,000萬元,籌資額分別為300萬元、100萬元、500萬元和100萬元,資金成本率分別為6%、11%、12%、15%,則該籌資組合的綜合資金成本為(　　)。
    A. 10.4%　　　　　　　　　　B. 10%
    C. 12%　　　　　　　　　　　D. 10.6%

13. 經營槓桿效應產生的原因是(　　)。
    A. 不變的固定成本　　　　　　B. 不變的產銷量
    C. 不變的債務利息　　　　　　D. 不變的銷售單價

14. 關於經營槓桿系數,下列說法不正確的是(　　)。
    A. 在其他因素一定時,產銷量越小,經營槓桿系數越大
    B. 在其他因素一定時,固定成本越大,經營槓桿系數越小
    C. 當固定成本趨近於0時,經營槓桿系數趨近於1
    D. 經營槓桿系數越大,反應企業的風險越大

15. 某公司的經營槓桿系數為2,預計息稅前利潤將增長10%,在其他條件不變的情況下。銷售量將增長(　　)。
    A. 5%　　　　　　　　　　　B. 10%
    C. 15%　　　　　　　　　　 D. 20%

16. 某公司全部資產120萬元,負債比率為40%,負債利率為10%,當息稅前利潤為20萬元時,則財務槓桿系數為(　　)。

A. 1.25 B. 1.32
C. 1.43 D. 1.56

17. 關於複合槓桿系數，下列說法正確的是（   ）。
   A. 複合槓桿系數等於經營槓桿系數和財務槓桿系數之和
   B. 該系數等於普通股每股利潤變動率與息稅前利潤變動率之間的比率
   C. 該系數反應產銷量變動對普通股每股利潤的影響
   D. 複合槓桿系數越大，企業風險越小

18. 最佳資金結構是指（   ）。
   A. 每股利潤最大時的資金結構
   B. 企業風險最小時的資金結構
   C. 企業目標資金結構
   D. 綜合資金成本最低，企業價值最大時的資金結構

二、多項選擇題

1. 與長期負債籌資相比，流動負債籌資（   ）。
   A. 速度快 B. 彈性大
   C. 成本高 D. 風險小

2. 下列選項中，屬於企業自留資金的有（   ）。
   A. 發行股票取得的資金 B. 提取公積金形成的資金
   C. 源自未分配利潤的資金 D. 吸收直接投資取得的資金

3. 企業在採用吸收直接投資的方式籌集資金時，投資者可以（   ）出資。
   A. 股票 B. 土地使用權
   C. 實物 D. 無形資產

4. 下列選項中，關於債券的發行價格，說法正確的是（   ）。
   A. 一定等於面值
   B. 可能低於面值
   C. 可能高於面值
   D. 當投資者要求的必要報酬率大於債券的票面利率時，債券折價發行

5. 籌資資本原則有（   ）。
   A. 籌資規模適度 B. 籌資時間及時
   C. 籌資來源合理 D. 籌資方式經濟

6. 下列選項中，屬於「吸收直接投資」與「發行普通股」籌資方式所共有的缺點的是（   ）。
   A. 限制條件多 B. 財務風險大
   C. 控制權分散 D. 資金成本高

7. 留存收益籌資區別於普通股籌資的特點是（   ）。
   A. 資金成本較普通股低 B. 保持普通股股東的控制權
   C. 增強公司的信譽 D. 籌資限制少

8. 與發行股票籌資相比，融資租賃籌資的特點有（   ）。

A. 財務風險小　　　　　　　　B. 籌資限制條件較多
C. 資金成本負擔較低　　　　　D. 形成生產能力較快

9. 企業資金需要量的預測方法有（　　）。
   A. 定性預測法　　　　　　　B. 銷售百分比法
   C. 資金習性預測法　　　　　D. 償債基金法

10. 下列選項中，關於債券的發行價格，說法正確的是（　　）。
    A. 一定等於面值　　　　　　B. 可能低於面值
    C. 可能高於面值　　　　　　D. 當投資者要求的必要報酬率大於債券的票面利率時，債券折價發行

11. 下列關於資金成本的說法中，正確的有（　　）。
    A. 資金成本的本質是企業為籌集和使用資金而實際付出的代價
    B. 資金成本並不是企業籌資決策中所要考慮的唯一因素
    C. 資金成本的計算主要以年度的相對比率為計量單位
    D. 資金成本可以視為項目投資或使用資金的機會成本

12. 負債資金在資本結構中產生的影響是（　　）。
    A. 降低企業資金成本　　　　B. 加大企業財務風險
    C. 具有財務槓桿作用　　　　D. 分散股東控制權

13. 企業降低經營風險的途徑一般有（　　）。
    A. 增加銷售收入　　　　　　B. 增加自有資本
    C. 降低變動成本　　　　　　D. 增加固定成本比例

14. 複合槓桿系數（　　）。
    A. 指每股盈餘變動率相當於銷售變動率的倍數
    B. 等於財務槓桿系數與經營槓桿系數的乘積
    C. 反應息稅前利潤隨業務量變動的劇烈程度
    D. 反應每股利潤隨息稅前利潤變動的劇烈程度
    E. 等於基期邊際貢獻與基期稅前利潤之比

15. 影響債券資金成本的因素包括（　　）。
    A. 債的票面利率　　　　　　B. 債券的發行價格
    C. 籌資費用的多少　　　　　D. 公司的所得稅稅率

16. 如果企業的全部資本中權益資本占70%，則下列關於企業風險的敘述不正確的是（　　）。
    A. 只存在經營風險　　　　　B. 只存在財務風險
    C. 同時存在經營風險和財務風險　　D. 財務風險和經營風險都不存在

17. 企業財務風險主要體現在（　　）。
    A. 增加了企業產銷量大幅度變動的機會
    B. 增加了普通股每股利潤大幅度變動的機會
    C. 增加了企業資牛肉面結構大幅度變動的機會
    D. 增加了企業的破產風險

18. 關於複合槓桿系數，下列說法正確的是（　　）。
   A. 等於經營槓桿系數和財務槓桿系數之和
   B. 該系數等於普通股每股利潤變動率與息稅前利潤變動率之間的比率
   C. 等於經營槓桿系數和財務槓桿系數之積
   D. 複合槓桿系數越大，複合風險越大
19. 企業調整資金結構的存量調整方法主要包括（　　）。
   A. 債轉股　　　　　　　　　　B. 發行債券
   C. 股轉債　　　　　　　　　　D. 調整權益資金結構

三、判斷題

1. 企業按照銷售百分比法預測出來的資金需要量，是企業在未來一定時期資金需要量的增量。　　　　　　　　　　　　　　　　　　　　　　　　　　　　（　）
2. 對於同一籌資渠道可以採用不同的籌資方式籌集資金。　　　　　（　）
3. 發行債券籌資有固定的還本付息義務，要按期支付利息並且必須到期按面值一次償還本金。　　　　　　　　　　　　　　　　　　　　　　　　　　（　）
4. 在融資租賃方式下租賃期滿，設備必須作價轉讓給承租人。　　　（　）
5. 優先股股息和債券利息都要定期支付，均應作為財務費用，所得稅前列支。
　　　　　　　　　　　　　　　　　　　　　　　　　　　　　　　（　）
6. 發行股票籌資，既能為企業帶來槓桿利益，又具有抵稅效應，所以企業在籌資時應考慮發行股票。　　　　　　　　　　　　　　　　　　　　　　　（　）
7. 發行優先股的上市公司如不能按規定支付優先股股利，優先股股東有權要求公司破產。　　　　　　　　　　　　　　　　　　　　　　　　　　　　　（　）
8. 留存收益是由企業利潤形成的，所以留存收益沒有成本。　　　　（　）
9. 當債券的票面利率大於市場利率時，債券應當溢價發行。　　　　（　）
10. 一般來說，如果企業能夠駕馭資金的使用，採用收益和風險配合較為穩健的籌資組合策略是有利的。　　　　　　　　　　　　　　　　　　　　　（　）
11. 中國相關法律規定，股份有限公司發行債券時，其淨資產不低於人民幣3,000萬元。　　　　　　　　　　　　　　　　　　　　　　　　　　　　　　（　）
12. 資金成本與資金時間價值是有區別的，資金成本是從用資者角度考慮的，資金時間價值是從投資者角度考慮的，但是兩者在價值上是相等的。　　　（　）
13. 若債券利息率、籌資費用和所得稅率均已確定，則企業的債務成本率與發行債券的數額無關。　　　　　　　　　　　　　　　　　　　　　　　　　（　）
14. 優先股的股利率一般大於債券的利息率。　　　　　　　　　　　（　）
15. 留存收益是企業經營中的內部累積，這種資金不是向外界籌措的，因而它不存在資金成本。　　　　　　　　　　　　　　　　　　　　　　　　　　（　）
16. 當企業獲利水準為負數時，經營槓桿系數將小於零。　　　　　　（　）
17. 當企業經營處於衰退時期，應降低其經營槓桿系數。　　　　　　（　）
18. 在各種資金來源中，凡是須支付固定性資金成本的資金都能產生財務槓桿作用。
　　　　　　　　　　　　　　　　　　　　　　　　　　　　　　　（　）

19. 如果企業的債務資金為零，則財務槓桿系數必等於1。　　　　　（　）
20. 最優資本結構是使企業籌資能力最強、財務風險最小的資本結構。（　）
21. 每股利潤無差別點法只考慮了資本結構對每股利潤的影響，但沒有考慮資本結構對風險的影響。　　　　　　　　　　　　　　　　　　　　　（　）

四、計算題

1. 某公司20×7年12月31日的資產負債表如表4-8所示。

表4-8　　　　　　　　　　某企業資產負債表
　　　　　　　　　　　　20×7年12月31日　　　　　　　　　單位：萬元

資產	金額	負債及所有者權益	金額
現金	50	短期借款	105
應收帳款	310	應付帳款	260
預付帳款	30	應付票據	100
存貨	520	預收帳款	170
固定資產	1,070	長期借款	200
無形資產	120	實收資本	1,200
		留存收益	65
合計	2,100	合計	2,100

20×7年銷售收入為2,000萬元，20×8年預計銷售收入增長到2,500萬元，銷售淨利潤率為7%，淨利潤留用比例為40%（假定固定資產尚有剩餘生產能力）。

要求：

（1）計算20×7年資產和負債各敏感項目的銷售百分比。

（2）計算20×8年該企業需追加的籌資額和外部籌資額。

2. 某企業以融資租賃的方式取得一個儲存倉庫，租期4年，租金總額為16萬元，每年年初等額支付一次租金，貼現率是1%。問該企業每年應付租金多少元？

3. 某企業發行3年期債券，每張票面金額為3,000元的公司債券，票面利率為9%。每年付息一次，分別計算3種情況下的債券的發行價格：

（1）若發行時的資金市場利率為7%。

（2）若發行時的資金市場利率為9%。

（3）若發行時的資金市場利率為10%。

4. 某企業計劃籌集資金100萬元，所得稅稅率為25%。有關資料如下：

（1）向銀行借款10萬元，借款年利率為7%，手續費為2%。

（2）按溢價發行債券，債券面值14萬元，溢價發行價格為15萬元，票面利率9%，期限為5年，每年支付一次利息，其籌資費率為3%。

（3）發行優先股25萬元，預計年股利率為12%，籌資費率為4%。

（4）發行普通股40萬元，每股發行價格為10元，籌資費率為6%，預計第一年每股股利為1.2元，以後每年按8%遞增。

（5）其餘所需資金通過留存收益取得。

要求：

（1）計算各種籌資方式的個別資金成本。

（2）計算該企業綜合平均資金成本。

5. 某企業目前擁有資本 1,000 萬元，其結構為：債務資本 20%（年利息為 20 萬元），普通股、權益資本為 80%（發行普通股 10 萬股，每股面值 80 元），所得稅稅率為 25%。現準備追加籌資 400 萬元，有兩種籌資方案可供選擇：

方案一：全部發行普通股，增發 5 萬股，每股面值 80 元。

方案二：全部籌借長期債務，利率為 10%，利息為 40 萬元。

要求：

（1）計算每股利潤無差別點時的息稅前利潤及無差別點的每股利潤額。

（2）如果企業追加籌資後，稅息前利潤預計為 160 萬元，應採用哪個方案籌資。

6. 某企業 20×7 年資產總額為 1,000 萬元，資產負債率為 25%，負債平均利息率為 5%，實現的銷售收入為 1,000 萬元，全部的固定成本和費用為 220 萬元，變動成本率為 30%。預計 20×7 年的銷售收入提高 50%，其他條件不變。

要求：

（1）計算 DOL，DFL，DTL。

（2）預測 20×9 年的每股利潤增長率。

5 投資管理

本章提要

項目投資是對企業內部生產所需要的各種資產的投資，其目的是為保證企業生產經營過程的連續和生產經營規模的擴大。本章主要闡述：①項目投資的含義和特點；②現金流量的構成和淨現金流量的計算方法；③項目投資決策方法及其運用。

本章學習目標

（一）知識目標

（1）掌握現金流量和淨現金流量的計算方法；
（2）掌握項目投資靜態評價指標的含義、計算原理和特點；
（3）掌握項目投資動態評價指標的含義、計算原理和特點；
（4）掌握項目投資決策的評價方法；
（5）瞭解項目投資的含義、特點和項目投資資金投入方式；
（6）瞭解現金流量的概念、假設和內容。

（二）技能目標

通過本章的學習，學生能確定項目投資的計劃期和項目投資的現金流量；能運用項目投資評價方法進行獨立和互斥方案的決策；會計算與分析項目投資的靜態評價指標和動態評價指標，從而為正確的評價投資項目是否可行打下基礎，為今後的創業或具體財務投資工作做好理論準備。

5.1 投資管理概述

廣義的投資，是指為了將來獲得更多現金流入而現在付出現金的行為。從特定企業角度來看，投資是企業為獲取收益而向一定對象投放資金的經濟行為。按照投資行為的介入程度，投資可以分為直接投資和間接投資。直接投資，是指由投資人直接介入投資行為，即將貨幣資金直接投入投資項目，形成實物資產或者購買現有企業資產的一種投資，也稱為項目。其特點是，投資行為可以直接將投資者與投資對象聯繫在一起。間接投資，是指投資者以其資本購買公債、公司債券、金融債券或公司股票等，以預期獲取一定收益的投資，也稱為證券投資。

5.1.1 項目投資概述

5.1.1.1 項目和項目投資的含義及項目的意義

1. 項目的含義

項目是指一系列獨特的、複雜的並相互關聯的活動，這些活動有著一個明確的目標或目的，必須在特定的時間、預算、資源限定內，依據規範完成。通常以美國項目管理協會（Project Management Institute，PMI）在其出版的《項目管理知識體系指南》（*Project Management Body of Knowledge*）中為項目所做的定義為準：項目是為創造獨特的產品、服務或成果而進行的臨時性工作。項目涉及廣泛，新建、改造特定建設項目，開發一項新產品，計劃舉行一項大型活動都屬於項目範疇。為簡化起見，本教材僅以涉及固定資產新建、改建和擴建等相關投資活動作為項目。

2. 項目投資的含義

項目投資是一種以特定建設項目為投資對象的長期投資行為。

3. 項目的基本特徵

能夠得到社會公認的項目，通常有以下一些基本特徵：①項目開發是為了實現一個或一組特定目標；②項目受到預算、時間和資源的限制；③項目的複雜性和一次性；④項目是以客戶為中心的；⑤項目是要素的系統集成。

4. 項目投資的意義

企業通過投資配置資產，能形成生產能力，從而取得未來的經濟利益。

（1）投資是企業生存與發展的基本前提

企業的生產經營，就是企業資產的運用和資產形態的轉換過程。投資，是一種資本性支出行為。通過投資支出，企業購建流動資產和長期資產，形成生產條件和生產能力。實際上，不論是新建一個企業，還是建造生產流水線，都是一種投資行為。通過投資，確立企業的經營方向，配置企業的各類資產，並將它們有機地結合起來，形成企業的綜合生產經營能力。如果企業想要進軍一個新興行業，或者開發一種新產品，都需要先投資。因此，投資決策的正確與否，直接關係企業的興衰成敗。

（2）投資是企業控制風險的重要手段

企業的經營面臨著各種風險，有來自市場競爭的風險，有資金週轉的風險，還有原材料漲價、費用居高等成本的風險。投資，是企業控制風險的重要手段。通過投資，可以將資金投向企業生產經營的薄弱環節，使企業的生產經營能力配套、平衡、協調。通過投資，可以實現多元化經營，將資金投放於經營相關程度較低的不同產品或不同行業，以便分散風險，穩定收益來源，降低資產的流動性風險、變現風險增強資產的安全性。

（3）投資是獲取利潤的基本前提

項目投資的目的，是要通過預先墊付一定數量的貨幣或實物形態的資本，購建和配置形成企業生產能力的各類資產，並從事某類經營活動，獲取未來的經濟利益。通過投資形成了生產經營能力，企業才能開展具體的經營活動，獲取經營利潤。那些以

購買股票、證券等有價證券方式向其他單位所做的投資，可以通過取得股利或債息來獲取投資收益，也可以通過轉讓證券來獲取資本利得。

5.1.1.2 項目投資的特點及分類

1. 項目投資的特點

企業的投資活動與經營活動是不相同的，投資活動的結果對企業的經濟利益有較長期的影響。項目投資涉及的資金多、經歷的時間長，對企業未來的財務狀況和經營活動都有較大的影響。與日常經營活動相比，項目投資的主要特點表現在以下幾方面：

（1）戰略意義大

企業的投資活動一般涉及企業未來的經營發展方向、生產能力規模等問題，如廠房設備的新建與更新、新產品的研製與開發、對其他企業的股權控制等。勞動力、勞動資料和勞動對象是企業的生產要素，是企業進行經營活動的前提條件。項目投資主要涉及勞動資料要素方面，包括生產經營所需的固定資產的構建、無形資產的獲取等。項目投資的對象也可能是生產要素綜合體，即對另一個企業股權的取得和控制。企業的投資活動先於經營活動，這些投資活動往往需要一次性地投入大量的資金，並在一段較長的時期內發生作用，會對企業經營活動的方向產生重大影響。

（2）投資金額大

項目投資特別是戰略性的擴大生產能力投資一般都需要較多的資金，其投資額往往是企業及其投資人多年的資金累積，在企業總資產中佔有相當大的比重。因此，項目投資對企業未來的現金流量和財務狀況都將產生深遠的影響。

（3）影響時間長

項目投資的投資期及發揮作用的時間都較長，對企業未來的生產經營活動和長期經營，活動將產生重大影響。

（4）變現能力差

項目投資一般不準備在一年或一個營業週期內變現，而且即使在短期內變現，其變現能力也較差，因為，項目投資一旦完成，要想改變是相當困難的，不是無法實現，就是代價太大。

（5）沒有規律性

企業的投資項目影響的時間較長。這些投資項目實施後，將形成企業的生產條件和生產能力，這些生產條件和生產能力的使用期限長，將在企業多個經營週期內直接發揮作用，也將間接影響日常經營活動中流動資產的配置與分佈。企業的投資活動涉及企業的未來經營發展方向和規模等重大問題，是不經常發生的。投資經濟活動具有一次性和獨特性的特點，投資管理屬非程序化管理。每一次投資的背景、特點、要求等都不一樣，無明顯的規律性可遵循，管理時更需要周密思考，慎重考慮。

（6）投資風險大

影響項目投資未來收益的因素特別多，加上投資額大、影響的時間長和變現能力差，必然造成其投資風險比其他投資大，對企業未來的命運產生決定性影響。無數事例證明，一旦項目投資決策失敗，會給企業帶來無法逆轉的損失。在製造性企業，投

資項目主要可分為以新增生產能力為目的的新建項目和以恢復或改善生產能力為目的的更新改造項目兩大類。新建項目按其涉及內容還可進一步細分為單純固定資產投資項目和完整工業投資項目,單純固定資產投資項目簡稱固定資產投資,其特點在於:在投資中只包括為取得固定資產而發生的墊支資本投入而不涉及週轉資本的投入;完整工業投資項目則不僅包括固定資產投資,而且還涉及流動資金投資,甚至包括其他長期資產項目(如無形資產)的投資。因此,不能將項目投資簡單地等同於固定資產投資出於篇幅的考慮,本章主要闡述固定資產投資決策分析。

(7)投資波動大

投資項目的價值,是由投資的標的物資產的內在獲利能力決定的。這些標的物資產的形態是不斷轉換的,未來收益的獲得具有較強的不確定性,其價值也具有較強的波動性。同時,各種外部因素,如市場利率、物價等的變化,也時刻影響著投資標的物的資產價值。因此,企業做出投資管理決策時,要充分考慮投資項目的時間價值和風險價值。

項目投資的變現能力較弱,因為其投放的標的物大多是機器設備等變現能力較差的長期資產,且資產的持有目的也不是變現,並不準備在一年或超過一年的一個營業週期內變現。因此,投資項目的價值也是不易確定的。

2. 項目投資的分類

對項目投資進行科學的分類,有利於分清投資的性質、企業可按不同的特點和要求進行投資決策,以加強投資管理。

(1)直接投資和間接投資

按投資活動與企業本身的生產經營活動的關係,項目投資可以劃分為直接投資和間接投資。

直接投資,是將資金直接投放於形成生產經營能力的實體性資產,直接謀取經營利潤的項目投資。企業通過直接投資,可購買並配置勞動力、勞動資料和勞動對象等具體生產要素,開展生產經營活動。

間接投資,是將資金投放於股票、債券等權益性資產上的項目投資。之所以稱為間接投資,是因為股票、債券的發行方在籌集到資金後,再把這些資金投放於形成生產經營能力的實體性資產,獲取經營利潤。而間接投資方不直接介入具體的生產經營過程,通過股票、債券上所約定的收益分配權利,獲取股利或利息收入,分享直接投資的經營利潤。

(2)發展性投資與維持性投資

按投資活動對企業未來生產經營前景的影響,項目投資可以分為發展性投資和維持性投資。

發展性投資,是指對企業未來的生產經營發展全局有重大影響的項目投資。發展性投資也稱為戰略性投資,如企業間兼併合併的投資、轉換新行業和開發新產品的投資、大幅度擴大生產規模的投資等。發展性投資項目實施後,往往可以改變企業的經營方向和經營領域,或者明顯地擴大企業的生產經營能力,或者實現企業的戰略重組。

維持性投資,是指為了維持企業現有的生產經營正常順利進行,不會改變企業未

來生產經營發展全局的項目投資。維持性投資也可以稱為戰術性投資，如更新替換舊設備的投資、配套流動資金投資、生產技術革新的投資等。維持性投資項目所需要的資金不多，對企業生產經營的前景影響不大，投資風險相對較小。

(3) 項目投資與證券投資

按投資對象的存在形態和性質不同，項目投資可以劃分為項目投資和證券投資。

企業可以通過投資購買具有實質內涵的經營資產，包括有形資產和無形資產，形成具體的生產經營能力，開展實質性的生產經營活動，謀取經營利潤。這類投資，稱為項目投資。項目投資的目的在於改善生產條件、擴大生產能力，以獲取更多的經營利潤。項目投資，屬於直接投資。

企業可以通過投資，購買具有權益性的證券資產，通過證券資產所賦予的權利為存在形式的權利性資產。如債券投資代表的是未來按契約規定收取債息和收回本金的權利，股票投資代表的是對發行股票企業的經營控制權、財務控制權、收益分配權、剩餘財產追索權等股東權利。證券投資的目的，在於通過持有權益性證券，獲取投資收益，或控制其他企業的財務或經營政策，並不直接從事具體的生產經營過程。因此，證券投資屬於間接投資。

直接投資與間接投資、項目投資與證券投資，兩種投資分類方式的內涵和範圍是一致的，只是分類角度不同。直接投資與間接投資強調的是投資的方式性，項目投資與證券投資強調的是投資的對象性。

(4) 對內投資與對外投資

按資金投入方向，項目投資可以分為對內投資和對外投資。

對內投資，是指在本企業範圍內部的資金投放，用於購買和配置各種生產經營所需的經營性資產。

對外投資，是指向本企業範圍以外的資金、有形資產、無形資產等資產形式。通過證券資產等向企業外部其他單位投放資金，可能是間接投資，也可能是直接投資。

(5) 獨立投資與互斥投資

按投資項目之間的關聯關係，項目投資可以分為獨立投資和互斥投資。

獨立投資是相容性投資，各個投資項目之間互不關聯、互不影響，可以同時並存，獨立投資項目決策考慮的是方案本身是否滿足某種決策標準。

互斥投資是非相容性投資，各個投資項目之間相互關聯、相互替代，不能同時並存。因此，互斥投資項目決策考慮的是各方案之間的排斥性，需要從每個可行方案中選擇最優方案。

5.1.2 投資管理的原則

為適應姓名投資的特點和要求，實現投資管理的目標，做出合理的投資決策，企業應制定扠投資管理的基本原則，據以保證投資活動的順利進行。

5.1.2.1 投資可行原則

投資項目的金額大、資金佔用時間長，一旦投資後具有不可逆轉性，對企業的財

務狀況和經營前景影響重大。因此，企業在做出投資決策之時，必須建立嚴密的投資決策程序，進行科學的投資可行性分析。

投資項目可行性分析是投資管理的重要組成部分，其主要任務是對投資項目能否實施進行科學的論證，主要包括環境可行性、技術可行性、市場可行性、財務可行性等方面。財務可行性是在具備相關的環境、技術、市場可行性的前提下，著重圍繞技術可行性和市場可行性而開展的專門經濟性評價。同時，一般也包含資金籌集的可行性。

財務可行性分析的主要方面和內容包括：收入、費用和利潤等經營成果指標的分析；資產、負債、所有者權益等財務狀況指標的分析；資金籌集和配置的分析；資金流轉和回收等資金運行過程的分析；項目現金流量、淨現值、內含報酬率等項目經濟性效益指標的分析；項目收益與風險關係的分析；等等。

5.1.2.2 結構平衡原則

由於投資往往是一個綜合性項目，不僅涉及固定資產等生產能力和生產條件的構建，還涉及生產能力和生產條件正常發揮作用所需要的流動資產的配置。同時，由於受資金來源的限制，投資也常常會遇到資金需求超過資金供需矛盾。如何合理配置資源，使有限的資金發揮最大的效用，是投資管理中資金投放所面臨的重要問題。在進行資金投放時，企業要遵循結構平衡的原則，合理分佈資金，包括固定資金和流動資金的配套關係，生產能力與經營規模的平衡關係，資金來源與資金占用的匹配關係，投資進度和資金供應的協調關係，流動資產內部的資產結構關係，發展性投資與維持性投資的配合關係，對內投資與對外投資的順序關係，直接投資與間接投資的分佈關係，等等。

5.1.2.3 動態監控原則

投資的動態監控，是指對投資項目實施過程中的控制。特別是對於那些工程量大、工期長的建造項目來說，需要按工程預算實施有效的動態投資控制。

投資項目的工程預算，是對總投資中各項工程項目以及所包含的分部工程和單位工程造價規劃的財務計劃。建設性投資項目應當按工程進度、對分項工程、分部工程、單位工程的完成情況逐步進行資金撥付和資金結算，以控制工程的資金耗費，防止資金的浪費。在項目建設完工後，通過工程決算，全面清點所建造的資產數額和分析工程造價的合理性，合理確定工程資產的帳面價值。

對於間接投資特別是證券投資而言，要認真分析投資對象的投資價值，根據風險收益均衡的原則合理選擇投資對象。

5.1.3 項目投資的程序

項目投資的程序主要包括以下環節：

（1）項目提出。這是項目投資程序的第一步，是根據企業的長遠發展戰略、中長期投資計劃和投資環境的變化，在把握良好投資機會的情況下提出的，它可以由企業管理當局或企業高層管理人員提出，也可以由企業的各級管理部門和相關部門的領導

提出。

（2）項目評價。這一步主要涉及以下幾項工作：①對提出的投資項目進行適當分類，為分析評價做好準備；②計算有關項目的建設週期，測算有關項目投產後的收入、費用和經濟效益，預測有關項目的現金流入和現金流出；③運用各種投資評價指標，把各項投資按可行程度進行排序；④寫出詳細的評價報告。

（3）項目決策。投資項目評價後，應按分權管理的決策權限由企業高層管理人員或相關部門經理做最後決策。投資額小的戰術性項目投資或維持性項目投資，一般由部門經理做出決策，特別重大的項目投資還需要報董事會或股東大會批准，不管由誰最後決策，其結論一般都可以分成以下三種：①接受這個投資項目，可以進行投資；②拒絕這個項目，不能進行投資；③返還給項目提出的部門，重新論證後，再行處理。

（4）項目執行。決定對某項目進行投資後，要積極籌措資金，實施項目投資，在投資項目的執行過程中，要對工程進度、工程質量、施工成本和工程概算進行監督、控制和審核，防止工程建設中的舞弊行為，確保工程質量，保證按時完成。

（5）項目再評價。即對投資項目進行跟蹤審計，應注意原來做出的投資決策是否合理、是否正確。一旦出現新的情況，就要隨時根據變化的情況做出新的評價。如果情況發生重大變化，原來投資決策變得不合理，那麼就要進行是否終止投資或怎樣終止投資的決策，以避免更大的損失。

5.2 項目計算期的構成和項目投資的內容

5.2.1 項目計算期的構成

項目計算期是指投資項目從投資建設開始到最終清理結束整個過程的全部時間，即該項目的有效持續期間。完整的項目計算期包括建設期和生產經營期。其中，建設期的第一年年初（通常記作第 0 年）稱為建設起點；建設期的最後一年年末稱為投產日；項目計算期的最後一年年末（通常記作第 n 年）稱為終結點；從投產日到終結點之間的時間間隔稱為生產經營期，而生產經營期又包括試產期和達產期（完全達到設計生產能力）。

5.2.2 項目投資的內容

從項目投資的角度看，原始投資（又稱初始投資）是企業為使項目完全達到設計生產能力，開展正常經營而投入的全部現實資金，包括建設投資和流動資金投資兩項內容。建設投資是指在建設期內按一定生產經營規模和建設內容進行的投資。

1. 固定資產投資

這是項目用於購置或安裝固定資產應當發生的投資，固定資產原值與固定資產投資間的關係是：

$$固定資產原值 = 固定資產投資 + 建設期資本化借款利息$$

2. 無形資產投資

這是指項目用於取得無形資產而發生的投資。

3. 其他資產投資

這是建設投資中除固定資產投資和無形資產投資以外的投資，包括生產投資、流動資金投資。其中流動資金投資是指項目投產前後分次或一次投放於流動資產項目的投資。項目總投資是一個反應項目投資總體規模的價值指標，它等於原始投資利息之和。其中建設期資本化利息是指在建設期發生的與購建項目投資和建設項目所需的固定資產、無形資產等長期資產有關的借款利息。

5.2.3 項目投資資金的投入方式

從時間特徵上來看，投資主體將原始投資注入具體項目的投入方式包括一次投入和分次投入兩種形式。一次投入方式是指投資行為集中一次發生在項目計算期第一個年度的年初或年末；如果投資行為涉及兩個或兩個以上年度，或雖然只涉及一個年度但同時在該年的年初和年末發生，則屬於分次投入方式。資金投入方式與項目計算期的構成情況有關，同時也受到投資項目的具體內容制約。建設投資既可以採用年初預付的方式，也可採用年末結算的方式，因此該項投資必須在建設期內一次或分次投入。就單純固定資產投資項目而言，如果建設期等於零，說明固定資產投資的投資方式是一次投入；如果固定資產投資是分次投入的，則意味著該項目的建設期一般大於一年。

流動資金投資必須採取預付的方式，因此其首次投資最遲必須在建設期末（即投產日）完成，亦可在試產期內有關年份的年初分次追加投入。

5.3 現金流量測算

在項目投資決策的各個步驟中，估計投資項目的預期現金流量是項目投資評價的首要環節，也是最重要，最困難的步驟之一。

5.3.1 現金流量的概念

針對某個具體的固定資產項目，現金流量是指一個項目在其計算期內因資本循環而可能或應該發生的現金流入量與現金流出量的統稱，這時的「現金」與現金流量表中的現金有所區別，它不僅包括各種貨幣資金，而且包括項目需要投入企業擁有的非貨幣資源的變現價值。例如，一個項目需要使用原有的廠房、設備和材料等，則相關的現金流量是指它們的折現價值，而不是其帳面成本。一個項目產生的現金流量包括現金流入量、現金流出量和現金淨流量三個方面。

5.3.1.1 現金流入量

一個方案的現金流入量，是指該方案所引起的企業現金收入的增加額。例如，企業購置一條生產線，通常會引起下列現金流入。

1. 營業現金流入

購置生產線擴大了企業的生產能力，使企業銷售收入增加。扣除有關的付現成本增量後的餘額，是該生產線引起的一項現金流入。

$$營業現金流入 = 銷售收入 - 付現成本$$

付現成本是指需要每年支付現金的成本，成本中不需要每年支付現金的部分稱為非付現成本，其中主要是折舊費。所以，付現成本可以用成本減折舊來估算。

$$付現成本 = 成本 - 折舊$$

如果從每年現金流動的結果來看，增加的現金流入來自兩部分：一部分是利潤造成貨幣增加；另一部分是以貨幣形式回收的折舊，即

營業現金流入 = 銷售收入 - 付現成本 = 銷售收入 -（成本 - 折舊）= 利潤 + 折舊

2. 回收固定資產餘值

回收固定資產餘值是指所投資的生產線在報廢清理時或中途變價轉讓處理時所收回的價值。

3. 回收流動資金

回收流動資金是指生產線報廢（轉讓）時，因不再發生新的替代投資而回收的原墊付的全部流動資金投資額。

5.3.1.2　現金流出量

一個方案的現金流出量，是指該方案引起的企業現金支出的增加額。例如，企業購置一條生產線，通常會引起以下現金流出：

1. 購置生產線的價款

這是購置固定資產發生的主要現金流出，可能是一次性支出，也可能分幾次支出。

2. 墊支流動資金

由於該生產線擴大了企業的生產能力，所以，引起對流動資產的需求增加，企業需要追加的流動資金，也是購置該生產線引起的，因此應列入該方案的現金流出量。

5.3.1.3　現金淨流量

現金淨流量是指一定期間現金流入量和現金流出量的差額。這裡所說的「一定期間」，有時是指 1 年內，有時是指投資項目持續的整個年限內，流入量大於流出量時，淨流量為正值；反之，淨流量為負值。

5.3.2　現金流量的估計

估計投資方案所需的資本支出以及該方案每年能產生的現金淨流量，會涉及很多變量並且需要企業有關部門的參與，如：銷售部門負責預測售價和銷量，涉及產品價格廣告效果、競爭者動向等；產品開發和技術部門負責估計投資方案的資本支出，涉及研發、設備購置、廠房建築等；生產和成本部門負責估計製造成本，涉及原材料採購價格、生產工藝安排、產品成本；等等。

在確定投資方案的相關現金流量時，應遵循的最基本原則：只有增量現金流量才是與項目相關的現金流量。所謂增量現金流量、是指接受或拒絕某個投資方案後，企

業總現金流量因此發生的變動，只有那些由於採納某個項目引起的現金支出增加額，才是該項目的現金流出；只有那些由於採納某個項目引起的現金流入增加額，才是該項目的現金流入。

為了正確計算投資方案的增量現金流量，需要正確判斷哪些支出會引起企業總現金流量的變動，哪些支出不會引起企業總現金流量的變動。在進行這種判斷時，要注意以下四個問題：

1. 區分相關成本和非相關成本

相關成本是指與特定決策有關的、在分析評價時必須加以考慮的成本。例如，差額成本、未來成本、重置成本、機會成本等都屬於相關成本。與此相反，與特定決策無關的、在分析評價時不必加以考慮的成本是非相關成本，如沉沒成本、過去成本、帳面成本等。如果將非相關成本納入投資方案的總成本，則一個有利的方案可能因折舊方法問題而成為不利方案，一個較好的方案可能變為較差的方案，從而造成決策錯誤影響現金流量，因此不要忽視機會成本。

2. 不要忽視機會成本

在投資方案的選擇中，如果選擇了一個投資方案，則必須放棄投資於其他途徑的機會。對企業來說，其他投資機會可能取得的收益是實行本方案的一種代價，被稱為這項投資方案的機會成本。注意，機會成本不是我們通常意義上的「成本」，它不是一種支出或費用，而是失去的收益。這種收益不是實際發生的，而是潛在的。機會成本總是針對具體方案的，離開被放棄的方案就無從計量確定。

3. 要考慮投資方案對企業其他部門的影響

當我們採納一個新的項目後，該項目可能對企業的其他部門造成有利或不利的影響。例如，若新建車間生產的產品上市後，原有其他產品的銷路可能減少，而且整個企業的銷售金額也許不增加甚至減少，有時也可能發生相反的情況。當然，這類影響事實上是很難準確計量的，但決策時仍要將其考慮在內。

4. 對淨營運資金的影響

在一般情況下，當企業開辦一項新業務並使銷售額擴大後，對存貨、應收帳款等流動資產的需求也會增加，企業必須籌措新的資金以滿足這種額外需求。另外，由於企業擴充，應付費用等流動負債也會同時增加，從而降低企業流動資金的實際需要。所謂淨營運資金的需要，指增加的流動資產與增加的流動負債之間的差額。通常，在進行投資分析時，假定開始投資時籌措的淨營運資金在項目結束時收回。

在會計核算時，利潤是按照權責發生制確定的，而現金淨流量是根據收付實現制確定次要地位，兩者既有聯繫又有區別。在投資決策中，研究的重點是現金流量，而把利潤的研究放在次要地位據此。理由如下：

（1）整個投資有效年限內，利潤總計與現金淨流量總計是相等的。由於傳統的財務會計核算以持續經營和會計分期為前提，以權責發生制為基礎進行會計確認、計量和報告，企業在某個特定會計期間內的利潤與現金淨流量可能不一致，但在整個持續經營期內利潤與現金淨流量是相等的。就某一個具體的項目而言，也是如此。所以，現金淨流量可以取代利潤作為評價淨收益的指標。

（2）利潤在各年的分佈受折舊方法、攤銷方法、資產減值損失提取等人為因素的影響，而現金流量的分佈不受這些人為因素的影響，可以保證評價的客觀性。在特定的會計期間，採用不同的折舊方法、存貨計價方法、成本計算方法等，得出的經營利潤指標是不同的，但它們的經營現金流量卻是相同的。

（3）在投資分析中，現金流動狀況比盈虧狀況更重要，有利潤的年份不一定能產生多餘的現金用來進行其他項目的再投資。一個項目能否維持下去，不取決於一定期間是否盈利，而取決於有沒有現金用於各種支付。

5.3.3 所得稅與折舊對現金流量的影響

由於所得稅是企業的一種現金流出，其大小取決於利潤的大小和稅率的高低，而利潤的大小受折舊方法的影響，因此，討論所得稅對現金流量的影響必然會涉及折舊問題。折舊影響現金流量，從而影響投資決策，實際上是所得稅的存在引起的。

5.3.3.1 稅後成本和稅後收入

對企業來說，絕大部分費用項目都可以抵減所得稅，所以支付的各項費用應以稅後的基礎來觀察。凡是可以減免稅負的項目，實際支付額並不是企業真正的成本，而應將因此減少的所得稅考慮進去。扣除了所得稅影響以後的費用淨額，稱為稅後成本。

【例5-1】某企業目前月份的損益情況如表5-1所示，該企業正在考慮一項廣告計劃，每月支付4,000元，假設所得稅稅率為25%。該項廣告的稅後成本是多少？

表5-1　　　　　　　　某企業目前月份損益情況　　　　　　　　單位：元

項目	目前月份（不做廣告）	做廣告方案
銷售收入	30,000	30,000
成本和費用	10,000	10,000
新增廣告費用	0	3,000
稅前利潤	20,000	17,000
所得稅（25%）	5,000	4,250
稅後利潤	15,000	12,750
新增廣告稅後成本	2,250	

從表5-1可以看出，該項廣告的稅後成本為每月2,250元，兩個方案（不做廣告與做廣告）的唯一差別是廣告費3,000元，對淨利潤的影響為2,250元（15,000-12,750），稅後成本的計算公式為：

$$稅後成本 = 支出金額 \times (1-稅率)$$

據此，該項廣告的稅後成本為：

稅後成本 = 3,000×（1-25%）= 2,250（元）

與稅後成本相對應的概念是稅後收入。由於所得稅的作用，企業的營業收入會有一部分流出企業。企業實際得到的現金流入是稅後收益：

稅後收益=收入金額×（1-稅率）

5.3.3.2 折舊的抵稅作用

我們知道，加大成本會減少利潤，從而使所得稅減少，如果不計提折舊，企業的所得稅，將會增加許多。折舊可以起到減少稅負的作用，這種作用稱之為「折舊抵稅」或「稅收擋板」。

【例5-2】現有A和B兩家企業，全年銷售收入、付現費用均相同，假設所得稅稅率為25%。兩者的區別：A企業有一項可計提折舊的資產，每年折舊額相同，B企業沒有可計提折舊的資產。A、B兩家企業的現金流量如表5-2所示。

表5-2　　　　　　　　折舊對稅費的影響　　　　　　　　單位：元

項目	A企業	B企業
一、銷售收入	40,000	40,000
二、費用	26,000	20,000
（一）付現營業費用	20,000	20,000
（二）折舊	6,000	0
三、稅前利潤	14,000	20,000
四、所得稅（25%）	3,500	5,000
五、稅後利潤	10,500	15,000
六、營業現金收入	16,500	15,000
（一）淨利潤	10,500	15,000
（二）折舊	6,000	0
七、A企業比B企業擁有較多現金	1,500	

從表5-2可以看出，A企業利潤雖然比B企業少4,500元，但現金淨流入卻多出1,500元，其原因在於有6,000元的折舊計入成本，使應納稅所得額減少6,000元，從而少納稅1,500元（6,000×25%），這筆現金保留在企業，不必繳出。折舊對稅負的影響可按以下方法計算：

稅負減少額=折舊額×稅率=6,000×25%=1,500（元）

5.3.3.3 稅後現金流量

考慮所得稅因素以後，現金流量的計算有三種方法。

1. 根據現金流量的定義計算

根據現金流量的定義，所得稅是一種現金支付，應當作為每年營業現金流量的一個減項。其計算公式為：

營業現金流量=營業收入-付現成本-所得稅

2. 根據年末營業結果來計算

企業每年現金增加來自兩個主要方面：一是當年增加的淨利潤；二是計提的折舊，

以現金形式從銷售收入中扣回，留在企業裡。因此，現金流的計算公式為：

$$營業現金流量 = 營業收入 - 付現成本 - 所得稅$$
$$= 營業收入 - (營業成本 - 折舊) - 所得稅$$
$$= 營業利潤 + 折舊 - 所得稅 - 稅後淨利潤$$

3. 根據所得稅對收入和折舊的影響計算

由於所得稅的影響，現金流量並不等於項目名義上的收支金額，可以通過稅後成本、稅後收入和折舊抵稅相加來計算營業現金流量。其計算公式為：

$$營業現金流量 = 稅後淨利潤 + 折舊$$
$$= (營業收入 - 營業成本) \times (1 - 稅率) + 折舊$$
$$= [營業收入 - (付現成本 + 折舊)] \times (1 - 稅率) + 折舊$$
$$= 營業收入 \times (1 - 稅率) - 付現成本 \times (1 - 稅率) + 折舊 \times 稅率$$
$$= 稅後收入 - 稅後付現成本 + 折舊抵稅$$

以上計算營業現金流量的方法，在進行項目投資決策分析時需要根據已知條件選擇使用。例如，在決定某個項目是否投資時，往往使用差額分析法確定現金流量，當並不知道整個企業的利潤時，這樣使用這種計算方法就比較方便。

5.4 投資決策評價方法

投資優劣的評價標準，應以資本成本為基礎，其基本原理是投資項目的收益率超過資本成本時，企業的價值將增加；投資項目的收益率小於資本成本時，企業的價值將減少。對項目投資的評價，通常使用兩類指標：一類是貼現指標，即考慮了貨幣時間價值因素的指標，主要包括淨現值、淨現值率、現值指數、內含報酬率等；另一類是非貼現指標，即沒有考慮貨幣時間價值因素的指標，主要包括投資回收期、會計收益率等。根據分析評價指標的類別，項目投資評價方法相應地升為貼現評價法和非貼現評價法兩種。

5.4.1 貼現評價法

這是考慮貨幣時間價值的分析評價方法，亦稱為貼現現金流量分析技術。

5.4.1.1 淨現值法

這種方法使用淨現值作為評價投資方案優劣的指標。所謂淨現值，是指未來現金流入的現值與未來現金流出的現值之間的差額，記作 NPV。淨現值的基本計算公式為：

$$淨現值 (NPV) = \sum_{t=0}^{n} \frac{I_t}{(1+i)^t} - \sum_{t=0}^{n} \frac{O_t}{(1+i)^t}$$

式中：I_t 為第 t 年的現金流入量；O_t 為第 t 年的現金流入量；i 為預定的貼現率；n 為投資涉及的年限。

按照這種方法：①如 NPV 大於零，即貼現後現金流入大於貼現後現金流出，說明

該投資項目的報酬率大於預定的貼現率；②如 NPV 等於零，即貼現後現金流入等於貼現後現金流出，說明該投資項目的報酬率相當於預定的貼現率；③如 NPV 小於零，即貼現後現金流入小於貼現後現金流出，說明該投資項目的報酬率小於預定的貼現率。

【例5-3】設貼現率為10%，有三個投資方案，有關現金流量的數據如表 5-3 所示。

表 5-3　　　　　　　　　三個方案的現金流量表　　　　　　　　單位：元

期間	A 方案	B 方案	C 方案
0	-20,000	-9,000	-12,000
1	11,800	1,200	4,600
2	13,240	6,000	4,600
3	0	6,000	4,600

NPV（A）＝（11,800×0.909,1+13,240×0.826,4）-20,000=1,669（元）

NPV（B）＝（1,200×0.909,1+6,000×0.826,4+6,000×0.751,3）-9,000=1,557（元）

NPV（C）＝4,600×2.487-12,000=-560（元）

A、B 兩個方案的淨現值大於零，說明這兩個方案的報酬率超過10%。如果企業的資本成本率或要求的最低投資報酬率是10%，這兩個方案都是可以接受的。C 方案淨現值為負，說明該方案的報酬率達不到10%，因而應予放棄。如果資金供應不受限制，那麼 A 和 B 相比，A 方案更好些。

應當指出的是，在項目評價中，正確地選擇貼現率至關重要，它直接影響項目評價的結論。如果選擇的貼現率過低，則會導致一些經濟效益較差的項目得以通過，從而浪費了有限的社會資源；如果選擇的貼現率過高，則會導致一些效益較好的項目不能通過，從而使有限的社會資源不能充分發揮作用。在實務中，一般有以下幾種方法可以用來確定項目的貼現率：①以投資項目的資金成本率作為貼現率；②以投資的機會成本率作為貼現率；③根據不同階段採用不同的貼現率，例如在計算項目建設期淨現金流量現值時，以貸款的實際利率作為貼現率，而在計算項目經營期淨現金流量時、以全社會資金平均收益率作為貼現率；④以行業平均收益率作為項目貼現率。

淨現值是正指標，採用淨現值法的決策標準：如果投資方案的淨現值大於或等於零，該方案為可行方案；如果投資方案的淨現值小於零，該方案為不可行方案；如果幾個方案的投資額相同，且淨現值均大於零，那麼淨現值最大的方案為最優方案。

淨現值法的優點：①考慮了資金的時間價值，增強了投資經濟性的評價；②考慮了項目計算期的全部淨現金流量，體現了流動性與收益性的統一；③考慮了投資的風險性，因為貼現率的大小與風險大小有關，風險越大，貼現率就越高，但淨現值法也存在明顯的缺點：①不能從動態的角度直接反應投資項目的實際收益率水準，當各項目投資額不等時，僅用淨現值無法確定投資方案的優劣；②淨現金流量的測定和貼現率的確定比較困難，而它們的正確性對計算淨現值有著重要影響；③淨現值法計算麻

煩，且較難理解和掌握。

5.4.1.2 淨現值率法

淨現值率是指投資項目的淨現值占原始投資現值總和的百分比指標，記作 NPVR。其計算公式為：

$$淨現值率 (NPVR) = \frac{\sum_{t=0}^{n} \frac{O_t}{(1+)^t} - \sum_{t=0}^{n} \frac{O_t}{(1+i)^t}}{\sum_{t=0}^{n} \frac{O_t}{(1+t)^t}}$$

【例5-4】根據例5-3中的資料，A、B、C三個方案的淨現值率計算如表5-4所示。

表 5-4　　　　　　　　　　三個方案淨現值率計算表

項目	A 方案	B 方案	C 方案
投資項目淨現值（元）	1,669	1,557	-560
原始投資現值（元）	20,000	9,000	12,000
淨現值率（NPVR）	0.083,5	0.173,0	-0.046,7

淨現值率是一個貼現的相對量評價指標，其優點在於可以從動態的角度反應項目投資的資金投入與淨產出之間的關係，比其他動態指標相對更容易計算。其缺點與淨現值指標相似，同樣無法直接反應投資項目的實際收益率。

5.4.1.3 現值指數法

現值指數又被稱為獲利指數，是指未來現金流入現值與現金流出的比率，記作 PI。其計算公式為：

$$淨現值率 (PI) = \frac{\sum_{t=0}^{n} \frac{I_t}{(1+i)^t}}{\sum_{t=0}^{n} \frac{O_t}{(1+i)^t}}$$

【例5-5】根據例5-3中的資料，A、B、C三個方案的現值指數計算如表5-5所示。

表 5-5　　　　　　　　　　三個方案現值指數計算表

項目	A 方案	B 方案	C 方案
投資項目淨現值（元）	21,669	10,557	11,440
原始投資現值（元）	20,000	9,000	12,000
現值指數（PI）	1.08	1.17	0.95

A、B 兩個投資方案的現值指數大於1，說明其收益超過成本，即投資報酬率超過預定的貼現率；C方案的現值指數小於1，說明其報酬率沒有達到預定的貼現率；如果

現值指數為 1，說明貼現後現金流入等於現金流出，投資的報酬率與預定貼現率相同。現值指數可以看成是 1 元原始投資可望獲得的現值淨收益，是項目投資評價的一個指標。它和淨現值率都是屬於相對數指標，反應投資的效率。它們之間有如下關係：

$$\text{現值指數}（PI）= 1+\text{淨現值率}（NPVR）$$

利用現值指數法進行投資項目決策的標準：如果投資方案的現值指數大於或等於 1，該方案為可行方案；如果投資方案的現值指數小於 1，該方案為不可行方案；如果幾個方案的現值指數均大於 1，那麼獲利指數越大，投資方案越好，但在採用現值指數法進行互斥方案的選擇時，其正確的選擇原則不是選擇現值指數最大的方案，而是在保證現值指數大於 1 的條件下，使追加投資所得的追加收入最大化，例如，在以上例 5-3、例 5-4、例 5-5 中，A 方案的淨現值是 1,669 元，B 方案的淨現值是 1,557 元，如果這兩個方案之間是互斥的，當然 A 方案較好，如果兩者是獨立的，哪一個應優先給予考慮，可以根據現值指數來選擇。B 方案的現值指數為 1.17，大於 A 方案的 1.08，所以 B 方案優於 A 方案。

現值指數法的優缺點與淨現值法基本相同，但有一個重要的區別是，現值指數法可以從動態的角度反應項目投資的資金投入與總產出之間的關係，可以彌補淨現值法在投資額不同方案之間不能比較的缺陷，使投資方案之間可直接用現值指數進行對比。

5.4.1.4 內含報酬率法

內含報酬率法是根據投資方案本身的內含報酬率法來評價方案優劣的一種方法。所謂內含報酬率法，是指能夠使未來現金流入量現值等於未來現金流出量現值的貼現率，或者說使投資方案淨現值為零的貼現率的一種方法。其計算公式為：

$$IRR = \sum_{i=0}^{n} \frac{I_t}{(1+IRR)^t} - \sum_{i=0}^{n} \frac{O_t}{(1+IRR)^t} = 0$$

淨現值法和現值指數法雖然考慮了貨幣的時間價值，可以說明投資方案高於或低於特定的投資報酬率，但沒有揭示方案本身可以達到的具體的報酬率是多少。內含報酬率是根制方案的現金流量計算的，是方案本身的投資報酬率。內含報酬率的計算，通常需要採用「逐步測試法」：首先估計一個貼現率，用它來計算方案的淨現值；如果淨現值為正數，說明方案本身的報酬率超過估計的貼現率，應提高貼現率後進一步測試，如果淨現值為負數，說明方案本身的報酬率低於估計的貼現率，應降低貼現率後進一步測試，經過多次測試，尋找出使淨現值接近於零的貼現值，即為方案本身的內含報酬率，如果對測試結果的精確度不滿意，還可以使用「內插法」來改善。

【例 5-6】某投資項目在建設起點一次性投資 254,979 元，當年完工並投產，經營期 15 年，每年可獲淨現金流量 50,000 元。根據內含報酬率的定義有以下表達式：

$50,000 \times (P/A, IRR, 15) - 254,979 = 0$

$(P/A, IRR, 15) = 254,979/50,000 = 5.099,6$

查年金現值系數表，發現：

$(P/A, 18\%, 15) = 5.099,6$

因此，該項目的 $IRR = 18\%$。

【例5-7】某企業擬建一項固定資產,需投資 100 萬元,按平均年限法計提折舊。使用壽命 10 年,期後無殘值,該項工程於當年投產,預計投產後每年可獲淨利 10 萬元,計算該方案的內含報酬率如下:

每年的現金流入淨額=淨利+折舊=10+100/10=20(萬元)

$(P/A, IRR, 10) = 100/20 = 5$

查年金現值系數表,有:

$(P/A, 14\%, 10) = 5.216, 1 > 5$

$(P/A, 16\%, 10) = 4.833, 2 < 5$

可見,14%<IRR<16%,應使用內插法:

$$IRR = 14\% + \frac{5.216, 1 - 5}{5.216, 1 - 4.833, 2} \times (16\% - 14\%) = 15.13\%$$

內含報酬率是個相對量正指標,採用這一指標的決策標準:將所測算的各方的內含報酬率與其資金成本率對比,如果方案的內含報酬率大於其資金成本率,該方案為可行方案;如果投資方案的內含報酬率小於其資金成本率,為不可行方案。如果幾個投資方案的內含報酬率都大於其資金成本率,且各方案的投資額相同,那麼內含報酬率與資金成本率之間差異最大的方案最好;如果幾個方案的內含報酬率均大於其資金成本率,但各方案的原始投資額不等,其決策標準應是「投資額×(內含報酬率-資金成本)」最大的方案為最優方案。內含報酬率的優點是非常注重貨幣時間價值,能從動態的角度直接反應投資項目的實際收益水準,且不受行業標準收益率高低的影響,比較客觀,但該指標的計算過程十分麻煩,當經營期大量追加投資費時,又有可能導致多個 IRR 出現,或偏高偏低,缺乏實際意義。

5.4.1.5 貼現指標之間的關係

如果 ic 為某企業的行業基準貼現率,淨現值 NPV、淨現值率 NPVR、現值指數 PI 和內含報酬率 IRR 各指標之間存在以下數量關係,即:

(1) 當 NPV>0 時,NPVR>0,PI>1,IRR>ic。

(2) 當 NPV=0 時,NPVR=0,PI=1,IRR=ic。

(3) 當 NPV<0 時,NPVR<0,PI<1,IRR<ic。

此外,淨現值率 NPVR 的計算需要在已知淨現值 NPV 的基礎上進行,內含報酬率 IRR 在計算時也需要利用淨現值 NPV 的計算技巧或形式,這些指標都會受到建設期的長短、投資方式,以及各年淨現金流量的數量特徵的影響。所不同的是 NPV 為絕對量指標,其餘為相對數指標。計算 NPV、NPVR、PI 所依據的貼現率都是事先已知的 ic。而 IRR 的計算本身與 ic 的高低無關。

5.4.2 非貼現評價法

非貼現評價法不考慮資金的時間價值,把不同時間的資金收支看成是等效的,這類方法在項目投資決策分析時只起輔助性作用。

5.4.2.1 靜態投資回收期法

靜態投資回收期又稱全部投資回收期,簡稱回收期,是指以投資項目經營淨現金流量抵償原始總投資所需要的全部時間。其計算方法分以下兩種情況:

(1) 在原始投資額 (BI) 一次支出,每年現金淨流入量 (NCF) 相等時:

$$回收期 = \frac{原始投資額}{每年現金淨流入量} = \frac{BI}{NCF}$$

(2) 如果現金流入量 (NCF) 每年不等,或原始投資 (BI) 是分 m 年投入的,則可使下式成立的 n 為回收期:

$$\sum_{k=0}^{n} BI_K = \sum_{J=0}^{N} NCF_J$$

式中:BI_K 為第 K 年的投資額;NCF_J 為第 J 年的現金淨流入量。

【例5-8】某企業準備投資一個項目,其預計現金流量如表5-6所示。

表 5-6　　　　　　　　　　　預計現金流量　　　　　　　　　　單位:萬元

項目	現金流量	回收期	未回收額
原始投資	-10,000	0	0
第一年現金流入	1,500	1,500	8,500
第二年現金流入	5,800	5,800	2,700
第三年現金流入	6,200	2,700	0

回收期 = 2 + (2,700/6,200) = 2.44 (年)

從以上的分析可知,靜態投資回收期是一個非貼現的絕對量指標。在評價投資方案的可行性時,進行決策的標準是投資回收期最短的方案為最佳方案,因為投資回收期越短,投資風險越小。回收期能夠直接地反應原始總投資的返回期限,便於理解,計算也簡便。其缺點在於不僅忽視貨幣時間價值,而且沒有考慮回收期以後的收益。事實上,有戰略意義的長期投資往往早期收益較低,而中後期收益較高。回收期法優先考慮急功近利的項目,可能導致放棄長期成功的方案,因此,該方法只作為輔助性方法使用,主要用來測定投資項目的流動性而非盈利性。

5.4.2.2 會計收益率法

會計收益率又稱投資利潤率,這種方法計算簡便,應用範圍較廣。它在計算時使用會計報表上的數據,以及普通會計的收益和成本觀念。

$$會計收益率(ROI) = \frac{年平均收益}{原始投資額} \times 100\%$$

在計算年平均淨收益時,如使用不包括建設期的經營期年數,其最終結果被稱為「經營期會計收益率」。

【例5-9】已知,某項目的建設期為2年,經營期為8年,預計固定資產投資額為100萬元,資本化利息為10萬元,經營期平均每年的淨收益為10萬元。該項目的會計

收益率為：

會計收益率 = 10÷（100+10）×100% ≈ 9.09%

會計收益率法的決策標準：投資項目的會計收益率越高越好，低於無風險投資利潤率的方案為不可行方案。會計收益率指標的優點是簡單、明了、易於掌握，且該指標不受建設期的長短、投資方式、回收額有無以及淨現金流量大小等條件的影響，它能夠說明各投資方案的收益水準。該指標也存在以下缺點：①沒有考慮貨幣時間價值因素，不能正確反應建設期長短及投資方式的不同對項目的影響；②該指標的計算無法直接利用淨現金流量信息；③該指標的分子與分母在時間上口徑不一致，因而影響指標的可比性。

5.5 證券投資管理

證券資產是企業進行金融投資所形成的資產。證券投資不同於項目投資，項目投資的對象是實體性經營資產，經營資產是直接為企業生產經營服務的資產，如固定資產、無形資產等，它們往往是一種服務能力遞減的消耗性資產。證券投資的對象是金融資產，金融資產是一種以憑證、票據或者合同合約形式存在的權利性資產，如股票、債券及其衍生證券等。

5.5.1 證券資產的特點

1. 價值虛擬性

證券資產不能脫離實體資產而完全獨立存在，但證券資產的價值不是完全由實體資本的現實生產經營活動決定的，而是取決於契約型權利所帶來的未來現金流量，是一種未來現金流量折現的資本化價值。如債券投資代表的是未來按合同規定收取債息和收回本金的權利，股票投資代表的是對發行股票企業的經營控制權、財務控制權、收益分配分配權、剩餘財產追索權等股東權利。證券資產的服務能力在於它能帶來未來的現金流量，按未來現金流量折現即資本化價值，是證券資產價值的統一表達。

2. 可分割性

實體項目投資的經營資產一般具有整體性要求，如購建新的生產能力，往往是廠房、設備、配套流動資產的結合。證券資產可以分割為一個最小的投資單位，如一只股票、一份債券，這就決定了證券資產投資的現金流量比較單一，往往由原始投資、未來收益或資本利得、本金回收所構成。

3. 持有目的多元性

實體項目投資的經營資產往往是為消耗而持有，為流動資產的加工提供生產條件。證券資產的持有目的是多元的，既可能是為未來累積現金即為未來變現而持有，也可能是為謀取資本利得即為銷售而持有，還有可能是為取得對其他企業的控制權而持有。

4. 強流動性

證券資產具有很強的流動性，其流動性表現在：①變現能力強。證券資產往往都

是上市證券,一般都有活躍的交易市場可供及時轉讓。②持有目的可以相互轉換。當企業急需現金時,可以立即將為其他目的而持有的證券資產變現。證券資產本身的變能力雖然較強,但其實際週轉速度取決於企業對證券資產的持有目的。作為長期投資的形式,企業持有的證券資產的週轉一次一般都會經歷一個會計年度以上。

5. 高風險性

證券資產是一種虛擬資產,決定了金融投資受公司風險和市場風險的雙重影響,不僅發行債券資產的公司業績影響著證券投資的報酬率,資本市場的市場平均報酬率的變化也會給金融投資帶來直接的市場風險。

5.5.2 證券投資的目的

1. 分散資金投向,降低投資風險

投資分散化,即將資金投資於多個相關程度較低的項目,實行多元化經營,能夠有效地分散投資風險。當某個項目經營不景氣而利潤下降甚至導致虧損時,其他項目可能會獲取較高收益。將企業的資金分成內部經營投資和對外證券投資兩個部分,實現了項目投資的多元化。而且,與對內投資相比,對外證券投資不受地域和經營範圍限制,投資選擇非常廣,投資資金的退出和收回也比較容易,是多元化投資的主要方式。

2. 利用閒置資金,增加企業收益

企業在生產經營過程中,由於各種原因有時會出現資金閒置、現金結餘較多的情況。閒置的資金可以投資於股票、債券等有價證券上,謀取投資收益,這些投資收益主要表現在股利收入、債息收入、證券買賣差價等方面。同時,有時企業資金的閒置是暫時的,可以投資於在資本市場上流通性和變現能力較強的有價證券。這類證券能夠隨時變賣,收回資金。

3. 穩定客戶關係,保障生產經營

企業生產經營環節中,供應和銷售是企業與市場相聯繫的重要通道。沒有穩定的原材料供應來源、沒有穩定的銷售客戶,都會使企業的生產經營中斷。為了保持與供銷客戶良好而穩定的業務關係,可以對業務關係鏈的供銷企業進行投資,保持對它們一定的債權和股權,甚至控股。這樣,能夠以債權或股權對關聯企業的生產經營施加影響和控制,保障本企業的生產經營順利進行。

4. 提高資產的流動性,增強償債能力

資產流動性強弱是影響企業財務安全性的主要因素。除現金等貨幣資產外,有價證券投資是企業流動性最強的資產,是企業速動資產的主要構成部分。在企業需要支付大量現金,而現有現金儲備又不足時,可以通過變賣有價證券迅速取得大量現金,保證企業的及時支付。

5.5.3 證券資產投資的風險

由於證券資產的市價波動頻繁,證券投資的風險往往較大。獲取投資收益是證券投資的主要目的,證券投資的風險是投資者無法獲得預期投資收益的可能性。按風險

性質劃分，證券投資的風險分為系統性風險和非系統性風險兩大類別。

5.5.3.1 系統性風險

證券資產的系統性風險，是指外部經濟環境因素變化引起整個資本市場不確定性加強，從而對所有證券都產生影響的共同性風險。系統性風險影響到資本市場上的所有證券，無法通過投資多元化的組合而加以避免，也稱為不可分散風險。

系統性風險波及所有證券資產，最終會反應在資本市場平均利率的提高上，所有的系統性風險幾乎都可以歸結為利率風險。利率風險是由於市場利率變動引起證券資產價值變化的可能性。市場利率反應了社會平均報酬率，投資者對資產報酬率的預期總是在市場利率基礎上進行的，只有當證券資產投資報酬率大於市場利率時，證券投資的價值才會高於其市場價格。一旦市場利率提高，就會引起證券資產價值的下降，投資者就不易得到超過社會平均報酬率的超額報酬。市場利率的變動會造成證券資產價格的普遍波動，兩者呈反向變化：市場利率上升，證券資產價格下跌；市場利率下降，證券資產價格上升。

1. 價格風險

價格風險是指市場利率上升，導致證券資產價格普遍下跌的可能性。價格風險來自資本市場買賣雙方資本供求關係的不平衡：資本需求量增加，市場利率上升；資本供應量增加，市場利率下降。

資本需求量增加，引起市場利率上升，也意味著證券資產發行量的增加，引起整個資本市場所有證券資產價格的普遍下降。需要說明的是，這裡的證券資產價格波動並不是指證券資產發行者的經營業績變化而引起的個別證券資產的價格波動，而是由於資本供應關係引起的全部證券資產的價格波動。

在證券資產持有期間，市場利率上升，證券資產價格就會下跌，證券資產期限越長，投資者遭受的損失越大。到期風險附加率，就是對投資者承擔利率變動風險的一種補償，期限越長的證券資產，要求的到期風險附加率就越大。

2. 再投資風險

再投資風險是由於市場利率下降，而造成的無法通過再投資而實現預期收益的可能性。根據流動性偏好理論，長期證券資產的報酬率應該高於短期證券資產的。這是因為：①期限越長，不確定性就越強。證券資產投資者一般喜歡持有短期債券資產，因為它容易變現而收回本金。因此，投資者願意接受短期證券資產的低報酬率。②證券資產發行者一般喜歡發行長期證券資產，因為長期證券資產可以籌集長期資金，而不必經常面臨籌集不到資金的困境。因此，證券資產發行者願意為長期證券資產支付較高的報酬率。

為了避免市場利率上升的價格風險，投資者可能會投資短期證券資產，但短期證券資產又會面臨市場利率下降的再投資風險，即無法按預定報酬率進行再投資而實現所要求的預期收益。

3. 購買力風險

購買力風險是指由於通貨膨脹而使貨幣購買力下降的可能性。在持續而劇烈的物

價波動環境下，貨幣性資產會產生購買力損益：當物價持續上漲時，貨幣性資產會遭受購買力損失；當物價持續下跌時，貨幣性資產會帶來購買力收益。

證券資產是一種貨幣性資產，通貨膨脹會使證券資產投資的本金和收益貶值，名義報酬率不變而實際報酬率變低。購買力風險對具有收款權利性質的資產影響很大；證券投資的購買力風險大於股票投資。如果通貨膨脹長期延續，投資人會把資本投向實體性資產以求保值，對證券資產的需求量減少，引起證券資產價格下跌。

5.5.3.2 非系統性風險

證券資產的非系統性風險，是指特定經營環境或特定事件變化引起的不確定性，從而對個別證券資產產生影響的特有風險。非系統性風險源於每個公司自身特有的營業活動和財務活動，與某個具體的證券資產相關聯，同整個證券資產市場無關。非系統性風險可以通過持有證券資產的多元化來抵消，也稱為可分散風險。

非系統性風險是公司特有風險，從公司內部管理角度考察，公司特有風險的主要表現形式是公司經營風險和財務風險。從公司外部的證券資產市場投資者的角度考察，公司經營風險和財務風險的特徵無法明確區分，公司特有風險是以違約風險、變現風險、破產風險等形式表現出來的。

1. 違約風險

違約風險是指證券資產發行者無法按時兌付證券資產利息和償還本金的可能性。有價證券資產本身就是一種契約性權利資產，經濟合同的任何一方違約都會給另一方造成損失。違約風險是投資於收益固定型有價證券資產的投資者經常面臨的，多發生於債券投資中。違約風險產生的原因可能是公司產品經銷不善，也可能是公司現金週轉不靈。

2. 變現風險

變現風險是指證券資產持有者無法在市場上以正常的價格平倉出貨的可能性。持有證券資產的投資者，可能會在證券資產持有期限內出售現有證券資產投資於另一項目，但在短期內找不到願意出合理價格的買主，投資者就會喪失新的投資機會或面臨降價出售的損失。在同一證券資產市場上，各種有價證券資產的變現力是不同的，交易越頻繁的證券資產，其變現能力越強。

3. 破產風險

破產風險是指在證券資產發行者破產清算時投資者無法收回應得權益的可能性。當證券資產發行者由於經營管理不善而持續虧損、現金週轉不暢而無力清償債務或因為其他原因而難以持續經營時，他可能會申請破產保護。破產保護會導致債務清償的豁免、有限責任的退資，使得投資者無法取得應得的投資收益，甚至無法收回投資的本金。

5.6 債券投資

5.6.1 債券

債券是依照法定程序發行的約定在一定期限內還本付息的有價證券，它反應證券發行者與持有者之間的債權債務關係。債券一般包括以下幾個基本要素：

1. 債券面值

債券面值，是指債券設定的票面金額，它代表發行人借入並且承諾於未來某一特定日償付債券持有人的金額。債券面值包括兩個方面的內容：

（1）票面幣種。即以何種貨幣作為債券的計量單位，一般而言，在國內發行的債券，發行的對象是國內有關經濟主體，則選擇本國貨幣，若在國外發行，則選擇發行的國家或地區的貨幣或國際通用貨幣（如美元）作為債券的幣種。

（2）票面金額。票面金額對債券的發行成本、發行數量和持有者的分佈具有影響，票面金額小，有利於小額投資者購買，從而有利於債券發行，但發行費用可能增加；票面金額大，會降低發行成本，但可能減少發行量。

2. 債券票面利率

債券票面利率，是指債券發行者預計一年內向持有者支付的利息占票面金額的比率。票面利率不同於實際利率，實際利率是指按複利計算的一年期的利率，債券的計息方式有多種，可能使用單利或複利計算，利息支付可能半年一次、一年一次或到期一次還本付息，這使得票面利率可能與實際利率發生差異。

3. 債券到期日

債券到期日，是指償還債券本金的日期。債券一般都有規定到期日，以便到期時歸還本金。

5.6.2 債券的價值

將在債券投資上未來收取的利息和收回的本金折為現值，即可得到債券的內在價值。債券的內在價值也稱為債券的理論價格，只有債券價值大於其購買價格時，該債券才值得投資。影響債券價值的因素主要有債券的面值、期限、票面利率和所採用的貼現率等因素。

5.6.2.1 債券估價基本模型

典型的債券模型，是有固定的票面利率、每期支付利息、到期歸還本金的債券。這種債券模式下債券價值計量的基本模型是：

$$V_b = \sum_{t=1}^{n} \frac{I_t}{(1+R)^t} + \frac{M}{(1+R)^n}$$

式中，V_b 表示債券的價值，I 表示債券各期的利息，M 表示債券的面值，R 表示債券

價值評估時所採用的貼現率,即所期望的最低投資報酬率。一般來說,經常採用市場利率作為評估債券價值時所期望的最低投資報酬率。

從債券價值基本計量模型中可以看出,債券面值、債券期限、票面利率、市場利率是影響債券價值的基本因素。

【例5-10】某債券面值1,000元,期限20年,每年支付一次利息,到期歸還本金,以市場利率作為評估債券價值的貼現率,目前的市場利率為10%,如果票面利率分別為8%、10%和12%,有:

$V_b(8\%) = 8\% \times (P/A, 10\%, 20) + 1,000 \times (P/F, 10\%, 20) = 829.69$ (元)

$V_b(10\%) = 10\% \times (P/A, 10\%, 20) + 1,000 \times (P/F, 10\%, 20) = 999.96$ (元)

$V_b(12\%) = 12 \times (P/A, 10\%, 20) + 1,000 \times (P/F, 10\%, 20) = 1,170.23$ (元)

綜上可知,債券的票面利率可能小於、等於或大於市場利率,因而債券價值就可能小於、等於或大於債券票面價值,因此在債券實際發行時就要折價、平價或溢價發行。折價發行是為了對投資者未來少獲利息而給予的必要補償;平價發行是因為票面利率與市場利率相等,此時票面價值和債券價值是一致的,所以不存在補償問題;溢價發行是為了對債券發行者未來多付利息而給予的必要補償。

5.6.2.2 債券期限對債券價值的敏感性

選擇長期債券還是短期債券,是公司財務經理經常面臨的投資選擇問題。由於票面利率的不同,當債券期限發生變化時,債券的價值也會隨之波動。

例5-10中,市場利率為10%,面值為1,000元,每年支付一次利息,到期歸還本金,票面利率分別為8%、10%、12%的三種債券,在債券到期日發生變化時的債券價值如表5-7所示。

表5-7　　　　　　　　　債券期限變化的敏感性　　　　　　　　　單位:元

債券期限	債券價值				
	票面利率(10%)	票面利率(8%)	環比差異	票面利率(12%)	環比差異
0年期	1,000	1,000	—	1,000	—
1年期	1,000	981.72	-18.28	1,018.08	+18.08
2年期	1,000	964.88	-16.84	1,034.32	+15.24
5年期	1,000	924.28	-40.60	1,075.92	+41.60
10年期	1,000	877.60	-45.68	1,123.40	+47.48
15年期	1,000	847.48	-30.12	1,151.72	+18.32
20年期	1,000	830.12	-17.36	1,170.68	18.96

將表5-7中的債券期限與債券價值的函數描述在圖5-1中,並結合表5-7中的數據,可以得出如下結論:

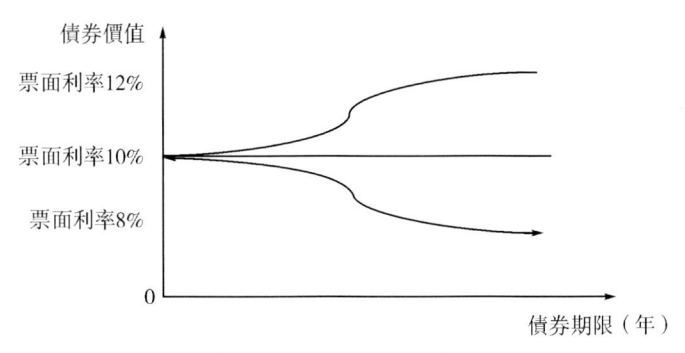

圖 5-1　債券期限的敏感性

引起債券價值隨債券期限的變化而波動的原因是債券票面利率與市場利率的不一致。如果債券票面利率與市場利率之間沒有差異，債券期限的變化不會引起債券價值的變動。也就是說，只有溢價或折價債券，才產生不同期限債券價值有所不同的現象。

債券期限越短，票面利率對債券價值的影響越小。不論是溢價債券還是折價債券，當債券期限較短時，票面利率與市場利率的差異，都不會使債券的價值過於偏離債券的面值。

在票面利率偏離市場利率的情況下，債券期限越長，債券價值越偏離債券面值。

隨著債券期限延長，債券的價值會越偏離債券的面值，但這種偏離的變化幅度最終會趨於平穩。或者說，超長期債券的期限差異，對債券價值的影響不大。

5.6.2.3　市場利率對債券價值的敏感性

債券一旦發行，其面值、期限、票面利率都相對固定了，市場利率稱為債券持有期間影響債券價值的主要因素。市場利率是決定債券價值的貼現率，市場利率的變化會造成系統性的利率風險。

將表5-17中的債券價值對市場利率的函數描述在圖5-2中，並結合表5-8中的數據，可以得出如下結論：

（1）市場利率的上升會導致債券價值的下降，市場利率的下降會導致債券價值的上升。

（2）長期債券對市場利率的敏感性會大於短期債券，在市場利率較低時，長期債券的價值遠高於短期債券，在市場利率較高時，長期債券的價值遠低於短期債券。

（3）市場利率低於票面利率時，債券價值對市場利率的變化較為敏感，市場利率稍有變動，債券價值就會發生劇烈的波動；市場利率超過票面利率後，債券價值對市場利率變化的敏感性減弱，市場利率的提高，不會使債券價值過分降低。

表 5-8　　　　　　　　　　市場利率變化的敏感性　　　　　　　　　單位：元

序號	市場利率	債券價值	
		2年期債券	20年期債券
1	5%	1,185.85	2,245.30
2	10%	1,085.40	1,425.10

表5-8(續)

序號	市場利率	債券價值	
		2年期債券	20年期債券
3	15%	1,000.00	1,000.00
4	20%	923.20	755.50
5	25%	856.00	605.10
6	30%	795.15	502.40

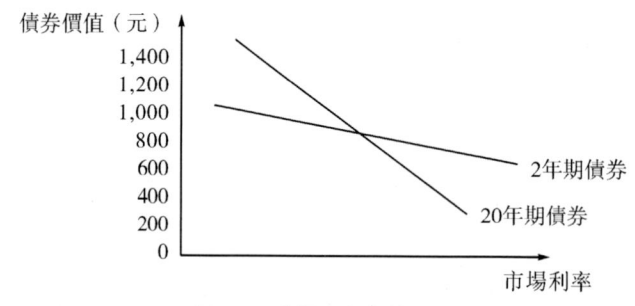

圖5-2 市場利率的敏感性

根據上述分析結論，財務經理在債券投資決策中應當注意：長期債券的價值波動較大，特別是票面利率高於市場利率的長期溢價債券，容易獲取投資收益但安全性較低，利率風險較大。如果市場利率波動頻繁，利用長期債券來儲備現金顯然是不明智的，將為較高的收益率而付出安全性的代價。

5.6.3 債券投資的收益率

5.6.3.1 債券收益的來源

債券投資的收益是投資於債券所獲得的全部投資報酬，這些投資報酬來源於三個方面：

（1）名義利息收益。債券各期的名義利息收益是其面值與票面利率的乘積。

（2）利息再投資收益。債券投資時，有兩個重要的假定：第一，債券本金是到期收回的，而債券利息是分期收取的；第二，將分期收到的利息重新投資於同一項目，並取得與本金同等的利息收益率。

例如，某5年期債券面值1,000元，票面利率為12%，如果每期的利息不進行再投資，5年共獲利息收益600元。如果將每期利息進行再投資，第1年獲利息120元；第2年1,000元，本金獲利息120元，第1年的利息120元在第2年又獲利息收益14.4元，第2年共獲得利息收益134.4元；依此類推，到第5年年末累計共獲利息762.34元。事實上，按12%的利率水準，1,000元本金在第5年年末的複利終值為1,762.34元，按資金時間價值的原理計算債券投資收益，就已經考慮了再投資因素。在取得投資收益的同時，承擔著再投資風險。

（3）價差收益。它指債券尚未到期時投資者中途轉讓債券，在賣價和買價之間的

價差上所獲得的收益，也稱為資本利得收益。

5.6.3.2 債券的內部收益率

債券的內部收益率，是指按當前市場價格購買債券並持有至到期日或轉讓日所產生的預期報酬率，也就是債券投資項目的內含報酬率。在債券價值估價基本模型中，如果用債券的購買價格 P 代替內在價值 V_b，就能求出債券的內部收益率。也就是說，用該內部收益率貼現所決定的債券內在價值，剛好等於債券的目前購買價格。

債券真正的內在價值是按市場利率貼現所決定的內在價值，當按市場利率貼現所計算的內在價值大於按內部收益率貼現所計算的內在價值時，債券的內部收益率才會大於市場利率，這正是投資者者所期望的。

【例 5-11】假定投資者目前以 1,075.92 元的價格，購買一份面值為 1,000 元、每年付息一次、到期歸還本金，票面利率為 12% 的 5 年期債券，投資者將該債券持有至到期日，有：

$1,075.92 = 12\% \times (P/A, R, 5) + 1,000 \times (P/F, R, 5)$

解之得：內部收益率 $R \approx 10\%$

同樣原理，如果債券目前購買價格為 1,000 元或 899.24 元，有：

內部收益率 $R \approx 12\%$

或，內部收益率 $R \approx 15\%$

可見，溢價債券的內部收益率低於票面利率，折價債券的內部收益率高於票面利率，平價債券的內部收益率等於票面利率。

通常，也可以用簡便算法對債券投資收益率近似估算。其公式為：

$$R = \frac{I + (B - P)/N}{(B + P)/2} \times 100\%$$

式中，P 表示債券的當前購買價格，B 表示債券面值，N 表示債券持有期限；分母是平均資金占用；分子是平均收益。將例 5-11 中的數據代入該公式，得：

$$R = \frac{12\% + (1,000 - 1,075.92)/5}{(1,000 + 1,075.92)/2} \times 100\% \approx 10.99\%$$

5.7　股票投資

5.7.1　股票的價值

投資與股票預期獲得的未來現金流量的現值，即為股票的價值或內在價值、理論價格。股票是一種權利憑證，它之所以有價值，是因為它能給持有者帶來未來的收益，這種未來的收益包括各期獲得的股利、轉讓股票獲得的價差收益、股份公司的清算收益等。價格小於內在價值的股票是值得投資者投資購買的。股份公司的淨利潤是決定股票價值的基礎。股票給持有者帶來的未來收益一般是以股利形式出現的，因此也可以說股利決定了股票價值。

5.7.1.1 股票估價基本模型

從理論上說，如果股東中途不轉讓股票，股票投資沒有到期日，投資於股票所得到的未來現金流量是各期的股利。假定某股票未來各期股利為 D_t（t 為期數），R_s 為估價所採用的貼現率即所期望的最低收益率，股票價值的估價模型為：

$$V_s = \frac{D_1}{(1+R_s)^1} + \frac{D_2}{(1+R_s)^2} + \cdots + \frac{D_n}{(1+R_s)^n} + \cdots$$

$$= \sum_{t=1}^{n} \frac{D_t}{(1+R_s)^t}$$

優先股是特殊的股票，優先股股東每期在固定的時點上收到相等的股利沒有到期日，未來的現金流量是一種永續年金。其價值計算為：

$$V_s = \frac{D}{R_s}$$

5.7.1.2 常用的股票估計模式

與債券不同的是，持有期限、股利、貼現率是影響股票價值的重要因素。如果投資者準備永久持有股票，來來的貼現率也是固定不變的，那麼未來各期不斷變化的股利就成為評價股票價值的難題。為此，我們不得不假定未來的股利按一定的規律變化，從而形成幾種常用的股票股價模式：

1. 固定增長模式

一般來說，公司並沒有把每年的盈餘全部作為股利分配出去，留存的收益擴大了公司的資本額，不斷增長的資本會創造更多的盈餘，進一步又引起下期股利的增長。如果公司本期的股利為 D_0，未來各期的股利按上期股利的 g 速度呈幾何級數增長，根據股票估價基本型，股票價值 V_s 為：

$$V_s = \frac{D_0(1+g)}{R_s - g}$$

因為 g 是一個固定的常數，當 R_s 大於 g 時，上式可以化簡為：

$$V_s = \frac{D_1}{R_s - g}$$

【例5-12】假定某投資者準備購買 A 公司的股票，並且準備長期持有，要求達到 12% 的收益率，該公司今年每股股利 0.8 元，預計未來會以 9% 的速度增長，則 A 股票的價值為：

$$V_s = \frac{0.8 \times (1+9\%)}{12\% - 9\%} = 29.07(元)$$

如果 A 股票目前的購買價格低於 29.07 元，該公司的股票是值得購買的。

2. 零增長模式

如果公司未來各期發放的股利都相等，並且投資者準備永久持有，那麼這種股票與優先股是相類似的，或者說，當固定增長模式中 $g=0$ 時，有：

$$V_s = \frac{D}{R_s}$$

在例5-12中，如果$g=0$，A股票的價值為：

$V_s = 0.8 \div 12\% = 6.67(元)$

3. 階段性增長模式

許多公司的股利在某一階段有一個超常的增長率，這段時間的增長率g可能大於R_s，而後階段公司的股利固定不變或正常增長。對於階段性增長的股票，需要分段計算，才能確定股票的價值。

【例5-13】假定某投資者準備購買B公司的股票，打算長期持有，要求達到12%的收益率。B公司今年每股股利為0.6元，預計未來3年股利以15%的速度增長，而後以9%的速度轉入正常增長，則B票的價值分兩段計算：首先，計算高速增長期股利的現值，計算過程如表5-9所示。

表5-9　　　　　　　　　　長期股利的現值

年份	股利	現值系數（12%）	股利現值
1	0.6×（1+15%）= 0.69	0.893	0.616,2
2	0.69×（1+15%）= 0.793,5	0.797	0.632,4
3	0.793,5×（1+15%）0.912,5	0.712	0.649,7
合計			1.898,3（元）

其次，正常增長股利在第三年年末的現值：

$$V_3 = \frac{D_4}{R_s - g} = \frac{0.912,5 \times (1 + 9\%)}{12\% - 9\%} = 33.154,2(元)$$

最後，計算該股票的價值：

$V_0 = 33.154,2 \times 0.712 + 1.898,3 = 25.51$（元）

5.7.2 股票投資的收益率

5.7.2.1 股票收益的來源

股票收益由股利收益、股利再投資收益、轉讓價差收益三部分構成。並且只要按資金時間價值的原理計算股票投資收益，就無須單獨考慮再投資收益的因素。

5.7.2.2 股票的內部收益率

股票的內部收益率，是使得股票未來現金流量貼現值等於目前的購買價格時的貼現率，也就是股票投資項目的內含報酬率。股票的內部收益率高於投資者所要求的報酬率時，投資者才願意購買該股票。在固定增長股票估價模型中，用股票的購買價格P_0代替內在價值V_s。股票內部收益率的計算公式為：

$$R = \frac{D_1}{P_0} + g$$

從上式可以看出，股票投資內部收益率由兩部分構成：一部分是預期股利收益率 D_1/P_0；另一部分是股利增長率 g。

如果投資者不打算長期持有股票，而將股票轉讓出去，則股票投資的收益由股利和資本利得（轉讓價差收益）構成。這時，股票內部收益率 R 是使股票投資淨現值為零時的貼現率。其計算公式為：

$$NPV = \sum_{t=1}^{n} \frac{D_1}{(1+R)^t} + \frac{P_1}{(1+R)^n} - P_0 = 0$$

【例5-14】某投資者2006年5月購入A公司股票1,000股，每股購價3.2元；A公司2007年、2008年、2009年分派分現金股利0.25元/股、0.32元/股、0.45元/股。該投資者2009年5月以每股3.5元的價格售出該股票，則A股票內部收益率的計算為：

$$NPV = \frac{0.25}{1+R} + \frac{0.45}{(1+R)^2} + \frac{3.5}{(1+R)^3} - 3.2 = 0$$

當 $R=12\%$ 時，$NPV = 0.089,8$

當 $R=14\%$ 時，$NPV = -0.068,2$

用插值法計算：$R = 12\% + 2\% \times \dfrac{0.089,8}{0.089,8 + 0.068,2} = 13.14\%$

5.8 衍生金融工具投資

20世紀70年代，隨著維繫全球以美元為中心，實行「美元、黃金雙掛勾」的固定匯率制——布雷頓森林體系的正式瓦解，加之自由競爭和金融自由化意識的影響，發達國家紛紛放寬或取消了利率管制而代之以浮動利率制，致使金融市場的匯率、利率產生劇烈波動，信貸、投資風險日益加大，而傳統的金融工具與投資手段已越來越不能滿足投資者最大限度地規避風險以及進行投資獲利的需要。這勢必激勵起大規模的金融創新革命。在這場金融創新革命中，具有規避風險以及套期保值功能的衍生金融工具應運而生，並隨即成為投資領域一個新的增長點。這場金融新革命，隨著國際金融市場全球一體化、融資方式證券化等發展的基本趨勢以及中國經濟管理體制改革的日益深化和與國際慣例的接軌，也就不可避免地會對中國的金融市場產生直接影響，使得中國金融市場的內容逐步由單純的股票、債券投資擴展為包括各種衍生金融工具在內的範疇。因此，無論從理論上講或從實踐上，衍生金融工具無疑都是中國金融管理體制改革以及金融市場健全與規範過程中必須深入研究的一個緊迫課題。

5.8.1 衍生金融工具的含義、種類與功能

衍生金融工具是指在股票、債券、利率、匯率等基本金融工具基礎上派生出來的新的金融合約種類。如果單從衍生工具上講，還有一種叫商品衍生工具（派生於商品交易工具，如房地產衍生工具、信貸衍生工具、通貨膨脹衍生工具等）。本書研究的範

圍僅限於衍生金融工具。

衍生金融工具種類很多，按照其自身的交易特點以及最常見的做法，是將它們大致分為四種類型（此外還有上述混合性交易合約等，對此不予研究）。

5.8.1.1 金融遠期

金融遠期全稱為金融遠期合約，是指交易雙方達成的在未來某一特定日期按預先商定的方式及價格買賣、交割特定的某種或一攬子金融資產或合約，如遠期外匯合約、遠期利率協議、遠期股票合約、遠期債券合約等。

1. 遠期外匯合約

遠期外匯合約是指外匯交易雙方達成協議時，約定將交割的幣種、金額、匯率、交割期限、起息日期、交割地點與交割方向以及雙方的權利義務等，並於將來進行實際交割的遠期合同。

2. 遠期利率協議

遠期利率協議是一種利率的遠期合同，買賣雙方商定將來一定時間的協議利率並規定以何種利率為參照利率，在將來清算日，按規定的期限和金額，由一方或另一方支付協議利率和參照利率利息差額的貼現金額。

遠期利率協議作為一種利率的遠期合同，是合約雙方基於避免將來實際收付時價格變動的風險而設計的，其中一方是為了避免利率上升的風險，而另一方則為了防範利率下降的風險。

3. 遠期股票（債券）合約

遠期股票（債券）合約是指交易雙方在將來某一特定日期按特定價格交割特定數量與幣種面值的一種或一攬子股票（或債券）的合同。

金融遠期交易主要通過簽訂遠期合約固定未來的交割價格，達到規避（匯率、利率、價格）風險、固定成本與穩定收益以及調劑頭寸結構的目的。金融遠期規避風險的機理以及實際操作都比較簡單，單次的交易額大多有限，交易中不會出現一系列的違約事件，所以整體風險較小，是一種最原始的衍生金融工具。但由於金融遠期合約在將來需進行實際交割，合約的「度身訂造」使得其缺乏二級市場可供其流通轉讓，即流動性較差，故交易者在規避風險的同時，無法在價格變動有利於自己時抓住時機盈利，這顯然有悖於投資者獲取最大收益的願望，是一種較為笨拙的規避風險方式。

5.8.1.2 金融期貨

金融期貨全稱是金融期貨合約，是指買賣雙方在有組織的交易所內以公開競價的形式達成的、在將來某一特定日期交割標準數量的特定金融工具的協議，主要包括貨幣期貨、利率期貨、股票指數期貨等。貨幣期貨亦稱外匯期貨，它以可自由兌換以貨幣為合約的標的物。由於債券是利率的主要載體，故利率期貨實際上是指附有利率的債券期貨；股票指數期貨則是以未來特定日期股票價格收市指數作為交易的對象。

較之金融遠期，金融期貨的最大特點是合約的標準化。在金融期貨合約中，除了成交價格由交易所內交易各方通過議價產生並不斷波動外，其餘事項，如交易對象的數量、等級、交割點、交割月份、交割方式等都規定有標準化的條款。而在這些方面，

金融遠期合約交易大多沒有統一的規定。

　　金融期貨最基本的功能是套期保值和價格發現。傳統的套期保值理論主要來自著名經濟學家凱恩斯的觀點，認為套期保值就是在期貨市場上建立一個與現貨市場交易相反、數量相等的交易，即所謂的「相等且相反」的理論框架。但美國的一些期貨專家則提出了一套新的現代套期保值理論，如霍布金斯·奧金在其所著的《套期保值市場的投機》書中指出，套期保值的結果不一定將風險全部轉移出去，套期保值者要承擔期貨市場與現貨市場價格變動不一致的風險。利用期貨市場頭寸，套期保值實際上是避免了現貨市場價格變動這一較大風險，而接受了基差變動這一小風險。約翰遜（Leland Johnson）和斯特恩（Jerome Stein）則認為套期保值進入期貨市場，與任何一個投資者進入現貨市場一樣，都是為了在風險水準下獲得最高利益。因此，套期保值者可以根據市場變化，隨時調整套期期貨交易的頭寸，買賣期貨合約的數量不一定要與現貨交易的數量一致，其最終目的無非是取得最大的投資收益，最小限度地承擔投資風險。當然，在現實交易中，一些金融期貨由於設計上的原因，並非都起到有效規避風險的作用。股指期貨便是如此，儘管在理論上股指期貨可使投資者投資於整個股票市場，並規避購入單只股票或組合股票所帶來的價格變動風險，但由於單個股市價格變動與整個股市股指變動的相關性並不高（一般在 0.5~0.7），所以並不能規避股票現貨市場的非系統性風險，反而使其投機性加大。

　　衍生金融工具，特別是金融期貨市場將各個方面的投資者集中在交易所內進行公開競價，從而使所形成的價格反應了對於各該金融工具（或金融商品）價格有影響的所有可獲得的信息和不同買者或賣者的預期，使其真正的未來價格得以發現，並通過所有參與者在交易所的匯集，大大降低了其尋找價格和交易對象的信息成本。同時，這一預期價格隨時隨地通過各種方式傳播於各地，成為合理利用社會資源，制訂生產經營計劃的重要依據，使交易者能夠更快、更好地從遠期價格預測中獲益。

5.8.1.3　金融期權

　　金融期權也稱選擇權合約，是指合約雙方中支付期權購買費的一方有權在合約有效期內按照敲定價格與規定數量向期權賣出方買入或賣出某種或一攬子金融工具的合約。這裡的所謂選擇權並不是義務，即選擇權的購得者根據未來價格的變動可以行使，也可放棄，但當選擇權行使時，賣出選擇權的一方卻必須履約，無論價格的變動是否對自己有利。金融期權的種類主要有股票、債券期權、貨幣期權等。不同種類的金融期權，區別主要在於交易對象的差異。

　　較之金融期貨合約，金融期權合約有三個明顯的特徵：

（1）從收益機制看，期權交易是非對稱性的風險，而期貨交易則是對稱性風險。在金融期權的運作中，合約方風險和收益的不對稱性主要表現在如下幾方面：

①權益義務不對稱。而期權買入方在合約有效期內的任何時間都有權決定是否履約，而期權賣出方根據隨機原則或先進先出法被抽中履約時，別無選擇，必須無條件地依約履行義務。

②遭受損失的風險不對稱。期權買入方損失的最高限度是付出的權利金，而期權

賣出方的損失則沒有最低限度。

③收益水準的不對稱。期權賣出方收益的上限是取得的權利金，而期權買入方則無收益上限。

④獲利概率不對稱。由於期權賣方承受的風險很大，為贏得平衡，在權限的設計上，通常要使期權賣方獲利的可能性遠遠大於期權的買方。

可見，期權在收益機制上的非對稱性風險比期貨更為靈活，從而在更大程度上滿足了不同投資者的需要。基於上述不對稱性，有時人們也把期權合約稱為單向合約，而將期貨合約稱為雙向合約。

（2）期權在合約金融工具的創造上大大優於期貨。期權合約因種類、到期月份和敲定價格的不同，可以創造出比期貨合約多數倍甚至數十倍的期權合約金融工具，從而演變出繁多的期權投資策略，為投資者提供較之期貨多得多的投資機會。況且，在實務中，有以期貨為合約標的物的期權（如各類期貨期權），而沒有以期權為合約標的物的期貨，這無疑使期權選擇範圍遠遠超過期貨。

（3）期權合約與期貨合約的交易者關注的焦點不同。期權的到期交割價格在期權合約推出上市時就是敲定不變的，是合約中的一個常量。期權標準化合約中的唯一變量是期權權利金。而期權權利金又是由內涵價值與時間價值兩部分構成。內涵價值是由標的物的市價與敲定價格相比而得到的，只有時間價值捉摸不定，難以把握，是交易各方關注的焦點，通常被稱為「投機的權利金」，而期貨到期交割的價格是個變量，這個價格的形成來自市場上所有參與者對該合約標的物金融工具到期日價格的預期，交易方關注的焦點就是這一預期價格。

金融期權在套期保值和價格發現方面的作用也比較明顯，但由於期權發現的價格是以權利金而非預期未來價格的形式表現出來的，不如期貨發現的價格直觀，因此金融期權的最大功用集中在套期保值和投機兩個方面。由於期權變通性強、創造力大、投資機會與投資策略多、操作程序有繁有簡，因此更能適應多層次投資者的不同需求，運用起來也比期貨靈活得多。期權既鎖定損失風險又不放棄贏利機會的設計，不僅在運用上遠遠優於期貨，而且也很好地迎合了人們的投機心理，為投資者提供了一種近乎完美的保值和投機手段。

5.8.1.4 金融互換

全稱金融互換合約，是指兩個或以上的交易當事人按照商定的條件，在約定的時間內交割一系列支付款項的金融交易合約。主要包括貨幣互換與利率互換兩類。

（1）貨幣互換。伴隨著20世紀70年代世界經濟活動的國際化，企業的活動已不再僅僅局限於國內市場。但無論是經營進出口業務抑制或進行跨國性直接投資，匯率風險一直是影響資本成本與收益的首要因素。為了規避匯率風險，貨幣互換在平衡貸款和背對背貸款發展的基礎上被創造了出來。所謂貨幣互換是指以一種貨幣表示的一定數量的資本額及在此基礎上產生的利息支付義務，與另一種貨幣表示的相應的資本額及在此基礎上產生的利息支付義務進行相互交換。因此，貨幣互換的雙方在期限與金額上利益相同而對貨幣種類需要則相反，然後雙方按照預定的匯率進行資本額互換，

然後每年按約定的利率和資本額進行利息支付互換，協議到期後，再按原約定匯率將原資本額換回。這通過貨幣互換，可以使得交易雙方達到降低融資成本，解決各自資產負債管理需求與資本市場需求之間的矛盾。

（2）利率互換。利率互換產生於貨幣互換業務的不斷發展，是將計息方法不同（一方以固定利率計息，另一方則以浮動利率計息）或利率水準不一致的同一幣種的債務進行轉換的方式。與貨幣互換的不同之處在於，利率互換是在同一種貨幣之間展開的，一般不進行本金互換，而只是互換以不同利率為基礎的資本籌措所產生的一連串的利息，並且即便是利息也無須全額交換，僅對雙方利息的差額部分進行結算。

金融互換基本上是在場外進行的。交易條件由雙方商量，其靈活性與變動性更大。同時，由於少了交易所這一中間環節，手續較為簡便，所受限制減少，當然也給尋找交易夥伴帶來不便（近年來民間該行業務發展較快）。因此，金融互換多用於債務管理上，它具有其他衍生金融工具所不具備的幫助籌措低成本資金，選擇合適幣種融資以及規避中長期利率和匯率風險的功能。

但同時也應當看到，各類衍生金融工具在發揮積極作用，如增強市場流動性和穩定現貨市場，發現並傳播市場價格，規避投資風險，降低融資成本，滿足投機與套期保值需要以及調整負債結構（通過利率互換、貨幣互換等轉換負債的計息基礎與幣種）和提高企業資信（通過衍生交易實現保值，較易獲得銀行貸款和客戶信用訂單）的同時，也會帶來一些負面影響，甚至可能會成為更大風險的誘發源。其原因在於：

其一，衍生金融工具集中分散了在社會各個領域的所有風險，並匯集在固定市場上加以釋放。這種風險的集中性如果操作控制不好，很容易成為金融災難的起源地。

其二，衍生金融工具具有較高的槓桿比率，投資者用少量的資金（如交付5%~10%的保證金或2%~5%的權利金等）便可以控制幾十倍甚至上百倍的交易額，基礎價格的輕微變動便會導致衍生金融工具帳戶資金的巨大變動。這種「收益與損失」放大的功能極易誘使人們以小博大、參與投機。而投機的成功與否，取決於人們對市場價格預期的正確程度，從而使衍生金融工具投資籠罩上一層濃厚的賭博色彩。

其三，由於衍生金融工具交易以及風險過於集中，一旦一家銀行或交易所出現倒閉或無法履約的危機，可能造成整個金融衍生工具市場流通不暢，引致一連串違約事件，進而形成「城門失火，殃及池魚」的連鎖反應，釀成區域性甚至全球性金融危機。如1998年的亞洲金融危機和2008年美國的次貸危機。

其四，許多衍生金融工具剛剛推出，設計上可能會存在許多缺陷，有些設計上過於複雜，操作難度大，容易造成失誤。再加上有關法規不完善，管理監控一時跟不上，也容易引起法律上的糾紛。如1994年P&G公司與吉布森賀卡公司相繼將信孚銀行推上了法院的被告席。

基於上述原因，衍生金融工具近年來因使用不當引發了數起災難性事件。但總體而言，衍生金融工具的正面作用在現代市場經濟生活中是無可代替的，其負面作用只要通過加強法律等有效的監管措施，就可以大大降低的。正如美國所羅門兄弟公司長孟恩所說：「只要正確使用，衍生金融工具一點都不危險。」

5.8.2 衍生金融工具的風險特徵

5.8.2.1 總體風險特徵

從整體上講，衍生金融工具交易的風險主要涉及市場風險、信用風險、流動性風險及法律風險等基本類型。這些風險，在許多方面與股票、債券等基礎金融工具的風險類似，在此僅就其中的特殊方面加以說明。

1. 市場風險

市場風險，即因市場價格變動而給交易者造成損失的可能性。

此所謂價格變動，包括了股票、債券價格或價格指數以及匯率、利率行情的變動。雖然衍生金融工具涉及初衷在於規避上述因素的風險，但由於交易過程中將各種原本分散的風險全部集中於少數衍生市場，一旦操作不當，風險將會很大。

衍生金融工具的市場風險包括兩部分：一是採用衍生金融工具保值仍無法完全規避的價格變動風險；二是衍生金融工具自身的槓桿性風險，即由於衍生金融工具強大的「收益與風險放大」槓桿功能，對基礎金融市場利率、匯率、價格指數等變量因素反應的離高敏感性與變動而產生的風險。

2. 信用風險

信用風險也叫履約風險，是指交易雙方履約風險。這種風險主要表現在場外交易市場上。在交易所場內交易中，所有的交易均經由交易所清算中心進行，交易所制定有嚴格的履約、對沖及保證金制度，即便出現個別交易違約，交易所也能代其執行。故若非出現災難性金融危機，場內交易的信用風險極小。但像遠期、互換等場外交易的違約風險則是雙向的，只要一方違約，合約便無法執行。銀行或安排交易的公司僅充當交易仲介人，能否如期履約完全取決於交易雙方當事人的資信，容易發生信用風險。

3. 流動性風險

流動性風險即衍生金融工具合約持有者無法在市場上找到出貨或平倉機會的風險。

流動性風險的大小取決於合約的標準化程度、市場交易規則以及市場環境的變化。對於場內交易的合約，由於標準化程度高，市場規模大，信息靈通，交易者可隨時斟酌市場行情變化決定頭寸的拋補，流動性風險較小。但在場外進行交易的衍生金融工具，每份合約基本上是「量體裁衣」「度身訂造」的，缺乏可流通轉讓的二級市場，流動性風險很大。當然，近年來隨著衍生工具的發展以及合約的漸趨標準化，越來越多的互換仲介人直接參與了交易，成為造市商，加上互換二級市場的出現，場外交易的流動性也得到了增強。

4. 法律風險

法律風險即由於立法滯後、監管缺位、法規制定者對衍生金融工具的瞭解與熟悉程度不夠，或監管見解不盡相同，以及一些金融衍生工具故意遊離於法律管制的設計而使交易者的權益得不到法律的有效保護所產生的風險。

除上述基本風險外，還可能會由於交易操作失誤、經紀商道德品質不佳以及交易

商詐欺犯罪等原因產生操作風險、道德風險及犯罪風險等。

5.8.2.2 各種衍生金融工具的風險特徵

不同的衍生金融工具不僅在上述風險的表現上不盡相同，而且一些特殊的衍生金融工具還可能牽涉一些特殊的風險。

1. 金融遠期合約的投資風險

遠期合約最大的特點是鎖定了風險又鎖定了收益。遠期合約在訂立時交易雙方便敲定了未來的實際交割價格，這樣在合約有效期間，無論標的物的市場價格如何變動，對未來的實際交割價格都不會產生任何影響。這意味著交易雙方在鎖定了將來市價變動不利於自己的風險同時，也失去了將來市價變動有利於自己而獲利的機會。所以，遠期合約的市場風險極小。但在信用風險與流動性風險方面，遠期合約表現得十分突出。由於遠期合約基本上是一對一的預約交易，一旦一方到期無力履約，便會給另一方帶來損失。同時，遠期合約的內容大多是由交易雙方直接商定並到期實際交割，即所謂「量身訂造」的，基本上沒有流動性，一遇急需融資或到期不能履約，也無法轉售出去，機會成本高，流動性風險大。不過，總體而言，由於遠期合約交易規模小、流通轉讓性差，即便違約，損失也僅限於一方，不會形成連鎖反應，對整個金融市場體系的安全不構成重大影響。

2. 金融期貨合約的投資風險

與遠期合約相反，金融期貨合約在風險上最大的特點就是對風險與收益的完全放開。

金融期貨合約是完全標準化的，交易所擁有完善的保證金制度、結算制度和數量限額制度，即便部分投資者違約，對其他投資者一般也不會產生太大影響。因為對場內的交易者，交易所清算承諾著全部履約責任，而對於那些遭受損失而未能補足保證金的交易者，交易所將採取強制平倉措施維持整個交易體系的安全，所以相關的信用風險很小。同時，由於期貨交易合約的標準化、操作程序的系列化以及市場的大規模化，使得交易者可以隨時隨地對其交易部位進行快速拋補，因而流動性風險通常也很小。金融期貨巨大的市場風險主要緣於低比率的保證金，由於保證金比率很低（一般在 1%~5%），使之對現貨市場價格變動引起的交易雙方損益程度產生了巨大的放大槓桿作用，以致現貨市場上價格的任何輕微變動，都可能在期貨市場這一槓桿上得以明顯反應，導致風險與收益的大幅度波動。

3. 金融期權合約的投資風險

合約交易雙方風險收益的非對稱性是金融期權合約特有的風險機制。就期權買方而言，風險一次性鎖定，最大損失不過是已付出的權利金，但收益卻可能很大（在看跌期權中）甚至是無限量的（在看漲期權中）；相反，對於期權賣方，收益被一次性鎖定了，最大收益限於收取的買方權利金，然而其承擔的損失卻可能很大（在看跌期權中），以致無限量（在看漲期權中）。當然買賣雙方風險收益的不對稱性一般會通過彼此發生概率的不對稱性而趨於平衡。因此，總體而言，期權合約的市場風險要小於期貨合約。至於在信用風險與流動性風險等方面，期權合約與期貨合約大致相似，只是期權風險可能會涉及更多的法律風險與難度更大的操作性風險。

4. 金融互換合約的投資風險

在風險收益關係的設計上，金融互換合約類似於金融遠期合約，即對風險與收益均實行一次性雙向鎖定，但其靈活性要大於遠期合約。因此，較之其他金融衍生合約，金融互換合約的市場風險通常是最小的之一。但由於限於場外交易，缺乏大規模的流通轉讓市場，故而信用風險與流動性風險很大。

本章小結

項目投資通常包括固定資產投資、無形資產投資、其他資產投資和流動資金墊支等內容，與其他形式相比，項目投資具有投資金額大、影響時間長、變現能力差和投資風險大的特點。項目投資的程序包括項目提出、項目評價、項目決策、項目執行和項目再評價等幾個環節。一個投資項目的好壞主要取決於現金流量的多少和折現率的高低。現金流量分析是進行項目投資決策的基礎，為投資決策提供重要的價值信息。

加強投資管理就是講企業的資金投向最有發展潛力、最好經濟效益的項目。正確的投資決策對於提高企業的經濟效益和核心競爭力具有重要意義。在投資決策的分析評價中，為了客觀、準確、科學地分析評價各種投資方案是否可行，應根據具體情況，採用適當的方法來確定投資方案的各項指標。投資優劣的評價標準，應以資本成本為基礎。項目投資評價的一般方法為貼現法和非貼現法。其中考慮資金時間價值等因素的指標為貼現指標，也稱為動態指標，主要包括淨現值、淨現值率和內含報酬率；沒有考慮資金時間價值因素的指標為非貼現指標，也稱靜態指標，主要包括投資回收期、投資利潤率等。通過對投資項目經濟效益的指標分析與評價，為確定投資項目是否可行提供參考依據。

本章練習題

一、單項選擇題

1. 項目投資決策中，完整的項目計算期是指（　　）。
   A. 建設期　　　　　　　　　B. 生產經營期
   C. 建設期+生產期　　　　　 D. 建設期+營運期
2. 淨現值屬於（　　）。
   A. 靜態評價指標　　　　　　B. 反指標
   C. 次要指標　　　　　　　　D. 主要指標
3. 某投資項目年營業收入為180萬元，年付現成本為60萬元，年折舊額為40萬元，所得稅稅率為25%，則該項目年經營淨現金流量為（　　）萬。
   A. 81.8　　　　　　　　　　B. 100
   C. 82.4　　　　　　　　　　D. 75.4
4. 某投資項目原始投資為12,000元，當年完工投產，有效期3年，每年可獲得現金淨流量4,600元，則該項目內部收益率為（　　）。

A. 7.33% B. 7.68%
C. 8.32% D. 5.68%

5. 已知某投資項目的原始投資額為350萬元，建設期為2年，投產後第1至5年每年NCF為60萬元，第6至10年每年NCF為55萬元。則該項目包括建設期的靜態投資回收期為（　　）年。

A. 7.909 B. 8.909
C. 5.833 D. 6.833

6. 若某投資項目的淨現值為15萬元，包括建設期的靜態投資回收期為5年，項目計算期為7年，營運期為6年，則該方案（　　）。

A. 基本不具備財務可行性 B. 基本具備財務可行性
C. 完全不具備財務可行性 D. 完全具備財務可行性

7. 某投資項目原始投資額為100萬元，使用壽命10年，已知該項目第10年的經營淨現金流量為25萬元，期滿處置固定資產殘值收入及回收流動資金共8萬元，則該投資項目第10年的淨現金流量為（　　）萬元。

A. 8 B. 25
C. 33 D. 43

8. 下列選項中，不屬於靜態投資回收期缺點的是（　　）。
A. 沒有考慮回收期滿後繼續發生的現金流量
B. 無法直接利用淨現金流量信息
C. 不能正確反應投資方式不同對項目的影響
D. 沒有考慮資金時間價值因素

9. 若設定折現率為i時，NPV>0，則（　　）。
A. IRR>i，應降低折現率繼續測試 B. IRR>i，應提高折現率繼續測試
C. IRR<i，應降低折現率繼續測試 D. IRR<i，應提高折現率繼續測試

10. 下列方法中，可以適用於原始投資額不相同、特別是項目計算期不相等的多方案的比較決策的有（　　）。

A. 淨現值法 B. 淨現值率法
C. 差額投資內部收益率法 D. 年等額淨回收額法

二、多項選擇題

1. 淨現值法的優點有（　　）。
A. 考慮了資金時間價值
B. 考慮了項目計算期的全部淨現金流量
C. 考慮了投資風險
D. 可從動態上反應項目的實際收益率

2. 下列選項中，有關總投資收益率指標的表述正確的有（　　）。
A. 沒有利用淨現金流量
B. 指標的分母原始投資中不考慮資本化利息
C. 沒有考慮時間價值

D. 分子分母口徑不一致
3. 影響項目內部收益率的因素包括（　　）。
   A. 投資項目的有效年限　　　　B. 企業要求的最低投資報酬率
   C. 投資項目的現金流量　　　　D. 建設期
4. 在項目生產經營階段上，最主要的現金流出量項目有（　　）。
   A. 流動資金投資　　　　　　　B. 建設投資
   C. 經營成本　　　　　　　　　D. 各種稅款
5. 甲投資項目的淨現金流量如下：$NCF_0 = -210$ 萬元，$NCF_1 = -15$ 萬元，$NCF_2 = -20$ 萬元，$NCF_3 \sim NCF_6 = 60$ 萬元，$NCF_7 = 72$ 萬元。則下列說法正確的有（　　）。
   A. 項目的建設期為 2 年
   B. 項目的營運期為 7 年
   C. 項目的原始總投資為 245 萬元
   D. 終結點的回收額為 12 萬元
6. 投資項目的現金流入主要包括（　　）。
   A. 營業收入　　　　　　　　　B. 回收固定資產餘值
   C. 固定資產折舊　　　　　　　D. 回收流動資金
7. 若有兩個投資方案，原始投資額不相同，彼此相互排斥，各方案項目計算期不同，可以採用下列（　　）方法進行選優。
   A. 淨現值法　　　　　　　　　B. 計算期統一法
   C. 差額內部收益率法　　　　　D. 年等額淨回收額法
8. 與項目相關的經營成本等於總營業成本費用扣除（　　）後的差額。
   A. 固定資產折舊額　　　　　　B. 營運期的利息費用
   C. 無形資產攤銷　　　　　　　D. 開辦費攤銷
9. 與其他形式的投資相比，項目投資具有的特點是（　　）。
   A. 一定會涉及固定資產投資　　B. 發生頻率高
   C. 變現能力差　　　　　　　　D. 投資風險大
10. 靜態投資回收期和總投資收益率指標共同的缺點有（　　）。
    A. 沒有考慮資金時間價值
    B. 不能反應原始投資的返本期限
    C. 不能正確反應投資方式的不同對項目的影響
    D. 不能直接利用淨現金流量信息

三、判斷題
1. 按中國《企業會計準則》的規定，用於企業自行開發建造廠房建築物的土地使用權，可以列作固定資產價值。　　　　　　　　　　　　　　　　　　（　　）
2. 項目計算期最後一年的年末稱為終結點，假定項目最終報廢或清理均發生在終結點（但更新改造除外）從投產日到終結點之間的時間間隔稱為建設期，又包括營運期和達產期兩個階段。　　　　　　　　　　　　　　　　　　　　　　　（　　）
3. 淨現值率直接反應投資項目的實際收益率。　　　　　　　　　　　（　　）

4. 採用淨現值率法與採用淨現值率法總會得到完全相同的評價結論。（　）
5. 直接投資可以直接將投資者與投資對象聯繫在一起，而間接投資主要是證券投資。（　）
6. 包括建設期的靜態投資回收期應等於累計淨現金流量為零時的年限再加上建設期。（　）
7. 估算預付帳款需用額時，應該用經營成本比上預付帳款的最多週轉次數。（　）
8. 某企業正在討論更新現有的生產線，有兩個備選方案A和B，A、B方案的原始投資不同：A方案的淨現值為400萬元，年等額淨回收額為100萬元；B方案的淨現值為300萬元，年等額淨回收額為110萬元，據此可以認為A方案較好。（　）
9. 在對同一個獨立投資項目進行評價時，用淨現值、淨現值率和內部收益率指標會得出完全相同的決策結論，而採用靜態投資回收期則有可能得出與前述結論相反的決策結論。（　）
10. 利用差額投資內部收益率法和年等額淨回收額法進行原始投資不相同的多個互斥方案決策分析，會得出相同的決策結論。（　）

四、計算分析題

1. 某工業項目需要原始投資130萬元，其中固定資產投資100萬元（全部為貸款，年利率為10%，貸款期限為6年），開辦費投資10萬元，流動資金投資20萬元。建設期為2年，建設期資本化利息20萬元。固定資產投資和開辦費投資在建設期內均勻投入，流動資金於第2年年末投入。該項目壽命期10年，固定資產按直線法計提折舊，期滿有10萬元淨殘值；開辦費自投產年份起分5年攤銷完畢。預計投產後第一年獲10萬元利潤，以後每年遞增5萬元；流動資金於終結點一次收回。

要求：
（1）計算項目的投資總額。
（2）計算項目計算期各年的淨現金流量。
（3）計算項目的包括建設期的靜態投資回收期。

2. 甲企業擬建造一項生產設備。預計建設期為2年，所需原始投資450萬元（均為自有資金）於建設起點一次投入。該設備預計使用壽命為5年，使用期滿報廢清理殘值為50萬元。該設備折舊方法採用直線法。該設備投產後每年增加息稅前利潤為100萬元，所得稅稅率為25%，項目的行業基準利潤率為20%。

要求：
（1）計算項目計算期內各年淨現金流量。
（2）計算該設備的靜態投資回收期。
（3）計算該投資項目的總投資收益率（ROI）。
（4）假定適用的行業基準折現率為10%，計算項目淨現值。
（5）計算項目淨現值率。
（6）評價其財務可行性。

3. 某公司有 A、B、C、D 四個投資項目可供選擇，其中 A 與 D 是互斥方案，有關資料如表 5-10 所示。

表 5-10

投資項目	原始投資（元）	淨現值率（元）	淨現值（％）
A	120,000	67,000	56
B	150,000	79,500	53
C	300,000	111,000	37
D	160,000	80,000	50

要求：
（1）確定投資總額不受限制時的投資組合。
（2）如果投資總額限定為 50 萬元時，做出投資組合決策。

4. 某公司有一個投資項目，需要投資 6,000 元（5,400 元用於購買設備，600 元用於追加流動資金）。預期該項目可使企業銷售收入增加：第一年為 2,000 元，第二年為 3,000 元，第三年為 4,500 元。第三年末項目結束，收回流動資金 600 元。假設公司適用的所得稅稅率為 40%，固定資產按 3 年用直線法折舊並不計殘值。公司要求的最低投資報酬率為 10%，利率為 10%，1~3 期的複利現值系數為 0.909、0.826 和 0.751。

要求：
（1）計算確定該項目的稅後現金流量。
（2）計算該項目的淨現值。
（3）如果不考慮其他因素，你認為項目應否被接受？為什麼？

6 營運資金管理

本章提要

廣義的營運資金包括流動資產和流動負債。流動負債在籌資中講解，本章主要闡述：①營運資金的內容和特點；②現金管理方法；③應收帳款管理方法；④存貨管理方法。

本章學習目標

（一）知識目標

(1) 掌握營運資金的概念。
(2) 掌握信用政策的內容和制定方法。
(3) 掌握存貨經濟訂貨量相關指標的基本計算方法。
(4) 掌握確定最佳現金持有量的方法。
(5) 熟悉現金管理的目標。
(6) 瞭解流動資產和流動負債的特點。

（二）技能目標

通過對本章的學習，能夠認識到營運資金管理的重要性，掌握各種流動資產的管理方法。

6.1 營運資金概述

6.1.1 營運資金的含義

營運資金又稱營運資本，是指一個企業維持日常經營所需的資金。通常指流動資產減去流動負債後的差額。用公式表示為：

$$營運資金總額 = 流動資產總額 - 流動負債總額$$

營運資金的管理既包括流動資產的管理，也包括流動負債的管理。這裡所說的流動資產是指可以在一年或者超過一年的一個營業週期內變現使用的資產，主要包括現金、有價證券、應收帳款和存貨等。這裡所說的流動負債是指將在一年或者超過一年的一個營業週期內必須清償的債務，主要包括短期借款、應付帳款、應付票據、預收帳款、應計費用等。

6.1.2 營運資金的特點

1. 流動資產的特點

（1）占用時間短。企業占用在流動資產上的資金週轉一次所需時間較短，通常會在一年或一個營業週期內收回，對企業的影響時間比較短。

（2）流動性強。有價證券、應收帳款和存貨等流動資產一般具有較強的變現能力，如果企業在營業週期內收回，對企業的影響時間比較短。如果資金週轉不靈，便可迅速變賣這些資產以獲取現金，這對應付臨時性資金需求有重要意義。

（3）具有波動性。占用在流動資產上的資金隨著供、產、銷的變化，時多時少，不斷變化。

2. 流動負債的特點

（1）籌資速度快。有些自發性流動負債，如應付帳款、應付票據和預收帳款等，是在日常經營過程中自然形成的，不需要做特別安排，因此籌資速度很快；其他的短期負債如短期借款，在較短時間內即可償還，較為容易取得，而且債權人顧慮較少。

（3）籌資成本低。債權人通常對短期借款的限制條件比較少，企業籌集的資金較為快捷，籌資費用也較低，另外短期負債的利率通常低於長期負債，使其企業用資成本低。

（3）財務風險大。短期債務的風險要大於長期債務的風險。這主要是因為短期債務的償還期限比較短。如果企業過分地依賴短期債務，當債務到期時，企業不得不在短期內籌集大量的資金償債，容易導致企業財務危機。此外，短期債務的利率隨市場利率的變化而變化，偏離於長期債務的利率也是可能的。

（4）具有波動性。占用在流動資產上的資金並非是一個常數，隨著供產銷的變化，其資金占用時高時低，波動很大，流動資產數量發生變動時，流動負債的數量也會發生相應變動。

6.1.3 營運資金管理的必要性

第一，企業現金流量預測上的不準確性以及現金流入和現金流出的同步性，使營運資金成為企業資金週轉的依託，企業的生產經營活動才得以順利週轉。

第二，營運資金的持有量越多，其償還到期債務的能力越強，這也需要企業必須保持一定數量的營運資金。

第三，營運資金在企業資金總額中所占比重很高，流動資產占企業資產總額的比重一般在50%以上。因此，如果營運資金管理不善，會導致企業資金週轉不靈乃至破產倒閉，因此。企業的財務經理常常把大量的時間用於營運資金的管理，中小企業尤為如此。

6.1.4 營運資金的管理原則

企業進行營運資金管理，必須遵循以下原則：

第一，認真分析生產經營狀況，合理確定營運資金的需要數量。企業營運資金的

需要數量與企業生產經營活動有直接關係。在生產旺季時，流動資產需求大幅增加，流動負債也相應增加；而在生產淡季時，流動資金和流動負債會相應減少，因此，企業財務人員應認真分析生產經營狀況，預測營運資金的需要數量，以便合理地籌集和使用營運資金。

第二，在保證生產經營需要的前提下，節約使用資金。在營運資金管理中，要保證生產經營需要的前提是大量節約使用資金，減少資金在流動資產上的使用量，把有限的資金投入收入更高的資產上，從而提高資金使用效益。

第三，加速營運資金週轉，提高資金的利用效果。營運資金週轉是指從資金投入生產經營開始，到最終銷售產品收回現金的一定時期內，在營運資金持有量相同的條件下，哪家企業營運資金週轉較快，哪家企業的銷售收入越多。因此，企業要著力提高流動資產的週轉速度，使有限的資源產生最大的經濟效益。

第四，合理保持流動資產與流動負債的比例關係，保證企業有足夠的短期償債能力。若償債能力不足，尤其是短期償債能力不足，不能償還到期債務，不僅會影響企業的信譽和以後的發展，而且還可能直接威脅企業的生存。營運資金的大小可以反應企業償債能力的大小。營運資金量大，企業的短期償債能力感強，但並不是越大越好。因此，企業在營運資金管理上，要合理安排流動資產和流動負債的比例關係，既保證企業有足夠的償債能力，又不使流動資產占用過多的資金。

6.2 現金管理

6.2.1 現金管理概述

6.2.1.1 現金的定義

現金包括庫存現金、銀行存款和其他貨幣資金。現金是可以立即投入流動的交換媒介，它的首要特點是普遍的可接受性，即可以立即有效地用來購買商品、貨物、勞務或償還債務。因此，現金是企業中流動性最強的資產。有價證券是企業現金的一種轉換形式，有價證券變現能力強，可以隨時兌換成現金。企業有多餘現金時，可以將現金兌換成有價證券；現金不足時，可以再出售有價證券換回現金，在這種情況下，有價證券就成了現金的替代品，獲取收益是持有有價證券的原因，這裡將有價證券視為現金的替代品，是「現金」的一部分。

6.2.1.2 持有現金的動機

現金是流動性最強的資產，也是獲利能力最低的資產，但企業仍必須保留一定量的現金，主要出於以下動機：

1. 交易性動機

交易性動機是指為滿足日常業務需要而必須置存現金。企業經常得到收入，也經常發生支出，兩者不可能同步同量。收入多於支出，就形成現金置存，如果企業置存

過量的現金，會因這些資金不能投入週轉而遭受損失；收入少於支出，企業將不能應付正常業務開支，使企業蒙受損失。因此企業必須保持適度的現金餘額，才能使業務活動正常地進行下去。

2. 預防性動機

預防性動機是指為了防止意外發生必須置存現金。企業有時會出現料想不到的開支，如發生意外事故或遭遇自然災害等都需要現金支持。現金流量的不確定性越大，預防性現金的數額也就應越大。此外，預防性現金數額的多少還與企業的借款能力有關，如果企業借款能力很強就能夠很容易地隨時借到短期資金，也可以減少預防性現金的數額；相反，則應擴大預防性現金數額。

3. 投機性動機

投機性動機是指為了抓住各種瞬息即逝的投資機會以從中獲利必須置存現金。比如企業遇有廉價原材料供應的機會，便可用手頭現金大量購入，或者在適當時機可以用現金購入價格有利的股票和其他有價證券以從中獲利等。當然，除了金融和投資公司外，其他企業專為投機性需要而特殊置存現金的不多，遇到不尋常的購買機會，也常設法臨時籌集資金。

6.2.2 最佳現金持有量的確定

企業現金管理的目標，就是要在資產的流動性和獲利能力之間做出選擇，以獲取最大的長期利潤，這就需要控制好現金持有規模，即確定適當的現金持有量。下面是幾種確定最佳現金持有量的方法：

1. 現金週轉模式

現金週轉模式是從現金週轉的角度出發，根據現金的總需求量和週轉速度來確定最佳現金持有量。

（1）現金週轉期

現金週轉期是指從購買原材料開始支付現金，到銷售產品收回現金所經歷的時間。現金的週轉過程，包括如下三個方面：①存貨週轉期，存貨週轉期是指從採購原材料到生產出產品並最終出售所需要的時間；②應收帳款週轉期是指從形成應收帳款到收回現金所需要的時間；③應付帳款週轉期是指從賒購材料到支付現金所需要的時間。其公式為：

$$現金週轉期 = 存貨週轉期 + 應收帳款週轉期 - 應付帳款週轉期$$

（2）現金週轉率

現金週轉率是指一年中現金週轉的次數。其計算公式為：

$$現金週轉率 = \frac{360}{現金週轉期}$$

（3）最佳現金持有量

$$最佳現金持有量 = \frac{預計全年現金總需求量}{現金週轉率}$$

【例6-1】某企業存貨週轉期為70天，應收帳款週轉期為30天，應付帳款週轉期

40天，企業預計全年需用現金600萬元，計算該企業的最佳現金持有量。

解析：現金週轉期=70+30-40=60（天）

現金週轉率=360÷60=6（次）

最佳現金持有量=600/6=100（萬元）

2. 成本分析模式

成本分析模式是通過分析持有現金的成本，尋找持有成本最低的現金持有量。持有現金的過程中通常會有三種成本：

（1）機會成本

現金作為企業的一項資金占用是有代價的，這種代價因為資金處於閒置狀態而未能投資於其他項目所可能獲得的潛在收益，因而它是一種機會成本。機會成本的大小通常用證券的收益率來衡量，現金持有量越大，機會成本越高，現金持有額越小，機會成本越小。

（2）管理成本

企業擁有現金會發生管理費用，如保安人員工資、安全措施占用領域成本、管理成本是一種固定成本，與現金持有量之間無明顯依存關係。

（3）短缺成本

短缺成本是指因為缺乏必要的現金，導致企業不能應付業務開支需要而給企業蒙受的損失。資金的短缺成本隨現金持有量的增加而下降，隨現金持有量的減少而上升。

能使上述三項成本之和最小的現金持有量，就是最佳現金持有量。

如果把以上三種成本線放在一個圖中（見圖6-1），就能看到機會成本和現金持有量之間變動的關係：短缺成本和現金持有量之間是反向變動的關係，管理成本線是一條平行的直線，與現金持有量之間沒有關係，三個成本之和的總成本線是一條拋物線，該拋物線最低點即為持有現金的最低總成本，這一點對應的橫軸上的量，即是最佳現金持有量。

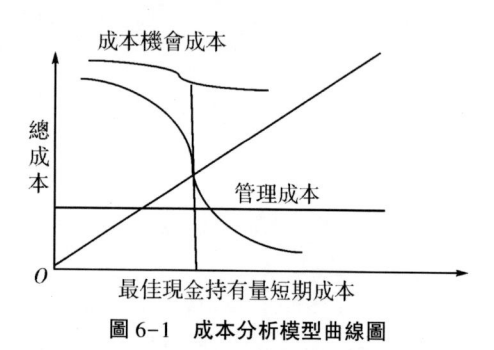

圖6-1 成本分析模型曲線圖

【例6-2】某企業有四種現金持有方案，它們各自的機會成本、短期成本見表6-1。

表6-1　　　　　　　　　　現金持有方案　　　　　　　　　　單位：元

項目方案	甲	乙	丙	丁
現金持有量	20,000	50,000	80,000	110,000

表6-1(續)

項目方案	甲	乙	丙	丁
機會成本	1,200	3,000	4,800	6,600
管理成本	10,000	10,000	10,000	10,000
短期成本	12,000	8,750	4,500	3,500
總成本	23,200	21,750	19,300	20,100

註：機會成本即該企業的投資收益率為6%。

將以上各方案的總成本加以比較可知，丙方案的總成本最低，也就是說當企業持有80,000元現金時，各方面的總代價最低，對企業最有利，故80,000元是該企業的最佳現金持有量。

3. 存貨模式

存貨模式是美國經濟學家威廉·鮑曼（William Baumol）提出的，用以確定最佳現金持有的模型，又稱鮑曼模型。鮑曼模型的基本思想是企業平時只持有較少的現金，而將大多數現金投資於有價證券，在有現金需要時再出售有價證券換回現金，這樣便能既滿足日常現金的要求，又避免了短缺成本。

企業每次在有價證券和現金之間進行轉換要發生交易成本（如交易佣金和印花稅等）。假設現金每次的交易成本是固定的，在企業一定時期內現金使用量一定的前提下，每次以有價證券轉換成現金的金額越大，企業平時持有的現金量便越高，持有現金的機會成本就越大，但轉換的次數便越少，現金的交易成本就越低；相反，每次轉換現金的金額越小，現金的交易量就越小，交易成本就高。圖6-2顯示了存貨模式下的現金成本圖。

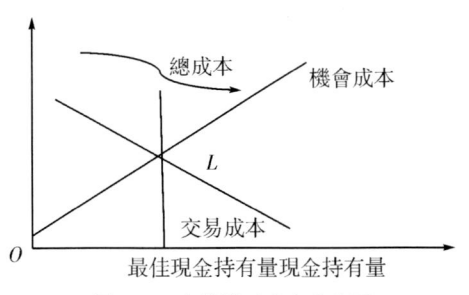

圖6-2 存貨模型成本曲線圖

在圖6-2中，機會成本線和交易成本線是隨現金持有量呈不同方向發展的曲線。其中，機會成本和現金持有量之間是正向變化的關係，交易成本是反向變化的關係，而總成本曲線是一條向下彎曲的曲線。當機會成本線和交易成本線交叉時，能夠使總成本最低，此時交點 L 對應的現金持有量即是最佳現金持有量。

存貨模型認為最佳現金持有量與存貨的經濟批量問題在許多方面都很相似，因此可以用存貨模型來確定最佳現金持有量。即假設企業一定時期內的現金需求量（T）一定；現金支出是勻速的；每次將有價證券轉換成現金的交易成本（F）是固定的，已知

有價證券的收益 K，現金管理的總成本為 TC。

假設每次有價證券轉換；現金的量為 Q 元，根據總成本＝交易成本＋機會成本，則有：

$$TC = (T/Q) \times F + (Q/2) \times K$$

從圖6-1中已經知道，最佳現金持有量 Q 是機會成本線與交易成本線交叉點 L 所對應的現金持有量，因此 Q 應當滿足機會成本和交易成本，即

$$(Q^*/2) \times K = (T/Q^*) \times F$$

整理後，可得出：

$$Q^* = \sqrt{(2T \times F)/K}$$

即

$$最佳現金持有量 = \sqrt{\frac{2 \times 一定時期現金需要量 \times 每次交易成本}{有價證券利率}}$$

$$最優總成本 = \sqrt{2 \times 一定時期現金需要量 \times 每次交易成本 \times 有價證券利率}$$

【例6-2】某企業預計全年需要現金400萬元，現金與有價證券的轉換成本為每次200元，有價證券的利息率為10%，則最佳現金持有量為：

$$Q^* = \sqrt{(2T \times F)/K} = \sqrt{\frac{2 \times 400 \times 200}{10\%}} = 40,000(元)$$

3. 隨機模型

在實際操作中，企業現金流量往往具有很大的不確定性。假定每日現金流量的分佈接近正態分佈，每日現金流量可能低於也可能高於期望值，其變化是隨機的。由於現金流量波動是隨機的，只能將現金持有量控制在一定範圍內，定出上限和下限。當企業現金餘額在上限和下限之間波動時，表明企業現金持有量處於合理的水準，無須進行調整。當現金餘額達到上限時，則將部分現金轉換為有價證券；當現金餘額下降到下限日賣出部分證券。該隨機模型（米勒-奧爾模型，The Miller-Orr Model）是由默頓·米勒和丹尼爾·奧爾創建的一種能在現金流入量和現金流出量每日隨機波動的情況下確定目標現金餘額的模型，又稱最佳現金餘額模型。

圖6-3顯示了隨機模型（米勒-奧爾模型）。該模型有兩條控制線（H：最高控制線；L：最低控制線）和一條迴歸線（R），最低控制線 L 取決於模型之外的因素，其數額是由財務部經理在綜合考慮短期現金的風險程度、企業借款能力、企業日常週轉所需資金、銀行要求的補償性餘額等因素基礎上確定的。迴歸線 R 可按下列公式計算：

$$R = \sqrt[3]{\frac{3b\sigma^2}{4i}} + L$$

式中，b 為證券轉換為現金或現金轉換為證券的成本；σ 為企業每日現金流量變動的標準差；i 為以日為基礎計算的現金機會成本。

最高控制線 H 的計算公式為：

$$H = 3R - 2L$$

圖 6-3　米樂-奧爾模型

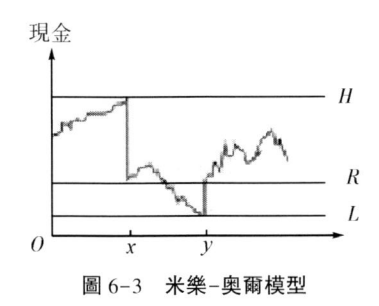

【例 6-3】設某企業財務部經理決定 L 值為 10,000 元，估計企業現金流量標準差 σ 為 1,000 元，持有現金的年機會成本為 15%，換算為 i 值是 0.000,039，b = 150 元。根據該模型，可求得：

$$R = \sqrt[3]{\frac{3 \times 150 \times 1{,}000^2}{4 \times 0.000{,}39}} + 10{,}000 = 16{,}607(元)$$

$$H = 3 \times 16{,}607 - 2 \times 10{,}000 = 29{,}821(元)$$

該企業目標現金餘額為 16,607 元，若現金持有額達到 29,821 元，則買進 13,214 元的證券；若現金持有量降至 10,000 元，則賣出 6,607 元的證券。

運用隨機模型求現金最佳持有量符合隨機思想，即企業現金支出是隨機的，收入是無法預知的。所以，適用於所有企業現金最佳持有量的計算。另外，隨機模型建立在企業的現金未來需求量和收支不可預測的前提下。因此，計算處理的現金持有量比較保守。

6.2.3　現金的日常管理

現金收支管理的目的在於提高現金使用效率。為達到這一目的，應當注意做好以下幾方面工作：

1. 力爭現金流量同步

如國企業能盡量使得現金流入與現金流出發生的時間趨於一致，就可以使其所持有的交易性現金餘額降到最低水準。

2. 加速收款

這主要指應收帳款的時間。企業採用賒銷政策，可以吸引顧客，增加銷售收入。但由此引發的應收帳款會增加企業資金的占用，加大資金回籠的風險。因此要實施完善的收帳政策，加速資金回收，保障資金安全。

3. 推遲付款

推遲付款包括兩方面的內容：一是推遲應付帳款的支付，是指企業在不影響自己信譽的前提下，充分運用供貨方所提供的信用優惠，盡可能地推遲應付帳款的支付期。二是改變工資發放模式，一般企業都在銀行單獨開設一個工資發放帳戶，為了盡可能地減少這一帳戶的餘額，企業可以通知員工到銀行提取現金的具體時間。

例如，某企業每月 1 日發放工資，根據以往經驗，1 日、2 日、3 日及 3 日以後提

現的比例分別為10%、10%、10%和70%，這樣，企業就不必在1日就在帳戶中存足發放工資所需要的全部現金，而可以將節餘的現金用於其他投資。

6.3　應收帳款管理

6.3.1　應收帳款的定義

應收帳款是指因對外銷售產品、材料、提供勞務或其他原因，應向購貨單位或接受勞務的單位、其他單位以及個人收取的款項，包括應收帳款、應收票據、其他應收款等。

6.3.2　應收帳款產生的原因

發生應收帳款的原因，主要有以下兩種：

第一，商業競爭。這是發生應收帳款的主要原因。在市場經濟條件下，商業競爭非常激烈。競爭的作用迫使企業以各種手段擴大銷售。在產品質量、價格、售後服務、廣告水準相似的情況下，賒銷就成了吸引客戶的有效手段之一。因為利用媒體廣告引起的應收帳款是一種商業信用，相當於銷售方為購貨方提供的一筆短期貸款，客戶可以從中獲得好處。

第二，銷售和收款的時間差距。商品成交的時間和收到貨款的時間常不一致，這也導致應收帳款。這是因為貨款結算需要時間的緣故。結算手段越落後，結算所需時間就越長，由於銷售和收款的時間差而造成的應收帳款，不屬於商業信用，也不是應收帳款的主要內容，這裡不再對它進行深入討論，而只討論屬於商業信用的應收帳款的管理。

6.3.3　應收帳款管理的目標

6.3.3.1　應收帳款的收益

應收帳款是企業的一項資金投放，是為了擴大銷售和盈利而進行賒銷所發生的成本，其收益體現在銷售增加所帶來的利潤。

$$增加的收益＝銷售量的增加×單位邊際貢獻$$
$$單位邊際貢獻＝單價－單位變動成本$$

6.3.3.2　應收帳款的成本

應收帳款的成本主要包括機會成本、壞帳損失和收帳費用。

1. 應收帳款的機會成本

$$應收帳款的機會成本＝應收帳款佔用資金×資金成本率$$
$$應收帳款佔用資金＝應收帳款平均餘額×變動成本率$$
$$應收帳款平均餘額＝日銷售額×平均收現期$$

2. 壞帳損失

壞帳損失是指應收帳款不能收回而給企業造成的損失。這一成本常與應收帳款的數量成正比。

3. 收帳費用

收帳費用是指在催收帳款過程中發生的各項支出。

6.3.4 應收帳款信用政策

應收帳款賒銷的效果好壞依賴於企業的信用政策。信用政策包括信用期間、信用標準現金折扣政策。

6.3.4.1 信用期間

信用期間是企業允許顧客從購貨到付款之間的時間，或者說是企業給予顧客的付款期間。例如，「N/30」表示企業允許顧客在購貨後的30天內付款，信用期為30天。信用期過短，不足以吸引顧客，在競爭中會使銷售額下降；信用期過長，則發生壞帳損失和收帳費用的加大。因此，企業必須通過權衡應收帳款的收益和成本來決定信用期的長短。

【例6-4】某公司現在採用30天按發票金額付款的信用政策，擬將信用期放置。該公司投資的最低報酬率為10%，其他有關的數據見表6-2。

表6-2　　　　　　　　　　信用期間決策表

項目信用期	30天	60天
銷售量（件）	9,600	12,000
銷售額（元）（單價50元）	480,000	600,000
變動成本（每件40元）	384,000	480,000
邊際貢獻總額	96,000	120,000
固定成本（元）	50,000	50,000
收益（元）	46,000	70,000
可能發生的壞帳損失（元）	5,000	7,000
可能發生的收帳費用（元）	5,000	8,000

就放寬信用期間得到的收益和成本進行差額分析：

（1）收益的增加

收益的增加＝銷售量的增加×單位邊際貢獻

$$= (12,000-9,600) \times (50-40) = 24,000 (元)$$

（2）應收帳款機會成本的增加

30天信用期應收帳款的機會成本：

$$30\text{天信用期應收帳款的平均餘額} = \frac{480,000}{360} \times 30 \approx 40,000(元)$$

30 天信用期應收帳款占用資金 = $40,000 \times \dfrac{40}{50} = 32,000$(元)

30 天信用期應收帳款的機會成本 = $32,000 \times 10\% = 32,000$（元）

（3）60 天信用期應收帳款的機會成本

60 天信用期應收帳款的機會成本 $\dfrac{600,000}{360} \times 60 \times \dfrac{40}{50} \times 10\% = 8,000$(元)

機會成本的增加 = $8,000 - 3,200 = 4,800$（元）

（4）壞帳損失和收帳費用增加

收帳費用增加 = $7,000 - 5,000 = 2,000$（元）

壞帳損失增加 = $8,000 - 5,000 = 3,000$（元）

（5）改變信用期的稅前損益

收益增加 − 成本費用增加 = $24,000 - (4,800 + 2,000 + 3,000) = 14,200$（元）

由於收益的增加大於成本增加，故應採用 60 天的信用期。

6.3.4.2 信用標準

信用標準是指顧客獲得商業信用所應具備的條件。如果顧客達不到信用標準，便不能享受企業的信用或只能享受較低的信用優惠。如果企業制定的信用標準太嚴，只有少數的顧客，才能享受到賒銷政策，那麼產品銷量肯定受影響，但應收帳款的成本也較低；相反，如果企業的信用標準太低，一些信用不太好的顧客也能得到賒銷政策，那麼應收帳款發生壞帳損失的可能性就非常大，會給企業帶來巨大的風險。因此，信用標準對企業的財務安全有很重要的影響。

企業在設定某一顧客的信用標準時，往往先要評估它拖欠帳款的可能性。這可以通過「5C」系統來進行，所謂「5C」系統，即品質（Character）、能力（Capacity）、資本（Capital）、抵押（Collateral）和經濟狀況（Conditions）五個方面。

1. 品質

品質指顧客的信譽，即履行償債義務的可能性。企業必須設法瞭解顧客過去的付款記錄，看其是否有按期如數付款的一貫做法及與其他供應企業的關係是否良好。這一點經常被視為評價顧客信用的首要因案。

2. 能力

能力是指顧客的償債能力、即其流動資產的數量和質量以及與流動負債的比例。顧客的流動資產數量越多、質量越高，其轉換為現金償還債務的能力就越強。

3. 資本

資本指顧客的財務實力和財務狀況，表明顧客可能償還債務的背景。

4. 抵押

抵押指顧客拒付款項或無力支付款項時能被用作抵押的資產。日後收不到這些顧客的款項，便以抵押品抵補，如果這些顧客提供足夠的抵押以考慮向他們提供相應的信用。

5. 經濟狀況

經濟狀況是指不利的經濟環境對顧客付款能力的影響以及顧客是否具有較強的應

變能力，這需要瞭解顧客在過去困難時期的付款歷史。

6.3.5 現金折扣政策

現金折扣是企業對顧客在商品價格上所做的扣減，向顧客提供這種價格上的優惠。現金折扣政策的目的在於吸引顧客為享受優惠而提前付款，縮短企業的平均收款期。現金折扣經「折扣率/付款期」這樣的符號來表示，如 1/10、3/20、N/30 表示的意思分別是：如果 10 天內付享受 1% 的價格優惠；如果在第 10 到第 20 天內付款，可享受 3% 的價格優惠；最遲付款期 30 天，此時付款無優惠。

企業採用什麼程度的現金折扣，應當權衡考慮折扣所能帶來的收益與成本，並結合期間一起抉擇。

【例 6-5】沿用例 6-4，假定該公司在放寬信用期的同時，為吸引顧客盡早付款據了「2/30、N/60」的現金折扣條件，估計會有一半的顧客（按 60 天信用期所能實現的銷售算）將享受現金折扣優惠。

（1）收益的增加：

收益的增加 = 銷售量的增加 × 單位邊際貢獻

$$= (12,000-9,600) \times (50-40) -= 24,000（元）$$

（2）應收帳款占用資金的應計利息增加：

$$30 \text{ 天信用期機會成本} = \frac{480,000}{360} \times 30 \times \frac{40}{50} \times 10\% = 3,200（元）$$

60 天信用期並提供現金折扣的機會成本

$$= (\frac{600,000 \times 50\%}{360} \times 60 \times \frac{40}{50} \times 10\%) + (\frac{600,000 \times 50\%}{360} \times 30\% \times \frac{40}{50} \times 10\%)$$

$$= 4,000 + 2,000 = 6,000（元）$$

應計利息增加 = 6,000 - 3,200 = 2,800（元）

（3）收帳費用和壞帳損失增加：

收帳費用增加 = 7,000 - 5,000 = 2,000（元）

壞帳損失增加 = 8,000 - 5,000 = 3,000（元）

（4）現金折扣成本的變化：

現金折扣成本增加 = 600,000 × 0.8% × 50% = 2,400（元）

（5）提供現金折扣後的稅前損益：

收益增加 - 成本費用增加 = 24,000 - (2,800 + 2,000 + 3,000 + 2,400) = 13,800（元）

由於可獲得淨收益，故應當放寬信用期，提供現金折扣。

6.3.6 收帳政策

應收帳款發生後，企業應採取各種措施，盡量爭取按期收回款項，否則會因拖欠時間過長而發生壞帳，使企業蒙受損失。收帳政策就是指對過期帳款的催收方式以及準備為此付出的代價，這取決於帳款過期多久、負債的大小和有關人員的經驗。

典型的收款過程可包括以下步驟：

（1）信件。主要方式：常規紙質郵件，還有手機短信、QQ信息、微信以及其他媒介等多種手段。對帳款過期較短的顧客，可以送出「友好的提醒」，並不過多地打擾，如果沒有收到付款，可以發出更多的信件，措辭可以更為嚴厲和迫切。

（2）電話。對帳款過期較長的顧客，在送出最初的幾封信後，給顧客打電話。如果顧客有財務上的困難，可找出折中的辦法，付一部分款。

（3）個人拜訪。促成銷售的銷售人員可以拜訪顧客，請求付款，除銷售人員外，還可以派出其他的特別收款員。

（4）訴訟程序。如果帳款數額相當大，可以採取法律行為來促使債務人還債。

採取收帳政策時，應該遵循淨增效益最大化原則，收款的順序應該是，剛開始採用最不花錢的手段，只有在前面的方法失敗後才繼續採用昂貴的方法。信件可能只花2元，而電話可能平均花5元，個人拜訪可能花100～1,000元，訴訟費用可能會更高。一般說來，收帳的花費越大，收帳措施越有力，可收回的帳款越多，壞帳損失也就越小。一旦繼續收款所產生的現金流入小於繼續收款所追加的成本，停止向顧客追討是正確的決策。

6.3.7　應收帳款的日常管理

應收帳款是企業的一項重要流動資產，是企業促進銷售的有力工具，但它本身蘊涵著巨大的風險。因此，對應收帳款必須加強日常管理，以便及時發現問題、解決問題。這些措施主要包括應收帳款追蹤分析和應收帳款帳齡分析。

6.3.7.1　應收帳款追蹤分析

本書前面內容已經講到，評價一個客戶能否按期還款，可以從品質、能力、資本、抵押和經濟狀況等方面進行評估，其中客戶的品質和資本是在賒銷之前就必須特別注意的問題，但在賒銷之後，仍然應進行追蹤分析，因為這兩個因素也是隨時可能發生變化的。至於另外三個因素，還款能力、抵押情況和經濟狀況更是受企業內部的經營情況和外部經濟環境的影響而波動比較大，因此，應時刻關注客戶的信用情況變化，以便及時調整收帳政策。

當然，企業也沒有必要也沒有足夠的精力對全部應收帳款都進行追蹤分析，只需對那些交易金額大或客戶品質持懷疑的應收帳款進行追蹤分析就可以。

6.3.7.2　應收帳款帳齡分析

企業已發生的應收帳款時間有長有短，有的尚未超過收款期，有的則超過了收款期。一般來講，拖欠時間越長，款項收回的可能性越小，形成壞帳的可能性越大，因此企業可以按照帳齡對應收帳款進行評估，以此預計壞帳損失並採取相應的收帳政策，實施對應收帳款的監督，可以通過編製帳齡分析表進行。

帳齡分析表是一種能顯示應收帳款在外天數（帳齡）長短的報告，其格式見表6-3所示。

表 6-3 順興公司應收帳款帳齡分析表

20×7 年 12 月 31 日

應收帳款帳齡	客戶數量	金額（萬元）	百分比（%）
信用期內	200	8	40
超過信用期 1~30 天	100	4	20
超過信用期 31~60 天	50	2	10
超過信用期 61~90 天	30	2	10
超過信用期 91~180 天	20	2	10
超過信用期 181~360 天	15	1	5
超過信用期 1 年以上	5	1	5
合計	420	20	100

利用帳齡分析表，企業可以瞭解到以下情況：

（1）有多少欠款尚在信用期內。表 6-3 顯示，有價值 8 萬元的應收帳款處在信用期內，占全部應收帳款的 40%。這些款項未到償付期，欠款是正常的；但到期後能否收回，還要及時地監督。

（2）有多少欠款超過了信用期，超過時間長短的款項各占多少。表 6-3 顯示，在已超過信用期的 12 萬元的應收帳款中，拖欠時間較短的（20 天內）有 4 萬元，占全部應收帳款的 20%，這部分欠款收回的可能性很大；拖欠時間較長的（21~100 天）有 7 萬元，占全部應收帳款的 35%，這部分欠款的回收有一定難度；拖欠時間很長的（100 天以上）有 1 萬元占全部應收帳款的 5%，這部分欠款有可能成為壞帳。

通過帳齡分析，企業應對不同拖欠時間的欠款制定不同的收帳政策。對可能發生的壞帳損失應提前做出準備，充分估計這一因素對損益的影響；也可以對現有的信用政策進行檢查，發現不完善之處，要盡快修止。

6.4 存貨管理

6.4.1 存貨管理的目標

存貨是指企業在生產經營過程中為銷售或者耗用而儲備的物資，包括原材料、在產品、半成品、嚴成品、商品等。

6.4.1.1 儲備存貨的原因

如果企業能在生產投料時隨時購入所需的原材料或者能在銷售時隨時購入所需商品，那企業就不需要存貨。但實際上，企業總有儲存存貨的需要，並因此占用或多或少的資金。這種儲貨的需要出於以下原因：

一是保證生產或銷售的經營需要。實際上，企業很少能做到隨時購入生產或銷售

所需的原材料和物資，即使是市場供應量充足的物資也如此。這不僅因為不時會出現某種材料的市場斷檔，因為企業離供貨點較遠。因此物流時間比較長，一旦生產或銷售所需物資短缺，工廠生產將被迫停頓，造成損失。為了避免或減少出現停工待料等事故，企業需要儲存存貨。

二是出自價格的考慮。零星購買物資的價格往往較高，而整批購買在價格上常有優惠。為了獲得這種商業折扣，企業通常會批量購買商品，從而形成存貨。

6.4.1.2 儲備存貨的成本

與儲備存貨有關的成本，包括以下三種：

1. 取得成本

取得成本指為取得某種存貨而支出的成本，通常用 TC 來表示，其又分為訂貨成本和購置成本。

（1）訂貨成本指取得訂單的成本。訂貨成本中有一部分與訂貨次數無關，如常設採購機構的基本開支等，稱為固定訂貨成本，用 F_1 表示；另一部分與訂貨次數有關，如差旅費、電話費等，稱為變動訂貨成本，用 K 表示；存貨年需要量為 D；每次進貨量為 Q。訂貨成本的計算公式為：

$$訂貨成本 = F_1 + \frac{D}{Q} \times K$$

（2）購置成本指存貨本身的價值，經常用數量與單價的乘積來確定。單價用 U 表示，於是，購置成本為 DU，取得成本等於訂貨成本加上購置成本。其公式為：

取得成本＝訂貨成本＋購置成本

＝固定訂貨成本＋變動訂貨成本＋購置成本

$$TC_a = F_1 + \frac{D}{Q} \times K + DU$$

2. 儲存成本

儲存成本指為保持存貨而發生的成本，包括存貨佔用資金所應計的利息、倉庫費用、保險費用、存貨破損和變質損失等，通常用 TC 來表示。

儲存成本也分為固定成本和變動成本。固定成本與存貨數量的多少無關，如倉庫折舊、倉庫職工的固定月工資等，常用 F 表示；變動成本與存貨的數量有關，如存貨資金的應計利息、存貨的破損和變質損失、存貨的保險費用等，單位成本用 K 來表示。用公式表達的儲存成本為：

儲存成本＝固定儲存成本＋變動儲存成本

$$TC_i = F_2 + K_i \times \frac{Q}{2}$$

3. 缺貨成本

缺貨成本指由於存貨供應中斷而造成的損失，包括材料供應中斷造成的停工損失、產成、品庫存缺貨造成的拖欠發貨損失和喪失銷售機會的損失（還應包括需要主觀估計的商譽損失）等。缺貨成本用 TC 表示。

6.4.1.3 存貨管理的目標

存貨是維持企業正常生產經營的重要資產，但過多的存貨要占用較多的資金，並且會增加包括倉儲費、保險費、維護費、管理人員工資在內的各項開支。進行存貨管理，就要盡力在各種存貨成本與存貨效益之間做出權衡，達到兩者的最佳結合，這也就是存貨管理的目標。如果以 TC 來表示儲備存貨的總成本，它的計算公式為：

$$TC = TC_a + TC_b + TC_c = F_1 + \frac{D}{Q} \times K + DU + F_2 + K_c \times \frac{Q}{2} + TC_i$$

企業存貨的最優化，即是使上式值最小。

6.4.2 經濟訂貨量基本模型

經濟訂貨量基本模式需要設立的假設條件是：
（1）企業能夠及時補充存貨，即需要訂貨時便能立即取得存貨。
（2）能集中到貨，而不是陸續入庫。
（3）不允許缺貨，即無缺貨成本，TC 為零，這是因為良好的存貨管理本來就不應該有缺貨成本。
（4）需求量穩定並且能預測，即 D 為已知常量。
（5）存貨單價不變，即 U 為已知常量。
（6）企業現金充足，不會因現金短缺而影響進貨。
（7）所需存貨市場供應充足，不會因買不到需要的存貨而影響其他。
（8）存貨消耗速度穩定，企業一段時期內，存貨持有量變化情況如圖 6-4 所示：

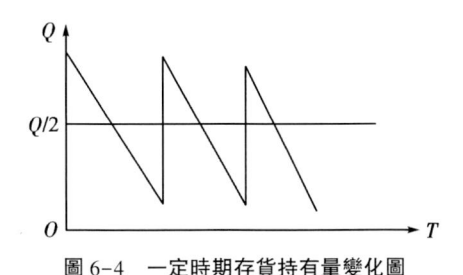

圖 6-4　一定時期存貨持有量變化圖

設立了上述假設後，存貨總成本的公式可簡化為：

$$TC = F_1 + \frac{D}{Q} \times K + DU + F_2 + K_c \times \frac{Q}{2}$$

在這個公式中，F_1、DU 和 F_2 為常數量時，TC 的大小取決於變動訂貨成本和變動儲存成本，這被稱為與批量有關的總成本，即從圖 6-4 中可以看到，當變動訂貨成本等於變動儲存成本時，能使 TC 的值最小，因此可以推導出：

$$TC_{(Q^*)} = \frac{D}{Q} \times K + K_i \times \frac{Q}{2}$$

與批量有關的總成本的大小最終還得取決於 Q。它們之間的關係如圖 6-5 所示。

財務管理

[圖表：成本曲線圖，橫軸為訂貨批量，縱軸為成本，顯示與批量有關的總成本、變動訂貨成本、變動儲存成本三條曲線，交點為經濟訂貨批量]

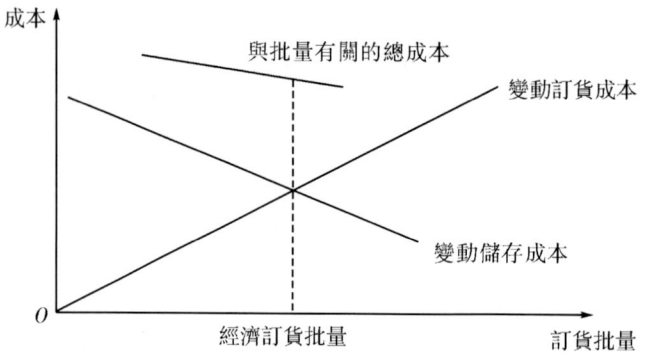

圖 6-5　與存貨批量有關的成本曲線

從圖 6-5 中可以看出，當變動訂貨成本等於變動儲存成本時，能使 $TC(Q^*)$ 的值最小，因此可以推導出：

$$Q = \sqrt{\frac{2KD}{Kc}}$$

即

$$經濟訂貨批量 = \sqrt{\frac{2 \times 年需要量 \times 每次訂貨成本}{單位變動儲存成本}}$$

這一公式稱為經濟訂貨批量模型。這個基本模型還可以演變為其他形式：
與批量有關的存貨總成本公式：

$$TC = \frac{A}{Q} \times B + \frac{Q}{2} \times C$$

最佳經濟進貨批量：

$$TC = \sqrt{2\frac{AB}{C}}$$

經濟進貨批量的相關總成本：

$$TC = \sqrt{2ABC}$$

即，$TC = \sqrt{2 \times 年需要量 \div 每次訂貨成本 \times 單位變動儲存成本}$
經濟進貨批量平價占用資金：

$$W = \frac{PQ}{2}$$

年度最佳進貨批次：

$$N = \frac{A}{Q}$$

【例6-6】天澤公司 A 材料的年耗用量為 9,000 件，每件進貨價格為 20 元，每次的訂貨成本為 80 元，單價 A 材料年存儲成本為 4 元。

要求：

（1）計算 A 材料的經濟進貨批量。

（2）經濟進貨批量的存貨相關總成本。
（3）經濟進貨批量的占用資金。
（4）年度最佳進貨批次。

解析：

（1）經濟進貨批量：

$$TC = \sqrt{2\frac{AB}{C}} = (\sqrt{\frac{2 \times 9,000 \times 80}{4}}) = 600(件)$$

（2）經濟進貨批量的存貨相關總成本：

$$TC = \sqrt{2ABC} = \sqrt{2 \times 9,000 \times 80 \times 4} = 2,400（元）$$

（3）經濟進貨批量的平均占用資金：

$$W = \frac{PQ}{2} = \frac{20 \times 600}{2} = 6,000(元)$$

（4）年度最佳進貨批次：

$$N = \frac{A}{Q} = \frac{9,000}{600} = 15(次)$$

6.4.3 其他存貨控制方法

6.4.3.1 存貨控制的 ABC 制度

存貨控制的 ABC 制度是根據存貨的重要程度把存貨歸為 A、B、C 三類，最重要的是 A 類，最不重要的是 C 類。例如，假設 10% 的存貨種類占了存貨總價值的 80%，這些存貨可能屬於 A 類，B 類可能構成總存貨種數的 30%，但只占存貨總價值的 15%，C 類占了總存貨種數的 60%，但僅構成存貨總價值的 5%。在 ABC 存貨制度下，存貨種類數和它們占用資金的關係。

由於 A 類最為關鍵，企業對它們的管理應最為仔細，對 B 類的管理則粗一些，對 C 類的管理不仔細。例如，對於汽車生產廠家，發動機和零部件都是 A 類，應該精心管理，而辦公用品、回形針、鉛筆和紙張等在需要時才訂貨，不用太多地管理。

6.4.3.2 適時存貨制

適時存貨制（JIT）是指存貨應恰好在生產過程需要它們時送達，要最大限度地減少存貨。該制度需要精心的計劃與規劃，而在整個生產過程中都需要供應商和生產商的廣泛合作，複雜的協調和計劃工作由於材料需求計劃系統（MRP）的出現而變得簡單。MRP 系統是建立在計算機基礎上的系統，這個龐大的軟件系統把有關生產過程和供應過程的信息結合起來，決定發行貨單的時間，MRP 的正確運行確保生產的順利進行。

適時存貨制的成功取決於幾個因素：

（1）計劃要求。存貨的一個基本功能是在不同的生產階段作為保險儲備。通過仔細計算與規劃，JIT 實際上可以消除這些安全儲備。運行完備的 JIT 可以產生極大的節約。

（2）與供應商的關係。為了使 JIT 有效地運行，公司應與它的供應商緊密合作，

送貨計劃量、質量和瞬時聯繫都是該制度的組成部分。該制度要求按所需的數額和訂單的要求發貨。因此，必須要和供應商有良好的關係。

（3）準備成本。在生產過程中，每一批產品生產前總存在固定的準備成本，生產批數的優批量受準備成本的影響。通過降低準備成本，公司可以採用小得多的生產期，因而獲得的靈活性。

（4）其他因素。由於頻繁地送貨，為了提高處理貨物的效率，一般都要對貨物標以條形碼存貨。

本章小結

營運資金是企業放到流動資產上的資金，在數量上等於流動資產減去流動負債後的差額。流動負債的管理已經在第四章籌資管理中講到，本章主要講述的是流動資產的管理。流動資產主要包括現金與有價證券、應收帳款和存貨。三種資產具體的管理方法各有不同，但都必須遵循相關的財務管理原則，如貨幣時間價值原則、淨增效益原則和雙方交易原則等，目的是使這些資產為企業創造最大的效益。

本章練習題

一、單項選擇題

1. 某企業現金收支狀況比較穩定，全年的現金需要量為 300,000 元，每次轉換有價證券的，固定成本為 600 元，有價證券的年利率為 10%，則全年固定性轉換成本是（　　）元。

  A. 1,000   B. 2,000
  C. 3,000   D. 4,000

2. 基本經濟進貨批量模式所依據的假設不包括（　　）。

  A. 所需存貨市場供應充足   B. 存貨價格穩定
  C. 倉儲條件不受限制   D. 允許缺貨

3. 某企業全年耗用 A 材料 2,400 噸，每次的訂貨成本為 400 元，每噸材料儲備為 12 元，則每年最佳訂貨次數為（　　）次。

  A. 12   B. 6
  C. 3   D. 4

4. 某企業預測的年賒銷額為 1,200 萬元，應收帳款平均收帳期為 30 天，變動成本為 60%，資金成本率為 10%，則應收帳款的機會成本為（　　）萬元。

  A. 10   B. 6
  C. 5   D. 9

5. 成本分析模式下的最佳現金持有量是使以下各項成本之和最小的現金持有量（　　）。

  A. 機會成本和轉換成本   B. 機會成本和短缺成本

C. 持有成本和轉換成本　　　　　D. 持有成本、短缺成本和轉換成本
6. 企業在確定為應付緊急情況而持有的現金數額時，不需考慮的因素是（　　）。
   A. 企業願意承擔風險的程度　　　B. 企業臨時舉債能力的強弱
   C. 金融市場投資機會的多少　　　D. 企業對現金流量預測的可靠程度
7. 既要充分發揮應收帳款的作用，又要加強應收帳款的管理，其核心是（　　）。
   A. 加強銷售管理　　　　　　　　B. 制定適當的信用政策
   C. 採取積極的收帳政策　　　　　D. 盡量採用現款現貨
8. 假定某企業每月現金需要量為 20,000 元，現金和有價證券的轉換成本為 20 元，有價證券的月利率為 5%，則該企業最佳現金餘額為（　　）。
   A. 20,000 元　　　　　　　　　　B. 12,649 元
   C. 10,000 元　　　　　　　　　　D. 6,649 元
9. 信用的「5C」系統中，資本是指（　　）。
   A. 顧客的經濟實力和財務狀況，是顧客償付債務的最終保證
   B. 指顧客拒付款項或無力支付款項時能被用作抵押的資產
   C. 指影響顧客付款能力的經濟環境
   D. 指企業流動資產的數量和質量以及與流動負債的比例
10. 存貨 ABC 分類控制法中對存貨劃分的最基本的分類標準為（　　）。
    A. 金額標準　　　　　　　　　　B. 品種數量標準
    C. 重量標準　　　　　　　　　　D. 金額與數量標準

二、多項選擇題
1. 下列選項中，不屬於應收帳款管理成本的是（　　）。
   A. 因投資應收帳款而喪失的利息費用　B. 對客戶的資信調查費用
   C. 催收應收帳款而發生的費用　　　　D. 無法收回應收帳款而發生的費用
2. 信用條件的組成要素有（　　）。
   A. 信用期限　　　　　　　　　　B. 現金折扣期
   C. 現金折扣率　　　　　　　　　D. 商業折扣
3. 缺貨成本指由於不能及時滿足生產經營需要而給企業帶來的損失，它們包括（　　）。
   A. 商譽（信譽）損失　　　　　　B. 延期交貨的罰金
   C. 採取臨時措施而發生的超額費用　D. 停工待料損失
4. 用存貨模式分析確定最佳現金持有量時，應予考慮的成本費用項目有（　　）。
   A. 現金管理費用　　　　　　　　B. 現金與有價證券的固定性轉換成本
   C. 持有現金的機會成本　　　　　D. 現金短缺成本
5. 企業預防性現金數額大小（　　）。
   A. 與企業現金流量的可預測性成反向變動
   B. 與企業臨時借款能力成反向變動
   C. 與企業業務交易量成反向變動
   D. 與企業償債能力成同向變動
6. 賒銷在企業生產經營中所發揮的作用有（　　）。

  A. 增加現金   B. 減少存貨
  C. 促進銷售   D. 減少借款

7. 利用帳齡分析表可瞭解下列情況（　　）。
  A. 信用期內的應收帳款數額   B. 信用期內的應收帳款的還款日期
  C. 逾期的應收帳款數額   D. 逾期應收帳款的還款日期

8. 下列選項中，屬於存貨能力的有（　　）。
  A. 有利於企業的銷售   B. 防止生產中斷
  C. 降低進貨成本   D. 提高企業的變現能力

9. 在確定經濟訂貨批量時，不需要考慮的因素有（　　）。
  A. 需求變動成本   B. 需貨量
  C. 年度計劃訂貨總量   D. 保險儲備量

10. 制定收帳政策，在向客戶提供商業信用的，就必須考慮的問題有（　　）。
  A. 怎樣最大限度地防止客戶拖欠貨款
  B. 客戶是否會拖欠或拒付帳款
  C. 一旦帳款遭到拖欠或拒付，應採取怎樣對策
  D. 考慮客戶是否符合給予商業信用所需具備的條件

三、判斷題

1. 企業營運資金越大，說明企業風險越小，收益率越高。（　　）
2. 企業的信用標準合格，給予客戶的信用期很短，使得應收帳款週轉率很高，將有利於增加企業的利調。（　　）
3. 一般來講，當某種存貨品種數比重達到 70% 左右時，可將其劃分為 A 類存貨，進行管理和控制。（　　）
4. 在規定的時間內提前償付貨款的客戶可按銷售收入的一定比率享受現金折扣，折扣率越高，越能及時收回貨款，減少壞帳損失，所以企業應將現金折扣比率訂得越高越好。（　　）
5. 在成本分析模式和存貨模式下確定最佳現金持有量時，都須考慮的成本是機會成本。（　　）
6. 企業在制定或選擇信用標準時，與同行業的競爭對手的情況沒有關係。（　　）
7. 加速收款是企業提高現金使用效率的重要策略之一，因此，企業要努力把應收帳款降到最低水準。（　　）
8. 存貨管理的目標是以最低的存貨成本來保證企業生產經營的順利進行。（　　）

四、計算題

1. 企業現金收支狀況比較穩定，預計全年需要現金 400,000 元，一次轉換成本證券收益率為 20%。運用現金持有量確定的存貨模式計算：
  (1) 最佳現金持有量。
  (2) 現金轉換成本、機會成本。
  (3) 有價證券交易間隔期。

2. 某公司年度銷售收入為 800 萬元，其變動成本率為 80%，資金成本率為 10%，目前的信用條件為 N/25。收帳費用和壞帳損失均佔銷售收入的 1%。公司準備改變信

用政策，改變後的信用條件是 2/20、1/30、N/40，預計信用政策改變會使銷售收入增加5%，改變後預計收帳費用和壞帳費用各占銷售收入的1%和1.2%，預計占年銷售額30%的客戶在20天內付款，約占賒銷額的40%，客戶在30天內付款。一年按360天計算。

要求：通過計算判斷應否改變信用政策。

3. 某公司2013年A產品銷售收入為6,000萬元，總成本為4,500萬元，其中固定成本為900萬元。假設2014年該企業變動成本率維持在2013年的水準，現有兩種信用政策可供選用：

甲方案給予客戶60天信用期限（n/60），預計銷售收入為6,900萬元，貨款將於第60天收到，其收帳費用為30萬元，壞帳損失率為貨款的2%。

乙方案的信用政策為2/10、1/30、n/90，預計銷售收入為7,800萬元，將有30%的貨款於第10天收到，20%的貨款於第30天收到，其餘50%的貨款於第90天收到（前兩部分貨款不會產生壞帳，後一部分貨款的壞帳損失率為該部分貨款的4%），收帳費用為60萬元。該企業A產品銷售額的相關範圍為5,000萬～9,000萬元，企業的資本成本率為10%（為簡化計算，本題不考慮增值稅因素）。

要求：

(1) 計算該企業2014年的下列指標：

①變動成本總額；

②以銷售收入為基礎計算的變動成本率。

(2) 計算甲乙兩方案的收益之差。

(3) 計算甲方案的應收帳款相關成本。

(4) 計算乙方案的應收帳款相關成本。

(5) 在甲乙兩個方案之間做出選擇。

4. C公司是一家冰箱生產企業，全年需要壓縮機360,000臺，均衡耗用。全年生產時間為360天，每次的訂貨費用為160元，每臺壓縮機持有費率為80元，每臺壓縮機的進價為900元。根據經驗，壓縮機從發生訂單到進入可使用狀態一般需要5天，保險儲備量為2,000臺。

要求：

(1) 計算經濟訂貨批量。

(2) 計算全年最佳訂貨次數。

(3) 計算最低存貨成本。

(4) 計算再訂貨點。

7 利潤分配管理

本章提要

利潤分配，是指將企業實現的淨利潤，按照國家對財務制度規定的分配形式和分配順序，在企業和投資者之間進行分配。利潤分配的過程與結果，關係到所有者的合法權益能否得到保護，企業能否長期、穩定發展，同時也關係到債權人能否按照合同約定得到本息。因此，企業必須加強利潤分配的管理與核算。

本章學習目標

(一) 知識目標

(1) 掌握利潤分配的原則和順序以及影響股利分配的因素和股利政策；
(2) 理解避稅籌劃的原則和方法；
(3) 瞭解避稅籌劃及其意義、股利理論；
(4) 熟悉股利支付形式和支付程序。

(二) 技能目標

能針對企業所處的不同階段，在國家法律法規和相關制度的前提下，提出盡可能協調處理好相關利益者關係的利潤分配方案。

7.1 利潤分配

7.1.1 利潤分配的意義與原則

7.1.1.1 利潤分配的意義

利潤分配是指對企業實現的淨利潤在投資者和企業內部留存之間進行分配，是財務管理工作的重要組成部分，它關係到與企業具有經濟利益關係的各方的切身利益，處理不當也會影響企業的生存和發展。企業要合理確定利潤分配政策，科學制定利潤分配方案，處理好企業長遠發展和投資者近期利益的關係，確保分配方案與籌資、投資政策相互協調，為實現企業總體目標奠定基礎。

7.1.1.2 利潤分配的原則

1. 依法分配原則

利潤分配涉及各種利益關係，是一項十分敏感的工作，因此，必須堅持合法性，

依法納稅。國家有關法律法規對企業利潤分配的基本原則、一般次序和利潤比例也做了較為明確的規定，其目的是保障企業利潤分配的有序進行，維護企業和所有者、債權人以及職工的合法權益，促進企業增加累積，增強風險防範能力。國家有關利潤分配的法律和法規主要有《公司法》《中華人民共和國外資企業法》等，企業在利潤分配中必須切實執行上述法律法規的有關規定。利潤分配在企業內部屬於重大事項，企業的章程必須在不違背國家有關規定的前提下，對本企業利潤分配的原則、方法、決策程序等內容做出具體的規定，企業在利潤分配中也必須按規定辦事。

2. 累積優先原則

企業的稅後利潤是投資者擁有的重大權益，對其進行處置和分配，應兼顧投資者的目前利益和長遠利益。利潤分配也應尊重市場競爭規律的要求，為企業提高抗風險的能力、實現可持續發展進行必要的累積。企業提取的盈餘公積金和未分配利潤等留存收益，體現了企業的累積能力和發展後勁，其數額應與企業所承擔的經濟責任和所實現的經濟效益相適應。在分配利潤時，應先提取公積金，後分配投資者利潤。

3. 資本保全原則

利潤分配應是投資者資本增值部分的分配，絕不允許在企業不盈利或虧損的情況下使用資本金向投資者分配「利潤」，這是一種自動清算行為，其實質是損害投資者的利益。因此，應取消不規範的分配內容，以維護企業投資者的利益。

4. 充分保護債權人的利益原則

按照風險承擔的順序及合同契約的規定，企業必須在利潤分配之前償清所有債權人到期的債務，否則不能進行利潤分配。同時，在利潤分配之後，企業還應保持一定的償債能力，以免產生財務危機，危及企業生存。此外，企業在與債權人簽訂某些長期債務契約的情況下，其利潤分配政策還應徵得債權人的同意或審核方能執行。

5. 多方及長短期利益兼顧原則

利益機制是制約機制的核心，而利潤分配的合理與否是利益機制最終能否持續發揮作用的關鍵。利潤分配涉及投資者、經營者、職工等多方面的利益，企業必須兼顧，並盡可能地保持穩定的利潤分配。在企業獲得穩定增長的利潤後，應增加利潤分配的數額或百分比。同時，由於發展及優化資本結構的需要，除依法必須留用的利潤外，企業仍可以出於長遠發展的考慮，合理留用利潤。在累積與消費關係的處理上，企業應貫徹累積優先的原則，合理確定提取盈餘公積金和分配給投資者的利潤的比例，使利潤分配真正成為促進企業發展的有效手段。

7.1.2 利潤分配的順序

按照《公司法》的有關規定，利潤分配應按下列順序進行：

（1）彌補以前年度虧損。根據現行法律法規的規定，公司發生年度虧損，可以用下一年度的稅前利潤彌補；下一年度的稅前利潤不足彌補時，可以在5年內延續彌補，5年內仍未彌補完的，可用稅後利潤彌補。

（2）提取法定公積金。依據國家規定，企業應按照當年稅後利潤10%的比例提取法定盈餘公積金。但法定盈餘公積金累計數額達到企業註冊資本的50%時，企業不再

繼續提取。法定盈餘公積金可用於彌補企業虧損、擴大企業生產經營或轉增資本金。但用於轉增資本金後留存的法定盈餘公積金不得低於註冊資本的25%。

（3）提取任意盈餘公積金。企業按照企業章程或公司股東大會決議，提取任意盈餘公積金，目的是進一步投資，控制向投資者分配利潤的水準，調整各年利潤分配的波動。

（4）向股東（投資者）支付股利（分配利潤），企業可供分配的利潤扣除上述各項分配內容後，即可按照同股同酬、同股同利的原則，向股東分配股利。

公司股東會或董事會違反上述利潤分配順序，在抵補虧損和提取法定盈餘公積金之前向股東分配利潤的，必須將違反規定發放的利潤退還公司。

企業分配利潤時應注意：當年無利潤，原則上不分配股利，但為了維護股票信譽，在以盈餘公積金補虧後，經股東大會特別決議，可按照不超過股票面值6%的比例用盈餘公積金分配股利，但分配股利後公司法定盈餘公積金不得低於註冊資本的25%。

企業可供分配的利潤扣除計提法定盈餘公積金和計提任意盈餘公積金後，經董事會決議可以全部分配，也可以不分配，剩下未分配部分作為公司未分配利潤轉入下年度分配。

7.2 股利理論

股利分配作為財務管理的一部分，同樣要考慮其對公司價值的影響。長期以來，理論界在股利分配對公司價值的影響這一問題上，存在不同的觀點，主要有股利無關論和股利相關論。

7.2.1 股利無關論

股利無關論認為股利分配對公司的市場價值（或股票價格）不會產生影響。它是著名的MM定理（美國著名財務學家米勒（Miller）和莫迪格萊尼（Modigliani）在他們的著名論文《股利政策，增長與公司價值》中提出的理論的一部分。MM定理認為，在有效的證券市場上，公司的資本結構與股利政策不影響公司的證券價值與資產價值。這一理論得到西方學術界的認可，大多數財務學者認為它是財務管理理論中最重要的貢獻，奠定了現代公司財務理論的基礎。

股利無關論是建立在一些假設基礎之上的：①沒有個人與公司所得稅，資本利得與股利之間沒有所得稅差異；②資本市場是完美無缺的，股票發行與交易都不必繳納交易費用；③公司的投資政策與其股利政策是彼此獨立的；④投資者與管理者之間不存在信息不對稱；⑤公司的未來利潤已知（此假設後來被刪除）。

在上述假設基礎上，股利無關論的結論如下所述：

（1）投資者不會關心公司的股利政策，公司的股利政策不會對公司的資產價值產生影響，公司的價值完全由其投資的獲利能力所決定。

（2）公司的股票價格與股利政策無關。公司的盈餘在股利和保留盈餘之間的分配

並不影響公司的股票價格。

（3）當公司保留較多盈餘用於投資且有好的投資效益時，公司股票將會上漲，這時，股東可以通過出售所持股票取得資本收益。若公司發放較多的股利，投資者又可以用現金再買入一些股票以擴大投資。也就是說，投資者對股利和資本利得並無偏好。

（4）當有較好的投資機會，且能支付較高的現金股利時，公司可通過發行新股等方式籌集資金。

因此，如果公司投資方案的預期報酬率超過目前的投資報酬率，投資者寧願公司不分配股利，而將稅後利潤用於投資。因為這樣，股票價格就會上升，投資者的財富就會增加。投資者對公司股利支付比率的高低可通過股票交易來彌補。所以，股利的分配不會影響投資者對公司的態度。公司價值或股票價格完全由公司資產的獲利能力或其投資政策所決定。公司稅後利潤是否分配股利，不會影響公司的價值。根據這一理論，股利政策完全由投資計劃所需要的留用利潤來決定，發放股利的數額是滿足投資需求後所剩餘的利潤。

7.2.2 股利相關論

股利相關論認為公司的股利分配與公司的市場價值是相關的，股利政策將影響公司的證券價值與資產價值。在現實生活中，市場並不完善且存在稅收，不存在無關論提出的假定前提。公司的股利分配是在種種制約因素下進行的，公司不可能擺脫這些因素的影響，股利政策對公司的價值或股票價格將產生較大的影響。在股利相關論中，有以下幾個較具代表性的流派。

1.「一鳥在手」論

該流派認為，股價上漲會給股東帶來資本收益，但是這種收益在很大程度上是不確定的，即使公司承諾將來支付較高的現金股利，該現金股利的獲得也是不確定的。因此，從收益的確定性或低風險性考慮，寧願以較高的價格購買現在就支付現金股利的股票（將此比喻為「一鳥在手」），也不願購買將來可能上漲或將來可能支付較高現金股利的股票（將此比喻為「雙鳥在林」）。「一鳥在手」論認為，發放現金股利，會刺激股價上漲。

2. 信息傳遞論

這種理論認為，股利之所以會對股票價格產生影響，是因為投資者用股利來預測企業未來的經營成果，投資者一般只能通過企業的財務報告瞭解企業的經營狀況和盈利能力，並據此來判斷股票的價格是否合理。但是財務報告在一定時期內可以調整、潤色甚至含有虛假的成分。因此，投資者對企業未來的發展和收益的瞭解遠不如企業管理人員清晰，即存在著某種信息不對稱。在這種情形下，現金股利的分配就成了一個難得的信息傳播渠道，即股利的分配為投資者傳遞了關於企業盈利能力的信息。如果企業的目標股利支付率在過去一個較長的時期內很穩定，而現在卻有所變動，投資者將會把這種現象看作企業未來收益變動的信號，股票市價將會對股利的這種變動有所反應。所以，有人認為，股利可提供明確的證據來證明有關企業有能力創造現金，因此，企業的股利方針將會影響股票價格。在充滿不確定因素的現實世界裡，企業的

口頭聲明往往被忽視或誤解，而它支付股利的實際行動卻是一個強有力的證明，因為事實終究勝於雄辯。

3. 所得稅差異理論

布倫南（Brennan）於 1970 年最早提出稅收差異理論。這種理論認為：MM 理論中，關於不存在個人和企業所得稅的這一假設是不存在的。事實上，不僅存在個人和企業所得稅，而且股利的稅率要高於資本利得的稅率。這樣一來，資本利得對於股民來說更為有利。即使股利和資本利得按相同的稅率徵稅，由於支付時間不同，股利收入的納稅時間是在收取股利的當時，而資本利得納稅是在股票出售時才發生的。考慮到貨幣的時間價值，將來支付的一元錢的價值要比現在支付一元錢的價值更小，這種稅收延期的特點為資本利得提供了優惠。因此，當存在稅收差異時，企業實行高股利政策會損害投資者的利益，而實行低股利政策則會抬高股價，增加企業的市場價值。

4. 代理理論

代理理論認為，股利政策有助於減緩管理者與股東之間的代理衝突，股利政策是協調股東與管理者之間的代理關係的一種約束機制。較多地派發現金股利至少具有以下幾點好處：①公司管理者將公司的盈利以股利的形式支付給投資者，則管理者自身可以支配的「閒餘現金流量」就相應減少了，這在一定程度上可以抑制公司管理者過度地擴大投資或進行特權消費，從而保護外部投資者的利益。②較多地派發現金股利，減少了內部融資，導致公司進入資本市場尋求外部融資，從而公司可以經常接受資本市場的有效監督，這樣便可以通過資本市場的監督減少代理成本。因此，高水準的股利支付政策有助於降低企業的代理成本，但同時也增加了企業的外部融資成本，所以，最優的股利政策應當使這兩種成本之和最小。

可以看出，上述各個理論各有特點，MM 理論認為股利大小與公司價值無關，即不存在最佳股利政策；「在手之鳥」理論認為高股利支付率可以提高公司的價值；而稅差理論則認為低股利支付率是最佳選擇，可以獲得減稅效應。究竟應該以哪種理論為依據進行股利分配，公司應視具體情況而定。

7.3 股利政策

7.3.1 影響股利分配的因素

7.3.1.1 法律法規因素

為了保護債權人和股東的利益，國家有關法規對企業收益分配予以一定的硬性規制。這些限制主要體現為資本保全約束、資本累積約束、償債能力約束和超額累積利潤約束。

（1）資本保全約束。它要求公司股利的發放不能侵蝕資本，即當企業沒有可供分配的利潤時，不得派發股利。資本保全的目的，在於防止企業任意減少資本結構中所有者權益的比例，以保護債權人的利益。根據資本保全約束的規定，企業派發的股利，

只能來自當期利潤或留存收益，不能來自資本公積和實收資本。

（2）償債能力約束。它保證在現金股利分配後企業仍能保持較強的償債能力。

（3）資本累積約束。它要求企業在分配收益時，必須按一定的比例和基數提取各種公積金。另外，它要求企業在分派股利時，貫徹「無利不分」的原則。

（4）超額累積利潤約束。它規定企業不能過度地進行利潤累積。為什麼要限制企業過度累積利潤呢？我們知道，企業股東獲得的收益包括兩部分：一部分是持有期間獲得的股利，另一部分是將來賣出時賣出價和原來買入價的差額，即資本利得。如果企業過度累積利潤，雖然股東的股利收入減少了，但由於股價會上升，股東可以獲得資本利得。股利收入的所得稅率要高於獲得資本利得收入的稅率，因此，公司通過過度累積利潤，雖然減少了股東的股利收入，但由於增加了盈餘累積，提高了公司股價，從而增加了股東的資本利得。所以，過度累積利潤實質上是一種避稅行為。因此，西方國家在法律上明確規定公司不得超額累計利潤，當公司留存收益超過法律認可的水準將被加徵額外的稅款。但中國法律目前對此尚未做出規定。

7.3.1.2 企業自身因素

企業在確定收益分配政策時，應結合自身的經營與發展狀況，綜合考慮以下因素：

（1）現金流量。企業在進行收益分配時，必須充分考慮企業的現金流量，而不僅僅是企業的淨收益。企業在分配現金股利時，必須考慮現金流量以及資產的流動性。如果企業的現金流量充足，特別是在滿足投資所需資本之後，仍有剩餘的自由現金流量，就應當適當提高股利水準；反之，如果現金流量不足，即使企業當前的利潤較多，也應當限制現金股利的支付。過多地分配現金股利會減少企業的現金持有量，影響未來的支付能力，甚至可能導致企業出現財務困難。

（2）投資需求。企業在制定股利政策時會考慮未來投資對資本的需求。當企業有良好的投資機會時，就應當考慮少發放現金股利，增加留用利潤，將資本用於再投資，這樣可以加速企業發展，增加未來收益。這種股利政策往往也易於為股東所接受，在企業沒有良好的投資機會時，往往傾向於多發放現金股利。

（3）籌資能力。籌資能力是影響企業股利政策的一個重要因素。不同的企業在資本市場上的籌資能力會有一定的差異，企業在分配現金股利時，應當根據自身的籌資能力來確定股利支付水準，如果企業籌資能力強，能夠較容易地在資本市場上籌集到資本，就可以採取比較寬鬆的股利政策，適當提高股利支付水準；如果企業籌資能力較弱，就應當採取比較緊縮的股利政策，少發放現金股利，增加留用利潤。

（4）盈利狀況。企業的股利政策在很大程度上會受盈利能力的影響。如果企業未來的盈利能力較強，並且盈利穩定性較好，就傾向於實行高股利支付率政策；反之，如果企業盈利能力較弱，盈利的穩定性較差，則會考慮應對未來經營和財務風險的需要，常常實行低股利支付率政策。

（5）籌資成本。資本成本是企業選擇籌資方式的基本依據。留用利潤是企業內部籌資的一個重要渠道，留存收益與發行新股或舉債相比，具有成本低的優點。因此，很多企業在確定收益分配政策時，往往將企業的淨利潤作為首選的籌資渠道，特別是

在負債資金較多、資本結構欠佳的時期。

(6) 股利政策慣性。如果企業歷年實行的股利政策具有一定的連續性和穩定性，那麼重大的股利政策調整有可能對企業的聲譽、股票價格等產生影響。另外，靠股利來生活和滿足消費需求的股東不願意投資股利波動頻繁的股票。

(7) 公司所處的生命週期。一般情況下，朝陽行業處於調整成長期，甚至能以快於經濟發展速度數倍的水準發展，因此就可能進行較高比例的股利支付；而夕陽產業由於處於發展的衰退期，會隨著經濟的高速增長而萎縮，難以進行高比例的分紅。

7.3.1.3 股東方面因素

股東出於對自身利益的考慮，對公司的收益分配政策也會產生影響，具體表現為穩定的收入、控制權、稅負及其他方面。

1. 穩定的收入

有的股東依賴企業發放的現金股利維持生活，如一些退休者，他們往往要求企業能夠定期支付穩定的現金股利，反對企業留用過多的利潤。還有一些股東是「一鳥在手」理論的支持者，他們認為留用過多的利潤進行再投資，儘管可能會使股票價格上升，但是所帶來的收益具有較大的不確定性，還是取得現實的現金股利比較穩妥，這樣可以規避較大的風險，這些股東也傾向於多分配現金股利。

2. 控制權

從控制權的角度考慮，掌握控制權的股東往往希望少分股利。其原因在於，如果企業的股利支付率高，必然導致保留盈餘減少，這就意味著將來發行新股的可能性加大，而發行新股會稀釋企業的控制權。因此，掌握控制權的股東就會主張限制股利的支付，而願意較多地保留盈餘，以防止控制權落入他人手中。

3. 稅負

多數國家的紅利所得稅稅率都高於資本利得所得稅稅率，有些國家的紅利所得稅採用累進稅率，邊際稅率很高。這種稅率的差異會使股東更願意採取可避稅的股利政策。高收入的股東為了避稅往往反對公司發放過多的現金股利，而低收入的股東因個人稅負較輕甚至免稅，可能會支持公司多分現金股利，按照中國稅法規定，股東從公司分得的股利應按20%的比例繳納個人所得稅（現按10%減半徵收），而對股票交易獲得資本利得的收益目前還沒有開徵個人所得稅，因而對股東來說，股票價格上漲獲得收益比分得現金股利更具避稅功能。

4. 其他方面因素

其他方面因素如債務契約限制、通貨膨脹等。此外，對於從事外貿業務的公司來說，匯率的變化、國際市場的景氣與否，都將影響利潤的變化，從而影響現金股利的變化。

(1) 債務契約。一般來說，股利支付要求越高，留存收益越少，公司的破產風險越大，就越有可能侵害債權人的利益。為了保護自己的利益不受侵害，債權人通常會在借款合同、債券契約以及租賃合同中加入關於借款公司股利政策的條款，以限制公司股利的發放。

(2) 通貨膨脹。在通貨膨脹時期，企業一股採用剩餘的利潤分配政策。其原因在於，出現通貨膨脹之後，貨幣購買力下降，固定資產重置資金會出現缺口，為了彌補缺口，企業往往少發放現金股利。

7.3.2 股利政策的類型

股利政策是公司是否發放股利、發放多少股利以及何時發放股利等方針和政策。支付給股東的盈餘與企業的保留盈餘存在此消彼長的關係。股利政策是指導投資收益的分配，而且關係公司的投資、融資和股票價格等各個方面，這也是內部籌資決策。因此，合理制定股利政策是財務管理的重要內容。股利政策的核心是確定股利支付比率。在股利分配實務中，公司經常採用以下幾種股利政策。

7.3.2.1 剩餘股利政策

剩餘股利政策，是指在公司有良好的投資機會時，根據一定的目標資本結構（最佳資本結構）測算出投資所需的權益資本，從稅後盈餘中留存，然後將剩餘的盈利作為股利予以分配的一種股利政策。

1. 股利分配方案的確定

股利分配與公司的資本結構相關，而資本結構又是由投資所需的資金構成的，因此股利政策實際上要受到投資機會及其資金成本的雙重影響。具有收益較高的良好投資機會是實行剩餘股利政策的前提，如果公司將可供分配的稅後利潤用於再投資後所能得到的報酬率高於股東們自行投資的期望報酬率，那麼大多數股東都寧願少發或不發股利，將稅後利潤保留下來用於再投資。此時，保留較多的留存收益，可增加所有者權益；相反，若公司的投資項目收益不高，所能獲得的報酬率低於股東自行投資所能得到的期望報酬率，則大多數股東都願意公司發放現金股利，而反對實行剩餘股利政策。實行剩餘股利政策應遵循以下四個步驟：

(1) 設定目標資本結構，在此資本結構下的加權平均資金成本率應最低。
(2) 確定目標資本結構下投資所需的權益資本數額。
(3) 最大限度地使用留存收益來滿足投資方案所需的權益資本。
(4) 提供投資方案所需的權益資本後還有盈餘，再將其作為股利發放給股東。

【例7-1】大華公司2015年的稅後淨利潤為2,000萬元，2016年的投資計劃需要資金2,200萬元。公司的資本結構為權益資本占60%，債務資本占40%。公司實行剩餘股利政策，則2015年可向投資者發放的股利數額為多少？

按照目標資本結構的要求，公司投資方案所需的權益資本數額為：

2,200×60% = 1,320（萬元）

按照剩餘股利政策的要求，該公司2015年度可向投資者發放的股利數額為：

2,000－1,320 = 680（萬元）

2. 剩餘股利政策的評價

(1) 剩餘股利政策的優點。留存收益優先保證再投資的需要，有助於降低再投資的資金成本，保持最佳的資本結構，實現企業價值的長期最大化。

241

（2）剩餘股利政策的缺點。股利發放額每年隨投資機會和盈利水準的波動而波動，不利於投資者安排收入與支出，也不利於公司樹立良好的形象。剩餘股利政策一般適用於處於初創階段的企業。

7.3.2.2 固定股利或穩定增長股利政策

固定股利或穩定增長股利政策，是指在較長時期內，不論公司盈利情況如何，每年發放的每股現金股利都固定在某一水準上。只有當公司認為未來盈餘會顯著地、不可逆轉地增長時，才提高年度股利發放額的一種股利政策。

這一股利政策是將每年發放的每股現金股利固定在某一水準上並在較長時期內，保持不變，其主要目的是避免出現由於經營不善而削減股利的情況。

【例7-2】某公司2015年實現的稅後淨利潤為1,000萬元，2016年的投資計劃需要資金800萬元，公司的目標資本結構為自有資金占60%。

（1）若該公司實行剩餘股利政策，則2015年末可發放多少股利？
（2）若該公司發行在外的普通股股數為1,000萬股，計算每股收益及每股股利。
（3）若2016年該公司決定實行逐年穩定增長的股利政策，設股利的逐年增長率為2%，投資者要求的必要報酬率為12%，計算該股票的價值。
（4）若該股票目前的市價為6元，則該公司股票能否購買？

解析：

（1）投資所需自有資金＝800×60%＝480（萬元）
向投資者分配股利額＝1,000－480＝520（萬元）

（2）每股收益＝1,000/1,000＝1（元/股）
每股股利＝520/1,000＝0.52（元/股）

（3）股票的價值＝0.52×(1+2%)／(12%－2%)＝5.30（元）

（4）由於目前股票價值低於市價，所以不宜購買該公司股票。

固定股利或穩定增長股利政策的優點有：固定或穩定增長股利政策可以傳遞給股票市場和投資者一個公司經營狀況穩定、管理層對未來充滿信心的信號，這有利於公司在資本市場上樹立良好的形象，增強投資者信心，進而有利於穩定公司股價。②有利於吸引那些打算做長期投資的股東，這部分股東希望其投資的獲利能夠成為其穩定的收入來源，以便安排各種經常性的消費和其他支出。

固定股利或穩定增長股利政策的缺點：①實行固定或穩定增長股利政策後，股利分配只升不降，股利支付與公司盈利相脫離，即不論公司盈利多少，均要按固定乃至固定增長的比率派發股利。在公司的發展過程中，難免會出現經營狀況不好或短暫的困難時期，如果這時仍執行固定或穩定增長的股利政策，那麼當派發的股利金額大於公司實現的盈利時，必將侵蝕公司的留存收益，影響公司的後續發展，甚至侵蝕公司現有的資本，給公司的財務運作帶來很大壓力，最終影響公司正常的生產經營活動。②固定股利或穩定增長股利政策一般適用於經營比較穩定或正處於成長期的企業，但很難被長期採用。

7.3.2.3 固定股利支付率政策

固定股利支付率政策，是指公司確定的每股股利占每股收益的一個固定比率，長期按此比率支付股利，使公司的股利支付與盈利狀況保持穩定比例的一種股利政策。

1. 股利分配方案的確定

公司每年按固定的比例從稅後利潤中支付股利，獲得較多盈餘的年份股利額高，獲得較少盈餘的年份股利額低。在這種股利政策下，公司每年的股利額會隨著經營的好壞而上下波動。

2. 固定股利支付率政策評價

固定股利支付率政策的優點：①採用固定股利支付率政策，股利與公司盈餘緊密配合，體現了多盈多分、少盈少分、無盈不分的股利分配原則。②公司每年按固定的比例從稅後利潤中支付現金股利，從企業支付能力的角度看，這是一種穩定的股利政策。

固定股利支付率政策的缺點：①傳遞的信息容易成為公司的不利因素。大多數公司每年的收益很難保持穩定不變，如果公司每年的收益狀況不同，實行固定支付率的股利政策將導致公司每年股利分配額的頻繁變化。而股利通常被認為是公司未來前途的信號傳遞，那麼波動的股利向市場傳遞的信息就是公司未來收益前景不明確、不可靠等，很容易給投資者留下公司經營狀況不穩定、投資風險較大的不良印象。②容易使公司面臨較大的財務壓力。公司實現的盈利多，並不代表公司有充足的現金派發股利，只能表明公司盈利狀況較好而已。如果公司的現金流量狀況並不好，卻還要按固定比率派發股利，就很容易給公司造成較大的財務壓力。③缺乏財務彈性。股利支付率是公司股利政策的主要內容，模式的選擇、政策的制定是公司的財務手段和方法。在不同階段，根據財務狀況制定不同的股利政策，會更有效地實現公司的財務目標。但實行固定股利支付率政策，公司喪失了利用股利政策的財務方法，缺乏財務彈性。④難以確定合適的固定股利支付率。如果固定股利支付率定得較低，不能滿足投資者對投資收益的要求；如果固定股利支付率定得較高，沒有足夠的現金派發股利時會給公司帶來巨大的財務壓力。另外，當公司發展需要大量資金時，也要受其制約。所以，確定合適的股利支付率的難度很大。

由於公司每年面臨的投資機會、籌資渠道都不同，一成不變地奉行按固定比率發放股利政策的公司在實際中並不多見。固定股利支付率政策只是比較適用於那些處於穩定發展狀態且財務狀況也比較穩定的公司。

7.3.2.4 低正常股利加額外股利政策

低正常股利加額外股利政策，是指公司在一般情況下，每年固定支付數額較低的正常股利，在盈餘多的年份，再根據實際情況向股東增發一定金額的額外股利的股利政策。

1. 股利分配方案的確定

公司每年只支付固定的、數額較低的股利，盈利多的年份發放額外股利，但額外股利不固定，意味著公司不是永久地提高規定的股利率。

2. 低正常股利加額外股利政策評價

低正常股利加額外股利政策的優點：①賦予公司一定的靈活性，使公司在股利發放上留有餘地和具有較大的財務彈性。同時，每年可以根據公司的具體情況，選擇不同的股利發放水準，以完善公司的資本結構，進而實現公司的財務目標。②有助於穩定股價，增強投資者信心。

低正常股利加額外股利政策的缺點：①公司的盈利波動使得額外股利不斷變化，或時有時無，造成分派的股利不同，容易讓投資者產生公司收益不穩定的感覺。②當公司在較長時期持續發放額外股利後，可能會被股東誤認為是「正常股利」，而一旦取消了這部分額外股利，傳遞出去的信號可能會使股東認為這是公司財務狀況惡化的表現，進而可能會引起公司股價下跌的不良後果。

低正常股利加額外股利政策既汲取了固定股利政策對股東投資收益的保障優點，同時又摒棄了其對公司所造成的財務壓力方面的不足，所以在資本市場上頗受投資者和公司的歡迎。低正常股利加額外股利政策適用於盈利水準隨經濟週期波動較大的公司或行業。

以上各種股利政策各有所長，公司在分配股利時，應根據基本決策思想和公司實際情況，制定合適的股利政策。

7.3.3 股利支付形式

7.3.3.1 現金股利

現金股利，也稱現金股息，俗稱「紅利」。它是指以現金支付的股利，它是公司股利的主要支付方式。採用現金股利時，企業必須具備兩個基本條件：一是企業要有足夠的未指明用途的留存收益；二是企業要有儲備充足的現金。一般來說，每股面額為1元的股票，可以派發現金股利0.1元（俗稱「10派1元」）；每股面額為2元的股票，可以派發現金股利0.2元（俗稱「10派2元」），依此類推。

中國對紅利徵收個人所得稅，一般徵收現金紅利的20%。

7.3.3.2 財產股利

財產股利是指用現金以外的資產支付股利，主要是以公司所擁有的其他企業的有價證券（股票、債券等）作為股利支付給股東。

7.3.3.3 負債股利

負債股利是指公司以負債的形式支付股利，通常將公司的應付票據支付給股東。公司在不得已的情況下，也可發行公司債券支付股利。財產股利和負債股利實際上均為現金股利的替代品。目前這兩種股利形式在中國公司實務中很少使用，但法律並未禁止。

7.3.3.4 股票股利

股票股利是指公司以增發股票的形式，支付給股東的股利，即「紅股」。一般來說，每股面額為1元的股票，可以派發現金股利0.1元，那麼可以改為每股送紅股0.1

股（俗稱「10送1」）；如果每股可以派發現金股利0.2元，那麼可以改為每股送紅股0.2股（俗稱「10送2」）；依此類推。

股票股利並不會直接增加股東的財富，也不會導致公司資產的流出或負債的增加，因而不使用公司資金，同時也並不因此而增加公司的財產，但會引起所有者權益各項的結構發生變化，使公司的資金在各股東權益項目間進行再分配。

以市價計算股票股利價格的方法，在很多西方國家較為通行；除此之外，也有的國家按股票面值計算股票股利價格，如中國目前即採用這種做法。

發放股票股利後，如果盈利總額不變，會由於普通股股數增加而引起每股收益和每股市價的下降；但又由於股東所持股份的比例不變，每位股東所持股票的市場價值總額仍保持不變。

【例7-3】某上市公司在2016年發放股票股利前，其資產負債表上的股東權益帳戶情況如下所述（單位：萬元）。

股東權益：
普通股：（面值1元，流通在外2,000萬股）2,000
資本公積：4,000
盈餘公積：2,000
未分配利潤：3,000
股東權益合計：11,000

假設該公司宣布發放30%的股票股利，現有股東每持有10股，即可獲得贈送的3股普通股。該公司發放的股票股利為600萬股。隨著股票股利的發放，未分配利潤中有600萬元的資金要轉移到普通股的股本帳戶上去，因而普通股股本由原來的2,000萬元增加到2,600萬元，而未分配利潤的餘額由3,000萬元減少至2,400萬元，但該公司的股東權益總額並未發生改變，仍是11,000萬元，發放股票股利之後的資產負債表上的股權益部分如下所述。

股東權益：
普通股：（面額1元，流通在外2,600萬股）2,600
資本公積：4,000
盈餘公積：2,000
未分配利潤：2,400
股東權益合計：11,000

假設一位股東派發股票股利之前持有公司3,000股普通股，那麼，他擁有的股權比例為：

3,000股/2,000萬股＝0.015%

派發股利之後，他擁有的股票數量和股份比例為：

3,000股+900股＝3,900股

3,900股/2,600萬股＝0.015%

通過上例可以說明，公司的淨資產不變，而股票股利派發前後每一位股東的持股比例也不發生變化，那麼他們各自持股所代表的淨資產也不會改變。

在中國發放股票股利，只影響股本和未分配利潤，即股本增加，未分配利潤減少，不影響資本公積。

公司發放股票股利的優點主要有以下幾方面：

(1) 發放股票股利既不需要向股東支付現金，又可以在心理上給股東以從公司取得投資回報的感覺。因此，股票股利有派發股利之「名」，而無派發股利之「實」。

(2) 發放股票股利可以降低公司股票的市場價格，一些公司在其股票價格較高不利於股票交易和流通時，便通過發放股票股利來適當降低股價水準，促進公司股票的交易和流通。

(3) 發放股票股利可以降低股價水準，如果日後公司將要以發行股票的方式籌資，則可以降低發行價格，有利於吸引投資者。

(4) 發放股票股利可以傳遞公司未來發展前景良好的信息，增強投資者的信心。

(5) 股票股利降低每股市價的時候，會吸引更多的投資者成為公司的股東，從而可以使股權更為分散，有效地防止公司被惡意控制。

(6) 股票分割可以為公司發行新股做準備。公司股票價格太高會使許多潛在的投資者力不從心，從而不敢輕易對公司的股票進行投資。在新股發行之前，利用股票分割降低股票價格，可以促進新股的發行。

(7) 股票分割有助於公司併購政策的實施，增加對被併購方的吸引力。

(8) 股票分割帶來的股票流通性的提高和股東數量的增加，會在一定程度上加大惡意收購公司股票的難度。

7.4　股票回購

7.4.1　股票回購及其法律規定

股票回購，是指上市公司出資將其發行的流通在外的股票以一定的價格購買回來予以註銷或作為庫存股的一種資本運作方式。《公司法》規定，公司不得收購本公司股份。但是，有下列情形之一的除外：

(1) 減少公司註冊資本。

(2) 與持有本公司股份的其他公司合併。

(3) 將股份獎勵給本公司職工。

(4) 股東因對股東大會做出的公司合併、分立決議持異議，要求公司收購其股份的。

7.4.2　股票回購的分類

股票回購的方式按照不同的分類標準，股票回購方式主要有以下幾種：

1. 按股票回購地點的不同

按照股票回購地點的不同，可以分為場內公開收購和場外協議收購兩種。

場內公開收購是指公司把自己等同於任何潛在的投資者，委託證券公司代自己按照公司股票當前的市場價格回購。

場外協議收購是指公司與某一類或某幾類投資者直接見面，通過協商來回購股票的一種方式。協商的內容包括價格與數量以及執行時間等。很顯然，這種方式的缺點就在於透明度比較低。

2. 按回購對象的不同

按照股票回購對象的不同，可分為在資本市場上進行隨機回購、向全體股東招標回購、向個別股東協商回購。

在資本市場上隨機回購的方式最為普遍，但往往受到監管機構的嚴格控制。

在向全體股東招標回購的方式下，回購價格通常高於當時的股票價格，具體的回購工作一般要委託金融仲介機構進行，成本費用較高。

向個別股東協商回購由於不是面向全體股東，所以必須保持回購價格的公正合理性，以免損害其他股東的利益。

3. 按籌資方式的不同

按照籌資方式的不同，可分為舉債回購、現金回購和混合回購。

舉債回購是指企業通過向銀行等金融機構借款的辦法來回購本公司的股票，其目的無非防禦其他公司的惡意兼併與收購。

現金回購是指企業利用剩餘資金來回購本公司的股票。

混合回購是指企業既動用剩餘資金又向銀行等金融機構舉債來回購本公司的股票。

4. 按照回購價格確定方式的不同

按照回購價格確定方式的不同，可分為固定價格要約回購和荷蘭式拍賣回購。

固定價格要約回購是指企業在特定的時間發出的以某一高出股票當前市場價格的價格水準，回購既定數量的股票的賣出報價。為了在短時間內回購數量相對較多的股票，公司可以宣布固定價格回購要約。它的優點是賦予所有股東向公司出售所持股票的均等機會，而且通常情況下公司享有在回購數量不足時取消回購計劃或延長要約有效期的權利。

荷蘭式拍賣回購首次出現在1981年Todd造船公司的股票回購中，此種方式的股票回購在回購價格的確定方面給予公司更大的靈活性。在荷蘭式拍賣股票回購中，首先，公司指定回購價格範圍（通常較寬）和計劃回購的股票數量（可以上下限的形式表示）；然後，股東進行投標，說明願意以某一特定的價格水準（股東在公司指定的回購價格範圍內任選）出售股票的數量，確定此次股票回購的「價格-數量」曲線，並根據實際的回購數量確定最終的回購價格。

7.4.3 股票回購的影響

股票回購對上市公司的影響主要表現在以下幾方面：

（1）股票回購需要大量資金支付回購的成本，容易造成資金緊張，從而使資產流動性降低，影響公司的後續發展。

（2）公司進行股票回購，無異於股東退股和公司資本的減少，在一定程度上削弱

了對債權人利益的保障。

（3）股票回購可能使公司的發起人股東更注重創業利潤的兌現，而忽視公司長遠的發展，損害公司的根本利益。

（4）股票回購容易導致公司操縱股價。公司回購自己的股票，容易導致其利用內幕消息進行炒作，或操縱財務信息，加劇公司行為的非規範化，使投資者蒙受損失。

本章小結

股利分配是指公司制企業向股東分配股利，是企業利潤分配的一部分。股利分配涉及確定股利支付程序中各日期、股利支付比率、股利支付形式、支付現金股利所需資金的籌集方式。

公司的財務目標是使普通股價值最大化，在公司資本預算和融資決策已明確的情況下，由於股票價值等於未來預期現金股利的現值，因此股利對股價的高低具有重要影響。股利無關論和股利相關論是股利政策的兩大學派。影響股利政策的因素有法律法規因素、公司因素、股東因素等，其他因素包括債務合同約束、通貨膨脹等。股利政策的類型有剩餘股利政策、固定股利政策或穩定股利政策、固定股利支付率股利政策、低正常股利加額外股利政策。公司在制定股利政策時，要綜合考慮公司、股東及各方面的因素，為公司投資和融資活動創造良好的環境，以實現企業價值最大化的目標。

股利按照其支付方式的不同分為現金股利、財產股利、股票股利等形式。股票回購是指公司出資購回本公司發行在外的流通股票，其結果是投資者實現了資本利得。實質上是現金股利的一種替代方式。股票回購的方式主要有固定要約回購和荷蘭式回購等。

本章練習題

一、單項選擇題

1. 在確定企業的收益分配政策時，應當考慮相關因素的影響，下列選項中，屬於應該考慮的法律因素的是（　　）。
   A. 超額累積利潤約束　　　　B. 盈利的穩定性
   C. 股利政策慣性　　　　　　D. 稅負

2. 下列選項中，關於剩餘股利政策的說法不正確的是（　　）。
   A. 剩餘股利政策，是指公司生產經營所獲得的淨收益首先應滿足公司的資金需求，如果還有剩餘，則派發股利；如果沒有剩餘，則不派發股利
   B. 剩餘股利政策有助於保持最佳資本結構，實現企業價值的長期最大化
   C. 剩餘股利政策不利於投資者安排收入與支出
   D. 剩餘股利政策一般適用於公司初創階段

3. 下列選項中，關於固定或穩定增長的股利政策的說法不正確的是（　　）。

A. 有利於公司在資本市場上樹立良好的形象、增強投資者信心
B. 有利於穩定公司股價
C. 該政策要求公司能對未來的盈利和支付能力做出較準確的判斷
D. 固定或穩定增長的股利政策一般適用於經營比較穩定或正處於成長期的企業，可以被長期採用

4. 下列選項中，關於股票股利的說法不正確的是（　　）。
A. 不會導致公司的財產減少
B. 會增加流通在外的股票數量
C. 不會改變公司股東權益總額，但會改變股東權益的構成
D. 會提高股票的每股價值

5. 股票回購對上市公司的影響不包括（　　）。
A. 容易導致資產流動性降低，影響公司的後續發展
B. 在一定程度上鞏固了對債權人利益的保障
C. 損害公司的根本利益
D. 容易加劇公司行為的非規範化，使投資者蒙受損失

6. 下列項目中，在利潤分配中優先的是（　　）。
A. 法定盈餘公積金　　　　　B. 公益金
C. 任意盈餘公積金　　　　　D. 優先股股利

7. 公司以股票的形式發放股利，可能帶來的結果是（　　）。
A. 引起公司資產減少　　　　B. 引起公司負債減少
C. 引起股東權益內部結構變化　D. 引起股東權益和負債變化

8. 容易使股利支付與盈餘數脫節的是（　　）。
A. 剩餘股利政策　　　　　　B. 固定股利或穩定增長股利政策
C. 固定股利支付率政策　　　D. 低正常股利加額外股利政策

9. 下列選項中，確定收益分配政策時應考慮的股東因素是（　　）。
A. 股利政策的慣性　　　　　B. 避稅
C. 現金流量　　　　　　　　D. 資產的流動狀況

10. 某公司現有發行在外的普通股 1,000,000 股，每股面額 1 元，資本公積 3,000,000 元，未分配利潤 8,000,000 元。若按 10% 的比例發放股票股利並按市價折算未分配利潤的變動額，公司報表列示的未分配利潤將為（　　）元。
A. 1,000,000　　　　　　　　B. 8,000,000
C. 7,900,000　　　　　　　　D. 3,000,000

二、多項選擇題

1. 企業的收益分配應當遵循的原則包括（　　）。
A. 依法分配原則　　　　　　B. 資本保全原則
C. 股東利益最大化原則　　　D. 分配與累積並重原則

2. 下列選項中，關於收益分配的說法正確的有（　　）。
A. 應該遵循的原則之一是投資與收益對等

B. 不允許用資本金分配
C. 應當充分考慮股利政策調整有可能帶來的負面影響
D. 債權人不會影響公司的股利政策

3. 下列選項中，企業會採取偏緊的股利政策的情況有（　　）。
   A. 投資機會較多　　　　　　　B. 資產的流動性較強
   C. 盈利比較穩定　　　　　　　D. 通貨膨脹

4. 公司在不同的成長階段，適用不同的股利政策，下列各項中適用剩餘股利政策的有（　　）。
   A. 公司初創階段　　　　　　　B. 公司快速發展階段
   C. 公司成熟階段　　　　　　　D. 公司衰退階段

5. 發放股票股利的優點包括（　　）。
   A. 可以在心理上給股東以從公司取得投資回報的感覺
   B. 通過發放股票股利可以適當降低股價水準，促進公司股票的交易和流通
   C. 可以降低發行價格，有利於吸引投資者
   D. 可以使股權更為分散，有效防止公司被惡意控制

6. 股份公司的股利支付方式一般有（　　）。
   A. 現金股利　　　　　　　　　B. 財產股利
   C. 股票股利　　　　　　　　　D. 負債股利

7. 影響股利分配政策的公司因素包括（　　）。
   A. 公司舉債能力　　　　　　　B. 未來投資機會
   C. 資產流動狀況　　　　　　　D. 資本成本

8. 造成股利波動較大，讓投資者產生公司不穩定的感覺的股利分配政策是（　　）。
   A. 剩餘股利政策　　　　　　　B. 固定股利政策
   C. 固定比例股利政策　　　　　D. 正常股利加額外股利政策

9. 下列各項中，會導致企業採取低股利政策的事項有（　　）。
   A. 物價持續上升　　　　　　　B. 陷於經營收縮的公司
   C. 企業資產的流動性較弱　　　D. 企業盈餘不穩定

10. 採用現金股利形式的企業必須具備的兩個條件是（　　）。
    A. 企業要有足夠的現金
    B. 企業要有足夠的淨利潤
    C. 企業要有足夠的留存收益
    D. 企業要有足夠的未指明用途的留存收益

三、判斷題

1. 企業的收益分配有廣義的收益分配和狹義的收益分配兩種。廣義的收益分配是指對企業的收入和收益總額進行分配的過程；狹義的收益分配則是指對企業收益總額的分配。　　　　　　　　　　　　　　　　　　　　　　　　　　　　（　　）

2. 按照利潤分配的累積優先原則，企業進行稅後利潤分配，不論什麼條件下均應優先提取法定公積金。　　　　　　　　　　　　　　　　　　　　　　　　（　　）

3. 根據「無利不分」的原則，當企業出現年度虧損時，一般不得分配股利。
（　）
4. 較多地支付現金股利，會提高企業資產的流動性，增加現金流出量。（　）
5. 成長中的企業，一般採用低股利政策；處於經營收縮期的企業，則採取高股利政策。
（　）
6. 企業在以前年度虧損未彌補之前，不得向投資者分配股利。（　）
7. 採用固定比例股利政策體現了風險投資與風險收益的對等關係。（　）
8. 正常股利加額外股利政策，能使股利與公司盈餘緊密配合，以體現多盈多分、少盈少分的原則。
（　）
9. 公司不能用資本包括股本和資本公積發放股利。（　）
10. 從理論上說，債權人不得干預企業的資金投向和股利分配方案。（　）

四、計算題

1. 甲公司普通股股數為 1,000 萬股，2015 年的銷售收入為 18,000 萬元，每股股利為 3 元，預計 2016 年的銷售收入增長率為 20%，銷售淨利率為 15%，適用的所得稅率為 25%，長期資產總額不變，流動資產和流動負債占銷售收入的比例不變（分別為 28% 和 12%），公司採用的是低正常股利加額外股利政策，每股正常股利為 3 元，如果淨利潤超過 2,240 萬元，則用超過部分的 10% 發放額外股利。

要求：
（1）計算 2016 年的每股股利。
（2）預測 2016 年需增加的營運資金。
（3）預測 2016 年需從外部追加的資金。
（4）如果按照每張 82 元的價格折價發行面值為 100 元/張的債券籌集外部資金，發行費用為每張 2 元，期限為 5 年，每年付息一次，票面利率為 4%，計算發行債券的數量和債券籌資成本。
（5）如果 2016 年 4 月 2 日該公司股票的開盤價為 25 元，收盤價為 30 元，計算股票的本期收益率。

2. A 公司本年實現稅後淨利潤 8,000 萬元，按照 10% 的比例提取法定盈餘公積金，按照 5% 的比例提取任意盈餘公積金，年初未分配利潤為 200 萬元，公司發行在外的普通股為 1,000 萬股（每股面值 4 元），利潤分配之前的股東權益為 16,000 萬元，每股現行市價為 32 元。

要求：
（1）計算提取的法定盈餘公積金和任意盈餘公積金的數額。
（2）假設按照 1 股換 2 股的比例進行股票分割，股票分割前從本年淨利潤中發放的現金股利為 1,200 萬元，計算股票分割之後的普通股股數、每股面值、股本和股東權益。
（3）假設「每股市價/每股股東權益」不變，計算股票分割之後的每股市價。
（4）假設按照目前的市價回購 200 萬股，尚未進行利潤分配。

3. 某公司今年年底的所有者權益總額為 9,000 萬元，普通股為 6,000 萬股，目前的資本結構為長期負債占 55%，所有者權益占 45%，沒有需要付息的流動負債。該公

司的所得稅率為25%。預計繼續增加長期債務不會改變目前的11%的平均利率水準。董事會在討論下一年資金安排時提出：

(1) 計劃明年年末分配現金股利0.05元/股。

(2) 計劃明年全年為新的投資項目共籌集4,000萬元資金。

(3) 計劃明年仍維持目前的資本結構，並且計劃年度新增自有資金從計劃年度內各月的留用利潤中解決，所需新增負債資金從長期負債中解決。

要求：測算達到董事會上述要求所需實現的息稅前利潤。

4. 某公司2015年實現的稅後淨利潤為1,000萬元，法定盈餘公積金、公益金的提取比例為15%，2016年的投資計劃需資金800萬元，公司的目標資本結構為自有資金占60%。

要求：

(1) 若公司採用剩餘股利政策，則2015年末可發放多少股利？

(2) 若公司發行在外的股數為1,000萬股，計算每股利潤及每股股利為多少？

(3) 若公司決定將2016年的股利政策改為逐年穩定增長的股利政策，設股利的逐年增長率為2%，投資者要求的必要報酬率為12%，計算該股票的價值。

8　財務分析

本章提要

　　財務分析是財務預測、決策與計劃的基礎。財務分析是以企業基本活動為對象，以財務報表為基本依據，運用一系列財務指標，對企業的財務狀況、經營成果和現金流量加以綜合地分析和比較，進而評價和判斷企業的財務狀況和經營狀況，並以此為依據預測企業的未來財務狀況和發展前景。財務分析的主體取決於不同的利益主體，不同的分析主體又決定了各自的分析內容和側重點。本章主要闡述：①財務分析的含義、目的及局限性；②財務分析中主要運用的趨勢分析法、比較分析法、比率分析法和因素分析法；③對企業的償債能力、營運能力、盈利能力和發展能力進行分析；④運用杜邦分析法和經濟增加值法對企業進行綜合分析。

本章學習目標

（一）知識目標

（1）掌握財務比率的計算及分析；
（2）掌握杜邦財務分析法；
（3）掌握經濟增加值法；
（4）瞭解財務分析的意義、內容、步驟及基本方法；
（5）瞭解各種財務指標的經濟意義。

（二）技能目標

（1）能運用各種財務指標進行償債能力、營運能力和盈利能力的分析。
（2）能夠準確地閱讀和分析上市公司的財務報告，為正確地進行財務活動打下良好的基礎。

8.1　財務分析概述

8.1.1　財務分析的概念

　　財務分析，是指運用財務報告及其他相關資料的有關數據，按照一定的程序，採用一系列專門的方法，對企業過去的財務狀況、經營成果及未來前景所做評價。不論是靜態的資產負債表，還是動態的損益表與現金流量表，有關財務狀況和經營成果的

信息都是歷史性的描述，儘管過去的信息是做出決策的主要依據之一，但過去未必能代表現在和將來。因此，財務報表上所列示的各類項目的金額，如果孤立起來看，是沒有多大意義的，必須與其他金額相關聯才能成為有意義的信息，供決策者使用，而這些正是財務分析所要解決的問題。

（1）財務分析有系統、客觀的資料依據。財務分析最基本的資料是企業的財務報告。財務報告體系和結構以及內容的科學性、系統性、客觀性為財務分析的系統性與客觀性奠定了堅實的基礎。另外，財務分析不僅以財務資料為依據，還參考了管理會計報表、市場信息及其他有關資料，使財務分析資料更加真實、完整。

（2）財務分析有專門的功能。財務分析最基本的功能是將大量的報表數據和其他相關資料轉化成對企業的經營者及其利益相關者有用的決策信息，可減少決策的不確定性。

（3）財務分析有明確的目的。財務分析的目的受財務分析主體和財務分析服務對象的制約，不同的財務分析主體進行財務分析的目的是不同的，財務分析的基本目的是管理決策和監督評價。

（4）財務分析有健全的方法和體系。財務分析的實踐使財務分析方法不斷發展和完善，它既有財務分析的一般方法或步驟，又有財務分析的專門技術方法，如比較分析法、比率分析法、趨勢分析法、因素分析法等都是財務分析專門技術和有效的方法。

（5）財務分析是分析和綜合的統一。分析與綜合通常是相對應的，有分析就有綜合。分析揭示了企業在各個領域或各個環節的財務運行狀況和效果，綜合則要在分析的基礎上得出關於企業整體財務運行狀況及效果的結論。財務分析應把分析和綜合結合起來，在分析的基礎上總體把握企業財務分析，運用財務報告及其他相關資料的有關數據，按照一定的程序，採用一系列專門的方法，對企業過去的財務狀況、經營成果及未來前景做出客觀的評價。

8.1.2 財務分析的內容

不同的分析主體進行財務分析有不同的側重點。就企業總體來看，財務分析的內容可以歸納為以下四個方面：

（1）分析企業償債能力。分析企業資產的流動性、負債水準和企業經營權益的結構，估量對債務資金的利用程度，制定企業籌資策略。

（2）評價企業資產的營運能力。分析企業資產的管理水準和資金週轉使用情況，瞭解企業資產的保值和增值情況，為評價企業的經營管理水準提供依據。

（3）評價企業的盈利能力。分析企業利潤目標的完成情況和不同年度盈利水準的變動情況，可預測企業的盈利前景。

（4）對企業的財務狀況進行綜合分析。分析各項財務活動的相互關係和協調情況，有助於揭示企業財務活動方面的優勢和薄弱環節，找出改進理財工作的主要問題。以上各項分析內容互相聯繫、互相補充，可以綜合描述企業的財務狀況和經營成果，以滿足各種財務信息使用者的需要。

8.2 財務分析的步驟

第一步，明確分析目的，制訂分析計劃。由於不同的信息使用者的分析目的不同，因此，首先要明確進行財務分析的目的是什麼，然後決定採取哪種分析形式。在明確分析目的的基礎上，制訂分析計劃，包括分析目的、要求、範圍、組織分工、進度安排、資料依據以及確定分析評價的標準。

第二步，收集和整理資料，全面掌握情況。根據分析目的的不同，收集相關資料，做好分析的基礎工作。相關資料包括，企業內部會計資料及其他經濟資料，國內外同行業的主要技術經濟指標、市場供需情況等。對收集的資料進行加工整理，可保證財務分析的質量和效果。

第三步，選定方法，測算影響因素。根據分析指標的性質及指標之間的相互聯繫，選定合適的分析方法，尋找影響指標變動的因素，並測算各因素變動對財務指標變動的影響，以便根據計算結果分清主次、區分利弊，這是財務分析的中心環節。

第四步，歸納總結，提出改進建議。歸納總結、提出改進建議是分析研究的繼續和深化，歸納總結是把分析研究所得的各種資料進行綜合概括，對分析對象做出正確評價。提出改進建議是在歸納總結的基礎上提出改進企業管理工作、提高經濟效益的具體措施，以使外部信息使用者瞭解企業的財務現狀和發展前景。

第五步，編寫財務分析報告。財務分析報告是財務分析工作的總結，也是財務分析的最後步驟。它將財務分析的對象、目的、程序、評價及提出的改進建議以書面形式表示出來，作為信息使用者的參考依據。

8.3 財務分析的局限性

8.3.1 資料來源的局限性

8.3.1.1 財務報表的局限性問題

財務報表是會計的產物。會計有特定的假設前提，並要執行統一的規範。我們只能在規定意義上使用報表數據，不能認為報表揭示了企業的全部實際情況。財務報表的局限性：

（1）以歷史成本報告資產，不代表其現行成本或變現價值。
（2）假設幣值不變，不按通貨膨脹率或物價水準調整。
（3）穩健性原則要求預計損失而不預計收益，有可能誇大費用，少計收益和資產。
（4）按年度分期報告，是短期的陳報，不能提供反應長期潛力的信息。

8.3.1.2 報表數據的時效性問題

財務分析依據的是財務報表的數據，反應的是企業過去經濟活動的結果，主要用

於評價以往的績效，雖可供企業決策參考，但企業面臨的畢竟是現實問題，並非絕對合理，因此不能對這些歷史資料過分依賴。

8.3.1.3 報表數據的真實性問題

只有根據真實的財務報表，才有可能得出正確的分析結論，而信息提供者為了迎合信息使用者對企業財務狀況和經營成果的期望和偏好，可能提供與企業實際狀況不符的財務報表信息，從而出現誤導信息。

8.3.1.4 報表數據的可比性問題

在比較分析時，必須選擇比較的基礎作為評價本企業當期實際數據的參照標準，包括本企業的歷史數據、同行業數據和計劃數據。趨勢分析以本企業的歷史數據作為比較基礎。歷史數據代表過去，並不代表合理性。經營環境是變化的，今年的利潤比去年提高了，不一定說明已經達到應該達到的水準，甚至不一定說明管理工作有了改進。橫向比較使用的同行業標準只起一般性的指導作用，不一定具有代表性，不是合理性的標誌。有的企業實行多種經營，沒有明確的行業歸屬，同業對比就更困難。實際與計劃的差異分析，以計劃數作為比較的基礎。實際和計劃的差異，有時是計劃的不合理造成的，而不是實際執行的問題。

8.3.1.5 報表數據的可靠性問題

財務報表雖然是按照會計準則編製的，但不一定能準確地反應企業的客觀實際。如存貨計價有先進先出法、個別計價法、加權平均法、移動平均法、後進後出法、成本與市價孰低法等；固定資產折舊有平均年限法、工作量法、年數總和法、雙倍餘額遞減法等；壞帳發生、折舊期間、預提費用等有賴於會計人員憑經驗判斷；營業收入和營業外支出等偶然事件可能歪曲本期的損益，不能反應盈利的正常水準等。選用不同的處理方法，雖然都符合會計理論，並為會計規範所認可，但會導致在反應同一項經濟業務中呈現不同的結果。

8.3.1.6 報表數據的完整性問題

由於報表本身的原因，其提供的數據是有限的，可能無法滿足信息使用者的需要。例如，在知識經濟的條件下，企業的價值創造模式發生了較大的變化，無形資產對企業價值創造的貢獻越來越大，日益成為企業生存和發展的一種核心資源。但是，根據現行會計準則的規定，企業的無形資產價值由於不可靠計量，不能確認為企業的無形資產，沒有在報表上反應，從而導致低估企業的價值，使得企業資產的帳面價值與實際價值嚴重背離，使得財務報表分析的結論不夠全面。

8.3.2 財務分析方法的局限性

財務分析方法的局限性主要體現在以下幾個方面：

（1）使用比較分析法進行財務分析時，比較的雙方必須具備可比性，且必須要選擇比較的基礎，以作為評價本企業當前實際數據的參照標準，包括本企業歷史數據、同行業數據和計劃預算數據。例如，以本企業歷史數據作為比較基礎，並不代表合理

性，歷史數據代表過去，由於經營環境的變化，今年利潤比去年提高了，並不一定說明企業經營管理水準提高了。同理，以同行業數據和計劃預算數據作為比較基礎，也不一定合理。

（2）比率分析法，一方面是針對單個指標進行分析，綜合程度較低，在某些情況下無法得出令人滿意的結論；另一方面比率指標的計算是建立在以歷史數據為基礎的財務報表之上的，使得比率指標提供的信息與決策之間的相關性大打折扣。

（3）因素分析法，人為假設各因素的變化順序而且規定每次只有一個因素發生變化，但這些假定實際上與事實不符。

（4）無論採取哪種分析方法都是對過去經濟事項的反應，往往只注重數據的比較，而忽略了經濟環境的變化，這樣得出的分析結論不可靠。

8.3.3　財務分析指標的局限性

財務分析指標的局限性主要體現在以下幾個方面：

1. 財務指標不嚴密

某一類財務指標只能反應財務狀況或經營成果的某一方面，或者過分強調本身所反應的其他方面，導致整個指標體系不嚴密。

2. 財務指標所反應的情況具有相對性

財務指標本身所反應的情況具有相對性，在對某類具體財務指標的好壞做出分析判斷時必須適度，不能過度依賴財務指標數據。

3. 財務指標的評價標準不統一

用財務指標在不同企業之間進行評價時，沒有一個統一標準，不便於不同行業間的對比。例如，資產負債率指標，一般認為50%比較合適，但是不同的行業對其幅度有不同的看法；又如，一般認為流動比率指標值為2比較合適合理、速動比率為1比較合適，但許多成功企業的流動比率都低於2，且不同行業的速動比率也有很多差別。再如，採用大量現金銷售的企業幾乎沒有應收帳款，速動比率大大低於1是很正常的。相反，一些企業應收帳款較多的企業，速動比率可能大於1。

4. 財務指標的比較基礎不統一

在對財務指標進行比較分析時，一般選擇同業標準、本企業歷史數據、本企業預算數據作為參照的標準和比較的基礎。但是，財務指標的比較基礎不統一，會導致財務分析的準確性大打折扣。主要原因如下：

（1）以同行業標準作為比較的基礎時，同業標準不一定具有合理性、代表性，而且有的經營類型沒有明確的行業歸屬。

（2）以本企業歷史數據作為比較的基礎時，歷史數據只代表企業過去的情況，不一定合理。例如，今年比上年的利潤多，可能是經營環境、會計計量標準以及稅收政策的改變，不一定是經營管理水準改進到了應有的高度。

（3）以預算數據作為比較的基礎，預算本身的合理性、預算執行的有效性對結果的影響也很大。

（4）不同行業、不同企業對於相同的財務指標採用不同的取數基礎和計算方法，

其計算結果也會不一樣,不利於評價比較。例如,對反應企業營運能力的指標,其分母的計算有的取年末數,有的取平均數,而平均數的計算又有不同的方法。

8.4 財務分析的基本方法

8.4.1 比較分析法

由於以上原因,我們只能在限定的意義上使用帳務數據,而不能將其絕對化。要學會在活動中的數量關係和存在的差距中發現問題,為進一步分析原因、挖掘潛力指明方向。比較的方法是最基本的分析方法,沒有比較就沒有分析,不僅比較分析方法在財務分析中得以廣泛應用,而且其他分析也是建立在比較分析法的基礎之上的。根據分析目的和要求的不同,比較法可分為以下三種形式:

(1)實際指標與計劃(定額)指標比較。可以揭示實際與計劃或定額之間的差異,瞭解該項指標的計劃或定額的完成情況。

(2)本期指標與上期指標或歷史最好水準的比較(縱向-內部比較),可以確定前後不同時期有關指標的變動情況,瞭解企業生產經營活動的發展趨勢和管理工作的改進情況。

(3)本單位指標與國內外同行業先進單位的比較(橫向-外部比較),可以找出與先進單位之間的差距,推動本單位改善經營管理,趕超先進水準。應用比較分析法對同一性質的指標進行數量比較時,要注意所利用的指標的可比性。比較雙方的指標在內容、時間、計算方法、計價標準上應當口徑一致,以便於比較。必要時,可對所用的指標按同一口徑進行調整換算。

8.4.2 比率分析法

比率分析法(相對數分析)是財務分析最基本、最重要的方法。正因為如此,有人甚至將財務分析與比率分析等同起來,認為財務分析就是比率分析。比率分析法實質上是將影響財務狀況的兩個相關因素聯繫起來,通過計算比率,反應它們之間的關係,借以評價企業財務狀況和經營狀況的一種財務分析方法。比率分析的指標有:①百分比,如流動比率為200%;②比率,如速動比率為3:2;③分數,如負債為總資產的1/2。

比率分析法以其簡單、明了、可比性強等優點在財務分析實踐中被廣泛採用。常見的比率指標主要有以下三類:

1. 結構比率

結構比率又稱構成比率。它是某項經濟指標的各個組成部分與總體的比率,反應總體內部各部分占總體構成比例的關係。其計算公式為:

$$結構比率 = \frac{某項經濟指標的某個組成部分的數額}{總體數額}$$

結構比率通常反應會計報表中各個項目的縱向關係。利用結構比率，可以考察總體中某個部分的形成和安排是否合理，以及某個部分在總體中的地位和作用，以便協調各項財務活動，突出重點。

2. 效率比率

效率比率是某項經濟活動中所費與所得的比率，反應投入與產出、耗費與收入的比例關係，利用效率比率指標，可以進行得失比較，考察經營成果，評價經濟效益。

3. 相關比率

相關比率是以某個項目和與其有關但又不同的項目加以對比所得的比率，反應有關經濟活動中財務指標間的相互關係，利用相關比率指標，可以考查有聯繫的相關業務的安排是否合理，以保障企業營運活動能夠順暢進行。相關比率的計算公式如下：

$$相關比率 = \frac{某一指標}{另一相關指標} \times 100\%$$

例如，根據銷售利潤與資金占用的關係，則：

$$產品銷售利潤 = 預測期全部資金平均占用額 \times 全部資金利潤率$$

通過觀察相關比率指標，能夠判斷企業有聯繫的相關業務安排得是否合理。

又如，根據資產負債率（負債總額與資產總額之比）可以判斷企業長期償債能力，流動比率（流動資產與流動負債進行對比）可以判斷企業的短期償債能力等。

採用比率分析法應主要有以下問題：

(1) 對比項目的相關性。
(2) 對比口徑的一致性。
(3) 衡量標準的科學性。

8.4.3 趨勢分析法

上述比率分析法從時點的角度觀察企業的財務狀況，而趨勢分析法則是分析同一企業若干年的財務指標升降變化，它是將兩期或連續若干期財務報告中的相同指標進行對比，確定其增減變動的方向、數額和幅度，以說明企業財務狀況和經營成果變動趨勢的一種方法。

採用這種方法，可以分析引起變動的主要原因、變動的性質，並預測企業未來的發展前景。常見的分析指標有以下幾類：

1. 財務比率趨勢分析

財務比率趨勢比較是將不同時期的財務報告中的相同指標或比率進行比較，直接觀察其增減變動情況及變動幅度，考察其發展趨勢，預測其發展前景。

(1) 定基動態比率。

定基動態比率是以某一時期的數額為固定的基數額而計算出來的動態比率。其計算公式為：

$$定基動態比率 = \frac{分析期數額}{固定基期數額} \times 100\%$$

(2) 環比動態比率。

環比動態比率是以每一分析期的前期數額為基期數額而計算出來的動態比率。其計算公式為：

$$環比動態比率 = \frac{分析期數額}{前期數額} \times 100\%$$

2. 會計報表金額趨勢分析

會計報表金額趨勢分析是將連續數期的會計報表金額並列起來，比較其相同指標的增減變動金額和變動幅度，據以判斷企業財務狀況和經營成果的發展變化。

3. 會計報表構成趨勢分析

這是在會計報表金額趨勢分析的基礎上發展而來的，它以會計報表中的某個總體指標為基數，再計算其各組成項目占該總體指標的百分比，從而比較各個項目百分比的增減變動，以此來判斷有關財務活動的變化趨勢，這種方法比前述兩種方法更能準確地分析企業財務活動的發展趨勢。

在採用趨勢分析法時，首先應掌握分析的重點。財務報表項目很多，其重要程度也不一致，為了揭示企業財務狀況和經營成果的變化趨勢，分析人員應對財務報表的重要項目進行重點分析。同時，將絕對數和相對數分析結合使用，以便在進行絕對數分析時也能反應相對程度的變化。

8.4.4 因素分析法

因素分析法是依據分析指標與其影響因素之間的關係，按照一定的程序和方法，確定各因素對分析指標差異的影響程度的一種技術方法。因素分析法是經濟活動分析中最重要的方法之一，也是財務分析的方法之一。因素分析法根據其分析特點可主要分為連環替代法和差額計算法兩種。

8.4.4.1 連環替代法

連環替代法是指確定因素影響並按照一定的替換順序逐個替換因素計算出各個因素對綜合性經濟指標變動的影響程度的一種計算方法。連環替代法的步驟如下：

第一步，確定分析指標與其影響因素的直接關係。將某一經濟指標在計算公式的基礎上進行分解或擴展，從而得出各影響因素與分析指標之間的關係式。如對於總資產報酬率指標，要確定它與影響因素之間的關係，可按下式進行分解：

$$總資產報酬率 = \frac{息稅前利潤}{平均資產總額} \times 100\% = \frac{銷售淨額}{平均資產總額} \times \frac{息稅前利潤}{銷售淨額} \times 100\%$$

$$總資產報酬率 = \frac{總產值}{平均資產總額} \times \frac{銷售淨額}{總產值} \times \frac{息稅前利潤}{銷售淨額} \times 100\%$$

分析指標與影響因素之間的關係式，既說明了哪些因素影響分析指標，又說明了這些因素與分析指標之間的關係及順序。如上式中影響總資產報酬率的因素有總資產產值率、產值銷售率和銷售利潤率三個因素。它們都與總資產報酬率成正比例關係。它們的排列順序：首先總資產報酬率，其次是產值銷售率，最後是銷售利潤率。

第二步，根據分析指標的報告期數值與基期數值列出兩個關係式或指標體系，設定分析對象。

第三步，連環順序替代，計算替代結果。所謂連環順序替代就是以基期指標體系為計算基礎，用實際指標體系中的每一個因素的實際數順序地替代其相應的基期數，每次替代一個因素，替代後的因素被保留下來。計算替代結果，就是在每次替代後，按關係式計算其結果。有幾個因素就替代幾次，並相應確定計算結果。

第四步，比較各因素的替代結果，確定各因素對分析指標的影響程度。比較替代結果是連環進行的，即將每次替代的計算結果與這一因素被替代前的結果進行對比，兩者的差額就是替代因素對分析對象的影響程度。

第五步，檢驗分析結果。即將各因素對分析指標的影響額相加，其和應等於分析對象相加。如果兩者相等，說明分析結果可能是正確的；如果兩者不相等，則說明分析結果一定是錯誤的。連環替代法的程序或步驟是緊密相連、缺一不可的，尤其是前四個步驟，任何一個步驟出現錯誤，都會出現錯誤結果。下面舉例說明連環替代法的步驟和應用。

【例8-1】長江化工股份有限公司20×7年主要產品甲的預算成本小於實際成本，其中直接材料費用出現了超支，具體資料如表8-1所示。

表8-1　　　　　甲產品直接材料費用的預算及實際支出費用表

項目	材料消耗數量（千克）	材料單價（元）	直接材料費用（元）
本年計劃	5	100	500
本年實際	4.5	120	540

要求：對甲產品直接材料費用進行差異分析。

解析：根據連環替代法原理，分析某一因素對總體指標發生影響作用時，假定其他各因素都無變化，順序確定每一個因素單獨變化所產生的影響。為此，分析如下：

確定因素直接的關係：直接材料費用＝材料消耗數量×單價

基礎式：$5\times100=500$ 元 ……………………………… ①

進行連環替代：

第一次替代：$4.5\times100=450$ 元 ……………………… ②

第二次替代：$4.5\times120=540$ 元 ……………………… ③

分析各因素對直接材料的影響：

材料消耗數量減少對直接材料費用的影響：

②－①：$450-500=-50$（元）

材料單價上升對直接材料的影響：

③－②：$640-450=90$（元）

各因素共同影響直接材料費用：

$=-50+90=40$（元）

計算結果表明，由於材料消耗數量實際比計劃節約0.5千克，影響直接材料費用

減少50元，由於材料單價本年實際比本年計劃上升20元，影響直接材料費用增加90元；兩個因素共同作用引起材料費用超支40元。

連環替代法作為因素分析方法的主要形式，在實踐中應用比較廣泛。在應用連環替代法的過程中，必須注意以下幾個問題：

（1）因素分解的相關性問題。

所謂因素分解的相關性，是指分析指標與其影響因素之間必須真正相關，即有實際經濟意義，各影響因素的變動應該確實能說明分析指標差異產生的原因。當然，有經濟意義的因素分解式並不是唯一的，一個經濟指標從不同角度來看，可分解為不同的有經濟意義的因素分解式。這就需要我們在因素分解時，根據分析的目的和要求，確定合適的因素分解式，以找出分析指標變動的真正原因。

（2）分析前提的假定性。

所謂分析前提的假定性是指分析某個因素對經濟指標差異的影響時，必須假定其他因素不變，否則就不能分清各單一因素對分析對象的影響程度。但實際上，有些因素對經濟指標的影響是多因素共同作用的結果，如果共同影響的因素越多，那麼這種假定的準確性就越差，分析結果的準確性也就越低。因此，在因素分解時，並非分解的因素越多越好，而應根據實際情況，具體問題具體分析，盡量減少對相互影響較大的因素的再分解，使之與分析前提的假設基本相符。否則，因素分解過細，從表面上看有利於分清原因和責任，但是在共同影響因素較多時，反而會影響分析結果的正確性。

（3）因素替代的順序性。

一般來說，替代順序在前的因素對經濟指標影響的程度不受其他因素影響或影響較小，排列在後的因素中含有其他因素共同作用的成分。從這個角度來看問題，為分清責任，將對分析指標影響較大的並能明確責任的因素放在前面可能更好一些。

（4）順序替代的連環性。

連環性是指在確定各因素變動對分析對象的影響時，都是將某一因素替代後的結果與該因素替代前的結果相對比，一環套一環。這樣既能保證各因素對分析對象影響結果的可分析性，又能保證分析結果的準確性。因為只有連環替代並確定各因素影響額才能保證各因素對經濟指標的影響之和與分析對象相等。

8.4.4.2 差額計算法

差額計算法是連環替代法的一種簡化形式，其分析原理與連環替代法相同。區別只在於分析程序上，差額計算法比連環替代法簡化，即它可直接利用各影響因素的實際數與基期數的差額，在其他因素不變的假定條件下，計算各因素對分析指標的影響程度。或者說，差額計算法將連環替代法的第三步驟和第四步驟合併為一個步驟進行。

這個步驟的基本點就是確定各因素實際數與基期數之間的差額，並在此基礎上乘以排列在該因素前由各因素的實際數和排列在該因素後面各因素的基期數，所得出的結果就是該因素變動對分析指標的影響數。

【例8-2】根據例8-1中的數據信息，採用差額分析法分析其影響。數據如下：

材料消耗數量減少對直接材料費用的影響：

(4.5-5)×100=-50（元）

材料單價上升對直接材料費用的影響：

4.5×(120-100)=90（元）

由於消耗數量減少和材料單價上升兩個因素共同對材料費用的影響：

-50+90=40（元）

應當指出的是，應用連環替代法應注意的問題，在應用差額計算法時同樣要注意。除此之外，還應注意的是，並非所有應用連環替代法的情況都可按上述差額計算法的方式進行簡化，特別是在各影響因素之間不是連乘的情況下，運用差額計算法必須慎重。

8.5　財務指標分析

財務報表中有大量數據，可以組成許多涉及企業活動各方面的財務比率。為了便於說明財務比率的計算和分析方法，本節以 A 公司的財務報表數據為例。該公司的資產負債表，利潤表和現金流量表，如表 8-2、表 8-3 和表 8-4 所示。

表 8-2　　　　　　　　　　　　　資產負債表

編製單位：A 公司　　　　　20×6 年 12 月 31 日　　　　　　　　單位：元

資產	年初數	期末數	負債和所有者權益	年初數	期末數
流動資產：			流動負債：		
貨幣資金	1,492,000	6,027,580	短期借款	400,000	180,000
交易性金融資產			應付票據		
應收票據	30,000		應付帳款	650,000	2,590,000
應收股利			預收帳款		
應收利息			應付職工薪酬	40,000	91,400
應收帳款	540,000	90,000	應付股利		
預付帳款			應交稅費	15,000	667,695
其他應收款	68,000		其他應付款	45,000	7,000
應收補貼款			一年內到期的非流動負債		
存貨	1,000,000	1,480,000			
一年內到期的非流動資產	10,000		其他流動負債		
流動資產合計	3,140,000	7,597,580	流動負債合計	1,150,000	3,536,095
非流動資產：			非流動負債：		
可供出售金融資產			長期借款	1,800,000	2,220,000

表8-2(續)

資產	年初數	期末數	負債和所有者權益	年初數	期末數
持有至到期投資		250,000	應付債券		
長期應收款			長期應付款		
長期股權投資	170,000	120,000	專項應付款		
固定資產	2,830,000	3,257,320	預計負債		
在建工程			遞延所得稅負債		59,400
固定資產清理			其他長期負債		
無形資產	1,000,000	980,000	非流動負債合計	1,800,000	2,279,400
開發支出			負債合計	2,950,000	5,815,495
商譽			股東權益：		
長期待攤費用			股本	3,900,000	4,700,000
遞延所得稅資產			資本公積	100,000	295,600
其他非流動資產			減：庫存股		
			盈餘公積	90,000	330,761
			未分配利潤	1,000,000	1,063,044
			股東權益合計	4,190,000	6,389,405
資產合計	7,140,000	12,204,900	負債和股東權益合計	7,140,000	12,204,900

表 8-3　　　　　　　　　　　利潤表

編製單位：A 公司　　　　20×6 年 12 月 31 日　　　　　　　　　　單位：元

項目	行次	上年累計數	本年累計數
一、營業收入	1	2,000,000	4,000,000
減：營業成本	2	1,100,000	2,000,000
稅金及附加	3	70,000	90,000
銷售費用	4	50,000	40,000
管理費用	5	220,000	179,210
財務費用	6	5,000	2,600
資產減值損失	7		
加：公允價值變動損益	8		
投資收益	9	3,000	-30,000
二、營業利潤（虧損以「-」號表示）	10	558,000	1,658,170
加：營業外收入	11		159,130
減：營業外支出	12	8,000	5,800
三、利潤總額（虧損以「-」號表示）	13	550,000	1,811,500
減：所得稅費用	14	181,500	607,695
四、淨利潤（虧損以「-」號表示）	15	368,500	1,203,805

表 8-4　　　　　　　　　　　　　現金流量表

編製單位：A 公司　　　　　　　20×6 年 12 月 31 日　　　　　　　　　　　單位：元

項目	行次	金額
一、經營活動產生的現金流量		
銷售商品、提供勞務收到的現金	1	5,248,400
收到的稅款返還	2	
收到的其他與經營活動有關的現金	3	68,000
現金流入小計	4	5,316,400
購買商品、接受勞務支付的現金	5	390,000
支付給職工及為職工支付的現金	6	430,000
支付的各項稅費	7	385,000
支付的其他與經營活動有關的現金	8	148,020
現金流出小計	9	1,353,020
經營活動產生的現金流量淨額	10	3,963,380
二、投資活動產生的現金流量	11	
收回投資所收到的現金	12	
取得投資收益所收到的現金	13	20,000
處置固定資產、無形資產和其他長期資產所收回的現金淨額	14	14,200
收到的其他與投資活動有關的現金	15	
現金流入小計	16	34,200
購建固定資產、無形資產和其他長期資產所支付的現金	17	197,000
投資所支付的現金	18	250,000
支付的其他與投資活動有關的現金	19	
現金流出小計	20	447,000
投資活動產生的現金流量淨額	21	-412,800
三、籌資活動產生的現金流量	22	
吸收投資所收到的現金	23	875,000
借款所收到的現金	24	800,000
收到的其他與籌資活動有關的現金	25	
現金流入小計	26	1,755,000
償還債務所支付的現金	27	700,000
分配股利、利潤或償付利息所支付的現金	28	70,000
支付其他與籌資活動有關的現金	29	
現金流出小計	30	770,000
籌資活動產生的現金流量淨額	31	985,000
四、匯率變動對現金的影響	32	
五、現金及現金等價物淨增加額	33	4,535,580

8.5.1 償債能力分析

企業的償債能力是指企業對各種到期債務的償付能力。償債能力關係企業的存亡，一旦企業資產營運不當，將面臨無法償還到期債務的問題，往往要比一時的虧損更為危險。所以，無論是企業的經營管理者，還是企業的投資人、債權人，都應十分重視企業的償債能力。因此，財務報表分析首先要對企業的償債能力進行分析。償債能力分析包括短期償債能力分析和長期償債能力分析兩個方面。

1. 短期償債能力分析

短期償債能力是指企業以流動資產支付流動負債的能力，又稱支付能力。它在財務比率分析中非常重要。在市場經濟體制健全的條件下，短期償債能力是評價企業財務狀況的首選指標。因為如果一個企業缺乏短期償債能力，會因為無力支付到期的短期債務而被迫出售長期投資的股票、債券，或者拍賣固定資產，甚至導致企業破產。評價企業短期償債能力的財務比率主要有流動比率、速動比率、現金比率以及現金流量流動負債比率。

（1）營運資本。

營運資本是指企業某一時點的流動資產與流動負債的差額，是反應企業短期償債能力的絕對數指標。其計算公式為：

$$運用資本 = 流動資產 - 流動負債$$

或者，

$$運用資本 = (總資產 - 非流動負債) - (總資產 - 股東權益 - 非流動負債)$$
$$= (股東權益 + 非流動負債) - 非流動負債$$
$$= 長期資本 - 長期資產$$

（2）流動比率。

流動比率是企業的流動資產與流動負債的比率，它表示企業每一元流動負債有多少流動資產作為償還保證，反應企業用可在短期內轉變為現金的流動資產償還到期流動負債的能力。其計算公式為：

$$流動比率 = \frac{流動資產}{流動負債}$$

一般情況下，流動比率越高，企業的短期償債能力越強，債權人的權益越有保障。同時也表明企業財務狀況穩定，有足夠的財力來償付到期的短期債務。因此，從債權人的角度來看，流動比率越高越好。但從經營者的角度來看，流動比率過高，可能使企業流動資產占用過多，影響企業資金的使用效率和獲利能力。

關於流動比率的衡量標準，國際上公認的標準是2，該比率在西方國家被稱為銀行家比率。銀行家以流動比率作為提供貸款的依據，一般流動比率達到2，銀行家才會認為企業的償債能力比較理想。

流動比率高，不一定能說明企業有足夠的現金可以償還債務，也可能是企業存貨超儲積壓、應收帳款過多且長期積壓等造成的結果。所以，還要結合流動資產的結構、週轉情況和現金流量等進行分析。

不同的行業，流動比率的判斷標準是有區別的。通常生產週期較長的行業，如製造業，由於生產週期較長，存貨變現的週期相對較長，流動比率應高一些；生產週期較短的行業，如商業、服務業等，存貨的變現速度較快，流動比率可以適當低一些。

【例 8-3】根據表 8-2、表 8-3 獲取的有關銷售數據。A 公司 20×5 年年初的流動資產為 3,140,000 元，流動負債為 1,150,000 元，20×5 年年末的流動資產為 7,597,580 元，流動負債為 3,536,095 元。則該公司的流動比率為：

$$20×5 \text{ 年的流動比率} = \frac{3,140,000}{1,150,000} \approx 2.73$$

$$20×6 \text{ 年的流動比率} = \frac{7,597,580}{3,536,095} \approx 2.15$$

（3）速動比率。

速動比率又稱酸性測試比率，是指企業速動資產與流動負債的比率。它比流動比率更能嚴格地測驗企業的短期償債能力。其計算公式為：

$$\text{速動比率} = \frac{\text{速動資產}}{\text{流動負債}}$$

或者，

$$\text{速動比率} = \frac{\text{流動資產} - \text{存貨}}{\text{流動負債}}$$

速動資產 = 流動資產 - 存貨 - 預付帳款 - 一年內到期的非流動資產 - 其他流動資產

速動資產是指變現速度快、變現能力強的流動資產，它通常是用流動資產減去變現能力較差且不穩定的存貨、預付帳款、待攤費用等的餘額。在實際工作中，為簡化計算，在計算速動資產時，通常僅從流動資產中扣除存貨一項，但要注意這樣計算分析的結果並不準確。

在流動資產中，短期有價證券、應收票據、應收帳款的變現能力比存貨強。存貨需要經過銷售才能變為現金，如果存貨滯銷變現就成問題。用速動比率判斷企業的短期償債能力比用流動比率更直接、更明確，因為它撇開了變現能力較差的存貨和預付費用等。該指標值越高，表明企業償還流動負債的能力越強。

關於速動比率的衡量，國際公認標準為 1，即企業每元流動負債都有 1 元易於變現的資產作為抵償，才算是具備良好的財務狀況。如果速動比率小於 1，說明企業的償債能力存在問題，面臨較大的償債風險；但如果速動比率大於 1，說明企業擁有過多的貨幣性資產，可能使企業喪失有利的投資和獲利機會，降低了資金的使用效率。

速動比率在不同行業也有所差別，要參照同行業的資料和本企業的歷史情況進行判斷。商業零售業、服務業的速動比率可以低一些，因為這些行業的業務大多數是現金交易，應收帳款不多，因此速動比率相對較低；而且這些行業的存貨變現速度通常比工業製造業的存貨變現速度要快。

（4）現金比率。

現金比率是企業現金類資產與流動負債的比率。現金類資產包括企業的庫存現金、隨時可以用於支付的存款和交易性金融資產等。它是衡量企業即時償債能力的比率。

其計算公式為：

$$現金比率 = \frac{貨幣資金 + 交易性金融資產}{流動負債}$$

在企業的流動資產中，現金類資產的變現能力最強，現金比率所反應的作為償債擔保的資產是變現能力幾乎為百分之百的資產，最能說明企業直接償付流動負債的能力，用該指標衡量企業短期償債能力最為保險和安全。

現金比率越高，說明現金類資產在企業流動資產中所占的比例越大，企業具有較強的即時支付能力和緊急應變能力。但是，如果該比率過高，可能說明該企業的現金沒有發揮最大效益，喪失了較好的投資機會，降低了資金的利用效率。現金比率儘管沒有公認的標準以供參考。但一般認為，現金比率以適度為好，既要保證短期債務償還的現金需要，又要盡可能降低過多持有現金的機會成本。

【例8-4】根據表8-2、表8-3中獲取的有關數據。A公司20×5年年初的貨幣資金為1,492,000元，短期投資為0，流動負債為1,150,000元；20×6年年末的貨幣資金為6,027,580元，短期投資為0，流動負債為3,536,095元。則該公司的現金比率為：

$$20×5 年的現金比率 = \frac{1,492,000}{1,150,000} \approx 1.3$$

$$20×6 年的現金比率 = \frac{6,027,580}{3,536,095} \approx 1.7$$

（5）現金流量流動負債比率。

現金流量流動負債比率是企業一定時期的經營活動淨現金流量與期末流動負值的比率，經營活動淨現金流量，一般是指一個年度內由經營活動所產生的現金和準現金的流入量和流出量的差額。其計算公式為：

$$現金流量流動負債比率 = \frac{經營活動淨現金流量}{期末流動負債}$$

該比率越大，則表明現金流入對當期債務清償的保障程度越高，表明企業的流動性越好。經營活動產生的現金是償還債務最直接、最理想的來源，最能反應一個會計年度的經營結果。

【例8-5】根據表8-2、表8-3獲取的有關數據。A公司20×6年年末的流動負債為3,536,095元，經營活動淨現金流量為3,963,380元。則該公司的現金流量流動負債比率為：

$$20×6 年的現金流量流動負債比率 = \frac{3,963,380}{3,536,095} \approx 1.12$$

2. 長期償債能力分析

長期償債能力是企業償還長期債務的能力，它表明企業對債務負擔的承受能力和償還債務的保障能力。長期負債增加了企業經營與財務上的風險，長期償債能力的強弱，是反應企業財務實力與穩定程度的重要標志。而企業的長期償債能力不僅受企業資本結構的重要影響，還取決於企業未來的盈利能力。

評價企業長期償債能力的指標主要有資產負債率、產權比率、有形淨值債務率和

利息保障倍數等。

(1) 資產負債率。

資產負債率也稱為負債比率，是企業負債總額與資產總額的比率，它表明在企業資產總額中債權人資金所占的比重，以及企業資產對債權人權益的保障程度。其計算公式為：

$$資產負債率 = \frac{負債總額}{資產總額} \times 100\%$$

資產負債率是衡量企業負債水準和風險程度的重要財務比率指標，其高低對企業的債權人、投資者和經營者等不同利益主有不同的影響。對債權人而言，該指標越低，債權人的利益保障程度越高。投資者主要考慮投資的回報。所以，當預期的投資收益率高於借債利息率時，投資者希望資產負債率越高越好，以享受負債經營所帶來的財務槓桿利益；反之，當預期的投資收益率低於借債利息率時，投資者希望資產負債率越低越好。對經營者而言，既要考慮利用債務的收益性，又要考慮負債經營所帶來的財務風險，所以，從企業財務意義上講，企業經營者總是要權衡利弊得失，將資產負債率保持在一個適度水準，從而把企業因籌資產生的風險控制在適當的程度。

資產負債率為多少是較為合理的，並沒有一個確定的標準，比較保守的經驗判斷為不高於50%，但不同的行業由於生產經營實際、資金週轉情況的差異性，資產負債率往往有較大的不同。

【例8-6】根據表8-2、表8-3中獲取的有關數據。A公司20×5年年初的資產總額為7,140,000元，負債總額為2,950,000元；20×6年年末的資產總額為12,204,900元，負債總額為5,815,495元。則該公司的資產負債率為：

$$20 \times 5 年的資產負債率 = \frac{2,950,000}{7,140,000} \times 100\% \approx 41\%$$

$$20 \times 6 年的資產負債率 = \frac{5,815,495}{12,204,900} \times 100\% \approx 47.6\%$$

(2) 產權比率。

產權比率也稱債務股權比率，是負債總額與所有者權益總額的比率。其計算公式為：

$$產權比率 = \frac{負債總額}{股東權益總額} \times 100\%$$

產權比率反應企業所有者權益對債權人權益的保障程度，該比率越低，表明企業所有者權益總額的長期償債能力越強，債權人權益的保障程度越高。

【例8-7】根據表8-2、表8-3獲取的有關數據。A公司20×5年年初的負債總額為2,950,000元所有者權益總額為4,190,000元；20×6年年末的負債總額為5,815,495元，所有者權益總額為6,389,405元。則該公司的產權比率為：

$$20 \times 5 年的產權比率 = \frac{2,950,000}{4,190,000} \times 100\% \approx 70\%$$

$$20 \times 6 年的產權比率 = \frac{5,815,495}{6,389,405} \times 100\% \approx 91\%$$

產權比率與資產負債率都用於衡量企業長期償債能力，具有相同的經濟意義，其區別是反應長期償債能力的側重點不同。產權比率側重揭示債務資本和權益資本的相互關係，說明企業所有者權益對償債風險的承受力；資產負債率側重揭示總資本中有多少是靠負債取得的，說明債權人權益的受保障程度。

(3) 有形淨值債務率。

有形淨值債務率是企業負債總額與有形淨值的比率。其中，有形淨值是所有者權益總額減去無形資產淨值後的淨值。其計算公式為：

$$有形淨值債務率 = \frac{負債總額}{所有者權益 - 無形資產 - 長期待攤費用} \times 100\%$$

或者，

$$有形淨值債務率 = \frac{負債總額}{所有者權益總額 - 無形資產淨值} \times 100\%$$

有形淨值債務率是比資產負債率和產權比率更為保守的比率，考慮到商譽、商標權、專利權和非專利技術等無形資產不一定能用來還債，所以將無形資產從淨資產中扣除，更為謹慎、保守地反應在企業清算時債權人投入資本時受股東權益的保障程度。這個指標越大，表明企業的長期償債能力越強；反之，這個指標越小，表明企業的長期償債能力越弱。

【例8-8】根據表8-2、表8-3中獲取的有關數據。A公司20×5年年初的負債總額為295,000元，所有者權益總額為4,190,000元，無形資產淨值為1,000,000元；20×6年年末的負債總額為5,815,495元，所有者權益總額為639,405元，無形資產淨值為980,000元。則該公司的有形淨值債務率為：

$$20 \times 5 年的有形淨值債務率 = \frac{2,950,000}{4,190,000 - 1,000,000} \times 100\% \approx 92\%$$

$$20 \times 6 年的有形淨值債務率 = \frac{5,815,495}{6,389,405 - 980,000} \times 100\% \approx 108\%$$

(4) 利息保障倍數。

利息保障倍數也稱為已獲利息倍數，是指企業經營業務收益與利息費用的比率，用以衡量償付借款利息的能力。其計算公式為：

$$利息保障倍數 = \frac{息稅前利潤}{利息費用}$$

或者，

$$利息保障倍數 = \frac{利息總額 + 利息費用}{利息費用}$$

或者，

$$利息保障倍數 = \frac{稅後利潤 + 所得稅 + 利息費用}{利息費用}$$

利息保障倍數息稅前利潤=稅前利潤+利息費用稅後利潤+所得稅+利息費用。利息費用息稅前利潤是指利潤表中未扣除利息費用所得稅之前的利潤，它可以用「利潤總

額加利息費用」來測算。

利息費用是指本期發生的全部應付利息不僅包括財務費用中的利息費用，還包括計入固定資產成本的資本化利息。資本化利息雖然不在利潤表中扣除，但同樣是企業應償還的，需要被考慮在內。

利息保障倍數的重要作用是衡量企業支付利息的能力，沒有足夠多的息稅前利潤，資本化利息的支付就會發生困難。

利息保障倍數指標反應企業經營收益為所需支付的債務利息的多少倍，其數額越大，企業的償債能力越強；反之，數額小，則表明企業沒有足夠的資金來償還債務利息，企業的償債能力越弱。如果該指標適當，表明企業不能償付利息的風險小，如果企業利息償還及時，當債務到期時企業也能及時重新籌措到資金。

如何合理確定企業的已獲利息倍數呢？這要將該企業的這一指標與其他企業，特別是本行業平均水準進行比較。通過分析確定本企業的指標水準，從穩健性的角度出發，最好比較本企業連續幾年的該項指標，並選擇最低指標年度的數據作為標準。因為企業在經營好的年度要償債，在經營不好的年度也要償還大約等量的債務。某一個年度利潤很高，已獲利息倍數也會很高，但不能年年如此。採用指標最低年度的數據，可保證最低的償債能力，一般情況下應遵循這一原則，但遇到特殊情況，還要結合實際情況來確定。

【例8-9】根據表8-3中獲取的利潤表數據中，20×5年稅前利潤為550,000元，利息費用為5,000元；20×6年稅前利潤為1,811,500元，利息費用為2,600元。則該公司的利息保障倍數為：

$$20 \times 5 \text{ 年的利息保障倍數} = \frac{550,000 + 5,000}{5,000} \approx 111$$

$$20 \times 6 \text{ 年的利息保障倍數} = \frac{1,811,500 + 2,600}{2,600} \approx 697.73$$

8.5.2 營運能力分析

營運能力分析是對企業運用資產開展生產經營活動能力的分析，實際上是對資產利用效率的分析，營運能力是指企業對有限資源的利用能力，它是衡量企業整體經營能力高低的一個重要方面。營運能力的高低，對企業的償債能力和盈利能力都有著非常重大的影響。反應企業營運能力的主要財務比率指標包括流動資產週轉率、應收帳款週轉率、存貨週轉率、固定資產週轉率和總資產週轉率。

1. 流動資產週轉率

流動資產週轉率是指企業在一定時期內的銷售收入與流動資產平均餘額的比率。它反應企業流動資產在一定時期內（通常為一年）的週轉次數。其計算公式為：

$$\text{流動資產週轉次數} = \frac{\text{銷售收入}}{\text{流動資產平均餘額}}$$

$$\text{流動資產平均餘額} = \frac{\text{期初流動資產} + \text{期末流動資產}}{2}$$

流動資產週轉率反應流動資產的週轉速度使用效率。週轉次數越多，表明週轉速度越快，流動資產利用效率越高，會相對節約流動資金，等於相對擴大了資產投入，增強企業的盈利能力。

流動資產週轉率也可以用週轉天數表示。其計算公式為：

$$流動資產週轉天數 = \frac{計息期天數}{流動資產週轉次數} = \frac{360}{流動資產週轉次數}$$

流動資產週轉次數週轉天數越少，說明週轉速度越快，效果越好；反之，週轉天數越多，則說明週轉速度越慢，資產盈利能力降低。

【例8-10】根據表8-2、表8-3獲取的有關數據。該企業20×6年的流動資產週轉率為多少？

$$流動資產週轉次數 = \frac{4,000,000}{(3,140,000 + 7,597,580)/2} \approx 0.75(次)$$

$$流動資產週轉天數 = \frac{360}{0.75} = 480(天)$$

2. 應收帳款週轉率

應收帳款是企業流動資產的重要組成部分。及時收回應收帳款，不僅能增強企業的短期償債能力，也能反應企業管理應收帳款方面的效率。應收帳款週轉率是反應應收帳款週轉速度的指標，它有兩種表示方法：一種是應收帳款週轉次數，就是年度內應收帳款轉為現金的平均次數，它說明應收帳款流動的速度；另一種是用時間表示的週轉速度，稱為應收帳款週轉天數，也叫平均應收帳款回收期或平均收現期，它表示企業從取得應收帳款的權利到收回款項轉換為現金所需要的時間，應收帳款週轉率的計算公式為：

$$應收帳款週轉次數 = \frac{賒銷收入淨額}{應收帳款平均餘額}$$

$$應收帳款週轉天數 = \frac{360}{應收帳款週轉次數}$$

$$應收帳款平均餘額 = \frac{期初應收帳款 + 期末應收帳款}{2}$$

「應收帳款平均餘額」是指未扣除壞帳準備的應收帳款金額，它是資產負債表中期初應收帳款餘額與期末應收帳款餘額的平均數；「賒銷收入淨額」是利潤表的銷售收入扣除現銷收入以及折扣和折讓後的銷售淨額。但對於財務報表的外部使用者來說通常無法獲取此項數據，故使用銷售淨額來計算該指標一般不影響其分析和利用價值。因此，在實務中多採用「銷售淨額」來計算應收帳款週轉率。

一般來說，應收帳款週轉率越高，平均收帳期越短，說明應收帳款的收回速度越快。應收帳款的週轉速度與企業採取的信用政策密切相關。企業應根據實際情況確定合理的信用政策，並加強貨款催收，減少長期欠帳，以盡可能地提高應收帳款的週轉速度。

【例8-11】根據表8-2、表8-3中獲取的有關數據。該企業20×6年的應收帳款週

轉率為：

$$應收帳款週轉次數 = \frac{4,000,000}{(540,000 + 90,000)/2} \approx 12.7(次)$$

$$應收帳款週轉天數 = \frac{360}{12.7} \approx 28(天)$$

3. 存貨週轉率

在企業流動資產中，存貨所占的比重較大。存貨的流動性將直接影響企業的流動比率，因此，必須特別重視對存貨流動性的分析。存貨的流動性一般用存貨週轉率指標來反應。存貨週轉率是指一定時期內企業銷貨成本與存貨平均餘額的比率。該財務比率也有兩種表示方法，即存貨週轉次數和存貨週轉天數。其計算公式為：

$$存貨週轉次數 = \frac{銷售成本}{存貨平均餘額}$$

$$存貨週轉天數 = \frac{360}{存貨週轉次數}$$

$$存貨平均餘額 = \frac{期初存貨 + 期末存貨}{2}$$

式中，「銷售成本」來自利潤表；「存貨平均餘額」來自資產負債表中的「期初存貨」與「期末存貨」的平均數。

一般情況下，企業存貨週轉率越高越好，存貨週轉率越高，週轉次數越多，週轉天數越少，表明存貨週轉速度越快，資產流動性越強。提高存貨週轉率可以提高企業的變現能力，而存貨週轉速度越慢，則表明其變現能力越差。

存貨週轉率指標的好壞反應存貨管理水準的高低，它不僅影響企業的短期償債能力，而且也是整個企業管理的重要內容。

【例8-12】根據表8-2、表8-3中獲取的有關數據。該企業20×6年的存貨週轉率為：

$$存貨週轉次數 = \frac{2,000,000}{(1,000,000 + 1,480,000)/2} \approx 1.61(次)$$

$$存貨週轉天數 = \frac{360}{1.61} \approx 224(天)$$

4. 固定資產週轉率

固定資產週轉率是指企業銷售收入淨額與固定資產平均餘額的比率。它是反應固定資產週轉情況，從而衡量固定資產利用效率的一項指標。該指標可以分別用固定資產週轉次數和固定資產週轉天數來表示。其計算公式為：

$$固定資產週轉次數 = \frac{銷售收入淨額}{固定資產平均餘額}$$

$$固定資產週轉天數 = \frac{計算期天數}{固定資產週轉次數}$$

【例8-13】根據表8-2、表8-3中獲取的有關數據。該企業20×6年的固定資產週轉率為：

$$固定資產週轉次數 = \frac{4,000,000}{(2,830,000 + 3,257,320)/2} \approx 1.31(次)$$

$$固定資產週轉天數 = \frac{360}{1.31} \approx 275(天)$$

5. 總資產週轉率

總資產週轉率是企業銷售收入淨額與總資產平均餘額的比率。其計算公式為：

$$總資產週轉次數 = \frac{銷售收入淨額}{資產平均餘額}$$

$$總資產週轉天數 = \frac{計算期天數}{總資產週轉次數}$$

$$總資產平均餘額 = \frac{期初總資產 + 期末總資產}{2}$$

總資產週轉率是綜合評價企業全部資產使用效率的重要指標。式中，「銷售成本」來自利潤表，「存貨平均餘額」來自資產負債表中的「期初存貨」與「期末存貨」的平均數。

一般情況下，企業總資產週轉率越高越好，總資產週轉率越高，週轉次數越多，週轉天數越少，表明總資產週轉速度越快，總資產的流動性越強，資產營運效率越高。提高總資產週轉率可以提高企業的資產利用程度，而總資產週轉速度越慢，則表明總資產的利用效率越差。

【例8-14】根據表8-2、表8-3中獲取的有關數據。該企業20×6年的總資產週轉率為：

$$總資產週轉次數 = \frac{4,000,000}{(7,140,000 + 2,204,900)/2} \approx 0.41(次)$$

$$總資產週轉天數 = \frac{360}{0.41} \approx 878(天)$$

以上各項資金週轉指標用於衡量企業運用資產賺取收入的能力，通常和反應盈利能力的指標結合在一起使用，可全面評價企業的盈利能力。

8.5.3 盈利能力分析

盈利能力是指企業運用其所支配的經濟資源開展經營活動並從中獲取利潤的能力，或者是企業資金增值的能力。

具有盈利能力是企業生存和發展的基本條件，不論股東、債權人還是企業管理人員，都非常關心企業的盈利能力。因為企業盈利會使股東獲得資本收益，會使債權人的權益有保障，會提升管理者的經營業績。

企業的資產、負債、所有者權益、收入、費用和利潤等會計要素有機統一於資金運動過程中，並通過籌資活動、投資活動取得收入和補償成本費用，從而實現利潤目標。因此，按照會計要素計算銷售淨利率、銷售毛利率、成本費用利潤率、總資產收益率、淨資產收益率等指標，用於評價企業各要素的盈利能力。

1. 銷售毛利率

銷售毛利率是指企業在一定時期內的銷售毛利與銷售收入淨額的比率。其中，銷售毛利是銷售收入扣除銷售成本的餘額。銷售毛利率的計算公式為：

$$銷售毛利率 = \frac{銷售毛利}{銷售收入淨額} \times 100\%$$

$$= \frac{銷售收入淨額 - 銷售成本}{銷售收入淨額} \times 100\%$$

銷售毛利率體現企業經營活動最基本的盈利能力，是企業銷售淨利率的基礎。沒有足夠的毛利率，企業就不能盈利。

【例 8-15】根據表 8-3 中獲取的有關數據。A 公司 20×5 年的銷售收入淨額為 2,000,000 元，銷售成本為 1,100,000 元；20×6 年的銷售收入淨額為 4,000,000 元，銷售成本為 2,000,000 元。則公司的銷售毛利率為：

$$20 \times 5 \text{ 年的銷售毛利率} = \frac{2,000,000 - 1,100,000}{2,000,000} \times 100\% \approx 45\%$$

$$20 \times 6 \text{ 年的銷售毛利率} = \frac{4,000,000 - 2,000,000}{4,000,000} \times 100\% \approx 50\%$$

2. 銷售淨利率

銷售淨利率是企業淨利潤與銷售收入淨額的比率。其中，銷售收入淨額是指銷售收入減去銷售退回、銷售折扣、銷售折讓的差額。銷售淨利率的計算公式為：

$$銷售淨利率 = \frac{淨利潤額}{銷售收入淨額} \times 100\%$$

該比率反應每一元收入帶來的淨利潤是多少，該比率越高，說明企業通過擴大銷售獲取利潤的能力越強。

【例 8-16】根據表 8-3 中獲取的有關數據。A 公司 20×5 年的銷售收入淨額為 2,000,000 元，淨利潤為 368,500 元；20×6 年的銷售收入淨額為 4,000,000 元，淨利潤為 1,203,805 元。則該公司的銷售淨利率為：

$$20 \times 5 \text{ 年的銷售淨利率} = \frac{368,500}{2,000,000} \times 100\% \approx 18.43\%$$

$$20 \times 6 \text{ 年的銷售淨利率} = \frac{1,203,805}{4,000,000} \times 100\% \approx 30.1\%$$

3. 成本費用率

成本費用率是企業利潤總額與成本費用總額的比率。其計算公式為：

$$成本費用率 = \frac{利潤總額}{成本費用總額} \times 100\%$$

式中，成本費用總額包括製造成本和期間費用，是企業為了獲取利潤所付出的代價。該比率越高，說明企業為獲取收益而付出的代價越小，經濟效益越好。因此，該比率不僅可以用來評價企業的獲利能力，還可以用來評價企業對成本費用的控制能力和經營管理水準。

【例8-17】根據表8-3獲取的有關數據。A公司的成本費用利潤率為：

$$20×5 \text{ 年的成本費用利潤率} = \frac{550,000}{1,100,000+50,000+220,000+5,000} \times 100\% \approx 40\%$$

$$20×6 \text{ 年的成本費用利潤率} = \frac{1,811,500}{2,000,000+40,020+179,210+2,600} \times 100\% \approx 81.53\%$$

4. 總資產報酬率

總資產報酬率又稱總資產收益率，是反應企業資產綜合利用效果的指標，也是衡量企業利用債權人和所有者資金取得盈利的重要指標。總資產報酬率計算公式為：

$$總資產報酬率 = \frac{息稅前利潤}{平均資產總額} \times 100\%$$

$$總資產平均餘額 = \frac{期初總資產 + 期末總資產}{2}$$

$$總資產淨利率 = \frac{淨利潤}{平均資產總額} \times 100\%$$

總資產報酬率反應了企業資產的綜合利用水準，該比率越高，表明資產的利用效率越高；反之，則表明資產的利用效率越低。

【例8-18】根據表8-2和表8-3獲取的有關數據。A公司20×6年初資產總額為7,140,000元，年末資產總額為12,204,900元，20×6年度的淨利潤為1,203,805元。則該公司20×6年的總資產淨利率為：

$$20×6 \text{ 年的總資產淨利率} = \frac{1,203,805}{(7,140,000+12,204,900)/2} \times 100\% \approx 12.45\%$$

5. 淨資產收益率

淨資產收益率又稱為股東權益淨利率，是企業淨利潤與企業淨資產的比率。其計算公式為：

$$淨資產收益率 = \frac{淨利潤}{平均淨資產} \times 100\%$$

$$平均淨資產 = \frac{期初所有者權益 + 期末所有者權益}{2}$$

淨資產收益率是能夠概括衡量企業綜合經營業績的指標，是杜邦分析體系的起始指標（詳見下文杜邦分析體系）。該指標越高，表明企業自有資本獲取收益的能力越強，營運效率越好，對企業投資人權益的保障程度越高。

【例8-19】根據表8-2和表8-3獲取的有關數據。A公司20×5年年初所有者權益為4,190,000元，年末所有者權益為6,389,405元，20×6年度的淨利潤為1,203,805元。則該公司20×6年的淨資產收益率為：

$$20×6 \text{ 年的淨資產收益率} = \frac{1,203,805}{(4,190,000+6,389,405)/2} \times 100\% \approx 22.76\%$$

8.5.4 市場價值分析

企業的價值應在市場上得到體現。在信息披露充分的情況下，市場表現是對一個

企業最權威的評價。企業市場價值的分析指標主要有每股收益、每股股利、股利支付率、每股淨資產和市盈率等。

1. 每股收益

每股收益又稱每股盈餘或每股利潤，是指普通股的每股淨利潤。其計算公式為：

$$每股收益 = \frac{淨利潤 - 優先股股利}{流通股股數}$$

每股收益是評價上市公司獲利能力的一個非常重要的指標，每股收益越高，企業獲利能力越強，每股所得利潤越多。同時，每股收益還是確定企業股票價格的主要參考指標，甚至將其視為企業管理水準、盈利能力的「顯示器」，進而為影響企業股票市場價格的重要因素。

【例8-20】根據表8-2和表8-3中獲取的有關數據。A公司20×6年度淨利如為1,203,805元，假設A公司普通股平均為600,000股，未發行優先股。則該公司20×6年的每股收益為：

$$每股收益 = \frac{1,203,805}{600,000} \approx 2.01(元)$$

2. 每股股利

每股股利是股利總額與流通在外的普通股股數的比值。其計算公式為：

$$每股股利 = \frac{股利總額}{流通股股數}$$

每股股利也是衡量股份有限公司獲利能力的指標，該指標越高，表明股本獲利能力越強，對投資者越有吸引力，企業的財務形象越好。

【例8-21】根據表8-2和表8-3中獲取的有關數據。假定A公司20×6年擬發放現金股利720,000元，則該公司普通股每股股利為：

$$每股股利 = \frac{720,000}{600,000} = 1.2(元)$$

3. 股利支付率

股利支付率又稱股利發放率，是指普通股每股股利與每股利潤的比率。它表明股份有限公司的淨利潤中有多少用於股利的分配。其計算公式為：

$$股利支付率 = \frac{每股股利}{每股利潤} \times 100\%$$

該比率反應了企業的股利政策，該比率越高，表明企業支付給股東的利潤越多，而股東留在企業的權益將會減少。股利發放率的高低取決於公司的股利政策，沒有一個具體的標準來判斷股利支付率多大為最佳。

【例8-22】根據表8-2和表8-3中獲取的有關數據。假設A公司20×6年分配的每股股利為1.2元，每股利潤為2.01元，則該公司的股利支付率為：

$$股利支付率 = \frac{1.2}{2.01} \times 100\% \approx 59.7\%$$

4. 每股淨資產

每股淨資產又稱每股帳面價值或每股權益，是普通股權益與流通在外的普通股股數的比值。其計算公式為：

$$每股淨資產 = \frac{期末股東權益}{期末普通股股數}$$

每股淨資產是決定股票市場價格的重要因素。該指標的高低，可說明企業股票投資價值和發展潛力的大小，間接地表明企業獲利能力的高低。其中，指標中的「股」指普通股，「期末股東權益」是指扣除期末優先股權益後的餘額。

【例8-23】根據表8-3獲取的有關數據。A公司20×6年年末股東權益總額為6,389,405元，則該公司20×6年的每股淨資產為：

$$每股淨資產 = \frac{6,389,405}{600,000} \approx 10.65(元)$$

5. 市盈率

市盈率，又稱P/E或PER，是指一只股票每股市價與每股收益的比率。其計算公式為：

$$市盈率 = \frac{普通股每股市價}{每股收益}$$

該比率是反應股票投資價值的一個重要的參考指標，它反應投資人對每一元淨利潤所願支付的價格。市盈率越高，表明市場對公司的發展前景越看好，但市盈率過高，也意味著該股票有較高的投資風險。在每股市價確定的情況下，每股收益越高，市盈率越低，投資風險越小；在每股收益確定的情況下，每股市價越高，市盈率越高，投資風險越大。一般認為市盈率越低，代表投資者能夠以相對較低價格購入股票；過高則代表該股票的價值被高估，泡沫比較大。

關於市盈率的高低，世界各國股市並沒有統一的標準。一般來說，在發展中國家，由於經濟增長前景好，市盈率相對較高，一般為20～30倍；在發達國家，股市較為成熟，市盈率相對較低，一般為10～20倍。

需注意的是，不同行業的市盈率有所不同。比如銀行、地產、鋼鐵業等傳統行業的市盈率普遍較低，主要是由於受到了國家調控，未來成長的空間比較有限。而像互聯網、新能源、高新科技等行業，未來前景大都被大家所看好，眾人紛紛出高價買入，所以市盈率一般較高。因此，判斷股票市盈率時，就需要拿同行業股票進行對比才有意義，不宜用市盈率指標進行不同行業公司間的比較。新興產業、成熟產業和夕陽產業的市盈率不具可比性。

【例8-24】根據表8-3中獲取的有關數據。假定A公司的股票市場價格為32.16元，該股票每股收益為2.01元。則該公司的市盈率為：

$$市盈率 = \frac{32.16}{2.01} = 16$$

8.6 財務綜合分析

一項財務比率通常只能反應和評價企業某一方面的財務狀況，如償債能力、營運能力和盈利能力等，所以，單獨分析任何一項財務比率指標，都難以全面地對企業的財務狀況和經營成果做出評價。要想對企業的財務狀況和經營成果有一個總的評價，就必須對企業的財務狀況進行綜合性的分析與評價。綜合分析的方法主要有杜邦財務分析法、財務比率綜合評分法和經濟增加值法（EVA）。

8.6.1 杜邦財務分析法

在企業的經濟活動中，各種財務比率之間存在著密切的關係，只有把這些比率的內在聯繫反應出來，進行綜合分析，才能瞭解企業財務狀況的全貌，進而全面系統地評價企業的財務狀況。杜邦財務分析體系就是利用各項主要的財務比率之間的關係，採用綜合分析企業財務狀況的一種有效方法。杜邦財務分析體系也稱為杜邦財務分析法，是指根據各主要財務比率指標之間的內在聯繫，建立財務分析指標體系，綜合分析企業財務狀況的方法。該指標體系是美國杜邦公司創造出來的，所以稱為杜邦財務分析體系。

淨資產收益率是個綜合性最強的財務比率，是杜邦財務分析體系的核心，它既反應了所有者投入資金的獲利能力，也反應了企業籌資、投資、資產營運等活動的效率。該指標的高低取決於總資產淨利率和權益乘數的高低。杜邦財務分析體系的基本結構可以用圖 8-1 加以說明。

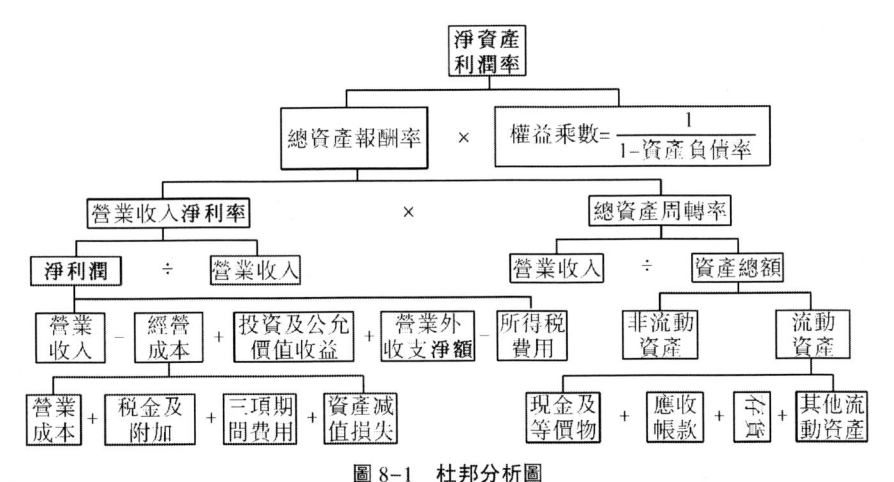

圖 8-1 杜邦分析圖

圖 8-1 杜邦財務圖以淨資產收益率為核心，即

淨資產收益率 = 銷售淨利率 × 總資產週轉率 × 權益乘數

上式具體反應了以下幾個財務比率指標的關係。

(1) 淨資產收益率與總資產收益率和權益乘數的關係，用公式表示為：

$$淨資產收益率 = \frac{淨利潤}{平均淨資產} \times 100$$

$$= \frac{淨利潤}{平均資產總額} \times \frac{平均資產總額}{平均淨資產} \times 100\%$$

$$= 資產淨利率 \times 權益乘數$$

(2) 總資產收益率同銷售淨利率和總資產週轉率的關係，用公式表示為：

$$資產淨利率 = \frac{淨利潤}{平均資產總額} \times 100\%$$

$$= \frac{淨利潤}{銷售收入} \times \frac{銷售收入}{平均資產總額} \times 100\%$$

$$= 銷售淨利率 \times 總資產週轉率$$

(3) 權益乘數同資產負債率的關係，用公式表示為：

$$權益乘數 = \frac{資產總額}{淨資產}$$

$$= \frac{資產總額}{資產總額 - 負債總額}$$

$$= \frac{1}{1 - \dfrac{負債總額}{資產總額}}$$

$$= \frac{1}{1 - 資產負債率}$$

從以上關係式中可以看出，決定淨資產收益率高低的因素有三個方面：銷售淨利率、總資產週轉率和權益乘數。分解之後，可以把淨資產收益率這樣一項綜合性指標發生增減變化的原因具體化，比只用一項綜合性指標更能說明問題。

淨資產收益率的高低首先取決於總資產收益率，而總資產收益率又受銷售淨利率和總資產週轉率兩個指標的影響，銷售淨利率越高，總資產收益率越高；總資產週轉率越高，總資產收益率越高；而總資產收益率越高，則淨資產收益率越高。

銷售淨利率實際上反應了企業淨利潤與銷售收入的關係。要提高銷售淨利潤，必須從兩個方面進行：一方面提高銷售收入，另一方面降低各種成本費用。

總資產週轉率是反應運用資產獲取銷售收入的能力的指標。對總資產週轉率進行分析，則須對影響資金週轉的各因素進行分析，除了要對資產結構是否合理進行分析外，還可以通過對流動資產週轉率、存貨週轉率、應收帳款週轉率等有關各資產組成部分的使用效率指標進行分析，來判別影響資產週轉速度的主要問題是出在哪裡。

權益乘數反應企業所有者權益與總資產的關係，它對淨資產收益率具有倍率影響，該指標主要受資產負債率的影響，負債比率越大，權益乘數就越高，說明企業的負債程度較高，給企業帶來了較多的財務槓桿利益，同時也給企業帶來了較大的風險。

在杜邦財務分析體系中，淨資產收益率分解為兩因素乘積和三因素乘積，可以和因素分析法結合起來使用。例如，可用因素分析法分別分析總資產週轉率、權益乘數

對淨資產收益率產生影響的程度。總淨資產收益率是一個綜合性極強的指標。它變動的原因涉及企業生產經營活動的方方面面，與企業的資本結構、銷售規模、成本費用水準、資產的合理配置和利用密切相關。這些因素構成了一個系統。只有協調好系統內各因素的關係，使淨資產收益率達到最大，才能實現企業價值最大化的理財目標。

8.6.2 財務比率綜合評分法

財務比率綜合評分法最早是在 20 世紀初由亞歷山大·沃爾提出來的，所以也稱為沃爾評分法。沃爾評分法是選定企業若干重要的財務比率，然後根據財務比率的不同重要程度計算相應的分數，進而對企業財務狀況進行分析的一種方法。該種方去將流動比率、產權比率、固定資產比率、存貨週轉率、應收帳款週轉率、固定資產週轉率、自有資金週轉率七項財務比率用線性關係結合起來，分別給定各自的分數權重，然後將實際比率與標準比率進行比較。據以確定各項指標的得分和全體指標的合計分數，從而對企業的信用水準做出評價。

運用沃爾評分法進行財務狀況分析，具體包括以下幾個步驟：

第一步，選定財務比率指標。選擇評價企業財務狀況的財務比率指標時，一般應選能夠代表企業財務狀況的重要指標，由於企業的盈利能力、償債能力和營運能力等指標可以概括企業的基本財務狀況，所以可從中分別選擇若干具有代表性的重要比率。

第二步，確定財務比率指標的重要性權數。根據各項財務比率指標的重要程度，確定其重要性權數。各項比率指標的重要程度的判定，一般可根據企業的經營狀況、管理要求以及企業所有者、經營者和債權人的意向綜合確定，但其重要性系數之和等於 100。

第三步，確定各項財務比率指標的標準值。各財務比率指標的標準值是指各項財務比率指標在本企業現實條件下最理想的數值，但也應考慮到各種實際情況，以及可預見的損失，否則標準過高難以實現，會挫傷企業全體員工的積極性。通常，財務比率指標的標準值可以根據本行業的平均水準，經過適當調整確定。

第四步，計算企業一定時期內各項財務比率指標的實際值。

第五步，計算各財務比率指標的實際值與標準值的比率，即關係比率。其計算公式為：

$$關係比率 = \frac{實際值}{標準值}$$

第六步，計算各項財務比率指標的得分並進行加總。其計算公式為：

$$比率指標得分 = 重要性系數 \times 關係比率$$

各項財務比率指標綜合得分若超過 100，說明企業財務狀況良好；若綜合得分為 100 或接近 100，說明企業財務狀況基本良好；若綜合得分與 100 有較大差距，則說明企業財務狀況較差，有待進一步改善，企業應查明原因，並積極採取措施加以改善。

需要指出的是，評分時，需要規定各種財務比率指標評分值的上限和下限，即最高評分值和最低評分值，以免個別指標出現異常，給總評分造成不合理的影響。上限一般定為正常評分值的 1.5 倍，下限一般定為正常評分值的 0.5 倍。

8.6.3 經濟增加值法

8.6.3.1 經濟增加值的含義

經濟增加值（Economic Value Added，EVA）是由美國施特恩·試圖爾特諮詢公司於1991年首創的度量企業業績的指標。EVA是指企業淨經營利潤減去所有資本（權益資本和債權資本）機會成本後的差額。其核心思想是，企業獲得的收入只有在完全補償了經營的全部成本費用，以及補償了投資者投入的全部資本後才能為企業創造價值，為股東創造財富。EVA反應了信息時代財務業績衡量的新要求，是一種可以廣泛用於企業內部和外部的業績評價指標。EVA的計算公式如下：

$$EVA = NOPAT - K_W \times TC \quad (1)$$
$$= (ROTC - K_W) \times TC \quad (2)$$
$$= NOPAT = AP + K_D + DC \times (1 - T)$$
$$K_W = K_D \times (1 - T) \times \frac{DC}{TC} + K_E \times \frac{EC}{TC}$$
$$TC = EC + DC$$

式中，NOPAT表示稅後淨營業利潤，K_W是加權平均資本成本，TC表示投入資本總額，ROTC是投資資本收益率，AP為經過會計調整後的稅後淨利潤，K_D是債務資本成本，K_E是股權資本成本，DC是債務資本，EC是股權資本。

如果EVA大於0，表示公司獲得的收益高於獲得此項收益而投入的資本成本，即公司為股東創造了價值；若EVA小於0，則表明股東的財富在減少；若EVA等於0，說明企業創造的收益僅能滿足投資者預期獲得的收益，即資本成本本身。因此，EVA不僅對債務資本計算成本，而且對權益資本也計算成本，它不同於當前使用的會計指標，實際反應的是企業一定時期內的經濟利潤，是企業財富真正增長之所在。

該指標由於考慮了資本投入的成本問題，得到了國務院國有資產管理委員會和中國證券監督管理委員會的高度認可，並在央企和上市公司廣泛作為績效評價的重要指標。

8.6.3.2 經濟增加值的計算

由上述公式可知，經濟增加值的計算結果取決於三個基本變量：稅後淨營業利潤、資本總額和加權平均資本成本。

1. 稅後淨營業利潤的確定

稅後淨營業利潤等於稅後淨利潤加上利息支出部分（如果稅後淨利潤的計算中已扣除少數股東權益，則應加回），即公司的銷售收入減去除利息外的全部經營成本和費用（包括所得稅費用後）的淨值。

稅後淨營業利潤是以報告期營業利潤為基礎，經過下述調整得到的：

(1) 加上壞帳準備的增加。
(2) 加上商譽的攤銷。
(3) 加上淨資本化研究開發費用的增加。
(4) 加上其他營業收入（包括投資收益）。

2. 資本總額的確定

資本總額是指所有投資者投入公司的全部資本的帳面價值，包括債務資本和股本資本。其中債務資本是指債權人提供的短期、長期貸款，不包括應付帳款、應付票據、其他應付款等商業信用。股本資本不僅包括普通股，還包括少數股東權益。在實務中既可以採用年末的資本總額，也可以採用年初與年末資本總額的平均值。

特別需要提及的是，利息支出是計算經濟增加值的一個重要參數，但是中國上市公司的利潤表中僅披露財務費用項目。根據中國的會計制度，財務費用中除利息支出外還包括利息收入、匯兌損益等項目，因此不能將財務費用簡單等同於利息支出，但是利息支出可以從上市公司的現金流量表中獲得。

3. 加權平均資本成本的確定

加權平均資本成本（WACC）是指債務的單位成本和權益的單位成本按債務和權益在資本結構中各自所占的權重計算而得的平均單位成本。其計算公式如下：

$$WACC = \frac{債務總額}{資本總市值} \times 債務資本成本 \times (1 - 所得稅稅率) + \frac{權益總額}{資本總市值} \times 權益資本成本$$

【例 8-25】為了更好地說明經濟增加值觀念，以 ABC 股份有限公司為例，根據其 20×7 年度財務數據調整後計算其經濟增加值，如表 8-5 所示。

表 8-5　　　　ABC 股份有限公司 20×7 年度經濟增加值計算表　　　金額單位：億元

序號	項目	數值
1	會計調整後的稅後淨利潤	1.2
2	稅後財務費用	1.5
3	調整後的稅後淨營業利潤（=1+2）	2.7
4	調整後的投入資本平均數	42
5	綜合資本成本率	8%
6	資本成本（=4×5）	3.36
7	經濟增加值（=3-6）	-0.66

根據經濟增加值觀念，儘管 ABC 股份有限公司 20×7 年帳面上顯示出巨額利潤，然而，該公司並沒有為股東創造財富，而是在毀滅股東財富。

根據例 8-25，我們更容易理解企業創造經濟增加值的途徑。只有企業的投入資本收益率超過綜合資本成本率，即資本效率為正，企業才真正為投資者創造價值。

【例 8-26】仍以 ABC 股份有限公司 20×7 年數據為例，計算其經濟增加值，如表 8-6 所示。

表 8-6　　　　ABC 股份有限公司 20×7 年度經濟增加值計算表　　　金額單位：億元

序號	項目	數值
1	會計調整後的稅後淨利潤	1.2
2	稅後財務費用	1.5
3	調整後的稅後淨營業利潤（＝1+2）	2.7
4	調整後的投入資本平均數	42
5	投入資本收益率（3÷4）	6.43%
6	綜合資本成本率	8%
7	資本效率（5-6）	-1.57%
8	經濟增加值（7×4）	-0.66

表 8-6 說明 ABC 股份有限公司 20×7 年度經濟增加值之所以為負值，是因為其投入資本收益率（6.43%）低於綜合成本率（8%）。

8.6.3.3　報表項目的調整

傳統的會計利潤不能反應企業真實的經濟狀況，可能使管理者並未正確地關注企業的長期經營。通過對穩健會計原則的調整而計算出的 EVA，不僅能真實反應企業的經營狀況，而且還能防止盈餘管理的發生。

目前，美國專門從事 EVA 管理諮詢的施特恩·試圖爾特諮詢公司列出的會計調整項目已經多達 160 多項。但是，從國內外企業應用 EVA 管理的實例來看，過多地關注會計項目的調整不僅成本巨大，而且缺乏實際操作性，制約了 EVA 在中國的廣泛實施。為便於將 EVA 績效評估標準盡快在中國實行，提高可操作性，企業可構建一種簡易但不失真的修正 EVA 指標，將調整內容精簡為以下項目：

（1）財務費用。主要包括利息支出和匯總損益。其中，利息支出屬於資本成本的組成部分，應首先從稅後淨營業利潤中扣除，計算 EVA 指標時再統一計入資本成本，否則就造成資本成本的重複計算。匯兌損益屬於企業不可控制的宏觀經濟因素形成的正常經營以外的損益或收益，不將其刪除會影響企業 EVA 業績的公正性。

（2）為了資本化研發費用。在 EVA 體系中，研究開發費用是公司的一項長期投資，有利於公司在未來提高勞動生產率和市場份額。因此，在計算 EVA 時應將所有此類費用從當前利潤中剔除，並考慮當期及以前年度的累計金額對投入資本的影響。

（3）營業外收支。用於計算 EVA 的稅後淨營業利潤衡量的是企業的營業利潤，因此，在計算 EVA 時應將所有營業外的與營業無關的收支及非經常性發生的收支從當前利潤中予以剔除，一般不應該考慮營業外收支項目及累計數對投入資本總額的影響。

（4）各項準備金。根據《企業會計準則》穩健性原則的要求，公司要為可能發生的損失預先提取準備金，使企業的不良資產得以適時披露，以避免公眾高估公司利潤而進行不當投資。對於投資者來說，這種財務處理和信息披露是非常必要的，但對企業管理者而言，這些準備金並不是企業當前資產的實際減少，準備金餘額的變化也不是當前費用的現金支出。因此，在計算 EVA 時應將所有計提的減值準備從當前利潤中

剔除，並考慮當期減值準備及其累計金額對投入資本的影響。

（5）公允價值變動損益。公允價值變動損益既不是企業當期損益的現金收支，也不是經營管理者的控制，並且不是企業當期資產的實際增減。因此，在計算 EVA 時也應該將所有公允價值變動損益從當期利潤中剔除，並考慮當期公允價值變動收益及其累計金額對投入資本的影響。

（6）在建工程。企業的在建工程在轉為固定資產之前是不產生收益的，因此，計算 EVA 價值時應將在建工程從企業資本總額中減除。當在建工程轉為固定資產開始產生稅後淨營業利潤時，再考慮投資項目的投入資本及資金成本。這種處理方法拓展了經營管理者的視野，鼓勵其考慮那些長期的投資機會，以提高企業的可持續發展能力。

（7）無息流動負債。企業的無息流動負債是一般指除短期借款和一年內到期長期負債以外的其他流動負債，包括預收及應付帳款、應付職工薪酬、應交稅費、其他應付款等。這些負債不負擔資本占用成本，在計算 EVA 時應從資本總額中減除。

（8）商譽。中國原《會計制度》和《企業會計準則》中規定，商譽作為無形資產列示在資產負債表上，在一定時期內攤銷。中國新頒布的《企業會計準則》規定，初始確認後的商譽應當以其成本扣除累計減值準備後的金額計量，持有期間不要求攤銷。因此，對於執行原準則的企業來說，計算 EVA 價值時應對商譽的當期及累計攤銷金額予以調整，執行新準則的企業不做調整。

（9）遞延稅項。由於遞延所得稅項目的存在，企業會計報表上的所得稅費用與實際所得稅負擔不一致，在計算 EVA 價值時應予調整，調整的具體方法是將遞延稅項的貸方餘額加入資本總額中，如果是借方餘額則從資本總額中扣除，同時，將當期遞延稅項的變化加回到稅後營業利潤中。

（10）簡化調整項目後，修正 EVA 公式為：

修正 EVA＝修正 NOPAT－修正 EVA 資金占用×調整後加權資本成本率

修正 NOPAT＝稅後淨利潤＋財務費用＋未予以資本化研發費用＋營業外支出－營業外收入＋計提的各項減值準備之和±公允價值變動損益（損失為加，收益則減）＋商業攤銷＋遞延所得稅負債增加額－遞延所得稅資產增加額

修正 EVA 資本占用＝資產總額－在建工程＋各項減值準備餘額之和＋商譽累計攤銷＋遞延所得稅負債餘額－遞延所得稅資產餘額＋未予以資本化研發費用累計額±公允價值變動損益累計影響額－無息流動負債

修正後的 EVA 簡化了對傳統會計所需要做的調整，大大減少了繁瑣的調整程序，使得其適合中國上市公司的具體情況，便於操作。而且盡可能真實地反應上市公司的投資價值以及資本成本，能夠讓管理者意識到股權融資並非免費午餐，對內部人的經營、管理、融資和投資行為能形成更好的約束，讓全體管理者逐漸形成所有投入資本都是有成本的決策意識。

8.6.3.4 經濟增加值的優勢

經濟增加值觀念的流行標志是財務分析的立足點已經逐步從利潤觀念轉向價值觀念。經濟增加值強調企業資本成本，糾正了會計學將權益資本視為「免費午餐」的觀

念，把會計帳目價值轉化為經濟價值，在一定程度上彌補了財務報表的內在缺陷。與傳統的財務業績評價標準相比，經濟增加值有以下優勢：

（1）考慮了「全要素成本」。企業的資本來源包括債務資本和權益資本，現行財務會計對債務資本成本與權益資本成本區別對待，前者儘管可能資本化處理但最終都作為財務費用處理，後者卻作為股利支付或利潤分配處理。這種會計處理使得企業可以通過調整資本結構人為地「創造」利潤。實際上，權益資本成本是一種機會成本，即使企業帳面上出現巨額利潤，也有可能虧本經營。由於經濟增加值在數量上就是企業所得收益扣除全部要素成本後的剩餘價值，它考慮了要素成本，將機會成本與實際成本和諧地統一起來。因此，經濟增加值觀念是一種「全要素成本」觀念。

（2）有利於樹立價值管理理念。以稅後利潤核算為中心的效益指標由於沒有完整核算企業的資本成本，容易導致管理行為異化，追求短期利潤，如不計成本擴大股權融資規模，盲目籌資，盲目投資，以擴大股本投資方式去追求目標利潤，但企業實際上資金使用效益低下，最後以較低的經營利潤形式，掩蓋實質上的經營虧損。以 EVA 為考核指標時，國有企業的經營者就不會一味追求資產的規模和無限制的投入；上市公司的經營者也不會一味通過增發股票圈錢。因為企業管理人員明白增加價值只有三條基本途徑：一是通過更有效地經營現有的業務和資本，同時考慮庫存、應收帳款和所使用資產的成本；二是投資那些回報超過資金成本的項目；三是通過出售對別人更有價值的資產或通過提高資本運用效率。比如加快流動資產的運轉，加速資本回流，從而釋放資本沉澱，如新產品的研製與開發、人力資源的開發等，有利於管理者樹立價值管理理念。

（3）經濟增加值有利於協調經營者與所有者利益。EVA 是一種衡量經營者業績的好方法。採用 EVA 指標評價，由於經營者的獎勵是為所有者創造增量價值的一部分，這樣經營者的利益便與所有者的利益相掛勾。可以鼓勵經營者採取符合企業價值最大化的行動，並在很大程度上緩解因委託-代理關係而產生的道德風險和逆向選擇，最終降低管理成本。對於經營者而言，所有者採用 EVA 為基礎的紅利激勵計劃，經營者必須在提高 EVA 的壓力下想盡辦法提高資本營運管理的能力。同時，EVA 使經營者認識到企業的所有資源都是有代價的，經營者必須更有效地使用留存收益，提高融資效率。所以說，以 EVA 為績效指標的激勵制度，其目的就是使經營者像所有者一樣思考，使所有者和經營者的利益取向盡可能趨於一致。

本章小結

財務分析是以財務報表等資料為依據，運用一定的分析方法和技術，對企業的經營和財務狀況進行分析，評價企業以往的經營業績，衡量企業現在的財務狀況，預測企業未來的發展趨勢，為企業正確的經營和財務決策提供依據的過程。

財務分析的主體分為內部主體（指企業管理當局及相關人員）和外部主體（與企業有關利害關係的企業外部的個人或組織）。

財務分析的方法主要有比率分析法、比較分析法、因素分析法、趨勢分析法及圖

表分析法等。

　　財務分析使用的數據大部分來源於企業公開發布的財務報表，由於各種因素的限制，企業財務報表、財務分析指標和財務分析方法存在一定的局限性，從而對財務報表分析產生不利影響，財務分析的結果並非絕對準確，財務報表分析存在一定的局限性。

　　財務分析常用的財務比率有企業償債能力的比率，資產管理效率的比率，評價企業盈利的比率及上市公司分析股票價格和股利分配等方面的比率。償債能力的比率又分為短期償債能力比率和長期償債能力比率，短期償債能力比率包括流動比率、速動比率、現金比率；長期償債能力比率包括資產負債率、產權比率、利息保障倍數等；資產管理效率的比率包括營業週期、存貨週轉率、應收帳款週轉率、資產週轉率等；盈利能力比率包括淨資產收益率、總資產報酬率、銷售淨利率等；上市公司的財務比率包括每股收益、市盈率、每股帳面價值、市淨率等。

　　財務狀況綜合分析的方法主要有杜邦分析體系、沃爾評分法和經濟增加值法（EVA）。杜邦財務分析體系是利用各種財務比率指標之間的內在聯繫構建的一種綜合指標體系，淨資產收益率是杜邦財務分析體系的核心，是一個綜合性最強的指標；經濟增加值法（EVA）最大的特色就是考慮了投入資本的成本問題，這是一種在央企和上市公司著力推廣的績效評價方法，也可以作為一種先進的績效評價理念在企業進行決策時作為參考。

本章練習題

一、單項選擇題

1. 主要作用在於揭示絕對數據客觀存在的差距的財務報表分析方法是（　　）。
   A. 比較分析法　　　　　　　　B. 比率分析法
   C. 趨勢分析法　　　　　　　　D. 因素分析法
2. 在市場經濟體制健全的條件下，評價企業財務狀況的首選指標是（　　）。
   A. 營運能力　　　　　　　　　B. 盈利能力
   C. 短期償債能力　　　　　　　D. 長期償債能力
3. 下列選項中，用來反應企業短期償債能力的財務比率指標計算涉及兩張報表的有關項目是（　　）。
   A. 流動比率　　　　　　　　　B. 速動比率
   C. 現金比率　　　　　　　　　D. 流動負債比率
4. 利用利潤表計算評價企業長期償債能力的指標是（　　）。
   A. 資產負債率　　　　　　　　B. 產權比率
   C. 有形淨值債務率　　　　　　D. 利息保障倍數
5. 產權比率與資產負債率的關係可以表示為（　　）。
   A. 產權比率=資產負債率/（1+資產負債率）
   B. 產權比率=資產負債率/（1-資產負債率）

C. 產權比率=1/（1-資產負債率）

D. 產權比率=1/（1+資產負債率）

6. 某公司20×6年的銷售成本為31,500萬元，存貨年末數為1,800萬元，年初數為1,600萬元，則其存貨週轉次數為（　　）次。

　　A. 10　　　　　　　　　　　B. 15
　　C. 18.5　　　　　　　　　　D. 20

7. 下列選項中，不屬於評價企業盈利能力的指標是（　　）。

　　A. 總資產收益率　　　　　　B. 總資產週轉率
　　C. 銷售毛利率　　　　　　　D. 淨資產收益率

8. 用來衡量企業運用投資者投入資本獲得收益能力的指標是（　　）。

　　A. 銷售淨利率　　　　　　　B. 市盈率
　　D. 總資產收益率　　　　　　C. 淨資產收益率

9. 從理論上講，市盈率越高的股票投資風險（　　）。

　　A. 越大　　　　　　　　　　B. 越小
　　C. 不變　　　　　　　　　　D. 兩者無關

10. 下列財務比率指標的計算，涉及兩個不同的會計報表項目的有（　　）。

　　A. 利息保障倍數　　　　　　B. 存貨週轉率
　　C. 產權比率　　　　　　　　D. 總資產收益率

二、多項選擇題

1. 下列各項指標中，可用於分析企業長期償債能力的有（　　）。

　　A. 產權比率　　　　　　　　C. 資產負債率
　　B. 流動比率　　　　　　　　D. 速動速率

2. 下列選項中，關於每股淨資產的說法正確的是（　　）。

　　A. 它是決定股票市場價格的重要因素
　　B. 該指標越高，說明企業股票投資價值越高
　　C. 該指標越高，說明企業發展潛力越大
　　D. 該指標間接地表明企業獲利能力的大小

3. 下列選項中，關於權益乘數說法正確的是（　　）。

　　A. 它反應企業所有者權益與總資產的關係
　　B. 它對淨資產收益率具有倍數影響
　　C. 資產負債率越大，權益乘數就越高
　　D. 資產負債率越大，權益乘數就越低

4. 影響淨資產收益率的因素有（　　）。

　　A. 流動負債與長期負債的比率　　B. 資產負債率
　　C. 銷售淨利率　　　　　　　　　D. 總資產週轉率

5. 下列各項中，影回應收帳款週轉率指標的有（　　）。

　　A. 應收票據　　　　　　　　B. 應收帳款
　　C. 預付帳款　　　　　　　　D. 銷售折扣與折讓

6. 下列各項中，屬於因素分析法的有（　　）。
   A. 現金流量法　　　　　　　　B. 連環替代法
   C. 差額分析法　　　　　　　　D. 構成比率法
7. 下列選項中關於杜邦分析法公式，不正確的有（　　）。
   A. 總資產淨利率＝銷售淨利率×總資產週轉率
   B. 淨資產收益率＝銷售毛利率×總資產週轉率×權益乘數
   C. 淨資金收益率＝資產淨利率×權益乘數
   D. 權益乘數＝資產/股東權益＝1/（1+資產負債率）
8. 反應債務分析狀況的財務指標有（　　）。
   A. 已獲利息倍數　　　　　　　B. 流動比率
   C. 速動比率　　　　　　　　　D. 資產負債率
9. 杜邦分析法可以分析企業的（　　）。
   A. 競爭戰略　　　　　　　　　B. 產品的生命週期
   C. 企業的競爭能力　　　　　　D. 銷售市場
10. 資產負債率屬於（　　）。
    A. 構成比率　　　　　　　　　B. 效率比率
    C. 結構比率　　　　　　　　　D. 相關比率

三、判斷題

1. 盈利能力就是運用其所支配的經濟資源開展經營活動，使企業資金增值的能力。（　　）
2. 應收帳款的週轉速度與企業採取的信用政策密切相關。（　　）
3. 有形淨值債務率是更為謹慎、保守地反應在企業清算時債權人投入資本受股東權益的保障程度。（　　）
4. 產權比率反應企業資產對債權人權益的保障程度。（　　）
5. 速動比率，又稱鹼性測試比率，是指企業速動資產與流動負債的比率。（　　）
6. 一般情況下，流動比率越高，反應企業的短期償債能力越強，債權人的權益越有保障。（　　）
7. 短期償債能力是指企業以流動資金支付負債的能力，又稱支付能力。（　　）
8. 財務比率是財務報表分析的基本工具。（　　）
9. 某企業資產負債率為40%，資產總額為2,000萬元，則其產權比率為1.5。（　　）
10. 因素分析法是依據財務分析指標與其影響因素的關係，從數量上確定各因素對分析指標影響方向和影響程度的一種方法，也稱為比較分析法。（　　）

四、計算題

1. A公司20×6年年度銷售收入淨額為2,000萬元，銷售成本為1,600萬元；年初、年末應收帳款餘額分別為200萬元和400萬元；年初、年末存貨餘額分別為260萬

元和 600 萬元；年末速動比率為 1.2，年末現金比率為 0.7，假定該企業流動資產由速動資產和存貨組成，速動資產由應收帳款和現金類資產組成，1 年按 360 天計算。

要求：

(1) 計算 20×6 年應收帳款週轉天數。

(2) 計算 20×6 年存貨週轉天數。

(3) 計算 20×6 年年末流動負債餘額和速動資產餘額。

(4) 計算 20×6 年年末流動比率。

2. 某企業 20×6 年的銷售收入為 3,500 萬元，資產總額年初為 680 萬元，年末為 720 萬元；負債總額年初為 300 萬元，年末為 360 萬元，所得稅為 165 萬元，利息支出為 50 萬元，已獲利息倍數為 11。

要求：根據以上資料，計算本期以下指標。

(1) 總資產週轉率。

(2) 資產淨利率。

(3) 資產負債率。

(4) 銷售淨利率。

(5) 產權比率。

3. 長江公司 20×6 年年初負債總額為 4,000 萬元，所有者權益是負數，該年的所有者權益增長率為 150%，年末資產負債率為 0.25，負債的平均率 10%，淨利潤為 1,005 萬元，適用的企業所得稅稅率為 25%。

要求：根據以上資料，計算長江公司的下列指標。

(1) 20×6 年年初的所有者權益總額。

(2) 20×6 年年初的資產負債率。

(3) 20×6 年年末的所有者權益總額和負債總額。

(4) 20×6 年年末的產權比率。

(5) 20×6 年的所有者權益平均餘額和負債平均餘額。

(6) 20×6 年的息稅前利潤。

(7) 20×6 年的淨資產收益率。

(8) 20×6 年的已獲利息倍數。

4. 某公司 20×7 年利潤表上的稅後淨利潤為 121 萬元，債務利息支出為 62 萬元，債務資本投入為 1,150 萬元，股權資本投入為 3,500 萬元，市場無風險報酬率為 4%，市場平均風險報酬率為 9.5%，該公司的 β 系數為 1.1，公司的所得稅稅率為 25%，如不考慮其他調整事項。

計算：

(1) 該公司的加權平均資本成本。

(2) 該公司的經濟增加值。

5. 甲公司 20×5 年和 20×6 年的有關資料如表 8-7 所示。

表 8-7　　　　　　　　　　　　甲公司有關資料　　　　　　　　　　單位：萬元

行次	項目	20×5 年	20×6 年
1	銷售收入	280	350
2	其中：賒銷收入	76	80
3	全部成本	235	288
4	其中：銷售成本	108	120
5	銷售費用	11	15
6	管理費用	87	98
7	財務費用	29	55
8	利潤總額	45	62
9	所得稅	15	21
10	稅後淨利	30	41
11	資產總額	128	198
12	其中：貨幣資金	21	39
13	應收帳款（平均）	8	14
14	存貨	40	67
15	固定資產	59	78
16	負債總額	55	88

要求：運用杜邦分析法對甲公司的淨資產收益率及其增加變動的原因進行分析。

9 財務行為與財務風險

本章提要

　　財務行為理論作為一個新興的領域,雖有近三十年的發展歷史,但少有作者在財務管理教材中提及。作為一名優秀的財務人員,單有豐富的專業技術知識,而缺乏文化理念,是沒有辦法將企業的財務帶到較高層面的,因此需要理論上的提升。風險,就是生產目的與勞動成果之間的不確定性。企業只要存在負債,就必然存在財務風險。風險中的財務風險則是包含有企業可能喪失償債能力的風險和股東收益的可變性。本章主要闡述:①財務行為的概念、特徵;②會計誠信的危害與治理途徑;③財務道德的職能;④財務文化的要素、內容和功能;⑤財務危機的識別與防範。

本章學習目標

　　(1) 理解財務行為的意義。
　　(2) 理解財務道德的內涵及特徵。
　　(3) 理解企業倫理文化的主要內容。
　　(4) 瞭解財務行業誠信的重要性。

9.1　財務行為

9.1.1　財務行為概述

9.1.1.1　行為

　　行為在《現代漢語辭典》中的解釋是:「受思想支配而表現在外面的活動。」著名行為學家庫爾特・盧因則將人類行為用公式定義為:$B = f(P, E)$。式中,B 代表行為,P 指個體,E 指環境。也就是說,人類行為是人及其所處環境的函數。或者說,人的行為是個體與環境相互作用的結果。

9.1.1.2　財務行為的概念

　　根據以上對「行為」一詞的解釋,在財務會計領域,財務行為是指財務行為主體在企業內外環境因素的影響刺激下,為實現財務目標所做出的能動的、現實的反應活動。財務行為不僅是受行為主體支配而表現在外的活動,也是行為主體受環境因素的

刺激而做出的各種決策或對策的反應，它是聯結財務行為主體和財務行為客體的紐帶。

財務行為包含行為主體、行為客體和行為環境三個基本要素。行為主體指具有財務行為能力和行為職責的，能在財務實踐活動中認識和改造財務行為實體的「財務人」，它不僅包括財務人員個體，還包括財務人員群體。財務行為客體是指財務行為作用的對象，即企業的財務活動，財務行為主體要成為財務實踐的主體，需要以財務行為客體的存在為前提條件，並且作用於財務行為客體。而財務行為客體如果要成為現實的客體，又必須進入財務行為主體認識和改造的領域。

隨著財務行為主體認識和改造能力的提高，財務行為客體的範圍和嘗試將不斷擴展。但財務行為主體這種主觀能動性的發揮不是隨意的，它要受到財務行為客體的制約，因為不同社會、不同歷史階段的財務行為客體雖具有一般性，但也有特殊性。正是由於財務行為主體與財務行為客體同時存在並相互制約、相互促進，才使得財務行為得以形成和發展。而財務行為在形成和發展過程中，始終要受到理財環境的影響和制約。任何財務行為都是在一定的理財環境下進行的，是對理財環境的一種能動反應。總之，財務行為中行為主體、行為客體和行為環境三個基本要素，是一個有機的整體，它們共同決定著財務行為的走向和規律。

9.1.1.3 財務行為的特徵

1. 目標驅動性

財務目標是財務行為的驅動力，是財務行為的出發點和歸宿點。財務目標對財務行為所產生的驅動作用的大小，取決於人們制定的財務目標的科學性和合理性。科學合理的目標必須能夠滿足企業管理的需要，具有激勵性，能通過財務人員的努力而實現。財務目標的驅動作用主要表現在兩個方面：一是導向作用。它能夠把不同財務人員的思想和行為導向統一方向，使他們為完成預定任務而共同努力工作。二是激勵作用。目標在未實現之前對人的行為來說是一種期望值，這種期望值會成為一種激勵因素，激勵財務人員同心協力，為實現財務目標而努力奮鬥。

2. 行為有效性

財務行為主體參與管理，實際上是從價值的角度對企業經濟行為進行規劃和控制。財務行為對經濟行為的作用主要表現在對經濟行為動機的激發和引導上。通過對人們行為動機的激勵，引導經濟行為向好的方向發展。合理的財務行為能強化經濟行為，對經濟行為產生積極的激勵作用，從而提高經濟行為的效率和效益。

3. 管理本源性

財務行為本質上是人的一種管理活動，財務管理的職能是通過財務人員從事的多種形式的管理活動實現的，如果離開了作為管理者之一的財務人員，離開了對企業資金運動的規劃與控制，企業經濟效益的提高將成為一句空話。任何管理活動都必須以人的管理為出發點和歸宿點。只有這樣，才能實施有效的管理。研究財務行為就是要通過加強對人的管理，促進企業行為的優化，保證企業向良好的方向發展。

4. 環境適應性

理財環境是一個多層次、多方位的複雜系統，它縱橫交錯，相互制約，對企業財

務行為有著重要的影響。財務行為只有適應環境的變化，合理地利用環境，才能實現預期目標，達到預期效果。特別在市場經濟條件下，理財環境具有構成複雜，變化快速等特點，財務人員更應該重視環境因素的分析和研究，根據環境的發展變化，及時調整理財策略與措施，優化財務行為，以增強對環境的適應能力、應變能力和利用能力。

9.1.1.4 財務行為的外延

從財務經濟活動的內容考察，財務活動主要包括融資、投資、營運、收益與分配幾個部分。相應地，財務行為也可劃分為融資行為、投資行為、營運行為和收益分配行為。

1. 財務行為與財務戰略

「戰略」一詞來源於軍事領域，其含義是對戰爭全局的長遠性、全局性的策劃和指導，是一種思維方式和決策過程。財務戰略是為了謀求企業的長遠發展，根據企業總體戰略要求和資金運動規律，在分析企業內外環境因素的變化趨勢及其對財務活動影響的基礎上，對企業資金流動所做的全局性、長遠性、系統性和決定性的謀劃。相對於財務行為而言，財務戰略更具系統性和全局性，和實際行為不同，它強調的是對未來發展的一種規劃。財務行為和財務戰略又是相互聯繫的。財務戰略作為一種規劃，其實施必須通過採用具體的財務行為；而有了財務戰略的總體指導，財務行為的實施也會更有效。兩者的實施又都和一定的理財環境緊密相連。

2. 財務行為與財務管理行為

兩者有著明顯的區別。財務管理是指對有關資金的籌集、投資、分配、使用等業務進行決策、計劃、組織、執行和控制等工作的總稱，即對財務活動的組織與財務關係的處理構成了財務管理活動。在財務管理活動中，對財務活動進行組織與對財務關係進行處理的行為就構成了財務管理行為，按財務管理的過程可細分為財務預測行為、財務決策行為、財務計劃行為、財務組織行為和財務控制行為等，這些財務管理行為都不應包括在財務行為之列。但財務行為與財務管理行為也具有一定的連續，因為財務管理工作的本質就是通過計劃、組織、領導、控制等具體管理行為來協調各主體的資金的籌集、投資、分配等財務行為，財務管理行為的目標最終應符合財務行為的目標。

9.1.1.5 誠信與忠實

近年來，上市公司不斷出的財務造假事件引發了對企業財務誠信與社會道德問題的廣泛爭論，也造成了企業誠信道德危機，同時給社會帶來了巨大的經濟損失。

企業財務誠信是社會道德狀況良好的具體體現，反之說明社會道德狀況存在問題。財務誠信的企業不會欺騙社會，不會謀取不正當財務利益。財務誠信企業的財務報告能保障利益相關者權益，企業財務誠信實現的社會共贏，使所有人的利益得到改善。而企業財務不誠信，往往帶來社會道德災難。

1. 會計誠信

「誠信」的源含義是誠實守信，由「誠」的「以行成言」之本含義和「信」的

「以言立身」之本源含義派生而來。但是誠信的詞源學含義並未完全覆蓋其倫理學語義，後者有三個層次，即指一個人有心意、言語和行動上對自身、對他人、對社會真誠無妄、信實無欺、信任無疑。子曰：「人而無信，不知其可也。」人生活在社會中，就要與他人和社會發生關係。處理這些關係必須遵從一定的規則，有章必循，有諾必實；否則，個人就會失去立身之本，社會就失去運行之規。換言之，道德誠信就是普遍的人類德性要求，是一切社會交往活動順利進行的基礎。

會計誠信，是會經濟關係發展到一定階段的產物，是傳統「誠信」理念的發展與延伸。它是指生產、提供會計信息的相關人員要在從事與會計信息有關的工作時，應誠實守信，運用合法、合理的技術和方法，保證會計信息的真實性和公允性。會計誠信要求會計人員力行誠實守信。會計人員要以誠待人，做老實人，說老實話，辦老實事；會計工作要實事求是，不弄虛作假，保證數據真實，不做假帳。對於一個企業來說，會計誠信則表達了企業會計對社會的一種基本承諾，即客觀公正、不偏不倚地把現實經濟活動反應出來，並忠實地為會計信息使用者們服務。

2. 會計誠信缺失的主要表現

各類企業普遍存在不同程度的造假現象。中國現行制度下，國有經濟占主要地位，財政部重點檢查的對象也是國有大中型企業和上市公司，國有企業經營的是國有資產，所涉領域通常都是能源、通信、金融、郵政等涉及公共利益和國家安全的領域。上市公司涉及公眾投資者，其影響範圍均非常廣泛，易引發社會問題。從檢查情況來看，國有企業需對上級負責，管理層的職務與經營業績密切相關；上市公司財務狀況公布在社會公眾視野之下，而上市公司通常還會有再融資需求，這些企業都有更大的財務造假的衝動。

2011年，中國兩大國有石油壟斷企業——中石油和中石化又站了風口浪尖。經審計查出中石油和中石化少計利潤28億元，這在油價、交通運輸和物流費用高漲的背景下，又一次吸引了人們的視線，又一次暴露出壟斷企業一方面大幅提高本系統人員的福利待遇和各種公務支出，另一方面大幅提高產品價格從民眾和其他行業身上獲利的不合理現象。而其隱藏利潤又為其向國家要求巨額補貼提供了條件。審計署審計還表明，2007—2010年，中國石油未按規定核算投資收益和管理費用、財務報表合併範圍不完整等，造成少計利潤14.48億元；中國石化天津分公司未及時確認代建100萬噸乙烯及配套項目的淨收益，導致2010年少計利潤14.40億元；除此之外，中鋼集團虛增銷售收入近20億元；寶鋼集團1999—2010年多計利潤16.15億元，其中僅僅2010年度寶鋼集團就多計利潤11億元；中核集團2009年多計利潤11.07億元，占當年利潤總額的19.48%；南方電網也虛增了9.1億元的利潤……中鋼集團虛增銷售收入近20億元，這些企業都存在資金挪用、虛增或瞞報收入及利潤、濫發獎金及福利和偷稅、漏稅等方面問題，這些問題無一不與會計方面的作假相關聯。面對如此龐大的數字，在分析人士看來，涉事的相關審計機構負有不可推卸的責任。

會計師事務所存在不認真履行審計職責的現象。財政部和審計署歷次對會計師事務所的檢查、審計中均查出會計師事務所存在各種問題。上文提到的中國石油等大型公司財務造假問題中，為其提供審計服務的不乏國際知名的會計師事務所。如中石油

的審計機構為普華永道、中石化的審計機構為安達信，這些知名會計師事務所每年向被審計單位收取 6,000 萬元以上的審計費用，建設銀行更是向審計單位普華永道支付上億元的審計費用。拿人錢財，與人消災，正是這種報酬支付機制，使這些審計機構選擇性失明，對於非常明顯的造假行為視而不見，違反誠信原則，出具不實會計報告。

審視中國證券市場發展的歷史，在證券市場上出現的規模巨大的財務造假的事件，無一不顯現出會計師事務所不遵守職業操守、不講誠信、喪失底線、為造假行為背書的影子。會計師事務所原本是企業之外的仲介機構，社會期望其對所審計的企業或單位的財務狀況出具客觀、公允的審計意見。但是有些會計師事務所披著中立的外衣，與造假單位同流合污，從而給信任其審計意見的利害關係人造成損失。

會計師事務所喪失職業操守，出具不實報告的現象不僅僅出現在國內，在監管機制健全的美國也同樣發生。著名的安然事件就是其中醒目的一例。安然公司曾經是美國的能源帝國，為其提供審計及其他會計諮詢服務的是安達信會計師事務所。安然公司 2000 年的營業收入為 1,000 億美元，2001 年業績突然變臉，預虧 6.18 億美元。由於安達信會計師事務所長期擔任其審計和諮詢單位，人們紛紛質疑會計師事務所未能發現安然公司的舞弊行為。安達信後來公開承認其銷毀了安然公司的相關資料，更加證實了人們的懷疑。安達信事務所被處以五年不得從事相關業務的處罰。

行政、事業單位也普遍存在會計造假情況。在 2009 年財政部對全國部分行政事業單位會計工作進行的檢查中發現，「部分行政事業單位收支未統一核算、預算編製不完整、挪用專項資金、帳外設帳等問題較突出。檢查共發現違規會計信息所涉金額達 582.26 億元，為國家挽回稅款 5.95 億元。各級財政部門對檢查發現問題，依法做出了嚴肅處理，共處罰企事業單位 4,843 戶（移送其他部門處理 188 戶），對單位處以罰款 3,778.75 萬元，對 27 名直接責任人員給予了相應處罰」。行政事業單位的會計人員及單位有關負責人，不認真執行國家會計法律法規，不能實現會計法賦予會計人員的責任，與單位同流合污，共同進行了財務造假行為。審計署對部分縣市進行的財政性資金審計調查結果顯示：2011 年 54 個縣有 83.29 億元非稅收入未按規定作為財政收入，而是直接以收抵支或在「暫存款」科目掛帳、滯留財政專戶；財政報表反應的 33.13 億元收入實際上並無收入來源，而是通過列收列支的方式空轉土地出讓收入或以財政借款等方式來繳稅實現的。

3. 會計誠信缺失的危害

（1）擾亂經濟秩序

從上文我們瞭解到社會主義市場經濟實質上是一種契約經濟、信用經濟。只有以誠信為支撐進行市場經濟交易活動，才能充分發揮市場的資源配置作用，才不會造成資源和人力的浪費，其實誠信是一種無形的資產和無形的人脈，只有講誠信才能使市場經濟健康有序的發展。假如整個市場交易活動存在嚴重失信行為，尤其是會計行業誠信的缺失，就會使會計職業道德喪失，虛假的會計信息充斥整個社會，造成投資者的誤判，帶來很大的利益損失，引起社會的動盪。

（2）損害股東利益

市場經濟是資源配置的主要手段，在當今社會，股市成了人們重要的投資場所，

也是企業取得社會投資和支持非常好的場所。然而企業一旦出現不誠信經營，進行暗箱操作，就會嚴重損害股東的利益，使人們不再相信股票投資。企業會計誠信缺失，企業以虛假的信息向外公布，由於信息的不對稱，股東會做出誤判，投入大筆的資金，如果企業由於不誠信經營破產，股東的利益不保，將會給股東帶來極大的損失，一些會計不誠信事件已證明了這一點。

（3）降低政府權威

政府是否處於誠信狀態，對一個國家來講有著十分重要的意義，它是一個國家長治久安的保證。只有政府的誠信狀況好了，才會改善社會誠信狀況，尤其是與會計誠信緊密聯繫的相關政府部門，要是造成會計失信，會嚴重影響市場經濟秩序和社會的穩定，還會破壞政府多年樹立的良好誠信形象，使政府在民眾中間的權威性喪失。中國對外資有過多的倚重性，如會計誠信缺失，將失去吸引外資的能力。

（4）增加金融風險

完善的金融體系是市場經濟健康有序發展的前提條件和客觀條件。要是金融體系的支撐作用和助推器作用發揮不好，市場經濟就會失序。企業和銀行作為市場經濟的主要主體，他們之間相互依存，是一個互利互惠的合作體，企業向銀行貸款，企業獲得了發展的資金，而銀行以獲取利息贏得利益，如果企業提供虛假的會計信息，銀行將有可能誤判企業的還貸能力，而造成極大的金融損失。

（5）惡化社會環境

人們在漫長的歷史過程中進行誠信建設，付出了相當大代價。由於市場經濟體制還不完善，社會失信成本相對較低，成了社會環境惡化的重要因素之一。尤其是會計誠信缺失在長期的實踐中得不到及時有效的治理，這就在人們的觀念裡有了失信本身沒有什麼大不了，這樣就使不誠信行為迅速蔓延到社會各個行業，導致市場經濟失序，惡化社會風氣和投資環境。

4. 會計誠信缺失的治理途徑

（1）加快會計準則和會計制度的研究和制定

為了提高會計信息質量，中國先後制定和修訂了一系列相關的會計法規和制度，如《中華人民共和國會計法》《企業會計準則》《企業財務會計報告條例》《企業會計制度》《會計基礎工作規範》等，這些法規和制度的執行，基本保證了會計信息的質量，抑制了會計蓄意造假的現象，但會計規則自身的漏洞給財務造假者提供了充分施展的空間。因此要治理會計信息失真，必須完善會計準則和會計制度。

隨著經濟國際化進程的加快，會計國際化已成為必然，中國必須加快深化會計改革的步伐，進一步完善會計準則及相關會計制度，規範會計行為，避免主觀隨意性，縮小會計信息與實際情況的差距，這是確保會計信息質量的前提條件。一是進一步完善《企業會計準則》，壓縮財務報告粉飾的空間，盡可能縮小會計政策的選擇空間，在對會計政策選擇方面的規定應更加具體，可以適當增加財務報表附註，鼓勵企業披露非財務信息進一步完善並嚴格規範關聯交易的披露，加強對現金流量信息的呈報和審核。二是在認真總結現行會計準則實施情況的基礎上，根據市場經濟和證券市場發展要求，盡快出抬能夠與國際慣例相協調、體現中國經濟發展特點的具體會計準則，進

一步提高會計信息質量和透明度，規範會計信息披露。

(2) 完善公司績效評價機制和管理人員的薪酬制度

現代企業制度所有權與控制權的分離，導致了委託人和代理人直接的委託代理關係。企業所有者不再參與企業的經營管理，管理者承擔了企業決策和日常管理的任務。企業所有者通過財務指標考核管理者，決定管理者的薪酬水準，公司財務指標的好壞直接決定著管理者個人的經濟利益。這種基於績效評價的薪酬激勵體制是全面調動企業管理者積極性，促進企業全面健康發展的重要因素。然而，某些企業管理者為了能向企業所有者交上一份業績「漂亮」的財務報表，鋌而走險地進行財務造假，以此來達到個人利益的滿足。因此，上市公司所有者在制定內部績效評價標準和管理人員薪酬時，應當兼顧公平性、科學性、合理性，由以物質報酬為主的激勵方式向全面薪酬理念轉變；注重長期建立多元化的激勵模式，將以會計盈利為基礎的短期激勵與以市場價值為基礎的長期激勵相結合。

(3) 加大處罰力度，加大造假成本

對上市公司會計造假的治理，一定要加大處罰力度，必須對造假單位及責任人進行經濟處罰或刑事處罰，不僅要其付出傾家蕩產、聲名狼藉的代價，對造成嚴重後果的還要負法律責任，使造假者付出的代價遠遠大於其得到的收益。一旦發現上市公司通過「包裝」虛擬業績，騙取上市資格，或利用關聯交易、資產重組、債務重組等製造泡沫利潤，欺騙投資者和社會公眾，以及進行其他或明或暗違規違法行為的，不僅要追究直接責任人的行政、刑事責任，而且要追究上市公司法人的刑事責任，絕對不能搞以經濟處罰代替刑事責任。

雖然中國也有高管因財務造假而被追究刑事責任的案例，如 2005 年，山東巨力公司原董事長因詐欺配股而被山東省濰坊市人民法院判處有期徒刑 2 年，緩刑 3 年。這是國內首例上市公司高管因詐欺配股而被追究刑事責任的案件。財務造假不再是出現問題以後，高管拒不承認頂多由公司罰款了事，涉案人員或團體必須獨立面對重金處罰甚至被追究刑事責任。但相比美國法律，中國相關法律顯然「溫和」得多。所以中國今後有必要加大對相關責任人的刑事責任的追究，這樣才能提醒尚要為所欲為的企業高管勿存僥幸心理，三思而後行。

5. 員工的忠實義務

(1) 忠實義務

各國法學家普遍認為忠實義務，是指公司員工在經營公司業務時應該忠實地履行職責，盡力為公司爭取最大的利益。在遇到自身利益與公司利益發生衝突的情形時，必須優先考慮公司的利益不得將自身利益置於公司利益之上。忠實義務體現了民法中的誠實信用原則，它的本質屬性是董事與公司之間因信義義務而產生的誠信法律關係。

(2) 忠實的不同層面

各國法律均對公司高級管理人員的「忠實義務」做了法律上的嚴格而明確的規定，為什麼公司員工依然「不遺餘力」違法犯罪呢？這不僅僅是法律上的問題，更是公司內部管理和個人道德素養的問題。對於公司員工的「忠實義務」，可以分為三個層面。法律層面的約束。法律層面主要是對於員工「忠實義務」的外部調控，員工違反忠實

義務需要承擔的法律責任包括民事責任、行政責任，嚴重時需要承擔刑事責任。這種約束體現了法律的以國家強制力作為保障的特性。但是在這個層面上就不可避免地涉及法律調控範圍的問題，即國家追究的構成違法犯罪行為的准入標準的問題。如果採用列舉的方式，也無法將員工的違法、犯罪行為面面俱到。公司具有獨立的法人資格，在法律允許的範圍內，公司可以對公司員工的職責進行約定，寫入公司章程，從而約束員工的行為。根據私有領域自治原則，對於章程自由約定部分法律依然予以保護。除了公司章程，公司也可以制定相應的規章制度對於員工的行為進行規範。

道德層面的約束。西方有宗教對於員工的不道德行為進行良心的譴責與懺悔，而大多數中國人沒有真正意義上的宗教信仰。特別是在以經濟上的富裕為價值追求的當今中國，道德對於人的行為的約束力在逐漸下降，有的人甚至將違法犯罪行為視作「理所當然」。道德層面的約束是中國現代立法比較疏忽的問題，因為這涉及法律社會學和心理學的問題，而大多數不道德的行為在法律上也沒有進行規定。

9.1.2 財務道德

道德，是指社會對全體成員社會行為共同的約束標準，是公眾的意志和願望的代表，它是在意識形態範疇之內的。例如誠實，就是大眾對社會的一種期望，最終成了對社會人員言行的一種約束，同時社會大眾也譴責和懲罰不誠實的行為，誠實也因此成了道德的一項標準。社會大眾對從業的財務人員的行為共同願望就形成了財務職業道德。財務道德是要求財務從業人員的行為規範，如果違背了職業道德同樣會受到社會大眾的譴責，甚至要受到法律的制裁。

9.1.2.1 財務道德的特徵

1. 原則性

財務職業道德的典型特徵之一就是原則性。作為一個財會工作人員，必須堅持原則，有較強的政策觀念。雖然職業道德與政策屬於兩個範疇，但是在社會主義國家，財會制度的制定都直接反應了最廣大人民的根本利益。只有堅持原則，才能保證各種財會政策得以真正實施。堅持原則性會無形中加強財會人員的使命感，並且會避免時刻與金錢打交道的財會人員成為拜金主義者。

2. 無私性

財務職業道德的另一典型特徵就是無私性。財會工作由於它本身的特點要求財會人員必須大公無私，甚至某些時刻要做到公而忘私，總是將國家、社會、人民的利益放在首位。纖塵不染、廉潔奉公，以職業道德築起一道防護網，約束自己的行為，在工作中做好自己的本職工作。

3. 服務性

中國各行各業中都會涉及財務工作，財務工作的好壞直接影響到中國經濟建設健康有序的發展，財務工作有漏洞，會直接使國家受到經濟上的損失。財務工作存在於各行各業，它的性質決定了它具有服務性，這也是財務工作的一個重要特點，尤其當下財務人員要嚴格約束自己，這是很有必要的。

4. 時代性

道德標準具有一定的時代特徵，它會隨著時代的改變而有所改變，近些年中國改革開放繼續深入，經濟建設進一步加強，除了國家的利益之外，財務工作者還要顧及委託人等多方面的利益，財務人員的職業道德時代性非常的鮮明。

9.1.2.2 財務道德的職能

1. 調節職能

對於財務道德來說，調節職能是最基本的職能，財務道德的調節職能是指財務道德，具有糾正人們的會計行為和指導社會經濟實踐活動的功能，財務道德的調節職能是以企業和人們的經濟行為實現由「現有」到「應有」的轉化為目標的。

當前，中國還處在社會主義初級階段，會計工作中仍然存在各種複雜的關係和矛盾集中體現在會計人員之間，會計人員與其他工作人員之間、會計人員與集體、國家之間的關係上，表現在會計管理部門和基層單位之間、會計工作的負責人和一般職員之間的。關係上，而且隨著對外開放的不斷深入，會計工作中的關係更加多樣化、複雜化，因此產生了許多新的矛盾。例如，中外合資企業中的不同利益代表的會計人員之間關係，經濟責任制推行中的責任會計和財務會計之間的關係，鄉鎮企業、個體經營單位會計面臨的問題和矛盾，現代會計工作的社會化、群眾化和個人理財活動的關係和矛盾，宏觀會計管理和微觀會計管理的矛盾和關係、個人在會計改革中獨立思考和集思廣益的關係和矛盾，以上如此眾多的關係和矛盾，除了按照黨的政策、依照國家頒布的財經會計法規調節解決外，還必須從根本上依靠共產主義道德，尤其是運用財務道德進行調節解決，從而理順會計工作中人與人之間的關係，建立正常的工作秩序。

2. 導向職能

財務領域存在很多客觀的關係和矛盾，為了正確處理會計領域內外的各種關係，合理解決各種矛盾，必須明確正確的方向，接受正確的指導，換言之，就是要一個好的向導。在社會經濟生活中，會計道德就扮演著指導人們會計行為方向的向導的角色，社會主義財務道德可以指引社會公民和會計人員自願地選擇有利於消除各種矛盾，改進會計領域內人與人之間、人與國家之間的關係，促進會計人員協調一致，保質保量及時完成工作。同時，財務道德同社會輿論和財務人員的道德表現，影響和引導會計科學的發展方向。會計領域中大量生動的事實表明，進步高尚的會計道德能夠促進和影響會計科學研究沿著有利於社會、有利於絕大多數人民群眾利益的方向發展。比如，國內的會計泰門——潘序倫先生，依照孔聖人的教誨「民無信不立」，倡導立信會計精神，並且身體力行，建立立信會計事務所，創辦立信會計學校，編輯出版立信會計叢書，從而形成了聞名中外的立信會計事業，為現代中國會計科學事業做出了傑出的貢獻。

3. 教育職能

財務道德可以通過造成社會輿論，形成財務道德風尚，樹立會計道德榜樣等方式來深刻影響人民的財務道德觀念和財務道德行為。財務道德教育職能和前兩個職能聯

繫在一起，是相互滲透的。會計道德要在社會生活中能調節指導人們的財務行為，就要重視財務道德教育職能，把財務道德在社會成員個人的意識中穩定下來，並且轉化為人們的意識和行為的準則。所以說，教育職能是兩個職能的前提和基礎。從另一角度來說，財務教育職能的作用是通過對人們的行為財務道德調節和財務道德導向來實現和檢驗的。只有通過對人們財務行為的調節和教育，引導人們履行財務道德原則和道德規範，才能培養人們的會計道德習慣，提高人們的財務道德品質。

4. 認識職能

財務道德認識職能，所說的是能夠通過財務道德判斷、財務道德標準和財務道德理論等形式，反應財務人員和他人、社會的關係，向人們指明財務人員在與現實世界的價值關係中的取向，提供進行財務道德選擇的知識。財務道德的可靠性在於：和其他道德一樣，財務道德能夠通過「評價-命令」方式推動人們的財務行為從現有行為向著應有行為的轉化，把握經濟實踐活動的客觀必然性和歷史發展的脈搏。財務道德認識職能的直接意義是幫助人們提高對財務、財務學、財務工作、財務地位和財務人員等一系列重大會計問題的正確認識水準，為踐行財務道德行為做認識準備。

5. 促進職能

財務道德促進職能有兩方面內涵：首先，財務道德對於財務行為的執行者——社會公民和財務行為的記錄分析者——財務人員有推動人民從善而行，推動人民的品質不斷昇華、精神不斷完善的作用，而且財務道德評價又能加速這一昇華的進程，不斷塑造一代又一代忠誠的、永遠盡職盡責的財務人員。其次，財務道德對提高社會道德水準有強大的能量，產生積極的影響。這主要體現在以下三個方面：

首先，財務道德通過財務人員參加各種社會活動直接影響社會道德。這是因為，財務人員確立了社會主義財務道德觀念，並且轉化為自己的內心信念、義務感和榮譽感，形成了共產主義精神境界和思想覺悟，這樣，在職業生活和社會生活中就能正確處理人與人、人與社會之間的關係，自覺約束自己的行為，避免和減少與他人、社會的矛盾衝突；而且還能通過道德活動，對社會公共活動中的道德行為加以褒獎、肯定，對不道德的行為予以揭露、貶斥，從而形成強大的社會輿論，影響社會公共生活，推動社會道德水準不斷提高。

其次，財務道德通過會計人員和財務對象的接觸和聯繫，間接地影響社會道德。財務人員在理財過程中講究財務道德，就可以用高尚的、有利於他人和社會的態度和行為去待人接物，辦事處世，以優質服務和嚴格管理取信於民，在廣大人民群眾中表現自己的好作風、好風格、好品質。這樣，直接和財務人員接觸的服務對象就可以從中受到教育和啟迪，還會自然而然地把高尚的財務道德傳播到社會中去，促進社會道德水準的提高。

最後，財務道德可以通過財務人員的家庭生活影響社會道德。財務人員形成高尚的職業道德之後，其優秀品質會影響家人，形成尊老愛幼的家風，同時他也會影響公共場所的道德風氣，促使人們禮貌待人、和平相處、遵紀守法、助人為樂，有利於促進社會風氣的整體好轉。

9.1.3 企業倫理和文化建設

9.1.3.1 企業倫理文化的內涵

1. 以誠信為核心的企業市場倫理文化

「人無信不立，商無信不盛。」誠信是企業核心競爭力的基礎，是企業最內在、最基礎、最本質的力量。「誠」一般指內心，指一種真實的內心態度和內在品質；「信」則涉及自己外在的行為，涉及與他人的關係，重心在他人，關心自己的言行對他人的影響。社會主義市場經濟倫理視域中的誠信，即誠信守信。誠實就是指在生產經營活動中實事求是、表裡如一；守信就是信守契約信用、不弄虛作假、投機取巧，這就要求從事經濟活動的主體做到「誠以待人，信以律己」。誠信是市場經濟中經濟主體進行經濟活動的必備的品格，也是企業倫理文化的重要內容之一。比爾·蓋茨說過，微軟以誠信為根本，養成誠信的企業品格，即使一時不能獲得成功，但必須誠實守信，寧可失去全部財產也要保持人格尊嚴，因為企業品格就是財富的源泉，誠信是企業最重要的資本。

2. 以效率為核心的企業制度倫理文化

企業的產生和發展離不開制度的構建，甚至可以說，企業是制度的產物，沒有制度，就不會有企業。企業制度能力主要表現為企業組織管理能力，因為任何制度都是一種管理活動，管理構成制度的核心，是制度與倫理相互聯結的仲介。制度與倫理是相互聯繫、不可分割的，制度的建立需要倫理做指導。企業制度作為企業內部人與人之間關係的契約，影響著企業制度能力的形成和發展，企業制度倫理一方面體現了企業整體思想觀念，另一方面也決定了企業內部不同部門的協調方式，進而影響企業的績效。

3. 以人為核心的企業管理倫理文化

企業的一切經濟行為，並不僅僅在於獲取多少利潤，還有更高級的目標——人的發展。正如科學發展觀所揭示的那樣，以人為本的管理才能立於不敗之地，我們的企業價值觀應該吸納科學發展觀所揭示的代表人類終極目標的企業倫理關懷。

4. 以創新為核心的企業技術倫理文化

21世紀是知識經濟時代，其核心是「科技是第一生產力」。誰把科技開發、最新科研成果轉化為現實生產力，誰就把握住了競爭的主動權，搶占了市場競爭的制高點。企業技術能力指具有技術特性或依附於專業技術人員的技能和知識的集合，是獲取企業核心競爭力的關鍵，在企業核心能力系統中占據非常明確和突出的地位。技術進步是企業在市場上競爭獲勝的終極保證，給企業帶來無法估量的利益。因此，企業必須以技術進步為依託，進行新產品的開發，不斷地創新。但是，不可否認的是技術創新也可能為社會帶來災難，如空調帶來便利的同時，其制冷劑——氟利昂卻給地球臭氧層帶來了極大的危害。因此，作為技術創新的主要操作者，企業有責任關注倫理，用倫理智慧守護技術創新。

9.1.4 中國企業倫理文化的現狀及原因分析

中國自古以來就是一個重倫理的國度，有著自己獨特的、豐富且比較系統的倫理體系。在歷史發展過程中，不同時期的不同人物曾提出過許多關於經濟行為中應該遵循的倫理規範，如「君子愛財，取之有道」「童叟無欺」「仁義、誠信」等，至今仍有積極的現實意義。

中國自改革開放以來，企業出現了一些值得思考的倫理問題，如市場投機倒把行為日益嚴重，管理意識滯後，主人翁精神喪失，「拜金主義」思潮泛濫，貪污腐化現象滋生，毫不顧及廣大消費者及社會利益，缺乏對競爭對手的尊重，等等。值得欣慰的是，中國企業倫理文化儘管存在一些問題，還是得到了一定的發展和進步。20 世紀 90 年代初，中國企業界開始自覺地積極行動起來，重視企業倫理文化建設，以相互滲透和互補的法律和倫理來規範企業的經營行為，並創造了良好的經濟效益與社會效益。1999 年 7 月，中國 33 位非公有制經濟代表在人民大會堂發布《信譽宣言》，承諾「在社會主義市場經濟活動的各個環節中，從自己做起，帶頭做到守信用、講信譽、重信義；做到愛國敬業、照章納稅、關心職工，做到重質量、樹品牌、守合同、重服務」。

在中國優秀企業的成長當中，倫理文化發展這一漸進的過程主要有以下三個轉變：第一，企業倫理文化意識從自發轉向自覺。企業普遍意識到企業的核心競爭力不僅僅是技術創新、資本之類的東西，而且還有人的思想觀念中的一套價值體系，即企業的倫理系統。企業行為重心從集體轉向個人。也就是說，企業思考的不再只是你怎樣為我做犧牲，而是如何構建一個能使員工不斷成長、實現全面發展的平臺，去實現員工的個人價值。這樣就使得個人意志重新彰顯了出來。在現實中，企業從「經濟人」「工具人」的人員管理，到把人當成一種全面發展的「社會人」的人本管理。從這一點中也可以看到，中國企業在成長過程中，其行為支點已經更多地轉向關注員工、關注人的價值。第二，企業的義利關係從對立轉向統一。在計劃經濟時期中國的義利關係是對立的，這種對立是只講義而不講利。在改革開放初期，我們又片面強調實用主義，所以在這一時期企業走向了另一端——只講利而不講義，造成社會信用的低下和缺失，造成社會信用體系的脆弱。這種情況在 1995 年之後逐漸發生改變。第三，許多企業從「義利共存型企業」走向「義利共溶型企業」（「謀利必先謀義」）。中國一些優秀企業甚至已經達到了「義利共生型企業」（「講義不為講利，而利自生」）的境界。

9.1.5 企業倫理文化建設的途徑

9.1.5.1 為企業打造良好的信用制度

中國目前處於建立和完善社會主義市場經濟體制的過程中，政府應在借鑑各國建立社會信用制度經驗的基礎上，採取有效措施，從市場經濟體制規範的角度出發，全方位建立一系列規則和信用管理體系，發揮制度與規則在道德體系中的剛性他律作用。一方面，要營造公平競爭的市場環境，為每個參與市場競爭的經濟主體提供公平競爭環境，實現優勝劣汰，確立市場規則和信用；另一方面，大力提升市場主體自律性，

加強和規範商會、行業協會和各類市場仲介組織的作用。此外，還要提高社會倫理道德在彌補、增進道德誠信以及約束交易關係方面的作用。

具體做法：其一，加強信用立法和信用執法，建立和完善失信懲戒機制，嚴格執法，加大各個經濟主體失信的成本。其二，商業銀行和社會信用仲介服務機構要對企業的行為和業績建立信用記錄、信用檔案和信用評估體系，對其信用進行分析，建立「獎守信者、懲失信者」的信用機制。企業則要建立信用管理部門，對客戶進行信用調查。在當今的經濟社會，要增加對失信者的威懾力，加大失信成本，使人們不敢失信。其三，建立社會信用仲介服務機構，定期對各個經濟主體做出具體明確的信用調查評估報告，並依據報告進行評級。任何機構和個人都可以向社會信用管理機構徵詢準備與之交易的，經濟主體的信用情況，然後再決定是否與之交易或者以何種方式交易。其四，建立個人信用制度，成立個人信用信息庫，並向全社會開放，建立獎優罰劣的信用機制，完善對違背個人信用者的制裁措施。

任何非市場經濟體制向市場經濟體制過渡階段必然會出現經濟失信問題，即使市場經濟體制建設得比較完善了，失信現象也難以完全根治。社會信用制度的維繫要依靠道德誠信文化教育的作用；要依靠社會信用體系的規範。前者具備道德的力量，後者則是懲罰失信的「戒尺」，二者相輔相成，缺一不可。社會信用體系建設的最重要的任務之一，就是建立失信懲罰機制。失信懲罰機制以提高失信成本為基本出發點，它所承擔的任務，是打擊市場上的各類經濟失信行為，大量地懲處額度非常小且不便使用公檢法手段處理的經濟類違約失信行為。失信懲罰機制是強加在任何市場參與者頭上的一把戒尺，對任何失信者都具有震懾和打擊作用，它會對有失信記錄的企事業法人和自然人實施不同程度的經濟性質的打擊，迫使受信人不敢輕易對各類經濟合同或書面允諾實施違約。

9.1.5.2 政府必須發揮積極的主導作用

社會主義計劃經濟向市場經濟的轉變和發展，使人們的倫理及其行為發生積極的變化。如何建立健全與社會主義市場經濟相適應、與社會主義法律體系相配套的思想道德體系，是一個緊迫而重要的課題。

第一，以知、情、信、意、行相結合的科學的規律性道德教育是企業倫理建設的基礎。道德教育的過程必須符合道德品質形成的規律，這樣才能起到應有的作用，才能完成提高道德認識、完善道德行為的過程。科學的道德教育作為一種重要的社會控制手段，必須堅持「預防為主」，把違背道德的行為控制在萌芽狀態，防患於未然。同時，科學的道德教育還是全方位合力施教的網絡性教育，「社會公德是全體公民在社會交往和公共生活中應該遵循的行為準則」，它是全社會精神文明狀況的標志。職業道德是社會公德在職業生活中的具體體現，家庭美德是形成社會良好道德風尚的基礎。搞好「三德」教育，就能在企業中構建起道德教育網絡，使道德教育之力滲透到生產經營活動的方方面面。

第二，以正確的道德導向（指社會對人們的道德價值認識和實踐活動的方向性指導及其要達到的道德價值目標）引導人們該做什麼，不該做什麼，怎樣做是對的，怎

樣做是錯的，是企業倫理建設的核心，它具有以下特徵：其一，權威性，即道德導向最本質的特徵。《公民道德建設綱要》（以下簡稱《綱要》）指出，中國公民道德建設要「以馬克思列寧主義、毛澤東思想、鄧小平理論為指導，全面貫徹江澤民同志『三個代表』的重要思想」，發展和諧社會，這是我們在道德建設中應該始終堅持的政治方向和指導思想。其二，理想性，即道德導向要在多種道德價值類型中做出合乎時代發展需要的價值定向引導。《綱要》指出，「社會主義的道德建設要堅持以為人民服務為核心，以集體主義為原則」，明確了中國現階段理想的道德異向就是集體主義道德原則。其三，一元性，在社會主義市場經濟條件下，道德只能有一個，即社會主義道德，唯有社會主義道德代表了時代的發展方向。

9.1.6 財務文化擴展

9.1.6.1 財務文化的概念

財務文化本身是一個較為宏觀的範疇，它隨著財務管理的產生而出現，時刻滲透在財務實際之中，是一種動態與靜態結合、觀念與制度交織、歷史與現實並舉，廣義與狹義共存的綜合性文化。它是一個多方面、多層次的複合體，是在特定的社會環境之下，財務人員乃至企業全體員工在長期的財務理論研究與財務實踐活動中探索創造出來的。第一，它必須植根於特定的社會歷史環境、經濟發展條件和企業自身成長狀況，受到社會文化、經濟文化和企業文化的影響。第二，它體現著社會價值觀、企業經營哲學和管理戰略，並且在一定時間內保持相對穩定、為企業的成員所接受和認可，同時又決定著他們的財務理念和行為模式。第三，企業財務文化又通過自身的指導力量，對員工行為、企業發展、經濟形勢甚至社會進步產生影響。

本書認為，企業財務文化是指在特定的社會經濟、政治、文化和企業自身發展階段等諸多環境影響下，在企業長期財務理論研究和實踐活動中，通過學習或探索，創造得出的，為財務人員和全體員工共同接受和倡導的精神道德、財務行為制度和技術設施等相關的財務物質財富和財務精神財富的總和。對企業財務文化的認識可以從廣義與狹義兩個方面進行。廣義的財務文化是指可能影響企業財務發展、財務目標選擇和行為模式變更的一切文化。具體表現為財務精神文化、財務制度文化、財務行為文化和財務物質文化四個方面。狹義的企業財務文化特指財務部門的財務人員形成的集體價值觀念，主要包括財務部門的規章制度、行為規範指導和管理體系，以及財務人員自身的財務價值觀念、財務職業道德、財務心理素質、財務行為習慣、財務技術水準和財務精神風貌等。本書研究的財務文化是廣義的財務文化。

9.1.6.2 財務文化的要素

「要素」一詞在《辭海》中的解釋為「構成事物的基本因素」，研究要素是瞭解事物結果的基本途徑。財務文化是一個多層次、多方面、多方位的複合體，是由一些互相關聯的基本要素組成的有機的財務文化體系。

（1）財務設施。財務設施既包括企業財務組織所擁有的各種辦公設施、財務活動中所應用的方法、文教科研設施，又包括財務人員的生活福利物質條件和文化活動場

所等方面。財務設施是財務文化總體內容中的重要組成部分，它對財務組織的生存和發展有著至關重要的影響。它體現了財務文化的發達程度，反應了財務文化的時代性。

（2）財務知識。財務知識是財務文化中最基本的要素，它是財務職業和財務學科賴以存在的基礎，也是各種財務組織賴以存在的一項最重要的物質基礎。財務知識的發展對人的經濟活動產生了重大的推動作用，它自身理所當然成為財務文化的一個有機組成部分。

（3）財務價值觀。財務價值觀為財務主體的生存和發展提供了基本方向和行動指南，是財務管理的基本指導思想和信念。它是企業和廣大財務人員追求的最大目標並據以，判斷企業與外部環境以及企業內部人際關係的根本標準，是企業一切財務活動的總原則。在財務文化系統中處於核心地位，在很大程度上決定著財務主體在理財活動中的思維方式和行為模式。

（4）財務精神（風貌）。財務精神是在財務活動基礎上經過精心培育而逐漸形成，並為廣大財務人員所認同的一種正向心理定式和主導意識。它是經過較長時期自覺培養而形成的。它不僅要有企業的倡導、培養，而且必須得到財務人員的認同並積極主動地貫穿於實踐之中。財務精神為企業和財務人員提供精神支柱和前進動力。

（5）財務制度。財務制度文化包括有形規則和無形規則兩部分。有形規則越完善，財務呈剛性；無形規則是一種彈性規則，體現的是人與環境的和諧，是一種經濟人、社會人、文化人的良好結合。按照制度經濟學的解釋，制度是至少在特定社會範圍內統一的、對單個社會成員的各種行為起約束作用的一系列規則，它旨在約束追求主體福利和最大化利益的個人行為。內含文化的財務制度對於一個高度不確定性和越來越複雜理財系統的運行是必需的。

9.1.6.3 財務文化的內容

廣義的企業財務文化由內到外劃分為財務精神文化、財務制度文化、財務行為文化和財務物質文化四個層次。

第一層是財務精神文化，是財務文化的最內在、最核心的層次，它對財務制度文化、財務行為文化直接起決定和指導作用，特點是自覺性和抽象性。廣義的財務精神文化並非財務人員所獨有，而是廣泛存在於企業全體人員之中，包括財務思維方式、財務價值取向、財務道德信仰和財務管理哲學等。而狹義的財務精神文化特指以企業財務人員為主體的精神文化。財務精神文化是財務文化的基礎，是判斷財務制度、財務行為以及財務物質文化是否合理有效的價值標準，也是企業人員形成有關財務文化的核心。它具有導向、指引、凝聚、約束、激勵和輻射的功能。財務精神文化處於財務文化整體的基礎地位，而財務價值觀更是精神文化的基石，含有顯著的道德性。

第二層是財務制度文化，是在財務精神文化的引導下，對財務精神文化的進一步具體化、系統化的文本式描述，以規範和指導企業財務行為，表現出強制性。主要包括財務準則、財經法規、財務制度、財務職業操守和慣例等方面。管理財務制度文化處於企業財務文化的仲介樞紐環節。一方面是財務精神文化的內容具體表現，反應了財務精神文化對財務行為和物質文化的要求；另一方面財務制度文化難以超出現有水

準的，不切實際的財務精神和物質文化制度化，從而制約和規範了財務精神文化和物質文化的發展。

第三層是財務行為文化。企業財務行為文化是指企業員工在財務管理工作、人際交往、教育培訓和為人處事等過程中產生的理論和實踐文化。企業財務行為文化受到財務精神文化和財務制度文化的雙重影響，是財務精神和制度文化的重要載體和動態表現，但當財務制度缺失或無效時，財務精神文化則通過財務心理契約和非正式財務制度影響企業和員工的財務行為。

第四層是財務物質文化。從廣義的角度來看，財務物質文化是開展一切財務活動以及處理財務關係中所應用的所有方法、工具以及實體性的設施與環境的總和。狹義的財務物質文化特指財務新技術、新工具以及計算機技術等新手段的推廣和運用等，如可擴展商業報告語言和企業資源計劃等現代化的財務管理技術。財務物質文化作為財務文化得以存在和發展的物質條件，處於財務文化中的最外層，是處於最外層的可視化文化，財務物質文化是財務精神文化、財務制度文化和財務行為文化的外在體現，同時也是它們發揮作用的技術載體和實踐工具。

財務物質文化還體現著財務文化的現代化程度以及時代性。財務文化的四大層次的劃分僅僅是邏輯上的區別，實際上四者緊密相連、相互滲透、相互依存又相互制約，是一個不可分割的整體。財務精神文化是財務文化的基本核心，財務制度文化是財務文化的保障，財務行為文化和財務物質文化則是財務精神文化和制度文化的外在表現和物質組成。它們共同構成一個層次全面、角度完整的有機財務文化體系。

9.1.7 財務文化的功能

文化作為具有普遍意義的處理人際關係的準則，同時也是人們的交往準則。在經濟主體交易活動中，它能夠提供某種相對的財務行為與財務文化企業財務文化具有約束和激勵財務行為，形成財務競爭力，緩解財務衝突和防範財務等基本功能，從而彌補人理性的不足。

9.1.7.1 約束和激勵財務行為

財務文化的約束功能主要體現在通過財務制度文化來約束和財務人員的行為。約束有硬性約束（強制性約束）和軟化約束之分。硬性約束是通過會計法律、法規、制度等強制實現的；軟性約束則依靠道德規範、社會公德、習慣等軟性制度文化來制約和影響財務人員的行為。約束和激勵就像一枚硬幣的兩面，文化約束了某種財務行為，同時也就是在激勵另一種財務行為的產生。

著名文化專家沙因在其《企業文化生存指南》一書中提出：「企業是核心競爭力。」企業財務文化屬於企業文化的一個子系統，它一旦形成是存在作用與反作用力的，主要包括導向力、激勵力、凝聚力、輻射力、競爭力等主要力量。各種力量相互作用，必然形成一種強大的內在驅動力，那就是財務核心競爭力。財務文化是企業財務核心競爭能力的重要組成部分，主要通過形成企業的財務價值觀來作用於企業財務管理的方方面面。因此，財務文化決定著財務核心競爭能力的累積方向，成為企業培

育財務核心競爭力的首選條件。

9.1.7.2 緩解財務衝突

財務衝突是參與財務活動的個體或組織之間，在籌資、投資和收益等方面，由於各自的目標不相同與利益不一致而形成的一種緊張狀態。其本質是一經濟衝突，是各利益相關主體在財務經濟活動過程中為了實現自身利益最大化而產生矛盾和形成的衝突。企業財務文化對財務衝突的緩解是通過利益相關者的共同價值觀和共同利益的培育和認同來實現的。通過企業財務制度安排來實現企業財務文化約束作用，達到強化良好行為意識的效果，促進追求良好行為的群體價值觀的形成是緩解財務衝突的組織基礎，在一定程度上協調企業各利益相關者之間的矛盾。所以說，優秀的財務文化是緩解財務衝突的內生機制。以「義利均衡」「誠信」財務文化為內涵的中國傳統文化，無疑也具有緩解衝突的功能。在目前中國公司治理不完備，特別是外部治理機制虛化、難以發揮其權力制衡功能的條件下，應在解決財務衝突的同時，引導利益相關者在公司財務決策中遵循商業倫理規範，實現財務效益目標與財務公平性目標有機統一。

9.1.7.3 防範財務風險

財務活動具有一定風險性。在財務實踐中，有些財務管理人員風險意識淡薄，職業道德淪喪，從而在很大程度上助長了貪污舞弊、虛假信息等財務醜聞事件的不斷發生。文化具有教化和輻射功能。優秀的財務文化是一種理財道德規範，特別優秀的財務倫理道德準則能教化理財人員自覺按照各種規章制度來規範其思想和行為能對各部門及員工理財行為以及整體財務目標取向起到導向作用，從而有效地規範財務活動，防範財務風險。

9.2 財務風險

9.2.1 經營風險

9.2.1.1 經營風險的概念

經營風險的概念目前尚無統一看法。可以認為經營風險是企業經營過程中未來的不確定性對企業目標實現產生的影響。經營風險按其產生動因可分為兩類。一類是非企業性風險。典型的有地震、冰雹、火災、污染或詐欺，等等。各公司通常用購買保險的方法來保護自己的財產少受損失，此外還有其他一些防範方法。另一類是企業性的風險。如公司開發的新產品沒有市場，由於操作失誤發生產品質量問題，發生安全事故造成人員傷亡，公司建造一條生產線或買下一個公司，有可能發生預測失誤，資金流動性發生困難，信用管理不善等，都有風險發生的可能，從而損失企業的資金，嚴重的會導致公司破產。這些企業性風險需要通過風險管理來解決，使企業健康發展。

9.2.1.2 風險管理的重要性

曾幾何時，許多人認為風險管理就是買保險、配備足夠數量的滅火器。隨著經濟

的發展，社會的進步，政策法規的要求，市場的變化，各種制度和方法的出現等，買保險和被動的防禦等已不再適合需要。這些變化主要表現在以下幾方面：

1. 相關法律的要求越來越嚴厲

（1）法律規定越來越廣泛，如頒布《安全生產法》《大氣污染防治法》《水污染防治法》《環境噪聲污染防治法》，對企業的要求越來越嚴格。

（2）法律也越來越嚴厲，如中國法律規定企業發生安全事故，造成重大人員傷亡，不僅處以數額較大的罰款，而且還要追究領導的刑事責任。

（3）在法律及其他領域，風險評估要求更加普遍，有些行業要求企業必須通過「環境保護認證」「健康安全認證」「食品、藥品安全生產認證」等風險評估。

2. 保險價格在提高而且較難申請

（1）保險不再是省錢的解決辦法。如有的險種保費要提高，有個別險種已停止投保，有的財產還要進行強制保險。

（2）企業不再隨便得到範圍不確定的保險。如一條河環境污染持續幾十年，這條河就很難上保險。

（3）保險公司也要求企業積極主動地管理風險。要對公司風險管理進行檢測，合格後才可以上保險。

3. 客戶的態度

（1）企業的客戶，他們都希望把法律責任推給供應商。很多企業尋找著他們的供應商進行風險管理的證據。

（2）現在顧客比以往更喜歡打官司。他們更難接受劣質產品，受到劣質產品的傷害，會訴諸法律要求賠償。

（3）社會公眾比以往對企業有更高的要求。公眾對污染、企業詐欺案尤為痛恨，這種態度促使公司更關注這方面，避免激起客戶的敵意。

4. 管理者的認知

（1）各公司的領導者已從其他公司的災難中吸取教訓。如齊齊哈爾第二制藥廠藥品毒死人事件、吉林化學污染事件等，使企業認識到風險是經營單位一項破壞性的，有時還是致命性的損失事件。

（2）企業已變得更加內行。由於各企業已經開始管理自己對環境造成的影響，他們越來越發現防止災禍比挽救災禍更勝出一籌。

（3）經濟全球化的發展。公司必須學習怎樣管理自己越來越國際化的業務，放手讓當地經營班子經營自己的業務，以減少風險損失。

9.2.1.3　識別企業經營風險

找出及識別企業存在的風險因素，是進行風險管理的第一步。常言道：風險不怕管不好，就怕您不知道。如果您連自己企業的風險有哪些、潛伏在何處都不清楚，當然也就不會管理好風險及其帶來的惡果，更抓不住隨之而來的機遇。為幫助企業更全面系統地找出本公司的潛在風險，特提供下列風險內容。

1. 外部性風險

當外部力量發生變動能夠影響企業經營目標時，企業就會出現環境風險。這些外部因素將會影響企業經營的總體目標和戰略目標。具體內容如下：

（1）自然環境風險。因洪澇、干旱、颱風、冰雹、地震等災難性風險因素發生，可能造成企業生產停滯，甚至人員傷亡等，給企業帶來嚴重損失，嚴重影響企業經營目標的實現。

（2）經濟環境風險。國家對某一行業企業的投資、貸款政策的變動，全球經濟發展，形勢、國民經濟發展狀況、失業率、消費指數、物價波動等風險，將影響企業經營目標。

（3）政策法規風險。國家政策法規制定及調整、行業政策、稅收政策變動等，可能給企業帶來風險或創造機遇，會影響企業的經營戰略及目標。

（4）市場風險。價格、利率、匯率、價格指數等變動，會影響企業收入、成本、利潤的變化，金融資產及股票的價格，會影響公司的資本成本及企業價值。

（5）監管風險。監管方面的變化會威脅到企業業務的開展、競爭優勢及其有效開展業務的能力，會影響到企業的經營類型及經營戰略目標的實現。

（6）客戶風險。無處不在的客戶需要、企業的社會責任、不斷要求提高企業產品和服務的質量，有時候甚至會提出賠償損失等。

（7）競爭對手風險。競爭對手或市場新進入者所採取的措施會削弱本企業競爭優勢，甚至威脅本企業的生存與發展的風險。

（8）技術更新風險。科學技術突飛猛進的發展，新材料、新工藝、新產品的不斷出現，競爭對手的替代品出現，推動技術更新，實現高質量、低成本及時間績效等。

2. 過程性風險

過程風險是指由於企業未能有效地獲得、使用、管理、更新、處置其資源，或是企業的資產未被明確界定，未能與驅動公司的經營戰略有機結合起來，或是企業未能有效地滿足客戶需求，或未能創造價值，或是因企業的資金、實物與智力資產存在意外損失、承受風險、誤用、濫用的可能而使企業價值降低等因素所導致的風險。這些風險影響到企業能否成功地實現其經營目標。

3. 操作性風險

操作風險是指企業的業務操作不能有效地執行企業相關規定及流程，不能滿足客戶的需求，不能實現產品或服務的質量、成本及時間目標等所產生的風險。

（1）安全運行風險。在企業建設、生產、營運過程中，由於各種不可預見因素對人身安全、財產安全、生產安全等造成的風險。

（2）產品、服務失敗風險。產品、服務方面的缺陷會使企業受到客戶的抱怨、品質投訴、修理、退貨、訴訟等方面的威脅及損失，並會損失收益、市場份額與商譽。

（3）社會責任風險。企業由於沒有履行社會責任而受到社會譴責或處罰等所造成的風險。

（4）環境風險。企業對環境的有害行為使企業可能承受對環境傷害的賠償、消除損害所支付的成本，以及財產賠償和懲罰性賠償等。

（5）健康與安全風險。企業不能為員工提供安全的工作環境，會使企業做出額外賠償、喪失聲譽及承擔其他費用。

（6）供應風險。燃料、原材料、零部件等供應及運輸受到限制，如發生問題會影響到企業及時生產高質量產品的能力。

（7）用戶滿意度風險。缺乏對客戶的關注，不能及時解決客戶提出的要求，會威脅到企業滿足並超越客戶需求、擴大市場佔有率的能力。

（8）服從（監管機構）風險。如果不服從客戶（或監管機構）要求、企業政策與程序不符合法律及規章的要求，就會導致低質量、高成本，喪失收益，出現不必要的延期，或受到處罰等後果。

4. 授權性風險

授權風險是指管理者與職工出現下列情況時所產生的風險：雙方沒有得到適當的領導，不知道應做什麼，何時去做；超越了各自的權限；受到激勵去做錯事。

（1）領導風險。企業的職工沒有得到有效的領導，可能導致企業及職工缺乏方向、不尊重顧客、沒有積極性、缺乏管理可信度與企業範圍內的信任等所形成的風險。

（2）組織風險。企業部門設置不合理、人浮於事、信息流通不暢、部門之間協調不順、相互扯皮、費用增加而引起的企業效率降低、效果差的風險。

（3）權力限制風險。權力的效率低下及混亂，會使管理者和職工去做他們不應該做的事情，或者不盡力去做他們應做之事。沒有確立並強制執行對個人行為的限制，將導致員工採取未經授權（或違規）的行為，或者承擔未經授權、不被企業接受的風險。

（4）業績激勵風險。那些無法實現的、扭曲的、主觀的或是沒有實用性的業績度量方法，可能導致經理和職員的行動與企業的目標、戰略與評價標準不一致，或者不符合審慎行動原則等所造成的風險。

（5）浪費風險。對於第三方的浪費行為，由於不受其權限的限制，或者不與企業的戰略目標保持一致等所造成的風險。

（6）不適應變化風險。由於企業的員工沒有迅速及時地採取有效措施，產品與服務不能適應不斷變化的市場需要所帶來的風險。

（7）溝通風險。無效的溝通渠道可能導致人們所得信息不符合其承擔的責任與企業業績度量方法的要求所形成的風險。

5. 信息化風險

它是指企業信息技術出現下列情況所導致的風險：事物沒有像預想的那樣運作；數據與信息的完整性和可靠性存在不足；大量資產暴露，潛在損失，或有誤用風險；使企業維持其關鍵過程的能力暴露。

（1）完整性風險。所有與企業交易的權威性、完整性、精確性有關的信息，沒有通過企業安排的各種不同信息系統進行信息收集、分析、總結和報告所形成的風險。

（2）相關性風險。由同一個信息系統收集並創建出不相關的信息，從而對該系統使用者的決策產生消極影響的風險。

（3）評估風險。由於評估不確切所形成的風險。如果對信息、數據或程序評估的限制不足，可能引起知識的濫用與機密信息的洩露。但如果對信息的評估限制過嚴，

又可能使人們無法有效地承擔自己的責任。

（4）可得性風險。如果得不到企業所需的重要信息，就會影響到企業的連續性，由此產生風險。

（5）基礎設施風險。它是指企業沒有相應得到信息技術基礎設施（如硬件、網絡、軟件、人員與過程）所帶來的風險。

6. 信譽性風險

信譽性風險是指由於管理者詐欺、員工詐欺、非法行為與違規行為，以及其他因素所導致的企業信譽受損的風險。

（1）管理詐欺風險。故意錯誤地描述企業財務狀況和故意錯誤地描述企業的能力和意向，對外部持股者產生誤導所帶來的風險。

（2）員工、第三方詐欺風險。由於員工、客戶、供應商、代理人、經紀人和第三方管理者出於個人獲利目的（如得到更多的實物、金融和信息資產），對企業採取的詐欺行為，使企業可能出現的財務損失。

（3）非法行為風險。由於經理和員工做出非法行為，會把企業置於罰款、制裁以及喪失客戶、收益與聲譽等所形成的風險中。

（4）違規行為風險。員工和他人違規使用企業的實物、金融與信息推廣，使企業承受資源浪費和財物損失的風險。

（5）信譽風險。由於種種原因毀掉企業的信譽，使企業喪失客戶、收盤與競爭力。

7. 決策性風險

它是指用於支持企業實行經營模式、進行業績報告、評估企業的經營模式及效率所需信息的不相關性和不可靠性等所導致的風險。這些風險同企業價值創造行為的每個方面都有聯繫。

（1）決策所需過程及操作性信息風險。

產品、服務定價風險：由於缺少定價決策所需的相關及可靠的信息，價格不被顧客所接受，或若不能抵償開發與其他成本，或者不能抵償企業承擔的風險成本等所造成的風險。

計量風險：不適用、不相關或者不可靠的非金融計量方法，可能導致關於操作業績的錯誤估價與結論等所造成的風險。

合同履行風險：缺乏關於合同履行的相關及可靠信息，導致其後的合同履行過程中出現不符合企業利益的風險。

協調性風險：如果商務過程中，其業績度量手段與企業層面和業務單位的目標與戰略不相協調，有可能導致企業內的衝突與不合作行為所形成的風險。

（2）決策所需商務報告信息風險。

財會信息風險：企業在經營管理中過於注重財務會計信息，可能導致以犧牲客戶滿意度、質量與效率目標為代價，通過做假數據以達到財務目標的行為所形成的風險。

財務報告風險：如果無法收集企業內外部相關可靠信息，以評估調整方向，或不能按要求正確全面披露企業財務狀況，可能導致企業財務報告誤導外部持股者及相關利益者的風險。

預算與計劃風險：不適用、不現實、不相關或者不可靠的預算與計劃數據，可能導致不適當的財務結論與決策的風險。

稅務風險：不能收集並瞭解相關的稅務法規及信息，可能導致不符合稅法規定，或者導致承擔本可避免的稅務負擔的風險。

投資評估風險：缺乏支持投資決策並與風險資本的風險狀況相關的及可靠的信息，可能導致錯誤的投資決策所形成的風險。

社保基金風險：由於對社保基金及年金的有關規定理解與執行偏離，可能導致企業受罰、員工受損等形成的風險。

監管報告風險：企業如果向監管機構提供的有關企業財務狀況與經營成果有關的信息不完整、不準確、不及時或不合規，可能導致對企業的懲處、罰款與制裁的風險。

（3）決策所需環境、戰略風險。

環境監控風險：如果不能及時對外部環境進行監控，或者對環境風險做出了不現實或錯誤的假設，就可能導致企業的經營戰略在早已陳舊的情況下遲遲得不到更新。

經營模式風險：如果企業的經營模式已經陳舊過時，但決策層並不承認，或者缺乏更新現有模式的有關信息，或者未能建立起定期修正經營模式的強制機制，都會造成經營模式風險。

業務組合風險：如果缺乏相關的可靠信息，而使企業無法有效地對產品進行排序，或不能在戰略層次上進行相互協調，那麼企業的業績最優化目標可能難以實現。

估價風險：如果缺乏相關的可靠的估價信息，就會使企業的所有者難以對企業價值做出適當的評判，也無法評判戰略結構中的重要組成部分給企業帶來的風險。

組織結構風險：如果管理層因缺乏信息而不能對企業組織結構的效率做出評判，就會影響企業改變或實現長期戰略目標的能力的風險。

度量風險：由於使用與企業戰略不符、不適用、不相關和不可靠的業績度量方法，會影響企業執行戰略的能力，形成企業風險。

計劃風險：一個沒有想像力的、笨拙的戰略計劃制訂過程，可能導致產生不相關信息，從而影響到企業制定恰當政策能力的風險。

資源配置風險：缺乏適當的資源配置以及支持這一配置過程的信息。

9.2.2 財務風險

9.2.2.1 財務風險的含義

財務風險是指在企業的各項財務活動中，因企業內外部環境及各種難以預計或無法控制的因素影響，在一定時期內，企業的實際財務結果與預期財務結果發生偏離，從而蒙受損失的可能性。

財務風險作為一種經濟上的風險現象，無論是在實務界還是在理論界都得到廣泛的重視。在財務實踐中，企業往往會由於管理不善而遭受財務風險所帶來的經濟損失，有時甚至會破產倒閉。如英國巴林銀行的倒閉、日本八佰伴總店及中國香港、澳門分店的破產等都源於對財務風險的規避不善。而在理論界，財務風險已經成為現代財務

理論的核心內容。控制財務風險，是企業財務管理的重要內容，也是企業財務管理基本任務之一。

9.2.2.2　財務風險的表現

企業的財務報表能提供信息，幫助管理者計算財務比例，分析財務狀況、償債能力和控制財務風險。因為企業的產品銷售不好影響現金流入、應收帳款，占用企業大量的資金，影響現金流動性，經營不佳、銀行貸款投資不合理等，都會在企業的財務報表中反應出來。通過不同時期數據的對比可以發現企業有無財務風險的預兆。財務風險主要表現在以下幾方面：

(1) 資產負債率居高不下、無力償還到期債務，且無重組計劃。
(2) 關聯企業之間轉讓資產、債務擔保、轉移資金等使資產靈活性降低。
(3) 現金流入結構不合理、收益質量差、營業現金不足，現金流量入不敷出。
(4) 資產營運效率低，應收帳款和存貨大量積壓，週轉率下降。
(5) 營業收入發生萎縮，依靠關聯交易或虛構銷售收入來彌補。
(6) 利潤結構不合理，大量來自政府補貼，費用支出增加，稅負較高。
(7) 多元化經營處理不好，投資方向不明確，多樣化經營處理欠妥。
(8) 不動產投資額巨大、購建週期過長，用短期融資支持長期資產。
(9) 缺乏基於提高企業核心競爭力和基於提高資產報酬的財務策略。
(10) 稅務籌劃不當，稅負過重，出現錯計、漏繳、違規被罰款。

9.2.2.3　財務風險的產生

財務風險產生於各種具有財務性質的交易之中，這些交易包括銷售和購買、投資和借貸以及其他各種各樣的商業活動。法律行為、新項目、企業收購和兼併、舉債籌資以及能源成本的變化，都有可能導致財務風險的產生。同樣，管理層、利益相關者、競爭者和外國政府的活動甚至天氣變化，也有可能導致財務風險的產生。價格的劇烈變動會使企業的成本增加、收入減少，即會對企業的盈利能力產生負面影響。這種財務上的波動可能還會使計劃和預算、產品和服務定價以及資本配置變得更加困難。企業的財務風險主要來自以下六個方面：

1. 現金流方面風險

現金流量風險是企業現金流出與現金流入在時間上不匹配所形成的風險。當企業現金淨流量出現問題，無法滿足日常生產經營、投資活動的需要，或者無法及時償還到期債務時，可能會導致企業生產經營陷入困境，也可能給企業帶來信用危機，使企業的商譽遭受嚴重損害，使本來可以長期持續經營下去的企業在短期內被吞並或者倒閉。「現金至上」的財務管理思想就是基於對現金流量風險的極度重視。

2. 籌資方面風險

籌資風險是企業在籌資活動中，由於資金供需市場、宏觀經濟環境的變化或者籌資來源結構、幣種結構、期限結構等因素而給企業財務成果帶來的不確定性。企業的資金來源渠道正呈現多元化發展。企業使用資金除投資者投入或企業留利以外，使用債務資金不僅要按期還本，還要支付一定利息。如果借來資金使用不當，到期不能變

現，不能償還利息和本金，就會產生風險。借款必須考慮好將來如何償還，有效防止風險產生。

3. 投資方面風險

投資風險是企業在投資活動中，由於各種難以預計或無法控制的因素，使投資收益達不到預期目標而產生的風險。不同的投資項目，對企業價值和財務風險的影響程度也不同，企業投資項目一般可分為對內投資和對外投資兩大類。企業的對內投資項目包括固定資產、流動資產等有形資產的投資和高新技術、人力資本等無形資產的投資，如果投資決策不科學、投資所形成的資產結構不合理，那麼投資項目往往不能達到預期效益，影響企業盈利水準和償還能力，從而產生財務風險，巨額固定資產和無形資產投資帶來的風險尤其突出。

4. 稅務方面風險

稅務籌劃風險是由於稅務籌劃不當，出現錯計、漏繳、不按規定繳納稅款，企業受到貸款的風險，以及從整體上看，未能實現稅負最低，從而給企業造成損失的風險。

5. 利率方面風險

利率方面是指在一定時期內由於利率水準的變動而導致企業經濟損失的可能性。由於受到央行的宏觀調控管理、貨幣政策，社會平均利潤率水準、通貨膨脹率、投資者預期以及其他國家或地區的利率水準等諸多因素的影響，利率經常會發生變動，導致中國企業的籌資成本和資產收益不確定。例如，利率的上升會使企業的籌資成本上升和企業持有的證券價格下降。

6. 匯率方面的風險

匯率風險是指在一定時期內由於匯率變動引起企業外匯業務成果的不確定性。企業的匯率風險一般包括交易風險、折算風險和經濟風險，交易風險是企業在以外匯計價的交易活動中，如商品進出口信用交易、外匯借貸交易、外匯投資等，由於交易發生日和結算日匯率不一致，使折算為本幣的數額增加或減少的風險，折算風險是指企業以外幣表示的會計報表折算為本幣表示的會計報表時，由於匯率的變動，報表的不同項目採用不同匯率折算而產生的風險。經濟風險是由於匯率變動對企業產銷數量、價格、成本等經濟指標產生影響，致使企業未來一定時期的利潤或現金流量減少或增加，從而引起企業價值變化的風險。

9.2.2.4 財務風險管理

財務風險管理是應對金融市場導致的不確定性的過程。它包括評估企業面臨的財務風險和制定財務風險管理戰略兩個部分。其中，管理戰略的制定應與企業內部的工作重點和政策相一致。提前應對財務風險能提高企業的競爭力，同時也能確保管理層、操作人員、利益相關者以及董事會在有關風險的重大問題上達成一致。財務風險戰略的實施需要根據市場和條件的變化而不斷進行調整，以反應出市場利率預期的變化、商業環境的變化或國際政治條件的變化等。一般而言，這一過程可以總結如下：①識別主要的財務風險並區分優先順序；②確定合適的風險容忍度水準，實施與風險管理政策相一致的風險管理策略；③對風險進行度量、報告、監控，並根據需要進行調整。

1. 財務風險識別

企業財務風險識別是財務風險管理的第一步。其基本方法包括現場觀察法、財務報表分析法、案例分析法、集合意見法、專家調查法、情景分析法、業務流程分析法等。

2. 財務風險評估

企業財務風險評估是在風險識別的基礎上，盡量估計財務風險發生的概率和預期造成的損失，評估方法包括方差法、系數與資本資產定價模型（CAPM）法、風險價值（VAR）評估模型法、綜合風險指數模型評估法等。

3. 財務風險應對策略

選擇適當的風險應對策略，可以有效控制財務風險發生的可能性及其造成的損失。企業可以採取的財務風險應對策略，主要有以下四種：

（1）規避風險策略。

企業規避風險：一是決策時，事先預測風險發生的可能性及其影響程度，盡可能選擇風險較小或無風險的備選方案，對超過企業風險承受能力、難以掌控的財務活動予以規避；二是在實施方案過程中，發現不利的情況時，及時中止或調整方案。例如，假設企業投資另一家企業只是為了獲得一定收益，並不是為了控制被投資企業的，而債權投資就能實現預期的投資收益，那麼即使股權投資將帶來更多的投資收益，企業也應當採用債權投資，因為債權投資風險大大低於股權投資的風險。

（2）預防風險策略。

當企業財務風險客觀存在、無法規避時，可以事先從制度、決策、組織和控制等方面提高自身抵禦風險的能力。例如，企業銷售產品形成的應收帳款占流動資產比重較高的，應對客戶信用進行評級，確定其信用期限和信用額度，從而降低壞帳發生率，否則風險一旦爆發，企業將受較大的損失。企業應進行預測分析，預先制訂一套自保風險計劃，平時分期提取專項的風險補償金（如風險基金和壞帳準備金），以補償將來可能出現的損失。

（3）分散風險策略。

財務風險分散是企業通過多元化經營，吸引多方供應商，爭取多方客戶等措施分散風險。以多元化經營為例，多家企業同時介入多元化經營之所以能分散風險，是因為從概率統計原理來看，經營多種產業其風險可以相互補充抵消，可以減少企業利潤風險。自身的人力、財力與技術研製和開發能力

（4）轉移風險策略。

企業財務風險轉移是企業通過保險、簽訂合同、轉包等形式把財務風險部分用作多方投資、多方籌資、外匯資產多元化降低風險，這是企業分散風險的通常做法。產業、產品的市場環境是獨立或不完全相關的多種產品。因此，企業在突出主業的前提下，可以結合實際適度涉足多元化經營，分散財務風險，將部分風險轉移給其他單位。但同時往往需要付出一定代價，如保險費、服務保證金、收益分成承包費或租金等。轉移風險有多種形式，如購買保險、簽訂遠期合同、開展期貨交易、轉包。

9.2.2.5 風險管理的擴展

1. 風險準備金

經營風險與金融風險聯繫最緊密。經營業務是金融機構活動中至關重要的組成部分。金融機構要求以高水準的技術手段與嫻熟的業務操作，向這些交易商、經紀人以及貸款人提供信息並加以分析，從而有利於確定價格，達成交易。在一項交易過程中，如交易認證、報帳、結算帳款和管理活動等，都需要同樣高水準的經營活動加以支持。

包括精密的計算手段和技術應用。作為買方的金融機構，像互助基金、保險公司和養老基金等，也需要經營活動予以支持。許多風險管理者從「風險準備金」的概念中受到啓發，認為它不僅適用於金融風險，對於所有經營風險也同樣適用。他們宣稱已找到能測算經營過程中免責事件（Exceptions）出現頻率和規模大小的方法，從而將那些突發的免責事項引發的風險加以量化。此外，他們還從管理的角度出發，形成一套風險評估手段，如通過內部審計進行風險評級和打分。一些銀行也開始把這些評測方法轉而應用於對虧損的量度上來，包括估算虧損頻率和虧損程度，然後再調配資金來彌補虧損預算。

這一方法的發展改進對於經營風險而言相當適用，值得稱讚，我們要盡一切可能力爭做到比現在更準確地量化經營風險。其中的業務操作風險和系統風險尤其適用這種分析方法。在已有的一些虧損案例中，我們能發現一些共有的特點：第一，這些企業都已是連續虧損數年，甚至有一家持續虧損達十多年之久。或許風險管理人員可以鬆口氣，因為很少有企業會在一夜之間損失幾億美元，尤其是在經營風險領域，這種情形更是很難遇到。墨菲定律的某些推論在此生效：絕非平庸之輩的經營者常常能取巧繞過曾經的規制，因此只有在很長一段時間後，因他們經營失誤所需來的巨額損失方初露端倪。第二，金融監管鬆弛也是導致每年巨額虧損的主要因素。中國對個體尤其是執行交易人的監管過多，而對金融機構的監管則相對鬆弛。在這些案例中，實行職責分工便能夠防止巨額虧損的發生，至少使損失不會在絲毫未被覺察的情況下輕易發生。執行交易人不應介入中間與後臺行政事務中，如交易確認、行政管理、債務清償、重新評估與會計工作等。第三，案例中的虧損都難以進行量化，迄今為止已知的經濟風險計量工具中，沒有一項能在問題剛剛萌芽的頭幾年裡便預計到潛在風險的存在。從中我們得到一個教訓：風險管理職能必須樹立於經營職能，無論是金融風險管理，還是經營風險管理，這點都同樣適用。

在監管過程中，不僅沒有一項有效的風險控制技術，也沒有一種風險測評單位能夠評估所有的風險。風險評估的計量工具能夠提供清晰明確的交易規則，有利於進行深度的職能割分，還有助組織機構依據各種資料經常進行風險評估來實施監督。我們在前面講過無論什麼都給予定量風險評估的趨勢使經營風險管理人員不能集中在他們要負責的職責上，即確保進行獨立的監督。將企業的經營與交易活動結合成為一個嚴密無障的整體，對於可行性而言是一個至關重要的前提條件。實行有效且前後連貫的金融風險管理要求建立一個完整統一的經費構架。建構這樣一個經營平臺越來越成為進行綜合風險管理的最困難的環節之外，還有三類主要的金融風險：管制風險；法律風險；意外事件風險。從風險管理的角度來說，相對於它們在風險譜系圈上所占的空

間而言，這一類風險受到的關注要少了很多。

2. 法律風險

金融仲介機構最常遇到的法律風險是合同的履行問題。在絕大多數案例中，訴諸法律是為了中止那些已經導致巨大經濟損失的交易。案例法開始為那些要決定與誰進行交易以及如何開展交易的機構提供一些明確的指導，這些指導方針告訴交易者應在何地以及怎樣預測一項交易。國際掉期交易商協會（ISDA）將交易標準以文件形式公布，並開設專門的研究培訓班以幫助金融機構盡量將法律風險減少到最低程度。

3. 意外事件風險

意外事件風險在一定程度上是可以被預料到的，但卻是不可控的。例如，在20世紀90年代末，大通銀行看到東南亞金融運行中存在的問題，於是在1997年整個東南亞爆發金融危機之前便縮減了在這些市場上的交易活動，從而避免了巨大損失。與之相似，一些投資機構因有先見之明，在1994年的墨西哥比索大貶值的金融危機中也逃過一劫。保險公司對因意外事件風險而產生的不利結果進行保險，從而開發出保險市場，他們所售標的一樣遵循同樣的交易原則，並且按照同樣的方法予以估價，隨著標準化工具與技術手段的演變發展，由保險公司在其間開展業務的意外事件風險市場和由證券公司與銀行機構在其間開展業務在金融風險市場的交叉重疊之處越來越多。如今，保險公司開始涉足金融領域，對將來的金融風險事件提供保險。

9.3 財務危機

9.3.1 財務危機的誘因與徵兆

財務危機又稱「財務困境」。國內外專家、學者對其定義有著不同的觀點。筆者認為財務危機是指企業因經營管理不善或者受到不可抗力因素的影響，而導致的無法按時償還到期且無爭議債務的困難與危機，是企業正常經營活動或財務活動無法良性循環的一種不良經濟現象，常見的有企業破產、持續虧損、存在重大潛虧、資金鏈斷裂、商業信用降低、股價持續下跌等表現形式。財務危機的發生往往有其特定的誘因和徵兆。

9.3.1.1 財務危機的誘因

企業自身的財務管理體系會受到多方面因素的影響，當企業面臨管理資源耗竭、財務資源耗竭、效益下降等客觀影響因素時，企業就會出現財務危機。誘發財務危機的主要原因有以下幾方面：一是管理出現重大失誤。管理重大失誤是指管理者的管理行為因管理能力和管理態度等問題未能妥善處理當前財務危機，而無法實現預期目標的行為過程。具體表現是：企業管理者在外部環境或內部條件發生突變時，作出錯誤決策行為。它可能是現實的，也可能是潛在的，但共同點是都會給企業帶來巨大經濟損失，使企業陷入財務困境之中，嚴重的可能導致企業破產。二是風險意識特別淡薄。在風險與收益配比規律下，通常高風險不一定能獲得高收益，但高收益必定伴隨著高風險。當不利因素產生後，潛在的風險就會轉化為現實的危機。有的管理團隊由於缺

乏預防風險的專業知識，沒有充分考慮風險的存在。決策問題往往採用頭腦風暴的主觀經驗判斷，而沒有依託完備財務資料分析做出決斷，導致公司財務狀況惡化，資金入不敷出，直至破產。三是正常營運偏離軌道。企業在生產和經營過程中，應該以主業為重，副業補充。如果偏離了主營方向（特別是跨行業、跨地域擴張），盲目追求高規模、高利潤，忽視高質量、高成本，致使企業大量資金投向陌生領域，最終由於管理不力而導致公司陷入財務危機。四是公司資本結構不合理。確定合理資本結構是企業籌資決策的重要參考因素。舉債經營，在企業息稅前利潤增大時，每單位盈餘負擔的固定利息會相應減少，單位收益相應增加。因此，企業適度進行舉債經營，不但可以增加每單位收益，而且還具有節稅、降低資本成本等功能。而過度舉債經營，除了需支付高額利息外，還會增大每單位利潤變動幅度。再則，如短期內支付到期本息過於集中，企業將會陷入不堪一擊的財務窘境。五是投資決策重大失誤。成功的企業家總想追求更大的成功，不斷擴張似乎是企業管理者的內在衝動。然而沒有明確目標和科學論證的盲目擴張，會使一個原本健全的組織陷入混亂。這種增長往往會超越管理、財務乃至組織上的駕馭能力，其帶來的不僅僅是虧損，甚至將是徹底的崩潰。六是內部控制屢屢失控。企業實行內部控制過程中由於風險管理控制不嚴，致使企業在財務決策中出現失誤。主要表現為企業在籌資、投資過程中屢遭失控，使企業營運資本出現障礙。另外，由於內部機制的不健全，長期性的盲目採購，造成庫存積壓，成本升高，應收帳款管理弱化，這些都會給企業帶來經營風險，從而引發財務危機。

9.3.1.2 財務危機的徵兆

當企業在日常營運活動過程中發生如銷售收入持續下跌、非正常的存貨積壓、應收帳款大量增加、經營性現金流量不足以抵償其到期流動性債務等跡象時，可以初步斷定企業已經發生財務危機。當然，還可以參考以下現象做進一步判斷：一是財務指標明顯異常。企業應與企業歷史財務數據、同行業財務數據進行對比，如差異巨大，則可能存在嚴重財務危機。重點應關注對長、中、短期債務搭配是否合理，存貨資產、應收債權是否比例過大，非生產性、消費性支出是否增長過快。二是財務預測不準確。企業管理者制訂的財務預算計劃與實際存在較大差距，並且該差距由於受各種原因的影響長時間沒有得到及時修正，財務預算失去了應發揮的作用，這是企業財務危機產生的直接根源。三是企業資信度降低。企業負債不能及時償還稅款、社保不能及時上繳公信度就會受到影響，一旦在投資者、債權人、政府等之間失去信譽，將直接影響到日後在籌資、投資市場上得到政府和社會的支持。可見，當企業資信開始降低時，企業財務危機的發生就有了先兆。四是負債依存度增加。企業在資金需求總量不變的前提下，自有資金不足就必須依靠借入貸款和商業信用等融資手段籌集資金。隨著借入資金的增加，企業除了支付本金以外，更要支付高額利息，從而增加了資金週轉的困難，而企業為了生存不得不依賴再度負債融資。五是財務公開不及時。財務報表是財務報告的主要組成部分，能夠全面、系統地揭示企業一定時期的財務狀況、經營成果和現金流，有助於投資者、債權人和其他有關各利益相關者瞭解企業，進而分析企業的盈利能力、償債能力、投資收益、發展前景等，為再投資提供決策依據。如果企業財務不能及時公開，必然會影響投資者、債權人等對企業財務狀況的全面瞭解，加大利益相關者的猜疑，直接導致企業再融資困難。六是競爭優勢被削弱。市場佔有率

和盈利能力高的企業具有較強的競爭能力。市場佔有率高，客戶對該企業產品、服務認可度高，樂意享受其提供的優質產品和服務。盈利能力強的產品、服務使企業獲得豐厚的回報，促進財務狀況呈現良好態勢；企業產品、服務不被消費者接受，必定使其競爭力下降。當企業財務狀況惡化時，由於資金無法保障，產品和服務質量可能不被市場接受，導致市場份額萎縮，競爭優勢減弱。

9.3.2 財務危機的識別

財務危機可以通過定量分析法和定性分析法兩種方法來識別。定性分析法是在已有的直觀財務資料基礎上，依靠管理者的主觀判斷和綜合分析來識別是否存在財務危機，而定量分析法則是通過對財務資料運用數學方法或數學模型來識別財務危機。當然，還可用安全邊際率、資金安全率、權益淨利率等指標以及運用杜邦分析法、問題樹法來識別。

9.3.2.1 財務指標法

財務指標法是企業通用財務指標。表 9-1 列示了財務分析指標與財務危機關係的評價表。

表 9-1　　　　　財務分析指標與財務危機關係評價表

序號	指標大類	指標小類	指標名稱	指標類型	指標公式	對財務危機影響評價	
						數值越大影響越越	數值越大影響越大
1	償債能力	短期償債能力	營運資本	絕對數	營運資本=流動資產-流動負債	√	
2			流動比率	相對數	流動比率=流動資產/流動負債	√	
3			速動比率	相對數	速動比率=速動資產/流動負債	√	
4			現金比率	相對數	現金比率=(貨幣資金+交易性金融資產)/流動負債	√	
5			現金流量比率	相對數	現金流量比率=經營現金流量/流動負債	√	
6		長期償債能力	資產負債率	相對數	資產負債率=(負債/資產)×100%		
7			產權比率	相對數	負債總額/股東權益		
8			權益乘數	相對數	總資產/股東權益	√	
9			長期資本負債率	相對數	長期資本負債率=[非流動負債/(非流動負債+股東權益)]×100%	√	
10			利息保障倍數	相對數	利息保障倍數=息稅前利潤/利息費用	√	
11			現金流量利息保障倍數	相對數	現金流量利息保障倍數=經營現金流量/利息費用	√	
12			經營現金流量與債務比	相對數	經營現金流量與債務比=(經營現金流量/利息費用)×100%	√	

表9-1(續)

序號	指標大類	指標小類	指標名稱	指標類型	指標公式	對財務危機影響評價 數值越大影響越	對財務危機影響評價 數值越大影響越大
13	營運能力	應收帳款週轉率	應收帳款週轉次數	相對數	應收帳款週轉次數=銷售收入/應收帳款	√	
14			應收帳款週轉天數	絕對數	應收帳款週轉天數=365/(銷售收入/應收帳款)		
15			應收帳款與收入比	相對數	應收帳款與收入比=應收帳款/銷售收入	√	
16		存貨週轉率	存貨週轉次數	相對數	存貨週轉次數=銷售收入/存貨	√	
17			存貨週轉天數	絕對數	存貨週轉天數=365/(銷售收入/存貨)		
18			存貨與收入比	相對數	存貨與收入比=存貨/銷售收入	√	
19		非流動資產周轉率	非流動資產週轉次數	相對數	非流動資產週轉次數=銷售收入/非流動資產	√	
20			非流動資產週轉天數	絕對數	非流動資產週轉天數=365/(銷售收入/非流動資產)		
21			非流動資產與收入比	相對數	非流動資產與收入比=非流動資產週轉/銷售收入	√	
22		總資產周轉率	總資產週轉次數	相對數	總資產週轉次數=銷售收入/總資產	√	
23			總資產週轉天數	絕對數	總資產週轉天數=365/(銷售收入/總資產)		
24			總資產與收入比	相對數	總資產與收入比=非流動資產週轉/總資產		
25	盈利能力		營業利潤率	相對數	營業利潤率=(利潤/營業收入)×100%	√	
26			成本費用率	相對數	成本費用率=(利潤/成本費用總額)×100%		
27			總資產報酬率	相對數	總資產報酬率=(報酬/平均資產總額)×100%	√	
28			淨資產收益率	相對數	淨資產收益率=(淨利潤/平均淨資產)×100%	√	
29			盈餘現金保障倍數	相對數	盈餘現金保障倍數=經營現金淨流量/淨利潤	√	
30	發展能力		營業收入增長率	相對數	營業收入增長率=[(本年營業收入-上年營業收入)/上年營業收入]×100%	√	
31			淨利潤增長率	相對數	淨利潤增長率=[(本年淨利潤-上年淨利潤)/上年淨利潤]×100%	√	
32			資本累積率	相對數	資本累積率=[(年末所有者權益-年初所有者權益)/年初所有者權益]×100%	√	
33			資本保值增值率	相對數	資本保值增值率=(期末所有者權益-期初所有者權益)×100%	√	
34			總資產增長率	相對數	總資產增長率=[(年末資產總額-年初資產總額)/年初資產總額]×100%	√	

在利用這些指標進行分析時，不得單純利用絕對數或相對數指標判斷企業是否存在財務危機，應重點關注複合性指標——資產負債率（一般在60%~70%為宜）。通過利用表9-1中的指標組合與歷史數據、同行數據進行對比判定，以防誤導決策。二是

上市公司專用指標，主要包括：每股收益、每股利潤、市盈率等指標。這些指標比率越大，相對而言發生財務危機的可能性越小。

9.3.2.2 破產模型法

在評價公司業績和財務狀況時，比率分析是一種廣為人們使用的技術。人們認為比率分析能夠預測未來可能發生的情況。特別是當公司的財務狀況出現惡化時，分析人員就要確定公司是否存在破產風險。有些比率能夠幫助人們分析公司的債務狀況以及清償債務的能力。這些重要的比率和會計數據包括利息保障倍數、流動比率、槓桿比率、經營活動產生的現金流量與總負債之比等。但是，沒有一個比率能夠單獨說明一個公司是否處於財務危機中。

1. Z 分數

最早研究利用比率來預測財務危機的最著名的學者是艾爾特曼（E I Altman）。他研究了美國多種破產公司和沒有破產公司的大量比率。從這項研究中，他（1958 年）確立了一個數字模型，將幾種比率結合在一起來預測破產。

Z 分數由 5 個財務比率計算而來。計算 Z 分數的公式如下所示：

$$Z 分數 = 1.2A + 1.4B + 3.3C + 0.6D + 1.0E$$

其中：

$A = \dfrac{營運資本}{總資產}$；

$B = \dfrac{留存收益}{總資產}$；

$C = \dfrac{息稅前利潤}{總資產}$；

$D = \dfrac{普通股市價}{總負債的帳面價值}$；

$E = \dfrac{銷售收入}{總資產}$。

在艾爾特曼模型中，等於或大於 2.7 的 Z 分數被視為沒有破產風險；等於或小於 1.8 的 Z 分數則說明企業面臨著很高的財務風險。

2. 破產預測模型的特點

（1）在公司面臨財務危機或破產的前一段時期內，財務比率會出現非常顯著、快速的惡化。因此，比率分析可以用來解釋公司破產的原因。

（2）雖然 Z 分數分析似乎成了最有前途的分析方法，但是到目前為止，對於企業破產的預測還沒有一種能夠完全令人接受的比率分析模型。僅在英國就存在著好幾種破產預測模型。

（3）艾爾特曼的 Z 分數模型中包括了股東權益市值與債務之比這樣一個比率。因此，該模型不能用來預測私人企業的破產，因為私人企業的股票沒有市價。

3. 公司破產預測模型的缺點

財務失敗預測模型的缺點包括：

（1）公開的財務數據在為公眾已知之前已經過時至少幾個月的時間了。在相關數據還沒有公開時，企業就有可能破產。

（2）所有的破產預測模型都主要建立在財務歷史記錄的基礎上，並沒有考慮到總體的經濟環境。公司的破產更有可能發生在經濟衰退時期而不是復甦時期。

（3）破產預測模型具有與編製報表使用的公認會計準則相同的局限性。「財務失敗」的定義不明確。很顯然，如果公司面臨清算，它肯定是失敗了，但是許多公司或是被人接管或是通過整頓或重組又渡過了難關。

9.3.2.3 安全等級法

企業經營安全程度可用安全邊際率指標來衡量。安全邊際率＝安全邊際/正常銷售額＝1－保本銷售額/正常銷售額，安全邊際＝現有銷售量－盈虧臨界點銷售量。安全邊際的數值越大，虧損的可能性越小，企業越安全，發生財務危機的可能性越低。

9.3.2.4 杜邦分析法

該分析法是由美國杜邦公司創立並成功推行到全球的財務指標評價辦法。它從最具綜合性的財務指標權益淨利率入手，通過層層分解，變為可使用的銷售淨利率、總資產週轉率、權益乘數這三個槓桿的乘積，也可演變為(淨利潤/銷售收入)×(銷售收入/總資產)×(總資產/股東權益)。

9.3.2.5 問題樹法

問題樹法，首先是提出根本問題，類似於先找到樹干，然後像樹枝一樣將對其影響的原因逐級分枝，集合根本問題的相關問題繪製出樹狀圖予以展示。

9.3.3 財務危機的防範

財務危機無處不在，是市場經濟環境下特有的經濟現象，應對財務危機可通過控制—化解—防範的順序逐步展開。

9.3.3.1 財務危機的控制

1. 建立預警系統

首先，建立組織機制。通過組織機制的建立，使企業預警工作常態化、持續化。當發生財務潛在危機時，及時尋找導致財務狀況惡化的根源，做到有的放矢，對症下藥，阻止財務狀況的持續惡化。其次，健全信息機制。通過對財務信息收集、傳遞建立良好的財務風險預警分析系統，達到及時消除財務風險為目的。再次，健全分析機制。通過分析機制的建立，迅速排除影響小的風險，將主要精力放在重大風險上。最後，健全管控機制。通過研究管理諮詢系統數據，提取及時、完整的經營數據與財務數據比較，從而預防財務惡化。

2. 穩健經營關係

一個高速發展的企業如何應對周圍越來越複雜的環境，如何在競爭中取勝、擴張、變強就必須構建自己的核心競爭優勢，在擴張速度和穩健經營之間平衡核心競爭優勢。

3. 抓好關鍵控制

應將財務與經營管理、發展戰略緊密聯繫起來，密切關注可能引發經營與財務風險的事故頻發區。其主要控制點：資金成本控制點、投資回收期控制點、應收帳款控制點、存貨結構控制點等。

4. 健全內控體制

為使企業能夠駕馭財務管理工作全局，更好地發揮內控機制的內在功能，認真研究企業內外經濟環境、經營模式、傳統習慣、職工素質、管理水準等，構建科學、合理符合企業實際的運行通暢、調節靈敏的內控體制。

9.3.3.2 財務危機的化解

1. 拓寬營運市場

喪失市場是出現財務危機的開始。因此，扭轉財務的不利局面應從拓寬、拓新產品的市場開始。

2. 緩解當前危機

企業一旦發生財務危機，就要擬定短期的具體緩解行動方案，通過開源節流來解決當前的支付危機。可以通過處理不良債權、催收往來款、削價處理存貨、出租或出售閒置資產、回收對外投資、融資租賃等措施得以實現。

3. 爭取多方支持

化解財務危機需要一個過程，在困難時需要得到各方幫扶，企業應主動出擊說明目前存在的問題以及化解策略，得到利益相關者支持，以免遭受更多損失，實現共贏。

4. 提高管理質量

當企業處於危機境地時，其內部的運行機制處於紊亂狀態，經營秩序不順，決策效能低下。為此，企業必須對所存在的問題進行認真分析，制定整改策略，從源頭上予以化解。

5. 巧用財務槓桿

財務槓桿是指由於固定性財務費用的存在，企業息稅前利潤（EBIT）的微量變化所引起的每股收益（EPS）大幅度變動的現象。財務槓桿本是一把「雙刃劍」，它在給股東帶來額外財富的同時也可能會引起財務危機的發生。巧用財務槓桿效應的有效措施是權衡確定債務比率，只有當息稅前利潤（EBIT）大於負債經營成本時，才能實現財務槓桿收益。關鍵之處在於如何處理長期負債與營運資金比、留存收益率以及債權、股權比率等指標的平衡。

6. 開展重組運作

企業開展重組的方法很多，主要包括：一是進行財務重組。將原來的債權債務關係轉變為持股與被持股或控股與被控股的關係，由原來的還本付息轉變為按股分紅。二是非現金資產抵債，是指企業和債權人達成協議或經法院裁定，用非現金資產償債，以緩解企業債務壓力。三是資產變現，是指在開放資本市場下，企業資源進入資本市場，讓其流動實現社會資源的優化配置，典型的方式有企業兼併、資本控制、資本收購與轉讓、融資租賃、資本嫁接與改造等。

9.3.3.3 財務危機的防範

1. 強化風險教育

為了防止財務危機的發生，必須強化對全體員工的財務風險意識教育，包括上到股東會、經理層，下到一線員工。特別是必須強化企業高管的財務風險意識，防止高管基於自身利益的需要，片面追求利潤最大化，而不考慮資金成本、資金週轉率、投入產出比及消費市場等行為。

2. 盡量迴避接觸

為了避免財務危機從危機企業向正常企業的擴散，應控制與危機企業之間的接觸，以免導致潛在危險。因此，應採取有效防範措施，提高自身免疫力。

3. 拓寬融資渠道

有效拓展融資渠道是應對財務危機的重要方法之一，應特別防範融資渠道單一。應將商業信用、增資擴股、售後回購、售後回租、動產質押、小動產抵押等多種形式有機組合。

4. 資金集中監管

資金集中監管制度，是為了以豐補歉，提高資金使用效率而採取的資金管理模式，是一種較好的管理手段，它能有效統籌閒置資金與短期資金兩者的協調平衡，但應處理好集權與分權的關係。

隨著企業財務危機的發生頻率和危害程度與日俱增，每個企業都會面臨不同程度的財務危機，企業要提高財務危機應對水準。如果應對工作做得好，企業就可以化危機為轉機，贏得競爭優勢；應對工作做得差，企業就可能遭遇到重大損失。總之，企業應深刻分析財務危機產生的原因，及時識別財務危機，實施策略組合，最大限度地避免和降低財務危機給企業帶來的負面影響。

9.3.4 財務預警

企業經營必須建立一套預警制度，企業面對經營危機，應採取有效的應變措施消除危機。所謂企業財務預警分析，就是通過對企業財務報表及相關經營資料的分析，利用即時的財務數據和相應的數據化管理方式，將企業所面臨的危險情況預先告知企業經營者和其他利益關係人，並分析企業發生財務危機的原因和企業財務營運管理，體系隱藏的問題，以提早做好防範措施。

9.3.4.1 財務預警分析的方法

1. 定性預警分析法

標準化調查法又稱風險分析調查法，即通過專業人員、諮詢公司、協會等對企業可能遇到的問題加以詳細調查與分析，形成報告文件供企業經營者參考的方法，這種報告文件有一兩頁到上百頁不等。之所以稱其為標準化，並不是指這些報告文件或調查法具有統一的格式，而是指它們所提出的問題對所有企業或組織都是有意義的，這是其優點，但缺點也由此而生，即這種方法對特定的企業來說，無法提供特定問題、損失暴露的一些個性特徵。另外，該類表格沒有對要求回答的每個問題進行解釋，也

沒有引導使用者對所問問題之外的相關信息做出正確判斷。

2.「四階段症狀」分析法

企業財務營運情況不佳，甚至出現危機肯定有特定的症狀，我們的任務是及早發現各個階段的症狀，對症下藥。可以認為企業財務營運病症大體可分為四個階段，各階段病發症狀如表 9-2 所示。如企業有相應情況發生，一定要盡快弄清病因，採取有效措施，擺脫財務困境，恢復財務正常運作。

表 9-2　　　　　　　　　　企業財務營運病症的四個階段

財務危機的潛伏期	財務危機發作期	財務危機惡化期	財務危機實現期
(1) 盲目擴張	(1) 自有資本不足	(1) 經營者無心經營業務，專心於財務週轉	(1) 負債嚴重超過資產，持續喪失償還能力
(2) 無效市場行銷	(2) 過分依賴外部資金，利息負擔重	(2) 資金週轉困難	(2) 長期現金流入量遠遠小於現金流入量，入不敷出
(3) 疏於風險管理	(3) 缺乏會計的預警作用	(3) 債務到期違約不支付	
(4) 缺乏有效的管理制度，企業資源分配不當	(4) 債務長期持續拖延償付		
(5) 無視環境的變化			

3.「三個月資金週轉表」分析法

判斷企業「病情」的有力武器之一是看看有沒有制訂三個月計劃的資金週轉表。是否制訂三個月計劃的資金週轉表，是否經常檢查結轉下月額對總收入的比率、銷售額對付、款票據兌現額的比率以及考慮資金週轉問題，對維持企業的生存極為重要。

這種方法的理論思路是當銷售額逐月上升時，兌現付款票據極其容易，可是反過來，如果銷售額每月下降，已經開出的付款票據也就難以支付。這種方法的判斷標準如下：

(1) 如果制訂不出三個月計劃的資金週轉表，這本身就已經是個問題了。

(2) 倘若已經制好了表，就要查明轉入下一個月的結轉額是否占總收入的 20% 以上，付款票據的支付額是否在銷售額的 60% 以下（批發商）或 40% 以下（製造業）。企業面臨著變幻無窮的理財環境，所以要經常準備好安全度較高的資金週轉表，假如連這種應當辦到的事都做不到，就說明這個企業已經處於緊張狀態了。

4. 流程圖分析法

企業流程圖分析是一種動態分析。這種流程圖對識別企業生產經營和財務活動的關鍵點特別有用。運用流程圖分析可以暴露潛在的風險，在整個企業生產經營流程中，即使僅一兩處發生意外，都有可能造成損失，使企業難以達到既定目標。如果在關鍵點上出現堵塞和發生損失，將會導致企業全部經營活動終止或資金運轉終止。在這個圖中，每個企業都可以找到一些關鍵點。如果在這些關鍵點上發生故障，損失將怎麼樣，有無預先防範的措施等，這是一種對潛在風險的判斷與分析。當然，企業還可以

把類似的流程圖畫得更詳細一些，以便更好地識別可能的風險。一般而言，在關鍵點處應採取防範措施，才可能降低風險。

5. 管理評分法

美國仁翰·阿吉蒂調查了企業的管理特性以及可能導致破產的公司缺陷。阿吉蒂按管理評分法中的幾種缺陷、錯誤和徵兆進行對比打分，還根據這幾項對破產過程產生影響的大小程度對它們進行了調整，具體見表9-3。

表 9-3　　　　　　　　　　　　　　　管理評分表

項目		得分	表現
缺點	管理方面	8	總經理獨斷專行
		4	董事長兼任總經理
		2	獨斷的總經理控制著被動的董事會
		2	董事會成員構成失衡，比如管理人員不足
		2	財務主管能力低下
	財務方面	1	管理混亂，缺乏規章制度
		3	沒有財務預算或不按預算控制
		3	沒有現金流轉計劃或雖有計劃但從未適時調整
		3	沒有成本控制系統，對企業的成本一無所知
		15	應變能力差，過時的產品，陳舊的設備，守舊的戰略
合計		43	及格 10 分
錯誤		15	欠債過多
		15	企業過度發展
		15	過度依賴大項目
合計		45	及格 15 分
症狀		4	財務報表上顯示不佳的信號
		4	總經理操縱會計帳目以掩蓋下滑的實際
		3	非財務反應；財務管理混亂、工資凍結、帳號凍結、士氣低落、人員外流
		1	晚期跡象：債權人揚言要提起法律訴訟
合計		12	
總計		100	

用管理評分法對企業經營管理進行評估時，每一項得分要麼是零分、要麼是滿分，不允許給中間分。所給的分數就表明了管理不善的程度。參照表9-3中各項進行打分，分數越高，則企業的處境越差。在理想的企業中，這些分數應當均為零。

如果評價的分數總計超過25分，就表明企業正面臨失敗的危險；如果得分總數超過35分，企業就處於嚴重的危機之中；企業的安全得分一般小於18分。因此，在18~35分構成企業管理的一個「黑色區域」，如果企業所得評價總分位於「黑色區域」之內，企業就必須提高警惕，迅速採取有效措施，使總分數降低到18分以下的安全區端。

9.3.4.2 預警分析單變量模式

單變量模式是指運用單一變數、用個別財務比率來預測財務危機的模型。按照這一模式，當企業模型中所涉及的幾個財務比率趨於惡化時，通常是企業發生財務危機的徵兆，單變量模式所運用的預測財務失敗的比率，按其預測能力分別為債務保障率、資產收益率、資產負債率等。按照單變量模式的解釋，企業的現金流量、淨收益和債務狀況不能改變，並且表現為企業長期的狀況，而非短期。根據這一模型，跟蹤考察企業時，應對上述比率的變化趨勢予以特別注意。

「利息及票據貼現費用」判別分析法：日本經營諮詢診斷專家田邊升一，在其所著的《企業經營弊病的診治》一書中，提出了檢查企業「血液」——資金的秘訣之一是「利息及票據貼現費用」判別分析法，利用利息及票據貼現費用大小，即以企業貸款利息、貼現費用占其銷售額的百分比來判斷企業正常（健康）與否。

9.3.4.3 預警分析多變量模式

預警分析多變量模式通常採用安全率這一綜合指標，通過計算企業的安全率，瞭解企業財務經營結構現狀，並尋求企業財務狀況改善方向。企業安全率是由兩個因素所交集而成：一是經營安全率；二是資金安全率。經營安全率用安全邊際率來表示：

安全邊際率（現有或預計銷售額-保本銷售額）/A有（預計）銷售額

資金安全率計算方法：

$$資金安全率＝資產變現率-資產負債率$$
$$資產變現率＝資產變現金額/資產帳面金額$$

一般說來，當兩個安全率指標均大於零時，企業經營狀況良好，可以適當採取擴張的策略；當資金安全率為正，而經營安全率小於零時，表示企業財務狀況良好，但行銷能力不足，應加強行銷管理，增加企業利潤的創造能力；當企業的經營安全率大於零，而資金安全率為零時，表明企業財務狀況已露出險兆，積極創造目前已有的資金，進行開源節流，改善企業的財務結構成為企業的首要任務；當企業的兩個安全率指標均小於零時，則表明企業的經營已陷入危險的境地，隨時有爆發財務危機的可能。

企業因財務危機導致經營陷入困境，甚至宣告破產的例子不少。企業產生財務危機的原因是多方面的，既可能是企業經營者決策失誤，也可能是管理失控，還可能是外部環境惡化等。但任何財務危機都有個逐步顯現、不斷惡化的過程，因此，應對企業的財務營運過程進行跟蹤、監控，及早地發現財務危機信號，預測企業的財務失敗。一旦發現某種異常徵兆就應著手應變，以避免或減少對企業的破壞。設立和建立財務預警預報系統，對財務營運做出預測預報，無論從哪個立場分析都是十分必要的。經營者能夠在財務危機出現的初始階段採取有效措施改善企業經營，預防失敗；投資者在企業的財務危機萌發後及時處理現有投資，避免更大損失；銀行等金融機構可以利用這種預測，幫助做出貸款或者進行貸款控制；相關企業可以在這種信號的幫助下做出信用決策並對應收帳款進行有效管理；註冊會計師則利用這樣預警信息確定其審計流程，判斷該企業的前景，以免犯同樣或類似的錯誤，從而不斷增強企業的免疫能力。

總之，企業財務報警系統應該是企業預警系統的一部分，它除了能夠預先告知經

營者、投資者企業組織內部財務營運體系隱藏的問題之外，還能清晰地告知企業經營者應朝哪一個方向努力來有效地解決問題，讓企業把有限的財務資源用於最需要或最能產生經營成果的地方。但財務預警系統卻無法幫經營者解決財務營運的問題，這是經營者對財務報警制度必須有的認識。

本章小結

本章財務文化內容中主要介紹了與財務行為和財務文化有關的基本知識，包括財務行為、誠信與忠實、財務道德、企業倫理與文化建設、財務文化擴展等五個方面。財務行為是指財務行為主體在企業內外環境因素的影響和刺激下，為實現財務目標所做出的能動的、現實的反應活動。研究財務行為的意義在於，通過調整財務行為，從而提高財務工作的質量和效率。企業財務文化主要是一種推動組織中成員朝著一定的財務目標努力的集體文化，財務文化的業績也是以組織的整體業績、整體財務形象加以衡量的，無論是組織的負責人員，還是組織中的普通員工，都會因為組織的財務成就而得到更多的實惠，並感到自豪。

本章所介紹的財務風險是指在企業的各種財務活動中，因企業內外部環境及各種難以預計或無法控制的因素影響，在一定時期內，企業的實際財務結果與預期財務結果發生偏離，從而蒙受損失的可能性。

本章練習題

一、不定項選擇題

1. 下列選項中，關於會計職業道德調整對象的表述中，正確的有（　　）。
   A. 調整會計職業
   B. 調整會計職業中的經濟利益關係
   C. 調整會計職業內部從業人員之間的關係
   D. 調整與會計活動有關的所有關係
2. 開展會計職業道德教育活動的意義在於（　　）。
   A. 培養會計職業道德情感　　　　B. 樹立會計職業道德觀念
   C. 提高會計職業道德水準　　　　D. 促使會計職業道德發展
3. 會計人員如果洩露本單位的商業機密，可能導致的後果將會有（　　）。
   A. 會計人員的信譽將受到損害　　B. 會計人員將承擔法律責任
   C. 單位的經濟利益將受到損害　　D. 會計行業聲譽將受到損害
4. 人員保守企業秘密，正確的做法是（　　）。
   A. 閒談不涉及企業的核心技術
   B. 製作所謂的假秘密散發出去，迷惑競爭對手
   C. 向親朋好友講述企業內幕時，要控制在很小的範圍內
   D. 企業有危害社會和國家的「秘密」，要敢於揭露

5. 財務文化的功能有（　　）。
   A. 約束和激勵財務行為　　　　B. 形成財務競爭力
   C. 緩解財務衝突　　　　　　　D. 防範財務風險
6. 下列各種籌資方式中，最有利於降低公司財務風險的是（　　）。
   A. 發行普通股　　　　　　　　B. 發行優先股
   C. 發行公司債券　　　　　　　D. 發行可轉換債券
7. A公司20×6年實現利潤2,500萬元，年終時有一筆1,000萬元的應付帳款需要支付，但由於該公司缺乏可用資金，導致該公司無法償付到期的應付帳款。這說明該公司出現的風險是（　　）。
   A. 戰略風險　　　　　　　　　B. 信用風險
   C. 財務風險　　　　　　　　　D. 操作風險

二、簡答題

1. 怎樣理解誠信在企業、生活的方方面面所發揮的作用？
2. 簡述財務道德的主要功能。
3. 關於企業倫理文化的建設途徑有哪些？
4. 簡要說明財務文化的功能有哪些？
5. 企業存在財務風險主要表現在哪些方面？
6. 化解財務危機主要有哪些舉措？
7. 財務預警分析的方法主要有哪些？
8. 經營風險與財務風險的關係是這樣的？

附錄

附錄 A 複利終值系數表
(F/P, i, n)

期數	1%	2%	3%	4%	5%	6%	7%	8%	9%	10%
1	1.010,0	1.020,0	1.030,0	1.040,0	1.050,0	1.060,0	1.070,0	1.080,0	1.090,0	1.100,0
2	1.020,1	1.040,4	1.060,9	1.081,6	1.102,5	1.123,6	1.144,9	1.166,4	1.188,1	1.210,0
3	1.030,3	1.061,2	1.092,7	1.124,9	1.157,6	1.191,0	1.225,0	1.259,7	1.295,0	1.331,0
4	1.040,6	1.082,4	1.125,5	1.169,9	1.215,5	1.262,5	1.310,8	1.360,5	1.411,6	1.464,1
5	1.051,0	1.104,1	1.159,3	1.216,7	1.276,3	1.338,2	1.402,6	1.469,3	1.538,6	1.610,5
6	1.061,5	1.126,2	1.194,1	1.265,3	1.340,1	1.418,5	1.500,7	1.586,9	1.677,1	1.771,6
7	1.072,1	1.148,7	1.229,9	1.315,9	1.407,1	1.503,6	1.605,8	1.713,8	1.828,0	1.948,7
8	1.082,9	1.171,7	1.266,8	1.368,6	1.477,5	1.593,8	1.718,2	1.850,9	1.992,6	2.143,6
9	1.093,7	1.195,1	1.304,8	1.423,3	1.551,3	1.689,5	1.838,5	1.999,0	2.171,9	2.357,9
10	1.104,6	1.219,0	1.343,9	1.480,2	1.628,9	1.790,8	1.967,2	2.158,9	2.367,4	2.593,7
11	1.115,7	1.243,4	1.384,2	1.539,5	1.710,3	1.898,3	2.104,9	2.331,6	2.580,4	2.853,1
12	1.126,8	1.268,2	1.425,8	1.601,0	1.795,9	2.012,2	2.252,2	2.518,2	2.812,7	3.138,4
13	1.138,1	1.293,6	1.468,5	1.665,1	1.885,6	2.132,9	2.409,8	2.719,6	3.065,8	3.452,3
14	1.149,5	1.319,5	1.512,6	1.731,7	1.979,9	2.260,9	2.578,5	2.937,2	3.341,7	3.797,5
15	1.161,0	1.345,9	1.558,0	1.800,9	2.078,9	2.396,6	2.759,0	3.172,2	3.642,5	4.177,2
16	1.172,6	1.372,8	1.604,7	1.873,0	2.182,9	2.540,4	2.952,2	3.425,9	3.970,3	4.595,0
17	1.184,3	1.400,2	1.652,8	1.947,9	2.292,0	2.692,8	3.158,8	3.700,0	4.327,6	5.054,5
18	1.196,1	1.428,2	1.702,4	2.025,8	2.406,6	2.854,3	3.379,9	3.996,0	4.717,1	5.559,9
19	1.208,1	1.456,8	1.753,5	2.106,8	2.527,0	3.025,6	3.616,5	4.315,7	5.141,7	6.115,9
20	1.220,2	1.485,9	1.806,1	2.191,1	2.653,3	3.207,1	3.869,7	4.661,0	5.604,4	6.727,5
21	1.232,4	1.515,7	1.860,3	2.278,8	2.786,0	3.399,6	4.140,6	5.033,8	6.108,8	7.400,2
22	1.244,7	1.546,0	1.916,1	2.369,9	2.925,3	3.603,5	4.430,4	5.436,5	6.658,6	8.140,3
23	1.257,2	1.576,9	1.973,6	2.464,7	3.071,5	3.819,7	4.740,5	5.871,5	7.257,9	8.954,3
24	1.269,7	1.608,4	2.032,8	2.563,3	3.225,1	4.048,9	5.072,4	6.341,2	7.911,1	9.849,7
25	1.282,4	1.640,6	2.093,8	2.665,8	3.386,4	4.291,9	5.427,4	6.848,5	8.623,1	10.834,7
26	1.295,3	1.673,4	2.156,6	2.772,5	3.555,7	4.549,4	5.807,4	7.396,4	9.399,2	11.918,2
27	1.308,2	1.706,9	2.221,3	2.883,4	3.733,5	4.822,3	6.213,9	7.988,1	10.245,1	13.110,0
28	1.321,3	1.741,0	2.287,9	2.998,7	3.920,1	5.111,7	6.648,8	8.627,1	11.167,1	14.421,0
29	1.334,5	1.775,8	2.356,6	3.118,7	4.116,1	5.418,4	7.114,3	9.317,3	12.172,2	15.863,1
30	1.347,8	1.811,4	2.427,3	3.243,4	4.321,9	5.743,5	7.612,3	10.062,7	13.267,7	17.449,4

(續表)

期數	11%	12%	13%	14%	15%	16%	17%	18%	19%	20%
1	1.110,0	1.120,0	1.130,0	1.140,0	1.150,0	1.160,0	1.170,0	1.180,0	1.190,0	1.200,0
2	1.232,1	1.254,4	1.276,9	1.299,6	1.322,5	1.345,6	1.368,9	1.392,4	1.416,1	1.440,0
3	1.367,6	1.404,9	1.442,9	1.481,5	1.520,9	1.560,9	1.601,6	1.643,0	1.685,2	1.728,0
4	1.518,1	1.573,5	1.630,5	1.689,0	1.749,0	1.810,6	1.873,9	1.938,8	2.005,3	2.073,6
5	1.685,1	1.762,3	1.842,4	1.925,4	2.011,4	2.100,3	2.192,4	2.287,8	2.386,4	2.488,3
6	1.870,4	1.973,8	2.082,0	2.195,0	2.313,1	2.436,4	2.565,2	2.699,6	2.839,8	2.986,0
7	2.076,2	2.210,7	2.352,6	2.502,3	2.660,0	2.826,2	3.001,2	3.185,5	3.379,3	3.583,2
8	2.304,5	2.476,0	2.658,4	2.852,6	3.059,0	3.278,4	3.511,5	3.758,9	4.021,4	4.299,8
9	2.558,0	2.773,1	3.004,0	3.251,9	3.517,9	3.803,0	4.108,4	4.435,5	4.785,4	5.159,8
10	2.839,4	3.105,8	3.394,6	3.707,2	4.045,6	4.411,4	4.806,8	5.233,8	5.694,7	6.191,7
11	3.151,8	3.478,6	3.835,9	4.226,2	4.652,4	5.117,3	5.624,0	6.175,9	6.776,7	7.430,1
12	3.498,5	3.896,0	4.334,5	4.817,9	5.350,3	5.936,0	6.580,1	7.287,6	8.064,2	8.916,1
13	3.883,3	4.363,5	4.898,0	5.492,4	6.152,8	6.885,8	7.698,7	8.599,4	9.596,4	10.699,3
14	4.310,4	4.887,1	5.534,8	6.261,3	7.075,7	7.987,5	9.007,5	10.147,2	11.419,8	12.839,2
15	4.784,6	5.473,6	6.254,3	7.137,9	8.137,1	9.265,5	10.538,7	11.973,7	13.589,5	15.407,0
16	5.310,9	6.130,4	7.067,3	8.137,2	9.357,6	10.748,0	12.330,3	14.129,0	16.171,5	18.488,4
17	5.895,1	6.866,0	7.986,1	9.276,5	10.761,3	12.467,7	14.426,5	16.672,2	19.244,1	22.186,1
18	6.543,6	7.690,0	9.024,3	10.575,2	12.375,5	14.462,5	16.879,0	19.673,3	22.900,5	26.623,3
19	7.263,3	8.612,8	10.197,4	12.055,7	14.231,8	16.776,5	19.748,4	23.214,4	27.251,6	31.948,0
20	8.062,3	9.646,3	11.523,1	13.743,5	16.366,5	19.460,8	23.105,6	27.393,0	32.429,4	38.337,6
21	8.949,2	10.803,8	13.021,1	15.667,6	18.821,5	22.574,5	27.033,6	32.323,8	38.591,0	46.005,1
22	9.933,6	12.100,3	14.713,8	17.861,0	21.644,7	26.186,4	31.629,3	38.142,1	45.923,3	55.206,1
23	11.026,3	13.552,3	16.626,6	20.361,6	24.891,5	30.376,2	37.006,2	45.007,6	54.648,7	66.247,4
24	12.239,2	15.178,6	18.788,1	23.212,2	28.625,2	35.236,4	43.297,3	53.109,0	65.032,0	79.496,8
25	13.585,5	17.000,1	21.230,5	26.461,9	32.919,0	40.874,2	50.657,8	62.668,6	77.388,1	95.396,2
26	15.079,9	19.040,1	23.990,5	30.166,6	37.856,8	47.414,1	59.269,7	73.949,0	92.091,8	114.475,5
27	16.738,7	21.324,9	27.109,3	34.389,9	43.535,3	55.000,4	69.345,5	87.259,8	109.589,3	137.370,6
28	18.579,9	23.883,9	30.633,5	39.204,5	50.065,6	63.800,4	81.134,2	102.966,6	130.411,2	164.844,7
29	20.623,7	26.749,9	34.615,8	44.693,1	57.575,5	74.008,5	94.927,1	121.500,5	155.189,3	197.813,6
30	22.892,3	29.959,9	39.115,9	50.950,2	66.211,8	85.849,9	111.064,7	143.370,6	184.675,3	237.376,3

（續表）

期數	21%	22%	23%	24%	25%	26%	27%	28%	29%	30%
1	1.210,0	1.220,0	1.230,0	1.240,0	1.250,0	1.260,0	1.270,0	1.280,0	1.290,0	1.300,0
2	1.464,1	1.488,4	1.512,9	1.537,6	1.562,5	1.587,6	1.612,9	1.638,4	1.664,1	1.690,0
3	1.771,6	1.815,8	1.860,9	1.906,6	1.953,1	2.000,4	2.048,4	2.097,2	2.146,7	2.197,0
4	2.143,6	2.215,3	2.288,9	2.364,2	2.441,4	2.520,5	2.601,4	2.684,4	2.769,2	2.856,1
5	2.593,7	2.702,7	2.815,3	2.931,6	3.051,8	3.175,8	3.303,8	3.436,0	3.572,3	3.712,9
6	3.138,4	3.297,3	3.462,8	3.635,2	3.814,7	4.001,5	4.195,9	4.398,0	4.608,3	4.826,8
7	3.797,5	4.022,7	4.259,3	4.507,7	4.768,4	5.041,9	5.328,8	5.629,5	5.944,7	6.274,9
8	4.595,0	4.907,7	5.238,9	5.589,5	5.960,5	6.352,8	6.767,5	7.205,8	7.668,6	8.157,3
9	5.559,9	5.987,4	6.443,9	6.931,0	7.450,6	8.004,5	8.594,8	9.223,4	9.892,5	10.604,5
10	6.727,5	7.304,6	7.925,9	8.594,4	9.313,2	10.085,7	10.915,3	11.805,9	12.761,4	13.785,8
11	8.140,3	8.911,7	9.748,9	10.657,1	11.641,5	12.708,0	13.862,5	15.111,6	16.462,2	17.921,6
12	9.849,7	10.872,2	11.991,2	13.214,8	14.551,9	16.012,0	17.605,3	19.342,8	21.236,2	23.298,1
13	11.918,2	13.264,1	14.749,1	16.386,3	18.189,9	20.175,2	22.358,8	24.758,8	27.394,7	30.287,5
14	14.421,0	16.182,2	18.141,4	20.319,1	22.737,4	25.420,7	28.395,7	31.691,3	35.339,1	39.373,8
15	17.449,4	19.742,3	22.314,0	25.195,6	28.421,7	32.030,1	36.062,5	40.564,8	45.587,5	51.185,9
16	21.113,8	24.085,6	27.446,2	31.242,6	35.527,1	40.357,9	45.799,4	51.923,0	58.807,9	66.541,7
17	25.547,7	29.384,4	33.758,8	38.740,8	44.408,9	50.851,0	58.165,2	66.461,4	75.862,1	86.504,2
18	30.912,7	35.849,0	41.523,3	48.038,6	55.511,2	64.072,2	73.869,8	85.070,6	97.862,2	112.455,4
19	37.404,3	43.735,8	51.073,7	59.567,9	69.388,9	80.731,0	93.814,7	108.890,4	126.242,2	146.192,0
20	45.259,3	53.357,6	62.820,6	73.864,1	86.736,2	101.721,1	119.144,6	139.379,7	162.852,4	190.049,6
21	54.763,7	65.096,3	77.269,4	91.591,5	108.420,2	128.168,5	151.313,7	178.406,0	210.079,6	247.064,5
22	66.264,1	79.417,5	95.041,3	113.573,5	135.525,3	161.492,4	192.168,3	228.359,6	271.002,7	321.183,9
23	80.179,5	96.889,4	116.900,8	140.831,2	169.406,6	203.480,4	244.053,8	292.300,3	349.593,5	417.539,1
24	97.017,2	118.205,0	143.788,0	174.630,6	211.758,2	256.385,3	309.948,3	374.144,4	450.975,6	542.800,8
25	117.390,9	144.210,1	176.859,3	216.542,0	264.697,8	323.045,4	393.634,4	478.904,9	581.758,5	705.641,0
26	142.042,9	175.936,4	217.536,9	268.512,1	330.872,2	407.037,3	499.915,7	612.998,2	750.468,5	917.333,3
27	171.871,9	214.642,4	267.570,4	332.955,0	413.590,3	512.867,0	634.892,9	784.637,7	968.104,4	1,192.533,3
28	207.965,1	261.863,7	329.111,5	412.864,2	516.987,9	646.212,4	806.314,0	1,004.336,3	1,248.854,6	1,550.293,3
29	251.637,7	319.473,7	404.807,2	511.951,6	646.234,9	814.227,6	1,024.018,7	1,285.550,4	1,611.022,5	2,015.381,3
30	304.481,6	389.757,9	497.912,9	634.819,9	807.793,6	1,025.926,7	1,300.503,8	1,645.504,6	2,078.219,0	2,619.995,6

附錄 B　複利現值系數表

$(P/F, i, n)$

期數	1%	2%	3%	4%	5%	6%	7%	8%	9%	10%
1	0.990,1	0.980,4	0.970,9	0.961,5	0.952,4	0.943,4	0.934,6	0.925,9	0.917,4	0.909,1
2	0.980,3	0.961,2	0.942,6	0.924,6	0.907	0.89	0.873,4	0.857,3	0.841,7	0.826,4
3	0.970,6	0.942,3	0.915,1	0.889	0.863,8	0.839,6	0.816,3	0.793,8	0.772,2	0.751,3
4	0.961	0.923,8	0.888,5	0.854,8	0.822,7	0.792,1	0.762,9	0.735	0.708,4	0.683
5	0.951,5	0.905,7	0.862,6	0.821,9	0.783,5	0.747,3	0.713	0.680,6	0.649,9	0.620,9
6	0.942	0.888	0.837,5	0.790,3	0.746,2	0.705	0.666,3	0.630,2	0.596,3	0.564,5
7	0.932,7	0.870,6	0.813,1	0.759,9	0.710,7	0.665,1	0.622,7	0.583,5	0.547	0.513,2
8	0.923,5	0.853,5	0.789,4	0.730,7	0.676,8	0.627,4	0.582	0.540,3	0.501,9	0.466,5
9	0.914,3	0.836,8	0.766,4	0.702,6	0.644,6	0.591,9	0.543,9	0.500,2	0.460,4	0.424,1
10	0.905,3	0.820,3	0.744,1	0.675,6	0.613,9	0.558,4	0.508,3	0.463,2	0.422,4	0.385,5
11	0.896,3	0.804,3	0.722,4	0.649,6	0.584,7	0.526,8	0.475,1	0.428,9	0.387,5	0.350,5
12	0.887,4	0.788,5	0.701,4	0.624,6	0.556,8	0.497	0.444	0.397,1	0.355,5	0.318,6
13	0.878,7	0.773	0.681	0.600,6	0.530,3	0.468,8	0.415	0.367,7	0.326,2	0.289,7
14	0.87	0.757,9	0.661,1	0.577,5	0.505,1	0.442,3	0.387,8	0.340,5	0.299,2	0.263,3
15	0.861,3	0.743	0.641,9	0.555,3	0.481	0.417,3	0.362,4	0.315,2	0.274,5	0.239,4
16	0.852,8	0.728,4	0.623,2	0.533,9	0.458,1	0.393,6	0.338,7	0.291,9	0.251,9	0.217,6
17	0.844,4	0.714,2	0.605	0.513,4	0.436,3	0.371,4	0.316,6	0.270,3	0.231,1	0.197,8
18	0.836	0.700,2	0.587,4	0.493,6	0.415,5	0.350,3	0.295,9	0.250,2	0.212	0.179,9
19	0.827,7	0.686,4	0.570,3	0.474,6	0.395,7	0.330,5	0.276,5	0.231,7	0.194,5	0.163,5
20	0.819,5	0.673	0.553,7	0.456,4	0.376,9	0.311,8	0.258,4	0.214,5	0.178,4	0.148,6
21	0.811,4	0.659,8	0.537,5	0.438,8	0.358,9	0.294,2	0.241,5	0.198,7	0.163,7	0.135,1
22	0.803,4	0.646,8	0.521,9	0.422	0.341,8	0.277,5	0.225,7	0.183,9	0.150,2	0.122,8
23	0.795,4	0.634,2	0.506,7	0.405,7	0.325,6	0.261,8	0.210,9	0.170,3	0.137,8	0.111,7
24	0.787,6	0.621,7	0.491,9	0.390,1	0.310,1	0.247	0.197,1	0.157,7	0.126,4	0.101,5
25	0.779,8	0.609,5	0.477,6	0.375,1	0.295,3	0.233	0.184,2	0.146	0.116	0.092,3
26	0.772	0.597,6	0.463,7	0.360,7	0.281,2	0.219,8	0.172,2	0.135,2	0.106,4	0.083,9
27	0.764,4	0.585,9	0.450,2	0.346,8	0.267,8	0.207,4	0.160,9	0.125,2	0.097,6	0.076,3
28	0.756,8	0.574,4	0.437,1	0.333,5	0.255,1	0.195,6	0.150,4	0.115,9	0.089,5	0.069,3
29	0.749,3	0.563,1	0.424,3	0.320,7	0.242,9	0.184,6	0.140,6	0.107,3	0.082,2	0.063
30	0.741,9	0.552,1	0.412	0.308,3	0.231,4	0.174,1	0.131,4	0.099,4	0.075,4	0.057,3

(續表)

期數	11%	12%	13%	14%	15%	16%	17%	18%	19%	20%
1	0.900,9	0.892,9	0.885	0.877,2	0.869,6	0.862,1	0.854,7	0.847,5	0.840,3	0.833,3
2	0.811,6	0.797,2	0.783,1	0.769,5	0.756,1	0.743,2	0.730,5	0.718,2	0.706,2	0.694,4
3	0.731,2	0.711,8	0.693,1	0.675	0.657,5	0.640,7	0.624,4	0.608,6	0.593,4	0.578,7
4	0.658,7	0.635,5	0.613,3	0.592,1	0.571,8	0.552,3	0.533,7	0.515,8	0.498,7	0.482,3
5	0.593,5	0.567,4	0.542,8	0.519,4	0.497,2	0.476,1	0.456,1	0.437,1	0.419	0.401,9
6	0.534,6	0.506,6	0.480,3	0.455,6	0.432,3	0.410,4	0.389,8	0.370,4	0.352,1	0.334,9
7	0.481,7	0.452,3	0.425,1	0.399,6	0.375,9	0.353,8	0.333,2	0.313,9	0.295,9	0.279,1
8	0.433,9	0.403,9	0.376,2	0.350,6	0.326,9	0.305	0.284,8	0.266	0.248,7	0.232,6
9	0.390,9	0.360,6	0.332,9	0.307,5	0.284,3	0.263	0.243,4	0.225,5	0.209	0.193,8
10	0.352,2	0.322	0.294,6	0.269,7	0.247,2	0.226,7	0.208	0.191,1	0.175,6	0.161,5
11	0.317,3	0.287,5	0.260,7	0.236,6	0.214,9	0.195,4	0.177,8	0.161,9	0.147,6	0.134,6
12	0.285,8	0.256,7	0.230,7	0.207,6	0.186,9	0.168,5	0.152	0.137,2	0.124	0.112,2
13	0.257,5	0.229,2	0.204,2	0.182,1	0.162,5	0.145,2	0.129,9	0.116,3	0.104,2	0.093,5
14	0.232	0.204,6	0.180,7	0.159,7	0.141,3	0.125,2	0.111	0.098,5	0.087,6	0.077,9
15	0.209	0.182,7	0.159,9	0.140,1	0.122,9	0.107,9	0.094,9	0.083,5	0.073,6	0.064,9
16	0.188,3	0.163,1	0.141,5	0.122,9	0.106,9	0.093	0.081,1	0.070,8	0.061,8	0.054,1
17	0.169,6	0.145,6	0.125,2	0.107,8	0.092,9	0.080,2	0.069,3	0.06	0.052	0.045,1
18	0.152,8	0.13	0.110,8	0.094,6	0.080,8	0.069,1	0.059,2	0.050,8	0.043,7	0.037,6
19	0.137,7	0.116,1	0.098,1	0.082,9	0.070,3	0.059,6	0.050,6	0.043,1	0.036,7	0.031,3
20	0.124	0.103,7	0.086,8	0.072,8	0.061,1	0.051,4	0.043,3	0.036,5	0.030,8	0.026,1
21	0.111,7	0.092,6	0.076,8	0.063,8	0.053,1	0.044,3	0.037	0.030,9	0.025,9	0.021,7
22	0.100,7	0.082,6	0.068	0.056	0.046,2	0.038,2	0.031,6	0.026,2	0.021,8	0.018,1
23	0.090,7	0.073,8	0.060,1	0.049,1	0.040,2	0.032,9	0.027	0.022,2	0.018,3	0.015,1
24	0.081,7	0.065,9	0.053,2	0.043,1	0.034,9	0.028,4	0.023,1	0.018,8	0.015,4	0.012,6
25	0.073,6	0.058,8	0.047,1	0.037,8	0.030,4	0.024,5	0.019,7	0.016	0.012,9	0.010,5
26	0.066,3	0.052,5	0.041,7	0.033,1	0.026,4	0.021,1	0.016,9	0.013,5	0.010,9	0.008,7
27	0.059,7	0.046,9	0.036,9	0.029,1	0.023	0.018,2	0.014,4	0.011,5	0.009,1	0.007,3
28	0.053,8	0.041,9	0.032,6	0.025,5	0.02	0.015,7	0.012,3	0.009,7	0.007,7	0.006,1
29	0.048,5	0.037,4	0.028,9	0.022,4	0.017,4	0.013,5	0.010,5	0.008,2	0.006,4	0.005,1
30	0.043,7	0.033,4	0.025,6	0.019,6	0.015,1	0.011,6	0.009	0.007	0.005,4	0.004,2

(續表)

期數	21%	22%	23%	24%	25%	26%	27%	28%	29%	30%
1	0.826,4	0.819,7	0.813	0.806,5	0.8	0.793,7	0.787,4	0.781,3	0.775,2	0.769,2
2	0.683	0.671,9	0.661	0.650,4	0.64	0.629,9	0.62	0.610,4	0.600,9	0.591,7
3	0.564,5	0.550,7	0.537,4	0.524,5	0.512	0.499,9	0.488,2	0.476,8	0.465,8	0.455,2
4	0.466,5	0.451,4	0.436,9	0.423	0.409,6	0.396,8	0.384,4	0.372,5	0.361,1	0.350,1
5	0.385,5	0.37	0.355,2	0.341,1	0.327,7	0.314,9	0.302,7	0.291	0.279,9	0.269,3
6	0.318,6	0.303,3	0.288,8	0.275,1	0.262,1	0.249,9	0.238,3	0.227,4	0.217	0.207,2
7	0.263,3	0.248,6	0.234,8	0.221,8	0.209,7	0.198,3	0.187,7	0.177,6	0.168,2	0.159,4
8	0.217,6	0.203,8	0.190,9	0.178,9	0.167,8	0.157,4	0.147,8	0.138,8	0.130,4	0.122,6
9	0.179,9	0.167	0.155,2	0.144,3	0.134,2	0.124,9	0.116,4	0.108,4	0.101,1	0.094,3
10	0.148,6	0.136,9	0.126,2	0.116,4	0.107,4	0.099,2	0.091,6	0.084,7	0.078,4	0.072,5
11	0.122,8	0.112,2	0.102,6	0.093,8	0.085,9	0.078,7	0.072,1	0.066,2	0.060,7	0.055,8
12	0.101,5	0.092	0.083,4	0.075,7	0.068,7	0.062,5	0.056,8	0.051,7	0.047,1	0.042,9
13	0.083,9	0.075,4	0.067,8	0.061	0.055	0.049,6	0.044,7	0.040,4	0.036,5	0.033
14	0.069,3	0.061,8	0.055,1	0.049,2	0.044	0.039,3	0.035,2	0.031,6	0.028,3	0.025,4
15	0.057,3	0.050,7	0.044,8	0.039,7	0.035,2	0.031,2	0.027,7	0.024,7	0.021,9	0.019,5
16	0.047,4	0.041,5	0.036,4	0.032	0.028,1	0.024,8	0.021,8	0.019,3	0.017	0.015
17	0.039,1	0.034	0.029,6	0.025,8	0.022,5	0.019,7	0.017,2	0.015	0.013,2	0.011,6
18	0.032,3	0.027,9	0.024,1	0.020,8	0.018	0.015,6	0.013,5	0.011,8	0.010,2	0.008,9
19	0.026,7	0.022,9	0.019,6	0.016,8	0.014,4	0.012,4	0.010,7	0.009,2	0.007,9	0.006,8
20	0.022,1	0.018,7	0.015,9	0.013,5	0.011,5	0.009,8	0.008,4	0.007,2	0.006,1	0.005,3
21	0.018,3	0.015,4	0.012,9	0.010,9	0.009,2	0.007,8	0.006,6	0.005,6	0.004,8	0.004
22	0.015,1	0.012,6	0.010,5	0.008,8	0.007,4	0.006,2	0.005,2	0.004,4	0.003,7	0.003,1
23	0.012,5	0.010,3	0.008,6	0.007,1	0.005,9	0.004,9	0.004,1	0.003,4	0.002,9	0.002,4
24	0.010,3	0.008,5	0.007	0.005,7	0.004,7	0.003,9	0.003,2	0.002,7	0.002,2	0.001,8
25	0.008,5	0.006,9	0.005,7	0.004,6	0.003,8	0.003,1	0.002,5	0.002,1	0.001,7	0.001,4
26	0.007	0.005,7	0.004,6	0.003,7	0.003	0.002,5	0.002	0.001,6	0.001,3	0.001,1
27	0.005,8	0.004,7	0.003,7	0.003	0.002,4	0.001,9	0.001,6	0.001,3	0.001	0.000,8
28	0.004,8	0.003,8	0.003	0.002,4	0.001,9	0.001,5	0.001,2	0.001	0.000,8	0.000,6
29	0.004	0.003,1	0.002,5	0.002	0.001,5	0.001,2	0.001	0.000,8	0.000,6	0.000,5
30	0.003,3	0.002,6	0.002	0.001,6	0.001,2	0.001	0.000,8	0.000,6	0.000,5	0.000,4

附錄 C　年金終值系數表

$(F/A, i, n)$

期數	1%	2%	3%	4%	5%	6%	7%	8%	9%	10%
1	1.000,0	1.000,0	1.000,0	1.000,0	1.000,0	1.000,0	1.000,0	1.000,0	1.000,0	1.000,0
2	2.010,0	2.020,0	2.030,0	2.040,0	2.050,0	2.060,0	2.070,0	2.080,0	2.090,0	2.100,0
3	3.030,1	3.060,4	3.090,9	3.121,6	3.152,5	3.183,6	3.214,9	3.246,4	3.278,1	3.310,0
4	4.060,4	4.121,6	4.183,6	4.246,5	4.310,1	4.374,6	4.439,9	4.506,1	4.573,1	4.641,0
5	5.101,0	5.204,0	5.309,1	5.416,3	5.525,6	5.637,1	5.750,7	5.866,6	5.984,7	6.105,1
6	6.152,0	6.308,1	6.468,4	6.633,0	6.801,9	6.975,3	7.153,3	7.335,9	7.523,3	7.715,6
7	7.213,5	7.434,3	7.662,5	7.898,3	8.142,0	8.393,8	8.654,0	8.922,8	9.200,4	9.487,2
8	8.285,7	8.583,0	8.892,3	9.214,2	9.549,1	9.897,5	10.259,8	10.636,6	11.028,5	11.435,9
9	9.368,5	9.754,6	10.159,1	10.582,8	11.026,6	11.491,3	11.978,0	12.487,6	13.021,0	13.579,5
10	10.462,2	10.949,7	11.463,9	12.006,1	12.577,9	13.180,8	13.816,4	14.486,6	15.192,9	15.937,4
11	11.566,8	12.168,7	12.807,8	13.486,4	14.206,8	14.971,6	15.783,6	16.645,5	17.560,3	18.531,2
12	12.682,5	13.412,1	14.192,0	15.025,8	15.917,1	16.869,9	17.888,5	18.977,1	20.140,7	21.384,3
13	13.809,3	14.680,3	15.617,8	16.626,8	17.713,0	18.882,1	20.140,6	21.495,3	22.953,4	24.522,7
14	14.947,4	15.973,9	17.086,3	18.291,9	19.598,6	21.015,1	22.550,5	24.214,9	26.019,2	27.975,0
15	16.096,9	17.293,4	18.598,9	20.023,6	21.578,6	23.276,0	25.129,0	27.152,1	29.360,9	31.772,5
16	17.257,9	18.639,3	20.156,9	21.824,5	23.657,5	25.672,5	27.888,1	30.324,3	33.003,4	35.949,7
17	18.430,4	20.012,1	21.761,6	23.697,5	25.840,4	28.212,9	30.840,2	33.750,2	36.973,7	40.544,7
18	19.614,7	21.412,3	23.414,4	25.645,4	28.132,4	30.905,7	33.999,0	37.450,2	41.301,3	45.599,2
19	20.810,9	22.840,6	25.116,9	27.671,2	30.539,0	33.760,0	37.379,0	41.446,3	46.018,5	51.159,1
20	22.019,0	24.297,4	26.870,4	29.778,1	33.066,0	36.785,6	40.995,5	45.762,0	51.160,1	57.275,0
21	23.239,2	25.783,3	28.676,5	31.969,2	35.719,3	39.992,7	44.865,2	50.422,9	56.764,5	64.002,5
22	24.471,6	27.299,0	30.536,8	34.248,0	38.505,2	43.392,3	49.005,7	55.456,8	62.873,3	71.402,7
23	25.716,3	28.845,0	32.452,9	36.617,9	41.430,5	46.995,8	53.436,1	60.893,3	69.531,9	79.543,0
24	26.973,5	30.421,9	34.426,5	39.082,6	44.502,0	50.815,6	58.176,7	66.764,8	76.789,8	88.497,3
25	28.243,2	32.030,3	36.459,3	41.645,9	47.727,1	54.864,5	63.249,0	73.105,9	84.700,9	98.347,1
26	29.525,6	33.670,9	38.553,0	44.311,7	51.113,5	59.156,4	68.676,5	79.954,4	93.324,0	—
27	30.820,9	35.344,3	40.709,6	47.084,2	54.669,1	63.705,8	74.483,8	87.350,8	—	—
28	32.129,1	37.051,2	42.930,9	49.967,6	58.402,6	68.528,1	80.697,7	95.338,8	—	—
29	33.450,4	38.792,2	45.218,9	52.966,3	62.322,7	73.639,8	87.346,5	—	—	—
30	34.784,9	40.568,1	47.575,4	56.084,9	66.438,8	79.058,2	94.460,8	—	—	—

（續表）

期數	11%	12%	13%	14%	15%	16%	17%	18%	19%	20%
1	1.000,0	1.000,0	1.000,0	1.000,0	1.000,0	1.000,0	1.000,0	1.000,0	1.000,0	1.000,0
2	2.110,0	2.120,0	2.130,0	2.140,0	2.150,0	2.160,0	2.170,0	2.180,0	2.190,0	2.200,0
3	3.342,1	3.374,4	3.406,9	3.439,6	3.472,5	3.505,6	3.538,9	3.572,4	3.606,1	3.640,0
4	4.709,7	4.779,3	4.849,8	4.921,1	4.993,4	5.066,5	5.140,5	5.215,4	5.291,3	5.368,0
5	6.227,8	6.352,8	6.480,3	6.610,1	6.742,4	6.877,1	7.014,4	7.154,2	7.296,6	7.441,6
6	7.912,9	8.115,2	8.322,7	8.535,5	8.753,7	8.977,5	9.206,8	9.442,0	9.683,0	9.929,9
7	9.783,3	10.089,0	10.404,7	10.730,5	11.066,8	11.413,9	11.772,0	12.141,5	12.522,7	12.915,9
8	11.859,4	12.299,7	12.757,3	13.232,8	13.726,8	14.240,1	14.773,3	15.327,0	15.902,0	16.499,1
9	14.164,0	14.775,7	15.415,7	16.085,3	16.785,8	17.518,5	18.284,7	19.085,9	19.923,4	20.798,9
10	16.722,0	17.548,7	18.419,7	19.337,3	20.303,7	21.321,5	22.393,1	23.521,3	24.708,9	25.958,7
11	19.561,4	20.654,6	21.814,3	23.044,5	24.349,3	25.732,9	27.199,9	28.755,1	30.403,5	32.150,4
12	22.713,2	24.133,1	25.650,2	27.270,7	29.001,7	30.850,2	32.823,9	34.931,1	37.180,2	39.580,5
13	26.211,6	28.029,1	29.984,7	32.088,7	34.351,9	36.786,2	39.404,0	42.218,7	45.244,5	48.496,6
14	30.094,9	32.392,6	34.882,7	37.581,1	40.504,7	43.672,0	47.102,7	50.818,0	54.840,9	59.195,9
15	34.405,4	37.279,7	40.417,5	43.842,4	47.580,4	51.659,5	56.110,1	60.965,3	66.260,7	72.035,1
16	39.189,9	42.753,3	46.671,7	50.980,4	55.717,5	60.925,0	66.648,8	72.939,0	79.850,2	87.442,1
17	44.500,8	48.883,7	53.739,1	59.117,6	65.075,1	71.673,0	78.979,2	87.068,0	96.021,8	—
18	50.395,9	55.749,7	61.725,1	68.394,1	75.836,4	84.140,7	93.405,6	—	—	—
19	56.939,5	63.439,7	70.749,4	78.969,2	88.211,8	98.603,2	—	—	—	—
20	64.202,8	72.052,4	80.946,8	91.024,9	—	—	—	—	—	—
21	72.265,1	81.698,7	92.469,9	—	—	—	—	—	—	—
22	81.214,3	92.502,6	—	—	—	—	—	—	—	—
23	91.147,9	—	—	—	—	—	—	—	—	—
24	—	—	—	—	—	—	—	—	—	—
25	—	—	—	—	—	—	—	—	—	—
26	—	—	—	—	—	—	—	—	—	—
27	—	—	—	—	—	—	—	—	—	—
28	—	—	—	—	—	—	—	—	—	—
29	—	—	—	—	—	—	—	—	—	—
30	—	—	—	—	—	—	—	—	—	—

(續表)

期數	21%	22%	23%	24%	25%	26%	27%	28%	29%	30%
1	1.000,0	1.000,0	1.000,0	1.000,0	1.000,0	1.000,0	1.000,0	1.000,0	1.000,0	1.000,0
2	2.210,0	2.220,0	2.230,0	2.240,0	2.250,0	2.260,0	2.270,0	2.280,0	2.290,0	2.300,0
3	3.674,1	3.708,4	3.742,9	3.777,6	3.812,5	3.847,6	3.882,9	3.918,4	3.954,1	3.990,0
4	5.445,7	5.524,2	5.603,8	5.684,2	5.765,6	5.848,0	5.931,3	6.015,6	6.100,8	6.187,0
5	7.589,2	7.739,6	7.892,6	8.048,4	8.207,0	8.368,4	8.532,7	8.699,9	8.870,0	9.043,1
6	10.183,0	10.442,3	10.707,9	10.980,1	11.258,8	11.544,2	11.836,6	12.135,9	12.442,3	12.756,0
7	13.321,4	13.739,6	14.170,8	14.615,3	15.073,5	15.545,8	16.032,4	16.533,9	17.050,6	17.582,8
8	17.118,9	17.762,3	18.430,0	19.122,9	19.841,9	20.587,6	21.361,2	22.163,4	22.995,3	23.857,7
9	21.713,9	22.670,0	23.669,0	24.712,5	25.802,3	26.940,4	28.128,7	29.369,2	30.663,9	32.015,0
10	27.273,8	28.657,4	30.112,8	31.643,4	33.252,9	34.944,9	36.723,5	38.592,6	40.556,4	42.619,5
11	34.001,3	35.962,0	38.038,8	40.237,9	42.566,1	45.030,6	47.638,8	50.398,5	53.317,8	56.405,3
12	42.141,6	44.873,7	47.787,7	50.895,0	54.207,7	57.738,6	61.501,3	65.510,0	69.780,0	74.327,0
13	51.991,3	55.745,9	59.778,8	64.109,7	68.759,6	73.750,6	79.106,6	84.852,9	91.016,1	97.625,0
14	63.909,5	69.010,0	74.528,0	80.496,1	86.949,5	93.925,8	—	—	—	—
15	78.330,5	85.192,2	92.669,4	—	—	—	—	—	—	—
16	95.779,9	—	—	—	—	—	—	—	—	—
17	—	—	—	—	—	—	—	—	—	—
18	—	—	—	—	—	—	—	—	—	—
19	—	—	—	—	—	—	—	—	—	—
20	—	—	—	—	—	—	—	—	—	—
21	—	—	—	—	—	—	—	—	—	—
22	—	—	—	—	—	—	—	—	—	—
23	—	—	—	—	—	—	—	—	—	—
24	—	—	—	—	—	—	—	—	—	—
25	—	—	—	—	—	—	—	—	—	—
26	—	—	—	—	—	—	—	—	—	—
27	—	—	—	—	—	—	—	—	—	—
28	—	—	—	—	—	—	—	—	—	—
29	—	—	—	—	—	—	—	—	—	—
30	—	—	—	—	—	—	—	—	—	—

國家圖書館出版品預行編目（CIP）資料

財務管理 / 陳富, 楊富梅, 李小花 主編. -- 第一版.
-- 臺北市：財經錢線文化, 2019.05
　　面；　　公分
POD版

ISBN 978-957-680-339-0(平裝)

1.財務管理

494.7　　　　　　　　　　　　　　　　108007222

書　　名：財務管理
作　　者：陳富、楊富梅、李小花 主編
發 行 人：黃振庭
出 版 者：財經錢線文化事業有限公司
發 行 者：財經錢線文化事業有限公司
E - m a i l：sonbookservice@gmail.com
粉絲頁：　　　　　　網　址：
地　　址：台北市中正區重慶南路一段六十一號八樓 815 室
8F.-815, No.61, Sec. 1, Chongqing S. Rd., Zhongzheng
Dist., Taipei City 100, Taiwan (R.O.C.)
電　　話：(02)2370-3310　傳　真：(02) 2370-3210
總 經 銷：紅螞蟻圖書有限公司
地　　址：台北市內湖區舊宗路二段 121 巷 19 號
電　　話:02-2795-3656 傳真:02-2795-4100　　網址：
印　　刷：京峯彩色印刷有限公司（京峰數位）

本書版權為西南財經大學出版社所有授權崧博出版事業股份有限公司獨家發行電子書及繁體書繁體字版。若有其他相關權利及授權需求請與本公司聯繫。

定　　價：550元
發行日期：2019 年 05 月第一版

◎ 本書以 POD 印製發行